现代切削刀具

主　编　周利平
副主编　李玉玲　刘小莹　陈　朴

重庆大学出版社

内容提要

本书涵盖金属切削基本理论、现代刀具材料、现代切削刀具设计、数控工具系统等内容，全面采用了GB/T 12204—2010，GB/T 23536—2009等最新国家标准。全书共10章，主要介绍刀具切削部分的基本定义、金属切削过程的基本理论、刀具材料、数控车削刀具、成形车刀、孔加工刀具、铣刀、拉刀、螺纹刀具、齿轮刀具、数控机床工具系统及数控刀具管理系统，每章后附有思考题。

本书可作为高等工科院校机械设计制造及其自动化专业的本科教材，也可作为职业技术院校的同类专业教材，还可供从事金属切削刀具设计、应用及相关工程技术人员参考。

图书在版编目(CIP)数据

现代切削刀具/周利平主编．—重庆：重庆大学出版社，2013.12

机械设计制造及其自动化专业本科系列规划教材

ISBN 978-7-5624-7513-2

Ⅰ.①现… Ⅱ.①周… Ⅲ.①刀具(金属切削)—高等学校—教材 Ⅳ.①TG71

中国版本图书馆CIP数据核字(2013)第146493号

现代切削刀具

主 编 周利平

副主编 李玉玲 刘小莹 陈 朴

策划编辑：彭 宁

责任编辑：李定群 高鸿宽 版式设计：彭 宁

责任校对：贾 梅 责任印制：赵 晟

*

重庆大学出版社出版发行

出版人：邓晓益

社址：重庆市沙坪坝区大学城西路21号

邮编：401331

电话：(023) 88617190 88617185(中小学)

传真：(023) 88617186 88617166

网址：http://www.cqup.com.cn

邮箱：fxk@cqup.com.cn (营销中心)

全国新华书店经销

POD：重庆俊蒲印务有限公司

*

开本：787mm×1092mm 1/16 印张：17.25 字数：431千

2013年12月第1版 2013年12月第1次印刷

ISBN 978-7-5624-7513-2 定价：32.00元

前言

机械制造，特别是现代制造业的主要加工方法是切削加工，刀具是实现切削加工的工具，又称切削工具。在生产实践中，由于变革刀具相对于变革机床、夹具，其投入少、见效快，善于有效使用和改革刀具的企业家，往往能取得事半功倍的效果。重视刀具，首先体现在刀具的选型，其次是要优化加工程序，以充分发挥刀具的内在潜力，达到优质、高产、高寿命。重视刀具，归根结底体现在刀具的人才培养上，即培养既懂刀具选型又熟悉刀具设计应用的工程师。随着切削加工进入现代切削技术新阶段，新型刀具、新材料、新工艺的蓬勃发展，新知识、新的设计方法的广泛应用，在机械制造领域我国现代切削刀具的产量、功能和技术水平都有了长足进步，产业部门急需熟悉、掌握现代切削刀具设计及应用技术的人才。

本书围绕机械设计制造及其自动化专业应用型人才培养以"工艺—装备—控制"为专业课程主线的课程设置模式，在实施新世纪教改项目工程基础上，结合国家特色专业人才培养模式和课程体系的改革，重组课程教学内容，总结多年教学经验及西华大学数控刀具研究所的实际工作经验，充分结合最新科技成果，采用 GB/T 12204—2010，GB/T 23536—2009 等最新国家标准，由西华大学、陕西理工学院长期从事现代切削刀具课程教学的一线骨干教师编著。本书以现代切削刀具的设计方法为主线，以切削加工基本理论、刀具材料选用、各类典型刀具结构设计、数控工具系统应用为重点，注重学生分析问题和解决问题能力的培养，使学生系统掌握现代切削刀具设计与应用的基本理论、基本知识和基本方法。

全书共 10 章，主要介绍刀具切削部分的基本定义、金属切削过程的基本理论、刀具材料、数控车削刀具、成形车刀、数控机床用孔加工刀具、铣刀、拉刀、螺纹刀具、齿轮刀具、数控机床工具系统及数控刀具管理系统，每章后附有思考题，使读者了解数控刀具及其工具系统的基本结构,熟悉专用刀具的设计原理及方法,具有正确选用标准刀具的能力。

本书可作为高等工科院校机械设计制造及其自动化专业的本科教材,也可作为职业技术院校的同类专业教材,还可供从事金属切削刀具设计、应用及相关工程技术人员参考。

本书由西华大学周利平教授担任主编,陕西理工学院李玉玲、西华大学刘小莹、陈朴担任副主编。各章编写分工为陈朴编写第1、第2章,刘小莹编写第3、第4、第7、第8章,李玉玲编写第6、第9章,周利平编写第5章,邓远超编写第10章。

在本书编写中,得到了西华大学、陕西理工学院两校教务处、机械工程与自动化学院的大力支持,西华大学研究生张海生、刘兰兰参与了部分资料整理及图形制作等工作,在此一并表示感谢。

由于编者水平有限,编写时间仓促,书中难免有错误和不妥之处,敬请读者和同仁不吝指正。

编　者

2013年3月

目录

第 1 章 切削加工基础

1.1 切削过程与刀具几何参数的基本定义

1.1.1 切削运动和切削用量

(1)工件上的加工表面

如图 1.1 所示,在切削加工中,工件上通常存以下 3 个表面:

1)待加工表面

它是工件有待切除之表面。随着切削过程的进行,它将逐渐减小,直至全部切去。

2)已加工表面

它是工件上经刀具切削后形成的表面。随着切削过程的进行,它将逐渐扩大。

3)过渡表面(加工表面)

它是工件上由切削刃形成的那部分表面,它在下一切削行程,刀具或工件的下一转里被切除,或者由下一切削刃切除。它总是处在待加工表面与已加工表面之间。

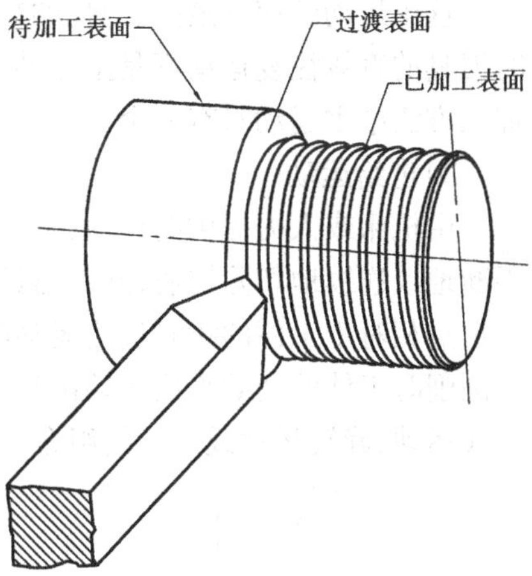

图 1.1 工件表面

(2)切削运动

在金属切削机床上切削工件时,工件与刀具之间要有相对运动,这个相对运动即称为切削运动。

如图 1.2 所示为外圆车削时的情况。工件的旋转运动形成母线(圆),车刀的纵向直线运动形成导线(直线),圆母线沿直导线运动时就形成了工件上的外圆表面,故工件的旋转运动和车刀的纵向直线运动就是外圆车削时的切削运动。

如图1.3所示为在牛头刨床上刨平面的情况。刨刀作直线往复运动形成母线(直线),工件作间歇直线运动形成导线,直母线沿直导线运动时就形成了工件上的平面,故在牛头刨床上刨平面时,刨刀的直线往复运动和工件的间歇直线运动就是切削运动。

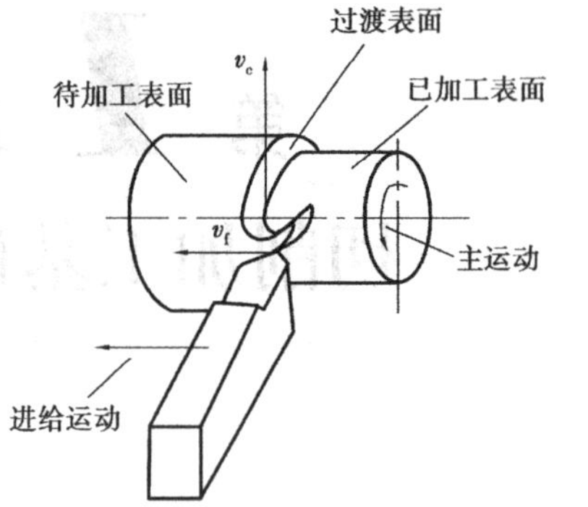

图1.2　外圆车削的切削运动与加工表面

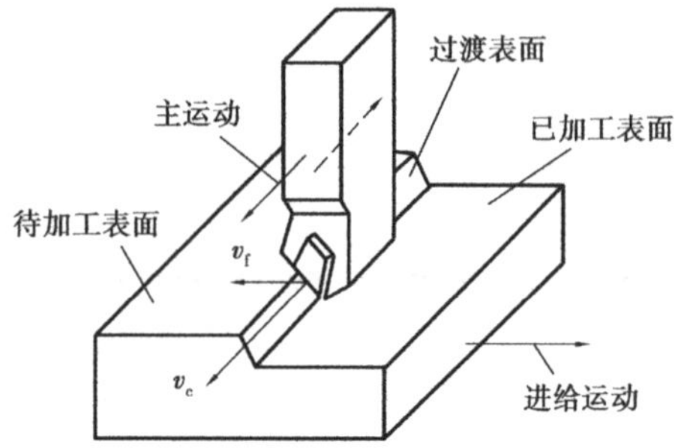

图1.3　平面刨削的切削运动与加工表面

在其他各种切削加工方法中,工件和刀具同样也必须完成一定的切削运动。切削运动通常按其在切削中所起的作用可分为主运动和进给运动两种。

1)主运动

由机床或人力提供的主要运动,它使刀具与工件之间产生相对运动,从而使刀具前面接近工件。主运动的方向为切削刃选定点相对于工件的瞬时运动的方向。

这个运动的速度最高,消耗的功率最大。例如,外圆车削时工件的旋转运动和平面刨削时刀具的直线往复运动都是主运动。主运动的形式可以是旋转运动或直线运动,但每种切削加工方法中主运动只有一个。

2)进给运动

由机床或人力提供的运动,它使刀具与工件之间产生附加的相对运动,加上主运动,即可不断地或连续地切除切屑,并得出具有所需几何特性的已加工表面。进给运动方向为切削刃选定点相对于工件的瞬时进给运动的方向。例如,外圆车削时车刀的纵向连续直线运动和平面刨削时工件的间歇直线运动都是进给运动。进给运动可能不止一个,它的运动形式可以是直线运动、旋转运动或两者的组合。

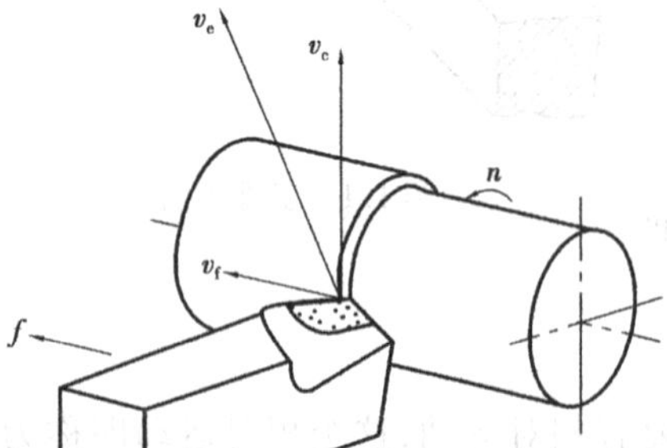

图1.4　外圆车削时的合成运动

总之,任何切削加工方法都必须有一个主运动,可以有一个或几个进给运动。主运动和进给运动可由工件或刀具分别完成,也可由刀具单独完成(如在钻床上钻孔)。

3)合成切削运动

主运动和进给运动可以同时进行(车削、铣削等),也可交替进行(刨削等)。合成切削运动是由主运动和进给运动合成的运动。刀具切削刃上选定点相对于工件的瞬时合成切削运动方向为合成切削运动方向,其速度称为合成切削速度。该速度方向与过渡表面相切,如图1.4所示。合成切削速度等于主运动速度和进给运动速度的矢量

和。即

$$v_e = v_c + v_f \tag{1.1}$$

(3)**切削用量**

所谓切削用量,是指切削速度、进给量和背吃刀量三者的总称。

1)切削速度

切削速度是切削加工时,切削刃上选定点相对于工件的瞬时速度。切削刃上各点的切削速度可能是不同的。当主运动为旋转运动时,工件或刀具最大直径处的切削速度为

$$v_c = \frac{\pi dn}{1\ 000} \quad \text{m/s 或 m/min} \tag{1.2}$$

式中 d——完成主运动的工件或刀具的最大直径,mm;

n——主运动的转速,r/s 或 r/min。

2)进给量

进给量是刀具在进给运动方向上相对工件的位移量,可用刀具或工件每转或每行程的位移量来度量。例如,外圆车削的进给量 f 是工件每转一转时车刀相对于工件在进给运动方向上的位移量,其单位为 mm/r;又如,在牛头刨床上刨平面时,其进给量 f 是刨刀每往复一次,工件在进给运动方向上相对于刨刀的位移量,其单位为 mm/双行程。

多齿刀具每转或每行程中每齿相对工件在进给运动方向上的位移量称为每齿进给量,用 f_z 表示。

在切削加工中,也有用进给速度 v_f 来表示进给运动的。所谓进给速度 v_f,是指切削刃上选定点相对于工件的进给速度,其单位为 mm/s。

3)背吃刀量

吃刀量是指两平面间的距离,该两平面都垂直于所选定的测量方向,并分别通过作用切削刃上两个使上述两平面间的距离为最大的点,用 a 或 a_s 表示。

在通过切削刃基点(简单而言,即是实际参加切削的切削刃长度上的等分点,是一个特定的参考点)并垂直于工作平面(通过切削刃选定点并与合成切削速度方向相垂直的平面)的方向上测量的吃刀量称为背吃刀量,用 a_p 或 a_p 表示。对外圆车削和平面刨削而言,背吃刀量等于工件已加工表面与待加工表面间的垂直距离。

1.1.2 刀具切削部分的几何形状

(1)**刀具的几何结构**

切削刀具的种类繁多,结构形状各异。但就其切削部分而言,都可视为外圆车刀切削部分的演变。因此,以外圆车刀为例来介绍刀具切削部分的一般术语,这些术语同样也适用于其他金属切削刀具。

1)刀具结构

如图1.5所示为最常用的外圆车刀。它由刀柄(夹持部分)和刀体(夹持刀条或刀片的部分)两大部分构成。夹持部分一般为矩形(外圆车刀)或圆形(镗刀),用于安装或组装刀具。在刀体处形成切削部分,该处应根据需要制造成多种形状,用于对工件的切削。

2)刀具切削部分的组成

如图1.5、图1.6所示,车刀切削部分的结构要素包括3个切削刀面、两条切削刃和一个刀尖。

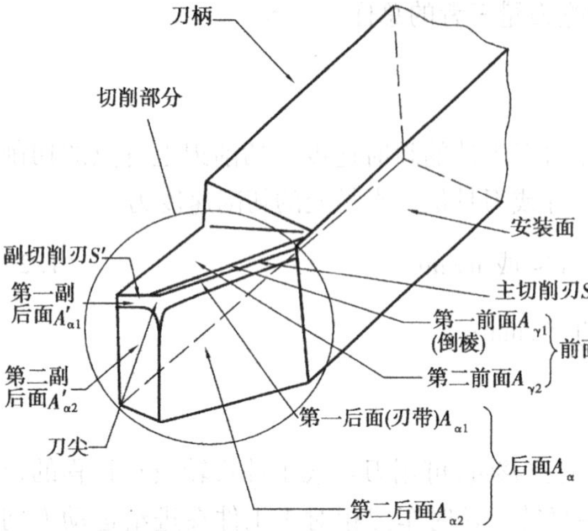

图1.5 车刀的几何构成

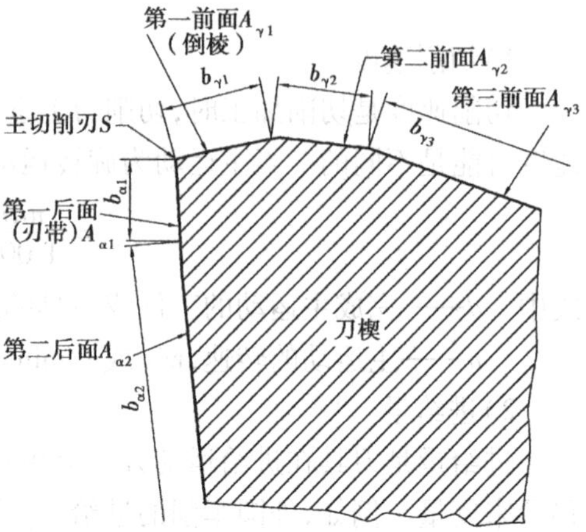

图1.6 刀具的前面与后面

前面A_γ——切下的切屑沿其流出的表面。当前面由若干彼此相交的面构成时,由切削刃及远形成第一前面(一般为倒棱)、第二前面等。

后刀面A_α——与工件上切削中产生的表面相对的表面。当后面由若干彼此相交的面构成时,由切削刃及远形成第一后面、第二后面等。根据其位置与作用,又分为主后面和副后面。

主后面A_α——同前面相交形成主切削刃的后面。它是与工件上过渡表面相对的表面。

副后面A'_α——同前面相交形成副切削刃的后面。它是与工件上已加工表面相对的表面。

切削刃——刀具前面上拟作切削用的刃。根据其位置与作用,可分为主切削刃和副切削刃。

主切削刃S——起始于切削刃上主偏角为零的点,并至少有一段切削刃拟用来在工件上切出过渡表面的那个整段切削刃。它其实就是前面与主后面的交线,它承担主要的金属切除工作。

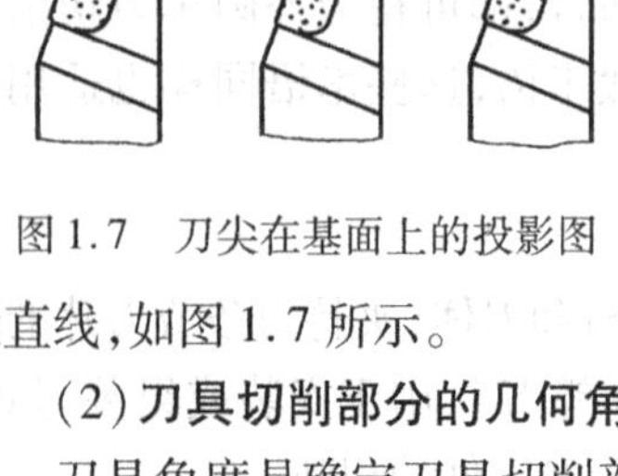

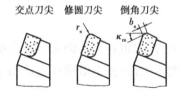

图1.7 刀尖在基面上的投影图

副切削刃S'——除主切削刃以外的刃,也起始于主偏角为零的点,但它向背离主切削刃的方向延伸。它其实是前面与副后面的交线,它参与部分的切削工件并最终形成工件上的已加工表面。

刀尖——主、副切削刃的连接处相当少的一部分切削刃。可以是两刃的交点,但多数刀具将此处磨成圆弧或一小段直线,如图1.7所示。

(2)刀具切削部分的几何角度

刀具角度是确定刀具切削部分几何形状的重要参数。用于定义和规定刀具角度的各基准坐标平面称为参考系。下面以外圆车刀为例来介绍。

1)刀具角度参考系

刀具角度参考系有以下两类:

刀具静止参考系:它是用于定义刀具设计、制造、刃磨和测量时几何参数的参考系。由此定义的刀具角度称为刀具角度(或刀具标注角度)。

刀具工作参考系:它是规定刀具切削工作时几何参数的参考系。由此定义的刀具角度称为刀具工作角度。

在建立刀具静止参考系时,特作以下两点假设:

①假定运动条件。首先给出刀具的假定主运动方向和假定进给运动方向,其次假定进给速度值很小($v_f=0$)。

②假定安装条件:

a. 假定标注角度参考系的诸平面平行或垂直于刀具上便于制造、刃磨和测量时适合于安装或定位的一个平面或轴线(如车刀底面,车刀刀杆轴线,铣刀、钻头的轴线等)。也可以说,假定刀具的安装位置恰好使其底面或轴线与参考系的平面平行或垂直。

b. 假定车刀的刀尖或主切削刃上选定点与工件中心等高。

c. 假定车刀刀杆中心线与工件轴心线垂直。

作了上述假设以后,可建立以下静止参考系的各参考平面(见图1.8):

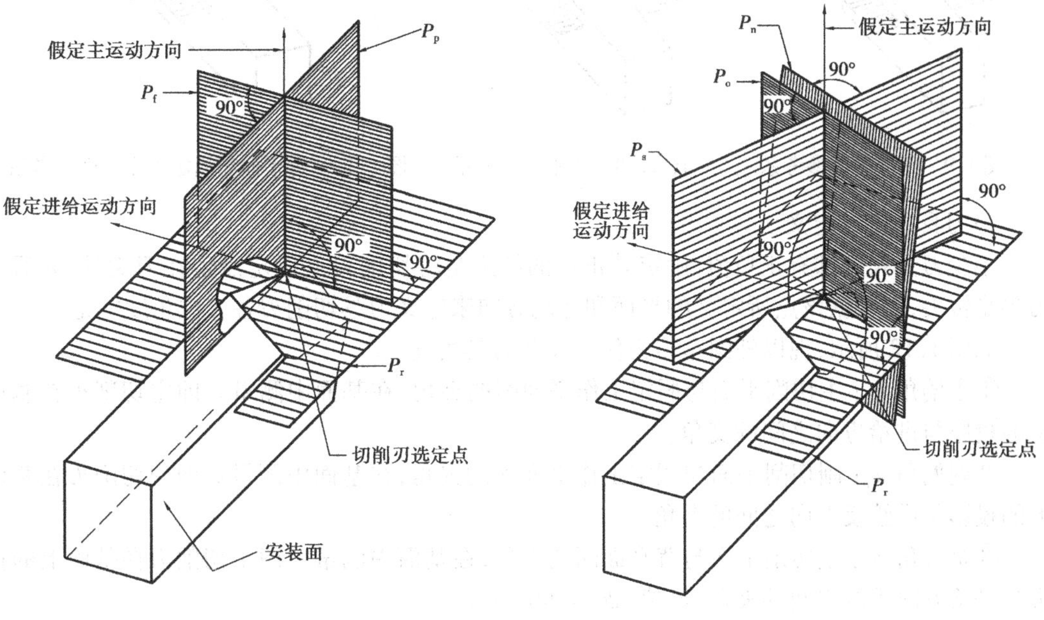

图1.8　刀具静止参考系的平面

①基面 P_r:过切削刃上选定点的平面,它垂直于该点假定主运动方向。基面应平行或垂直于刀具上便于制造、刃磨和测量时的某一安装定位平面。对于普通车刀,它的基面总是平行于刀杆的底面。

②假定工作平面 P_f:过切削刃上的选定点并垂直于基面,与进给运动方向平行,它平行或垂直于刀具上便于制造、刃磨和测量时适合于安装或定位的一个平面或轴线。

③背平面 P_p：过切削刃上选定点并垂直于基面和假定工作平面的平面。

④切削平面 P_s：过切削刃上选定点与切削刃相切并垂直于基面的平面。由主切削刃定义的切削平面为主切削平面 P_s，由副切削刃定义的切削平面为副切削平面 P'_s。

⑤法平面 P_n：过切削刃上选定点并垂直于切削刃或其切线的平面。

⑥正交平面 P_o：过切削刃上选定点并同时垂直于基面和切削平面的平面。

一般而言，由基面、切削平面和正交平面构成正交平面参考系，如图 1.9 所示。由基面、切削平面和法平面构成法平面参考系，如图 1.10 所示。由基面、假定工作平面和背平面构成了背平面和假定工作平面参考系，如图 1.11 所示。我国一般兼用正交平面参考系和法平面参考系，背平面和假定工作平面参考系则常见于美、日文献中。但必须指出，在 GB/T 12204—2010 中，不再强调以上 3 个参考系，而是如图 1.8 所示那样由前述 6 个参考平面直接形成参考系。

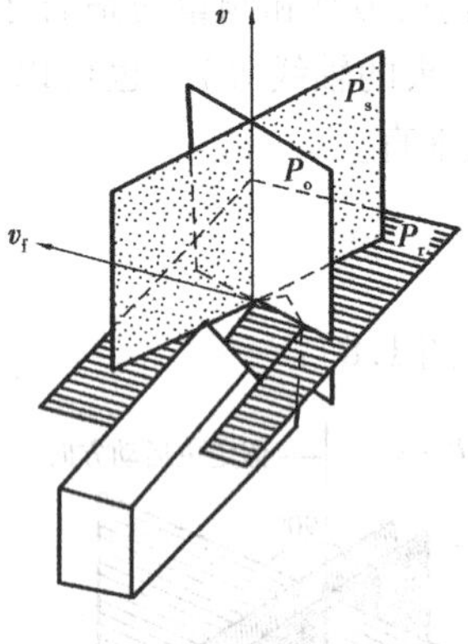

图 1.9　正交平面参考系

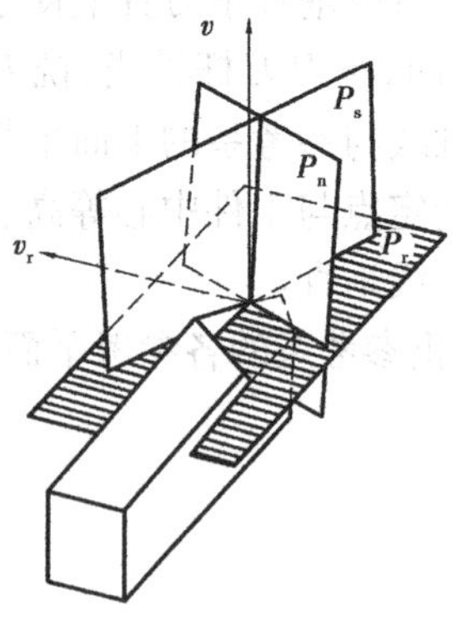

图 1.10　法平面参考系

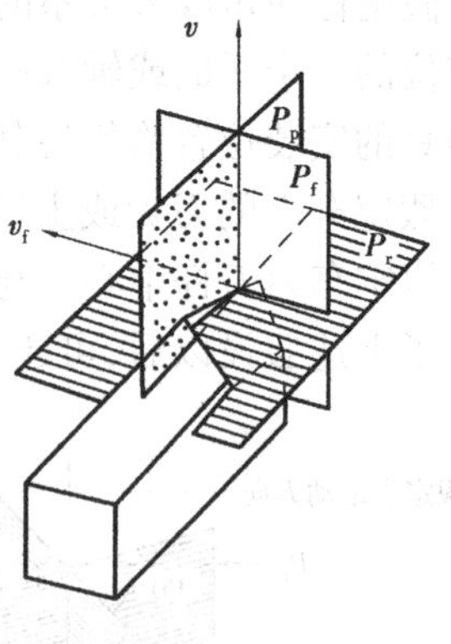

图 1.11　背平面和假定工作平面参考系

2）刀具角度的定义

不少刀具角度都有正负值，确定其正负的约定是将切削刃上选定点定在刀尖处，并假定刀尖是锐尖，则根据该点所定义的平面和运动方向来定义刀具切削刃各方位角度的正负。

如图 1.12 所示，现以外圆车刀为例定义各刀具角度。

①主偏角 κ_r：主切削平面与假定工作平面间的夹角，在基面中测量。即主切削刃在基面上的投影与进给方向之间的交角。

②副偏角 κ'_r：副切削平面与假定工作平面间的夹角，在基面中测量。即副切削刃在基面上的投影与进给反方向之间的夹角。

③余偏角 ψ_r：主切削平面与背平面间的夹角，在基面中测量。即主切削刃在基面上的投影与进给方向垂线之间的夹角，显然，$\psi_r = 90° - \kappa_r$。

④刀尖角 ε_r：主切削平面与副切削平面间的交角，在基面中测量。即主、副切削刃在基面上投影之间的交角，$\varepsilon_r = 180° - (\kappa_r + \kappa'_r)$。

⑤刃倾角 λ_s：主切削刃与基面间的夹角，在主切削平面中测量。当刀尖在主切削刃上为最低点时，λ_s 为负值；反之，当刀尖在主切削刃上为最高点时，λ_s 为正值。

⑥前角 γ_o：前面与基面间的夹角，在正交平面中测量。在法平面中测量的是法前角 γ_n，在假定工作平面中测量的是侧前角 γ_f，在背平面中测量的是背前角 γ_p。

⑦后角 α_o：后面与切削平面间的夹角，在正交平面中测量。在法平面中测量的是法后角 α_n，在假定工作平面中测量的是侧后角 α_f，在背平面中测量的是背后角 α_p。

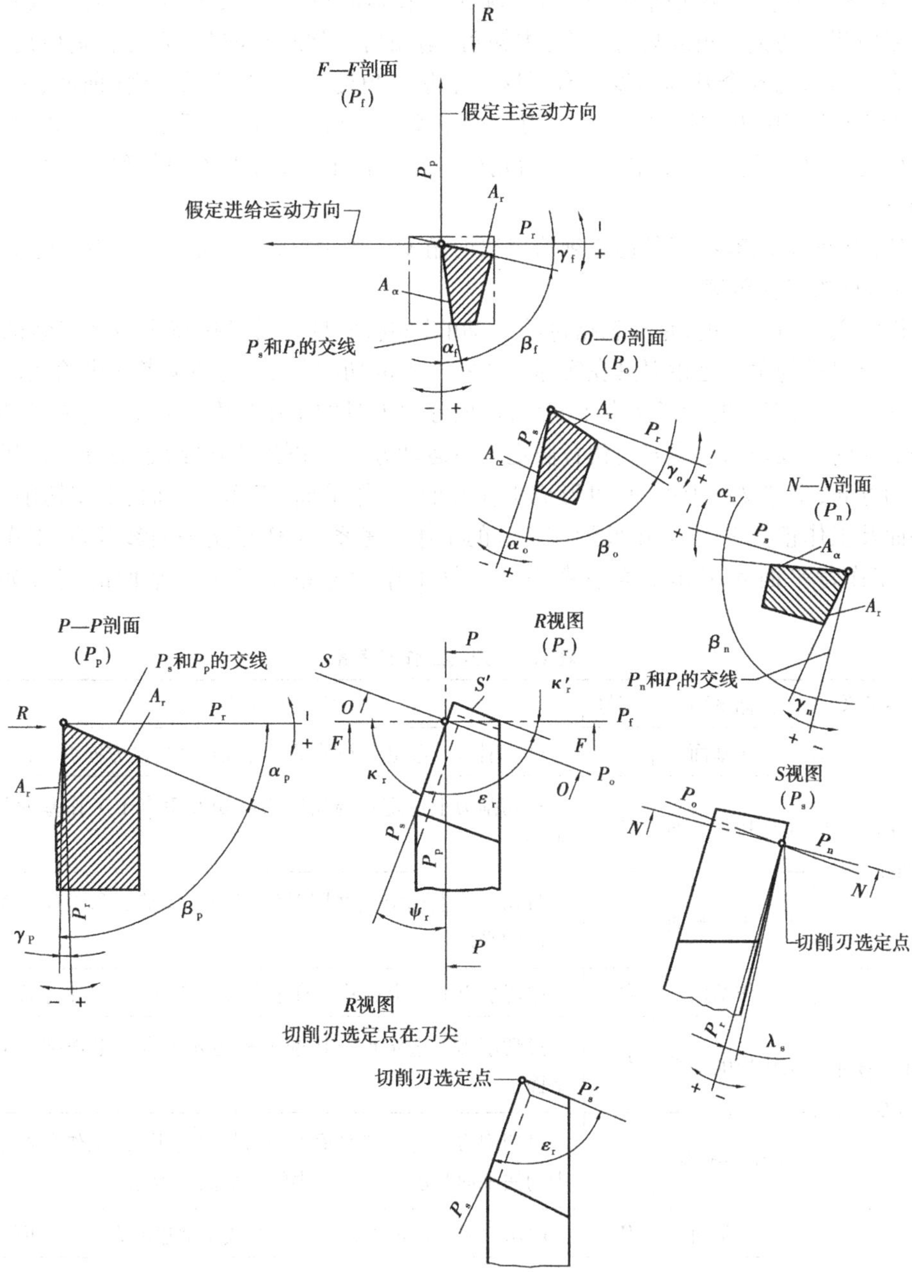

图1.12 刀具角度——外圆车刀

⑧楔角：前面和后面间的夹角的通称。

正交楔角 β_o：前面和后面间的夹角，在正交平面中测量。显然，$\beta_o = 90° - (\gamma_o + \alpha_o)$。

⑨副后角 α'_o：副后面与副切削平面之间的夹角，在正交平面中测量。

由上可知，余偏角、刀尖角和楔角均很容易由另外的角度换算出来。由于在刃磨车刀时，通常将主、副切削刃磨在同一个平面型的前面上，因此，当主切削刃及其前面已由上述的基本角度 κ_r，λ_s，γ_o 确定后，副切削刃上的副刃倾角 λ_s' 和副前角 γ_o' 一般也随之确定。故在正交平面参考系中测量的独立角度只有 6 个：主偏角、副偏角、刃倾角、前角、后角和副后角，这是外圆车刀必须标出的 6 个基本角度。有了这 6 个基本角度，外圆车刀的三面（前面、主后面、副后面）、两刃（主切削刃、副切削刃）、一刀尖的空间位置就完全确定下来了。例如，由前角和刃倾角确定前刀面的方位，由主偏角和后角确定后刀面的方位，由主偏角和刃倾角确定主切削刃的方位。

当然，根据需要，有些刀具还必须给出法前角 γ_n、法后角 α_n 以及其他需要的角度。

(3) **刀具的工件角度**

前面定义的刀具角度，是在忽略进给运动的影响，而且刀具又按特定条件安装的情况下给出的。而刀具的角度是指刀具在实际工作状态下的切削角度，它必须考虑进给运动和实际的安装情况，此时刀具的参考系发生变化，从而导致刀具的工作角度不同于原来的刀具角度。

用实际的合成切削速度方向代替假定的主运动方向、用实际的进给运动方向代替假定的进给运动方向，来定义以上平面，可形成工作基面、工作平面、工作背平面、工作切削平面、工作法平面及工作正交平面，并由此形成相应的工作参考系：工作正交平面参考系、工作法平面参考系、工作背平面和工作平面参考系。刀具工作参考系中各坐标平面的定义如表 1.1 所示。

表 1.1　刀具工作参考系

参考系	坐标平面	符号	定义与说明
工作正交平面参考系	工作基面	P_{re}	过切削刃上选定点并垂直于合成切削速度方向的平面
	工作切削平面	P_{se}	过切削刃上选定点与切削刃相切并垂直于工作基面的平面
	工作正交平面	P_{oe}	过切削刃上选定点并同时垂直于工作基面和工作切削平面的平面
工作法平面参考系	工作基面	P_{re}	过切削刃上选定点并垂直于合成切削速度方向的平面
	工作切削平面	P_{se}	过切削刃上选定点与切削刃相切并垂直于工作基面的平面
	工作法平面	P_{ne}	过切削刃上选定点并垂直于切削刃的平面（工作参考系中的法平面与静止参考系中的法平面二者相同）
工作背平面和工作平面参考系	工作基面	P_{re}	过切削刃上选定点并垂直于合成切削速度方向的平面
	工作平面	P_{fe}	过切削刃上选定点并同时包含主运动方向和进给运动方向的平面，因而该平面垂直于工作基面
	工作背平面	P_{pe}	过切削刃上选定点并同时垂直于工作基面和工作平面的平面

刀具的工作角度就是在刀具工作参考系中确定的角度,其定义与原来的刀具工作角度相同。刀具的工件角度是刀具在实际工作状态下的切削角度,显然,它更符合于生产实际情况。

1)横向进给运动对刀具工作角度的影响

以切断刀为例。如图1.13所示,在不考虑进给运动时,刀具切削刃上选定点A的切削速度方向过A点垂直向上,A点的基面$P_r \perp v_e$,为一平行于刀具底面的平面;A点的切削平面P_s包含切削速度v_c,因此,它与过A点的圆相切;A点的正交平面P_o为图1.13所示纸面。γ_o和α_o就为正交平面P_o内的前角和后角。

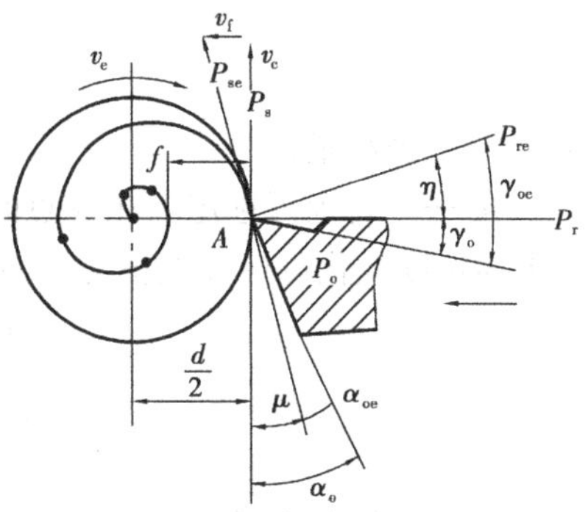

图1.13 横向进给运动对刀具工作角度的影响

当考虑进给运动后,A点的合成切削速度向量v_e由切削速度向量v_c与进给速度向量v_f合成,即$v_e = v_c + v_f$。此时,工作基面$P_{re} \perp v_e$,且P_{re}不平行于刀具的底面;工作切削平面P_{se}过v_e,且P_{se}与切削刃在工件上切出的阿基米德螺旋线相切;工作正交平面P_{oe}与原来的P_o是重合的,仍为图1.13所示纸面。γ_{oe}和α_{oe}就为工作正交平面P_{oe}内的工作前角和工作后角。

由于P_{re}与P_{se}相对于原来的P_r与P_s倾斜了一个角度η,因此现在的工作前角γ_{oe}和工作后角α_{oe}应为

$$\gamma_{oe} = \gamma_o + \eta \tag{1.3}$$

$$\alpha_{oe} = \alpha_o - \eta \tag{1.4}$$

$$\tan\eta = \frac{v_f}{v_c} = \frac{nf}{\pi dn} = \frac{f}{\pi d} \tag{1.5}$$

式中 η——合成切削速度角,它是同一瞬时主运动方向与合成切削方向之间的夹角,在工作平面中测量;

f——工件每转一转时刀具的横向进给量;

d——切削刃上选定点A在横向进给切削过程中相对工件中心的直径,该直径是一个不断改变着的数值。

由式(1.5)可知,切削刃越近工件中心,d值越小,则η值越大。因此,在一定的横向进给量f下,当切削刃接近工件中心时,η值急剧增大,工作后角α_{oe}将变为负值,此时,刀具已不再是切削工件而是挤压工件。横向进给量f的大小对η值也有很大影响,f增大则η值增大,也有可能使α_{oe}变为负值。因此,对于横向切削的刀具,不宜选用过大的进给量f,并应适当加大后角α_o。

2)纵向进给运动对刀具工作角度的影响

如图1.14所示,由于工作中基面和切削平面发生了变化,形成了一个合成切削速度角η,引起了工作角度的变化。假定车刀$\lambda_s=0$,在不考虑进给运动时,切削平面P_s垂直于刀杆底面,基面P_r平行于刀杆底面,标注角度为γ_o,α_o;考虑进给运动后,工作切削平面P_{se}为切于螺旋面的平面,刀具工作角度的参考系(P_{se},P_{re})倾斜了一个角度η。

则工作进给面(仍为原假定工作平面)内的工作角度为

$$\gamma_{fe} = \gamma_f + \eta \tag{1.6}$$

$$\alpha_{fe} = \alpha_f - \eta \tag{1.7}$$

由合成切削速度角定义知，得

$$\tan\eta = \frac{f}{\pi d_w} \tag{1.8}$$

式中　f——进给量；

d_w——切削刃选定点在 A 点时的工件待加工表面直径。

上述角度变化可换算至正交平面内，即

$$\tan\eta_o = \tan\eta \cdot \sin\kappa_r \tag{1.9}$$

$$\gamma_{oe} = \gamma_o + \eta_o \tag{1.10}$$

$$\alpha_{oe} = \alpha_o - \eta_o \tag{1.11}$$

一般外圆车削时，由于纵向进给量 f 不大，它对刀具工作角度的影响通常忽略不计，但在车削螺纹时，就会有较大的影响，此时的刀具工作角度与刀具的标注角度就会有较大的差别。

3）刀具安装高低对工作角度的影响

如图 1.15 所示，当刀尖（或选定点 A）安装高于工件中心线时，刀具的工作切削平面变为 P_{se}，工作基面变为 P_{re}，刀具的工作前角 γ_{oe} 增大，工作后角 α_{oe} 减小，其角度的变化量由图 1.15 中几何关系可知为

$$\sin N = \frac{2h}{d} \tag{1.12}$$

式中　d——A 点工件直径。

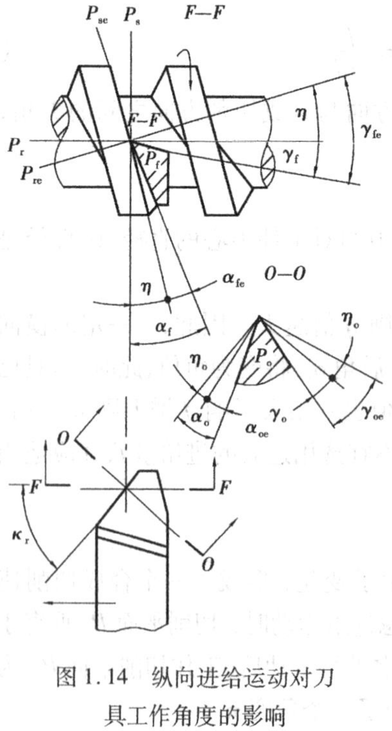

图 1.14　纵向进给运动对刀具工作角度的影响

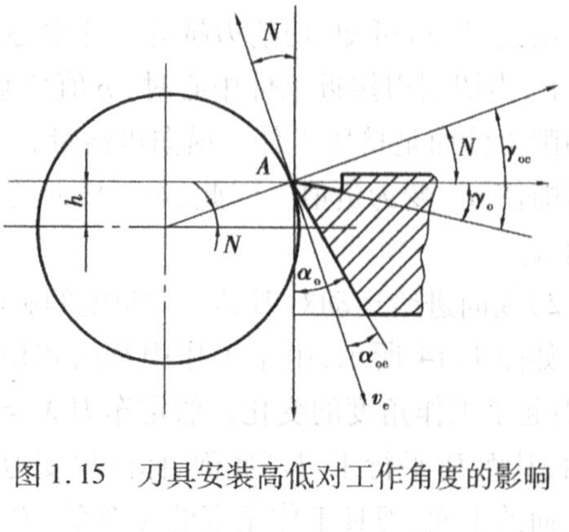

图 1.15　刀具安装高低对工作角度的影响

由式(1.12)可以看出,刀具工作角度的变化量 N 与 h 成正比,与 d 成反比,当工件直径很小时(如切断加工接近工件中心时),即使 h 值很小,也会引起很大的刀具工作角度的变化。

同理,当刀尖(或选定点 A)安装低于工件中心线时,上述工作角度的变化情况刚好相反,将引起工作前角减小、工作后角增大。

加工内表面时,刀尖安装高或安装低对刀具工作角度变化情况与加工外表面相反。

4)刀杆中心线与进给方向不垂直对工作角度的影响

当刀杆中心线与进给方向垂直时,工作主偏角与工作副偏角就等于车刀的标注角度的主偏角 κ_r 与副偏角 κ_r'。当刀杆中心线与进给方向不垂直时(见图1.16),则刀具工作主偏角和工作副偏角的变化由图1.16中几何关系可知为

$$\begin{cases}\kappa_{re} = \kappa_r \pm G \\ \kappa_{re}' = \kappa_r' \mp G\end{cases} \tag{1.13}$$

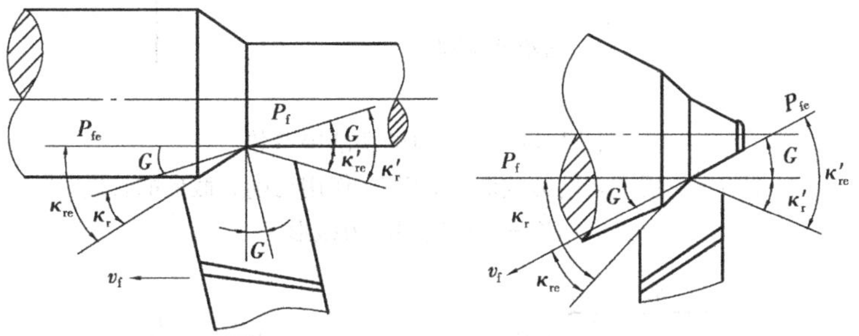

图1.16 刀杆中心线与进给运动方向不垂直时刀具工作角度的变化

式中,“+”或“-”取决于刀杆的倾斜方向,G 为刀杆中心线的垂线与进给方向的夹角。

1.1.3 切削层与切削方式

(1)切削层参数

如图1.17所示,由刀具切削部分的一个单一动作(或指切削部分切过工件的一个单程,或指只产生一圈过渡表面的动作)所切除的工件材料层即为切削层。换句话说,刀具或工件沿进给运动方向每移动一个 f(mm/r) 或 f_z(mm/z) 后,由一个刀齿正在切的金属层称为切削层。

切削层参数就是指的这个切削层的截面尺寸,它通常在过作用主切削刃上基点 D(一般为将作用主切削刃分为两相等长度的点)并与该点主运动方向垂直的平面内观察和度量,这个平面又称为切削层尺寸平面。

现用典型的外圆纵车来说明切削层参数。如图1.18所示,车刀主切削刃上任意一点相对于工作的运动轨迹是一条空间螺旋线,整个主切削刃切出的是一个螺旋面。工件每转一转,车刀沿工件轴线移动一个进给量 f 的距离,主切削刃及其对应的工作过渡表面也在连续移动中由位置Ⅰ移至相邻的位置Ⅱ,于是Ⅰ,Ⅱ螺旋面之间的一层金属被切下变为切屑。由车刀切削着的这一层金属就称为切削层。切削层的大小和形状直接决定了车刀切削部分所承受的负荷大小及切下切屑的形状和尺寸。在外圆纵车中,当 $\kappa_r' = 0$,$\lambda_s = 0$ 时,切削层的截面形状为一平行四边形;当 $\kappa_r = 90°$ 时,切削层的截面形状为矩形。

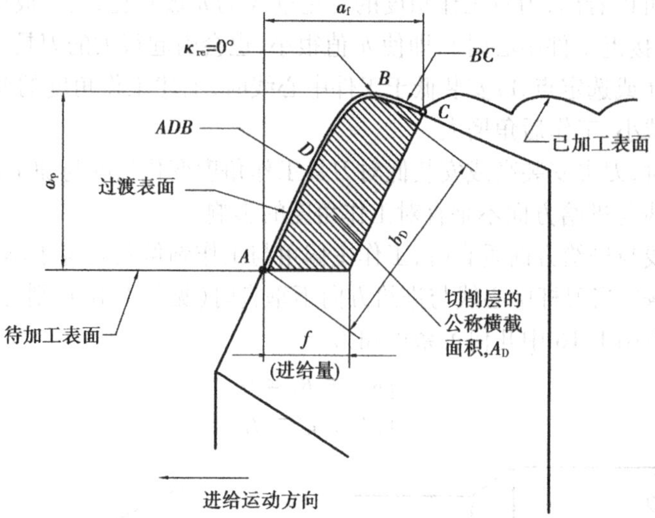

图 1.17　车削时的切削层参数

ADB—作用主切削刃截形　*ADBC*—作用切削刃截形的长度

BC—作用副切削刃截形

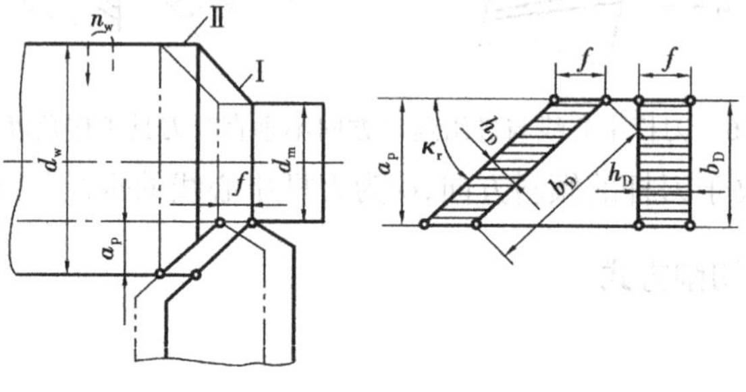

图 1.18　外圆纵车时切削层的参数

1)切削层公称横截面积

切削面积 A_D:在给定瞬间,切削层在切削层尺寸平面里的实际横截面积。

总切削面积 A_{Dtot}:若用多齿刀具切削时,在给定瞬间,所有同时参与切削的各切削部分的横截切削层面积之总和。

在外圆纵车中,当作用主切削刃为直线且 $\kappa_r' = 0, \lambda_s = 0$ 时,切削面积为

$$A_D = h_D \cdot b_D = f \cdot a_p \tag{1.14}$$

2)切削层公称宽度

切削宽度 b_D:在给定瞬间,作用主切削刃截形上两个极限点间的距离,在切削层尺寸平面中测量。

在外圆纵车中,当作用主切削刃为直线且 $\kappa_r' = 0, \lambda_s = 0$ 时,切削宽度为

$$b_D = \frac{a_p}{\sin \kappa_r} \tag{1.15}$$

由式(1.15)可知,当 a_p 减小或 κ_r 增大时, b_D 变短。

3) 切削层公称厚度

切削厚度 h_D：在同一瞬间的切削层公称横截面积与其切削层公称宽度之比。

在外圆纵车中，当作用主切削刃为直线且 $\kappa_r' = 0, \lambda_s = 0$ 时，切削厚度为

$$h_D = f \cdot \sin \kappa_r \tag{1.16}$$

由式(1.16)可知，f 或 κ_r 增大，则 h_D 变厚。

(2) **切削方式**

1) 自由切削与非自由切削

刀具在切削过程中，如果只有一条直线切削刃参加切削工作，这种情况称为自由切削。其主要特征是切削刃上各点切屑流出方向大致相同，被切金属的变形基本上发生在二维平面内。如图 1.19 所示，宽刃刨刀的主切削刃长度大于工件宽度，没有其他切削刃参加切削，故它是属于自由切削。

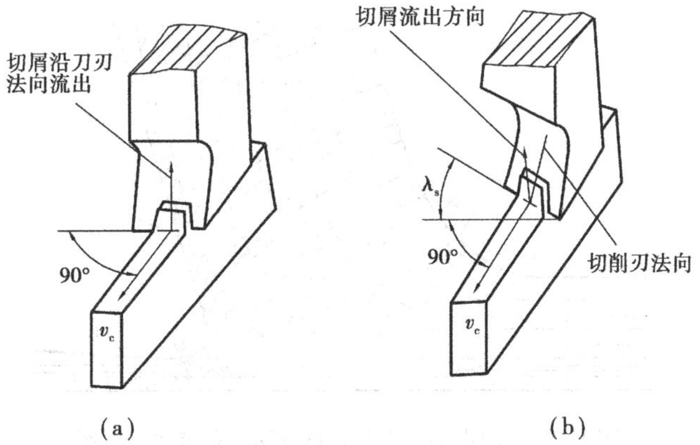

图 1.19　直角切削与斜角切削

反之，若刀具上的切削刃为曲线，或有几条切削刃(包括副切削刃)都参加了切削，并且同时完成整个切削过程，则称为非自由切削。其主要特征是各切削刃交接处切下的金属互相影响和干扰，金属变形更为复杂，且发生在三维空间内。例如，外圆车削时除主切削刃外，还有副切削刃同时参加切削，因此，它是属于非自由切削方式。

2) 直角切削与斜角切削

直角切削是指刀具主切削刃的刃倾角 $\lambda_s = 0$ 的切削，此时，主切削刃与切削速度向量成直角，故又称为正交切削。如图 1.19(a)所示为直角刨削简图，它是属于自由切削状态下的直角切削，其切屑流出方向是沿切削刃的法向，这也是金属切削中最简单的一种切削方式，在金属切削的理论和实验研究工作中，多采用这种直角自由切削方式。

斜角切削是指刀具主切削刃的刃倾角 $\lambda_s \neq 0$ 的切削，此时主切削刃与切削速度向量不成直角。如图 1.19(b)所示为斜角刨削，它也是属于自由切削方式。一般的斜角切削，无论它是在自由切削或非自由切削方式下，主切削刃上的切屑流出方向都将偏离其切削刃的法向。实际切削加工中的大多数情况属于斜角切削方式。

1.2 金属切削过程的基本理论

1.2.1 切屑的形成

毛坯或工件上多余的金属被切除下来，从而形成具有所需形状和精度的合格零件。那些被切除的多余金属则变成切屑。

实验研究证明，金属切削过程实质是被切削金属层在刀具偏挤压作用下产生剪切滑移的塑性变形过程。虽然切削过程中必然产生弹性变形，但其变形量与塑性变形相比基本上可忽略不计。

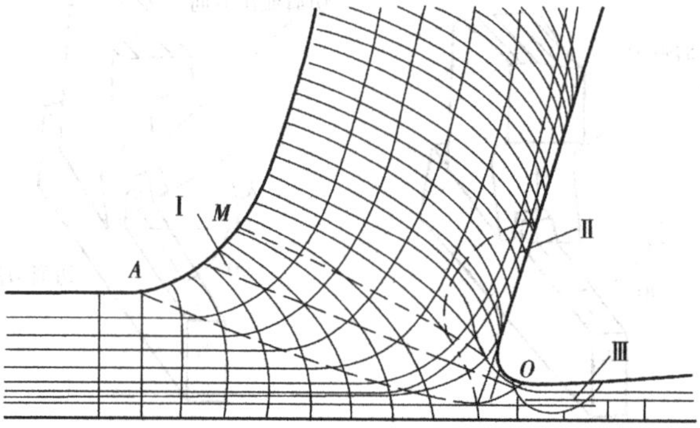

图1.20 金属切削过程中的滑移线和流线示意图

(1)切削过程中的变形

根据金属切削实验中切削层的变形图片，可绘制如图1.20所示的金属切削过程中的滑移线和流线示意图。流线即被切金属的某一点在切削过程中流动的轨迹。为了研究方便，可将切削刃作用部位的切削层划分为3个变形区。这3个变形区汇集在切削刃附近，此处的应力比较集中且复杂，金属的被切削层就在此处与工件母体材料分离，大部分变成切屑，很小的一部分留在已加工表面上。

1)第Ⅰ变形区

被切削金属层在刀具作用下，首先产生弹性变形，当最大剪应力达到材料的屈服极限时，即沿图1.20所示的*OA*线开始发生剪切滑移，随着刀具前刀面的进一步趋近，塑性变形逐渐增大，并伴随有变形强化，直至*OM*线晶粒的剪切滑移基本完成，被切金属层与工件母体脱离成为切屑沿刀具前刀面流出。曲线*OA*与曲线*OM*所包围的区域就是剪切滑移区，又称为第Ⅰ变形区。

如图1.21所示为用切削层内某质点表示的剪切滑移过程。*OA*，*OB*，*OC*和*OM*均为等切应力曲线。当切削层中金属某质点*P*随着切削的进行向切削刃逼近，到达点1的位置时，其切应力达到材料的屈服极限，则点1在向前移动的同时，同时也沿*OA*线滑移，因此当其运动到点2时，2′—2就是其滑移量。随着滑移的产生，切应变将逐渐增加，当质点*P*到达点4位置后，其流动方向与前刀面平行，不再产生滑移现象。故*OA*线为始滑移线或始剪切线，*OM*

线为终滑移线或终剪切线。

实际上,OA线与OM线之间的距离很小,一般为0.02~0.2 mm。为简化问题,常将第Ⅰ变形区用一个剪切平面来近似表示。

2)第Ⅱ变形区

经第Ⅰ变形区剪切滑移变形形成的切屑沿刀具前面排出时,进一步受到刀具前面的挤压和摩擦,再次产生变形,这就是第Ⅱ变形区。这个变形区主要集中在和刀具前面摩擦的切屑底面很薄的一层金属里,这层金属由于受到高温高压的作用,使靠近刀具前面处的金属纤维化,其方向基本上和刀具前面相平行。

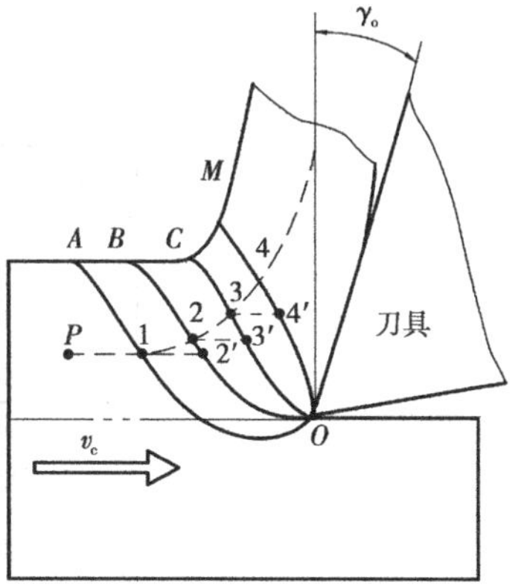

图1.21 第Ⅰ变形区金属质点的剪切滑移

应当指出,第Ⅰ变形区和第Ⅱ变形区是相互联系的。第Ⅱ变形区前刀面的摩擦情况与第Ⅰ变形区的剪切面方向有很大关系。前刀面上的摩擦力大时,切屑排出不畅,将导致挤压变形加剧,引起第Ⅰ变形区的剪切滑移也随之增大。

3)第Ⅲ变形区

工件的过渡表面和已加工表面靠近刀具的金属层受到刀具切削刃钝圆部分与刀具后刀面的挤压和摩擦,产生塑性变形,这一部分称为第Ⅲ变形区。该变形区的变形将造成工件的表层金属纤维化与加工硬化,并产生一定的残余应力。该变形区的变形将影响到工件加工后的表面质量和使用性能。

(2)**切屑变形程度的表示方法**

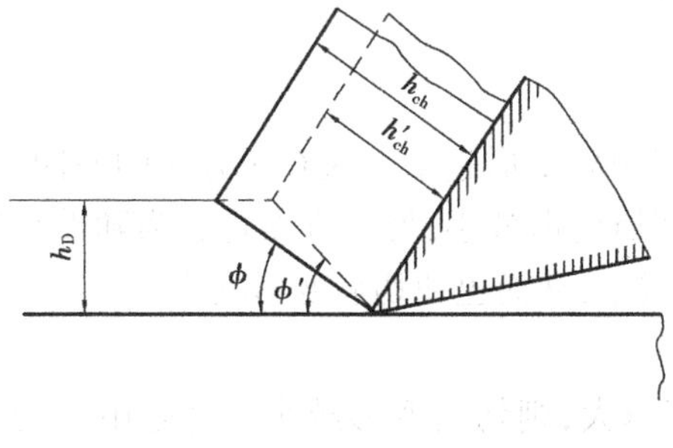

图1.22 剪切角ϕ与剪切面面积的关系

1)剪切角ϕ

主运动方向与剪切平面和工作平面(通过切削刃上选定点并同时包含主运动方向和进给运动方向的平面)的交线间的夹角称为剪切角,用ϕ表示。实验证明,对于同一工件材料,用同样的刀具,切削同样大小的切削层,当切削速度高时,剪切角ϕ较大,剪切面积变小(见图1.22),切削比较省力,说明切屑变形较小。相反,当剪切角ϕ较小,则说明切屑变形较大。

2)切屑厚度压缩比Λ_h

如图1.23所示,在切削过程中,刀具切下的切屑厚度h_{ch}通常都要大于工件上切削层的公称厚度h_D,而切屑长度l_{ch}却小于切削层公称长度l_D,切屑宽度基本不变。

理想切屑厚度h_{ch}与切削层公称厚度h_D之比,称为切屑厚度压缩比Λ_h;切削层公称长度l_D与切屑长度l_{ch}之比,称为切屑长度压缩比Λ_l,即

$$\Lambda_h = \frac{h_{ch}}{h_D} \tag{1.17}$$

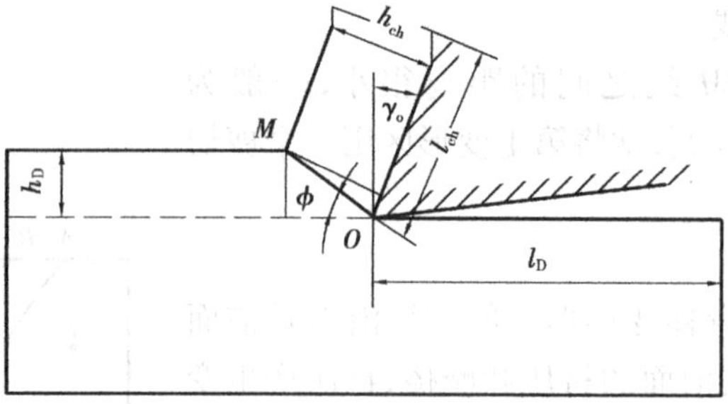

图 1.23　切削厚度压缩比 Λ_h 的求法

$$\Lambda_l = \frac{l_D}{l_{ch}} \tag{1.18}$$

由于工件上切削层的宽度与切屑平均宽度的差异很小，切削前、后的体积可看作不变，故

$$\Lambda_h = \Lambda_l \tag{1.19}$$

Λ_h 是一个大于 1 的数，Λ_h 值越大，表示切下的切屑厚度越大，长度越短，其变形也就越大。由于切屑厚度压缩比 Λ_h 直观地反映了切屑的变形程度，并且容易测量，故一般常用它来度量切屑的变形。

(3)**影响切屑变形的主要因素**

1)工件材料对切屑变形的影响

工件材料的强度硬度越高，切屑变形越小。这是因为工件材料的强度硬度越高，切屑与前面的摩擦越小，切屑越易排出。

2)刀具前角对切屑变形的影响

刀具前角越大，切屑变形越小。生产实践表明，采用大前角的刀具切削，刀刃锋利，切屑流动阻力小，因此，切屑变形小，切削省力。

3)切削速度对切屑变形的影响

在无积屑瘤的切削速度范围内，切削速度越大，则切屑变形越小。这有两方面的原因：一方面是因为切削速度较高时，切削变形不充分，导致切屑变形减小；另一方面是因为随着切削速度的提高，切削温度也升高，使刀-屑接触面的摩擦减小，从而也使切屑变形减小。

4)切削层公称厚度对切屑变形的影响

在无积屑瘤的切削速度范围内，切削层公称厚度越大，则切屑变形越小。这是由于切削层公称厚度增大时，刀-屑接触面上的摩擦减小的缘故。

(4)**切屑的类型与控制**

1)切屑的基本类型与控制

由于工件材料不同，切削条件不同，切削过程中的变形程度也就不同，因而所产生的切屑种类也就多种多样。归纳起来，切屑可分为以下 4 种类型(见图 1.24)：

①带状切屑

如图 1.24(a)所示，带状切屑的外形呈带状，其内表面是光滑的、外表面是毛茸的，加工塑性金属材料如碳钢、合金钢时，当切削层公称厚度较小、切削速度较高、刀具前角较大时，一般常得到这种切屑。它的切削过程比较平稳，切削力波动较小，已加工表面粗糙度较小，但其容易划伤工件。

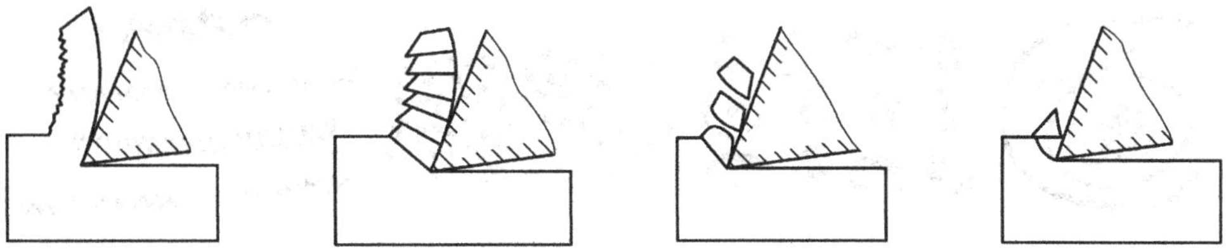

(a)带状切屑　(b)节状切屑　(c)粒状切屑　(d)崩碎切屑

图1.24　切屑类型

②节状切屑

如图1.24(b)所示,这类切屑的外表面呈锯齿形,内表面有时有裂纹,这种切屑大都是在切削速度较低,切削层公称厚度较大、刀具前角较小时产生。它的切削力波动较大,使已加工表面粗糙度高。

③粒状切屑

当切屑形成时,如果整个剪切面上应力超过了材料的破裂强度,则整个单元被切离,成为梯形的粒状切屑,如图1.24(c)所示。由于各粒形状相似,所以又称单元切屑。它是加工塑性更差的金属时,在使用更低的切削速度、更大的切削厚度、更小的刀具前角的情况下产生的。它的切削力波动更大,导致已加工表面粗糙度更高,甚至有鳞片状毛刺出现。

④崩碎切屑

如图1.24(d)所示,在切削脆性金属如铸铁、黄铜等时,切削层几乎不经过塑性变形就产生脆性崩裂,从而使切屑呈不规则的颗粒状。工件材料越硬脆、切削厚度越大时,越易产生这类切屑。该类切屑的切削力波动最大,已加工表面凸凹不平,容易造成刀具破坏,对机床也不利。

前3种切屑是切屑塑性金属时得到的。生产中最常见的是带状切屑,有时得到节状切屑,粒状切屑则很少见。如果改变节状切屑的条件,进一步增大前角、提高切削速度、减小切削层公称厚度,即可得到带状切屑;反之,则可得到粒状切屑。这说明切屑的形态是可随切削条件而转化的,掌握了它的变化规律,即可控制切屑的变形、形态和尺寸,以达到断屑和卷屑的目的。

在加工脆性材料形成崩碎切屑时,其改进办法是减小切削层公称厚度、同时适当提高切削速度,使切屑成针状和片状。

2)切屑的形状

影响切屑的处理和运输的主要因素是切屑的形状,随着工件材料、刀具几何形状和切削用量的差异,所生成的切屑的形状也会不同。切屑的形状大体有带状屑、C形屑、崩碎屑、螺卷屑、长紧卷屑、发条状卷屑和宝塔状卷屑等,如图1.25所示。

车削一般碳钢和合金钢工件时,采用带卷屑槽的车刀易形成C形屑。C形屑不会缠绕在工件或刀具上,也不易伤人,是一种比较好的屑形。但C形屑多数是碰撞在车刀后刀面或工件表面上折断的(见图1.26),切屑高频率地碰撞和折断会影响切削过程的平稳性,对工件已加工表面的粗糙度也有一定的影响。所以,精车时一般大多希望形成长紧卷屑。

车削铸铁和脆黄铜等脆性材料时,切屑崩碎成针状或碎片飞溅,可能伤人,并易研损机床

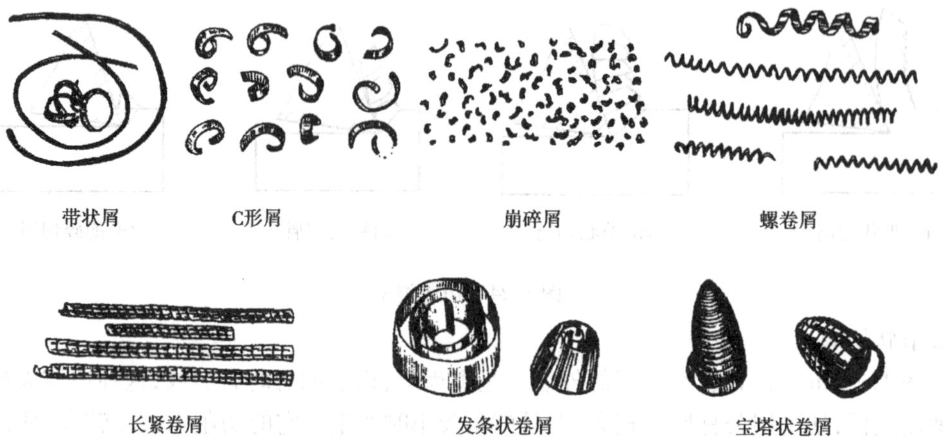

图 1.25　切屑的各种形状

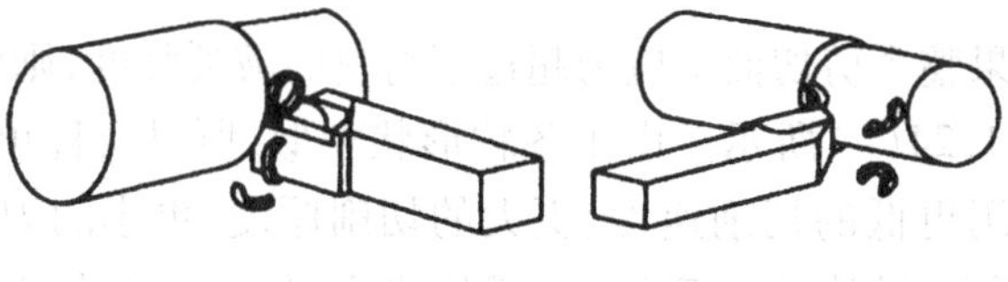

图 1.26　C 形屑的折断过程

导轨面及滑动面。这时,应设法使切屑连成卷状。如采用波形刃脆铜卷屑车刀,可使脆铜和铸铁的切屑连成螺状短卷。

由此可知,切削加工的具体条件不同,要求切屑的形状也应有所不同。脱离具体条件,孤立地评论某一种切屑形状的好坏是没有实际意义的。生产上,常在刀具前刀面上作出卷屑槽来促使切屑卷曲,也采用一些办法使已变形的切屑再附加一次变形将较长的切屑折断。

1.2.2　积屑瘤与鳞刺

(1)积屑瘤

1)积屑瘤及其特征

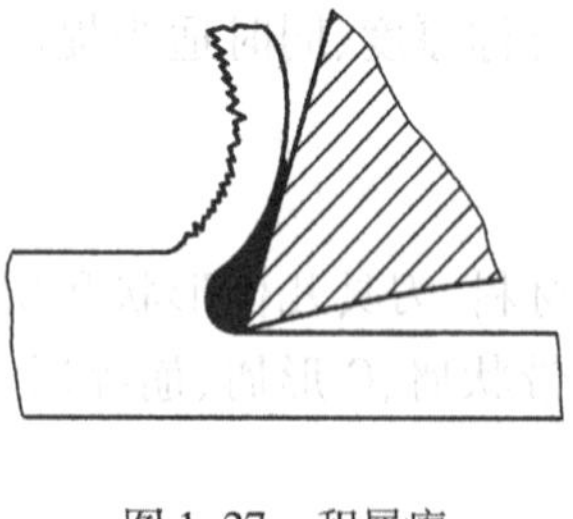

图 1.27　积屑瘤

在一定的切削速度范围内切削钢、铝合金、铜合金等塑性材料时,常有一部分被切工件材料堆积于刀具刃口附近的前刀面上,它包围着刀具切削刃且覆盖部分刀具前面,如图 1.27 所示。这层堆积物大体呈三角形,质地十分坚硬,其硬度可为工件材料的 2～3.5 倍,处于稳定状态时可代替刀刃进行切削。该堆积物称为积屑瘤,俗称刀瘤。

2)积屑瘤的成因与作用

关于积屑瘤的产生有多种解释,通常认为是由于切屑在前刀面上黏结造成的。切屑沿着前刀面流动,由于受前刀面的摩擦作用,使得切屑底层流动速度变得很慢而产生滞流。在一定的温度和压力下,切屑底层的金属会黏结于刀尖上,层层黏结,层层堆积,高度渐长,最终形成了积屑瘤。积屑瘤质地十分坚硬是由于在激烈的塑性变形中产生加工硬化的缘故。一般地说，塑性材料切削时形成带状切屑，且加工硬化现象较强，易产生积屑瘤；而脆性材料切削时形成碎切屑，且加工硬化现象很弱，不易产生积屑瘤。故加工碳钢常出现积屑瘤，而加工铸铁则不出现积屑瘤。切削温度也是形成积屑瘤的重要条件。切削温度过低，黏结现象不易发生；切削温度过高，加工硬化现象有削弱作用，因而积屑瘤也不易产生。对于碳钢，300 ~ 350 ℃范围内最容易产生积屑瘤，500 ℃以上趋于消失。

积屑瘤的形成过程就是切屑滞流层在前刀面上逐步堆积和长高的过程，它能代替刀刃进行切削，从而减小刀具的磨损；积屑瘤的高度是在不断变化的，故会引起工件加工尺寸的改变，影响加工精度，也会使加工表面粗糙度恶化。此外，不稳定的积屑瘤不断生长、破碎和脱落，积屑瘤脱落时会剥离前刀面上的刀具材料，加速刀具的磨损，脱落的部分碎片会嵌入已加工表面，影响零件表面质量。

3）积屑瘤的抑制措施

积屑瘤对加工的影响有利有弊，弊大于利，在精加工时应尽量避免。常用的方法如下：

①切削速度。选择低速或高速加工，避开容易产生积屑瘤的切削速度区间。

②进给量。进给量增大，则切削厚度增大，刀-屑的接触长度增加，从而形成积屑瘤的生成基础。故可适当降低进给量，削弱积屑瘤的生成基础。

③切削液。采用冷却性和润滑性好的切削液，减小刀具前刀面的粗糙度，以减小该处的摩擦。

④前角。增大刀具前角，切削变形减小，则切削力减小，从而使刀具前刀面上的摩擦减小。实践证明，刀具前角增大到35°时，一般不产生积屑瘤。

（2）鳞刺

鳞刺是已加工表面上出现的鳞片状毛刺，如图1.28所示。它是以较低的切削速度切削塑性金属时（如拉削、插齿、滚齿、螺纹切削等）常出现的一种现象。鳞刺将导致已加工表面质量恶化，是加工中获得较小粗糙度表面的一大障碍。

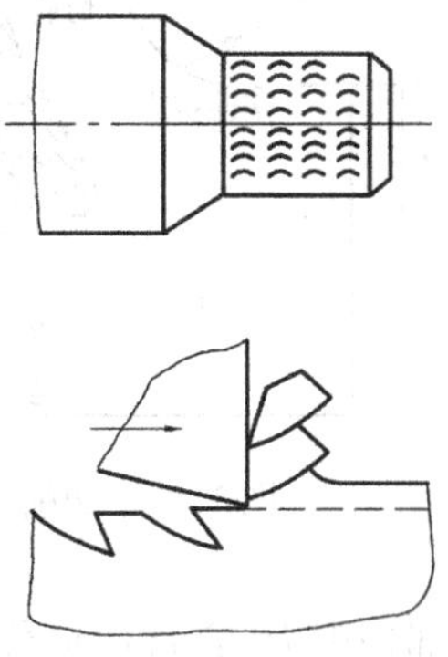

图1.28　鳞刺

鳞刺生成的原因是由于部分金属材料的黏结存积，而导致即将切离的切屑根部发生导裂，在已加工表面层留下金属被撕裂的痕迹。与积屑瘤相比，鳞刺产生的频率较高。

切削时，切屑沿着前刀面流出，切屑以刚切离的新鲜表面抹拭刀的前面，将前刀面上起润滑作用的吸附膜逐渐拭净，切屑和前刀面的摩擦系数逐渐加大，切屑底层金属流速降低，金属纤维被拉长，出现“滞流”现象，当接触面间切削刃处的压力、温度增加到一定程度时，切屑底层中的切应力超过材料的剪切强度，滞流层金属流速为零，此时切屑和刀具就发生冷焊现象，切屑停留在前刀面上，暂时不沿前刀面流出，且代替前刀面挤压待切削层，这时切削刃的前下方切屑与加工表面之间出现一裂口，由于切削运动的连续性，切屑一旦滞留在前刀面上，便代替刀具继续挤压切削层，使切削层中受到挤压的金属转化为切屑，而这部分新成为切屑的金属，将逐层地积聚在起挤压作用的那部分切屑的下方，这些金属一旦积聚并转化为切屑，便立即参加挤压切削层的作用。随着存积过程的发展，切削厚度将逐渐增大，切削力随之增大，切削抗力也随之增大，切屑沿前面流出时的水平推力也增大。当存积金属达到一定厚度后，水平分力也随之增大到能够推动切屑重新流出的程度，于是切屑又重新开始沿前刀面流出，同时切削刃便刮出鳞刺的顶部，一个鳞刺的形成过程便告结束，紧接着又开始另一个新鳞刺的形成过程。

避免产生鳞刺的措施如下：

①减小切削厚度。

②采用润滑性能良好的切削液。

③采用硬质合金或高硬度的刀具切削。

④如提高切削速度受到限制，可采用人工加热切削区的措施。

1.2.3 切削力与切削功率

切削力就是在切削过程中作用在刀具或工件上的力。对于刀具而言，在《金属切削 基本术语》(GB/T 12204—2010)中这样定义：刀具总切削力就是刀具上所有参与切削的各切削部分所产生的总切削力的合力，其对某一规定轴线所产生的扭矩为刀具总扭矩。它直接影响着切削热的产生，并进一步影响着刀具的磨损、使用寿命，影响工件加工精度和已加工表面质量。在生产中，切削力又是计算切削功率、设计和使用机床、刀具、夹具的必要依据。因此，研究切削力的规律将有助于分析切削过程，并对生产实际有重要的指导意义。

(1)切削力的来源

对切屑形成的3个变形区的研究可知，切削力主要来源于3个方面，取刀具为受力体来分析，如图1.29所示。

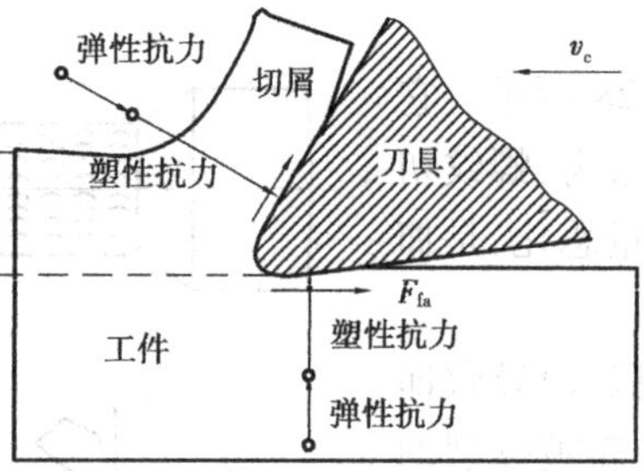

图1.29 切削力的来源

①克服被加工材料弹性变形的抗力。

②克服被加工材料塑性变形的抗力。

③克服切屑对刀具前刀面、工件过渡表面和已加工表面对刀具后刀面的摩擦力。

被加工材料弹性变形的抗力和塑性变形的抗力，在切削中的3个变形区中均存在。

(2)刀具总切削力的分解

如图1.30所示为车削外圆时的切削力。切削合力F为刀具一个切削部分切削工件时所产生的全部切削力，它近似地代替了刀具总切削力。

为了便于测量和应用，可将合力F分解为如图1.30所示的分力，其中：

F_c——主切削力或切向力，是切削合力在主运动方向上的正投影。是计算车刀强度、设计机床零件、确定机床功率所必需的力。

F_f——进给力或轴向力。是切削合力在进给运动方向上的正投影。是设计机床走刀机构强度、计算车刀进给功率必需的力。

F_p——背向力或径向力。是切削合力在垂直于工作平面上的分力。是用来确定与工件加工精度有关的工件挠度、计算机床零件强度的力，它也是使工件在切削过程中产生振动的力。

由图1.30可知，有

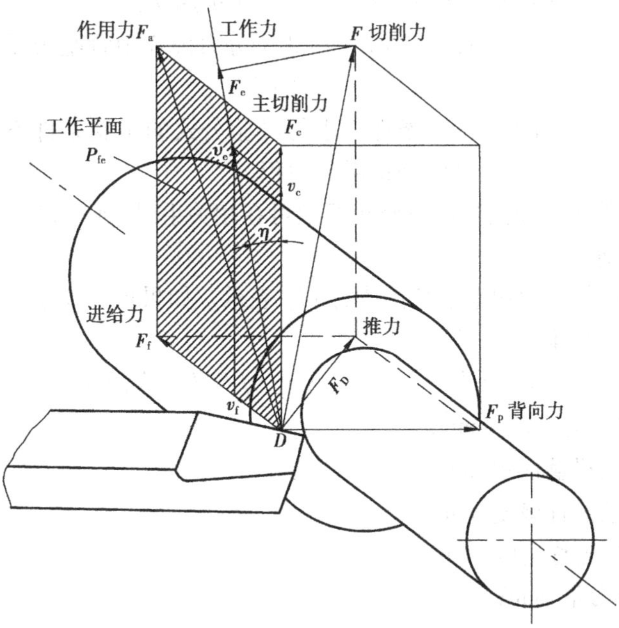

图1.30　外圆车削时的切削力分解

$$F = \sqrt{F_c^2 + F_D^2} = \sqrt{F_c^2 + F_f^2 + F_p^2} \tag{1.20}$$

(3)**切削功率**

同一瞬间切削刃基点上的主切削力与切削速度的乘积称为切削功率 P_c。工作功率 P_e 为同一瞬间切削刃基点的工作力与合成切削速度的乘积,即

$$P_c = F_c \cdot v_c \times 10^{-3} \quad \text{kW} \tag{1.21}$$

F_f 消耗的功率与 F_c 所消耗的功率相比,一般很小,故可略去不计,而 F_p 方向没有位移,故不消耗功率。于是,常用切削功率来代替工作功率,求出 P_c 之后,如果计算机床电机功率 P_E,还应将 P_c 除以机床传动效率 η_c(一般取0.75~0.85),即

$$P_E \geqslant \frac{P_c}{\eta_c} \tag{1.22}$$

(4)**切削力的指数经验公式及切削力的计算**

1)切削力的指数公式

对于切削力,也可利用公式进行计算。由于金属切削过程非常复杂,虽然人们进行了大量的试验和研究,但所得到的一些理论公式还不能用来进行比较精确地计算切削力。目前,实际采用的计算公式都是通过大量的试验和数据处理而得到的经验公式。其中,应用比较广泛的是指数形式的切削力经验公式,其形式为

$$\left.\begin{aligned} F_c &= C_{F_c} \cdot a_p^{x_{F_c}} \cdot f^{y_{F_c}} \cdot v_c^{n_{F_c}} \cdot K_{F_c} \\ F_p &= C_{F_p} \cdot a_p^{x_{F_p}} \cdot f^{y_{F_p}} \cdot v_c^{n_{F_p}} \cdot K_{F_p} \\ F_f &= C_{F_f} \cdot a_p^{x_{F_f}} \cdot f^{y_{F_f}} \cdot v_e^{n_{F_f}} \cdot K_{F_f} \end{aligned}\right\} \tag{1.23}$$

式中　F_c, F_p, F_f——切削力、背向力和进给力;

C_{F_c}, C_{F_p}, C_{F_f}——取决于工件材料和切削条件的系数；

$x_{F_c}, y_{F_c}, n_{F_c}; x_{F_p}, y_{F_p}, n_{F_p}; x_{F_f}, y_{F_f}, n_{F_f}$——3 个分力公式中背吃刀量、进给量和切削速度的指数；

$K_{F_c}; K_{F_p}; K_{F_f}$——当实际加工条件与求得经验公式的试验条件不符时，各种因素对各切削分力的修正系数的积。

式(1.23)中各种系数和指数以及修正系数可在相关手册(或表格)中查到。

2)利用单位切削力计算

单位切削力是指单位面积上的切削力，用 k_c 表示。如果单位切削力是已知的(由相关表格中查出)，则可计算切削力 F_c 为

$$F_c = k_c \cdot A_D = k_c \cdot a_p \cdot f = k_c \cdot h_D \cdot b_D \tag{1.24}$$

式中 k_c——单位切削力，N/mm²；

A_D——切削层横截面积，mm²；

h_D——切削层公称厚度，mm；

b_D——切削层公称宽度，mm；

a_p——背吃刀量，mm；

f——进给量，mm/r。

(5)切削力的测量

1)切削力的间接测量

在没有专用测力仪器的情况下，可使用功率表测出机床电动机在切削过程中所消耗的功率，然后按式(1.22)计算出 P_c，在切削速度已知的情况下，利用式(1.21)计算出 F_c。这种方法只能粗略地估算出切削力的大小。

2)直接测量法

测力仪是测量切削力的主要仪器，按其工作原理可分为机械式、液压式和电测式。电测式又可分为电阻应变式、电磁式、电感式、电容式及压电式。目前，常用的是电阻应变式测力仪和压电式测力仪。

①电阻应变式测力仪

电阻应变式测力仪具有灵敏度高、线性度好、量程范围大、使用可靠和测量精度较高等优点，适用于切削力的动态和静态测量。

这种测力仪常用的电阻元件是电阻应变片。其特点是受到张力时，其长度增大，截面积减小，致使电阻值增大；受到压力时，其长度缩短，截面积增加，致使电阻值减小。将若干电阻应变片固定在测力仪的弹性元件的不同位置，连成电桥，如图 1.31 所示。在切削力的作用下，应变片随弹性元件一起发生变形，破坏了电桥的平衡，这时，电流表中有与切削力大小相应的电流流过。该电流经过电阻应变仪放大后得到电流读数，经标定后就可得到切削力的数值。

②压电式测力仪

压电式测力仪具有灵敏度高、刚度大、自振频率高、线性度和抗相互干扰性较好，无惯性、精度高等优点，适用于测量动态切削力和瞬时切削力。其缺点是易受湿度影响，连续测量稳定的或变化不大的切削力时，存在电荷泄漏，致使零点漂移，影响测量精度。

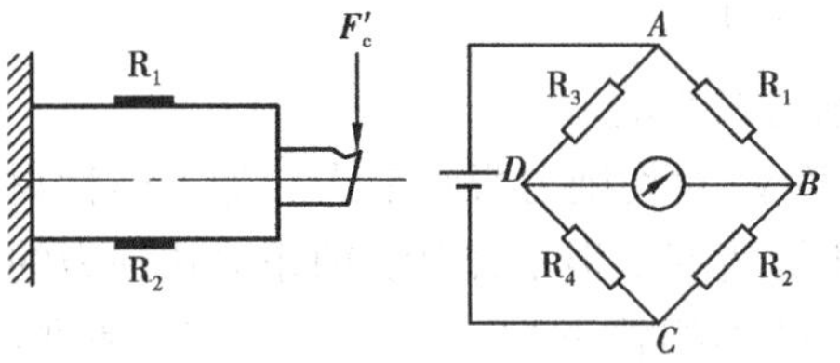

图1.31　弹性元件上的电阻应变片组成电桥

这种测力仪利用某些材料(如石英晶体或压电陶瓷等)的压电效应,即当其受力时其表面产生电荷,电荷的多少仅与所施加的外力的大小成正比。用电荷放大器将电荷转换成相应的电压参数即可测量出力的大小。

(6)影响切削力的因素

在切削过程中,有很多因素都对切削力产生了不同程度的影响,归纳起来主要有工件材料、切削用量、刀具几何参数、刀具材料、后刀面的磨损量、刀具刃磨质量及切削液等方面。这些因素的影响程度和影响规律在切削力的理论公式和经验公式中都有较全面的体现。

1)被加工材料的影响

被加工材料的物理机械性质、加工硬化能力、化学成分、热处理状态等都对切削力的大小产生影响。

材料的强度越高,硬度越大。有的材料如奥氏体不锈钢,虽然初期强度和硬度都较低,但加工硬化大,切削时较小的变形就会引起硬度大大提高,从而使切削力增大。

材料的化学成分会影响其物理机械性能,从而影响切削力的大小。例如,碳钢中含碳量高,硬度就高、切削力较大。

同一材料,热处理状态不同,金相组织不同,硬度就不同,也影响切削力的大小。

铸铁等脆性材料,切削层的塑性变形小,加工硬化小。此外,切屑为崩碎切屑,且集中在刀刃(尖),刀-屑接触面积小,摩擦也小。因此,加工铸铁时切削力比钢小。

2)切削用量对切削力的影响

①背吃刀量 a_p 和进给量 f

背吃刀量 a_p 和进给量 f 增大,都会使切削面积 A_D 增大 ($A_D = a_p \cdot f$),从而使变形力增大,摩擦力增大,因此切削力也随之增大。但 a_p 和 f 两者对切削力的影响大小不同。

背吃刀量 a_p 增大1倍,切削力 F_c 也增大1倍。在切削力 F_c 的经验公式中,a_p 的指数 x_{Fc} 近似等于1。

进给量 f 增大,切削面积增大、切削力增大;但 f 增大,又使切屑厚度压缩比 Λ_h 减小,摩擦力减小,使切削力减小。这正反两方面作用的结果,使切削力的增大与 f 不成正比,反映在切削力 F_c 的经验公式中,f 的指数 y_{Fc},一般都小于1。

②切削速度 v_c

在无积屑瘤的切削速度范围内,随着切削速度 v_c 的增大,切削力减小。这是因为 v_c 增大后,摩擦减小,剪切角 ϕ 增大,切屑厚度压缩比 Λ_h 减小,切削力减小。另一方面,切削速度 v_c 增大,切削温度增高,使被加工金属的强度、硬度降低,也会导致切削力减小。故只要条件允许,宜采用高速切削,同时还可提高生产率。

切削铸铁等脆性材料时,由于形成崩碎切屑,塑性变形小,刀-屑接触面间摩擦小,因此,

切削速度 v_c 对切削力的影响不大。

3)刀具几何参数对切削力的影响

在刀具几何参数中,前角 γ_o 对切削力影响最大。加工塑性材料时,前角 γ_o 增大,切削力降低;加工脆性材料时,由于切屑变形很小,因此,前角对切削力的影响不显著。

主偏角 κ_r 对切削力 F_c 的影响较小,但它对背向力 F_p 和进给力 F_f 的影响较大,由如图1.32所示可知,得

$$\left.\begin{aligned} F_p &= F_D \cdot \cos \kappa_r \\ F_f &= F_D \cdot \sin \kappa_r \end{aligned}\right\} \tag{1.25}$$

式中　F_D——切削合力 F 在基面内的分力。

由式(1.24)可知,F_p 随 κ_r 的增大而减小,F_f 随 κ_r 的增大而增大。

实验证明,刃倾角 λ_s 在很大范围内($-40° \sim +40°$)变化时对切削力 F_c 没有什么影响,但对 F_p 和 F_f 的影响较大,随着 λ_s 的增大,F_p 减小,而 F_f 增大。

在刀具前面上磨出负倒棱 b_{r1}(见图1.33)对切削力有一定的影响。负倒棱宽度 b_{r1} 与进给量之比(b_{r1}/f)增大,切削力随之增大,但当切削钢 $b_{r1}/f \geqslant 5$,或切削灰铸铁 $b_{r1}/f \geqslant 3$ 时,切削力趋于稳定,这时就接近于负前角 γ_{o1} 刀具的切削状态。

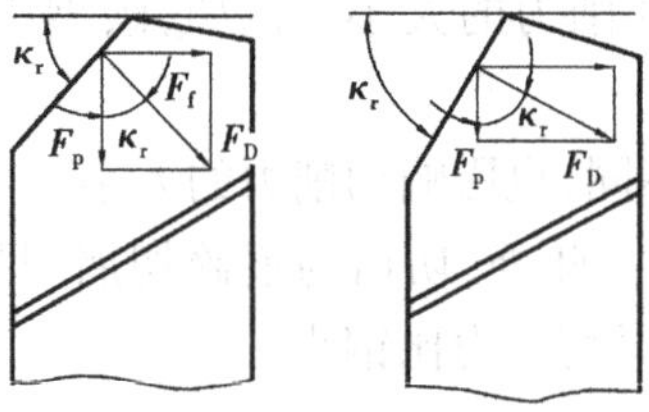

图1.32　主偏角不同时,F_p 和 F_f 的变化

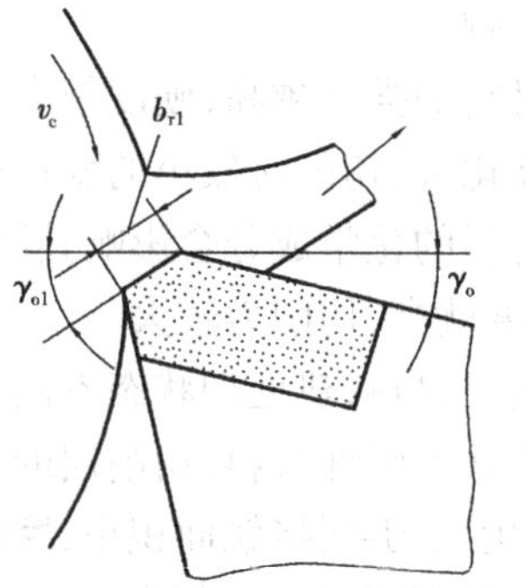

图1.33　正前角倒棱车刀的切屑流出情况

4)刀具材料对切削力的影响

刀具材料与被加工材料间的摩擦系数,影响到摩擦力的变化,直接影响着切削力的变化。在同样的切削条件下,陶瓷刀具的切削力最小,硬质合金次之,高速工具钢刀具的切削力最大。

5)切削液对切削力的影响

切削液具有润滑作用,使切削力降低。切削液的润滑作用越好,切削力的降低越显著。在较低的切削速度下,切削液的润滑作用更为突出。

6)刀具后面的磨损对切削力的影响

后面的磨损增加,摩擦加剧,切削力增加。因此,要及时更换刃磨刀具。

1.2.4　切削热与切削温度

切削热是切削过程中重要的物理现象之一。大量的切削热使得切削温度升高,这将直接

影响刀具前面上的摩擦系数、积屑瘤的形成和消退、刀具的磨损以及工件材料的性能、工件加工精度和已加工表面质量等。

(1)切削热的产生与传出

切削过程中所消耗能量的97%～99%都转变为热量。3个变形区就是3个发热区,如图1.34所示。因此,切削热的来源就是切屑变形功和刀具前、后面的摩擦功。

根据热力学平衡原理,产生的热量和散出的热量应相等,则有

$$Q_s + Q_r = Q_c + Q_t + Q_w + Q_m \tag{1.26}$$

式中　Q_s——工件材料弹、塑性变形所产生的热量;

Q_r——切屑与前面、加工表面与后面摩擦所产生的热量;

Q_c——切屑带走的热量;

Q_t——刀具传散的热量;

Q_w——工件传散的热量;

Q_m——周围介质如空气、切削液带走的热量。

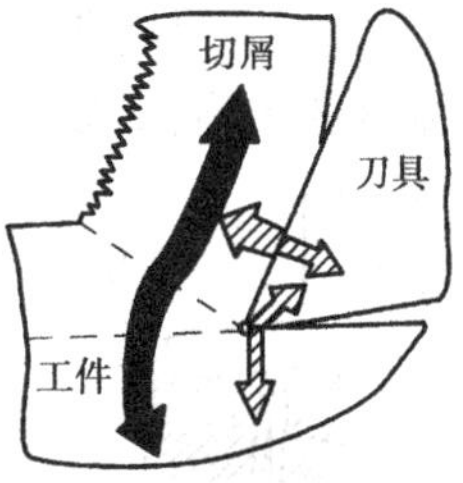

图1.34　切削热的产生与传出

切削热由切屑、刀具、工件及周围介质传出的比例大致如下:

①车削加工时,切屑带走的切削热为50%～86%,车刀传出10%～40%,工件传出3%～9%,周围介质(如空气)传出1%。切削速度越高或切削层公称厚度越大,则切屑带走的热量越多。

②钻削加工时,切屑带走的切削热28%,刀具传出14.5%,工件传出52.5%,周围介质传出5%。

③磨削加工时,约有70%以上的热量瞬时进入工件,只有小部分通过切屑、砂轮、冷却液和大气带走。

(2)切削温度及其分布和测量

所谓切削温度,是指刀具前面上刀-屑接触区的平均温度,用θ表示。一般用前刀面与切屑接触区域的平均温度代替。

1)切削温度的测量

切削温度的测量可用来研究各种因素对切削温度的影响,也可用来检查切削温度理论计算的准确性,还可把测得的切削温度作为自适应控制切削过程的输入信号。

切削温度的测定方法有多种,目前应用较广泛而且比较成熟、简单可靠的方法是自然热电偶法和人工热电偶法,半人工热电偶法也有应用。另外,还有热辐射法、涂色法和红外线法等。其中,热电偶法测温虽较近似,但装置简单、测量方便,故它是较为常用的测温方法。

①自然热电偶法

自然热电偶法是利用刀具和工件材料化学成分的不同构成热电偶,将刀具和工件作为热电偶的两极,组成热电回路测量切削温度的方法。切削加工时,当工件与刀具接触区的温度升高后,就在回路中形成热电偶的热端和冷端。这样在刀具和工件的回路中就形成了温差电动势,利用电位计或毫伏表可将其数值记录下来。再根据事先标定的热电偶热电势与温度的关系曲线(标定曲线),便可查出刀具与工件接触区的切削温度值。

用自然热电偶法测到的切削温度是切削区的平均温度。利用这一方法进行测量是简便

可靠的，但即便是更换牌号相同、炉号不同的刀具材料或工件材料时，也要重新做一次标定曲线。另外，自然热电偶法不能测出切削区指定点的温度，因此，人工热电偶法也常有应用。

②人工热电偶法

人工热电偶法是将两种预先经过标定的金属丝组成热电偶，热电偶的热端焊接在刀具或工件预定要测量温度的点上，冷端通过导线串接电位计或毫伏表。根据表上的读数值和热电偶标定曲线，可获得焊接点上的温度。如图1.35所示为使用人工热电偶法测量刀具前刀面某点温度的示意图，安放热电偶金属丝的小孔直径越细小越好，同时金属丝应做好绝缘措施。

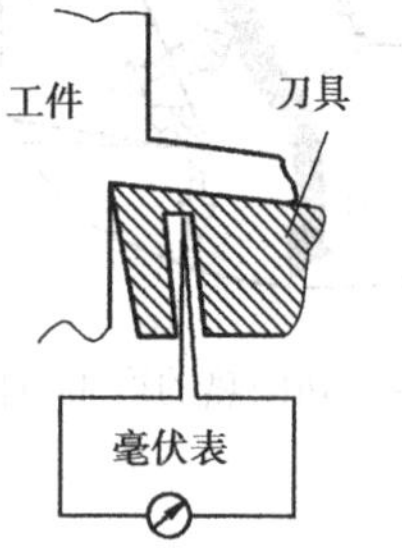

图1.35 人工热电偶法测量刀具某点温度

应用人工热电偶法，只能测得距前刀面有一定距离处的某点温度，而不能直接测出前刀面上的温度。要知道前刀面上的温度，还要利用传热学的原理和公式进行计算。利用这种方法，可得到刀具、工件和切屑的温度分布情况。

2)切削温度的分布

切削温度的分布一般用温度场来描述。温度场是指工件、切屑和刀具上各点的温度分布。温度场可用理论计算的方法求出，但更多的是用人工热电偶法或其他方法测出。

如图1.36所示为切削钢料时，实验测出的正交平面内的温度场。由此可分析归纳出以下一些切削温度分布的规律：

①剪切面上各点的温度几乎相同，说明剪切面上各点的应力应变规律基本相同。

②刀具前、后面上最高温度都不在切削刃上，而是在离切削刃有一定距离的地方，这是摩擦热沿着刀面不断增加的缘故。

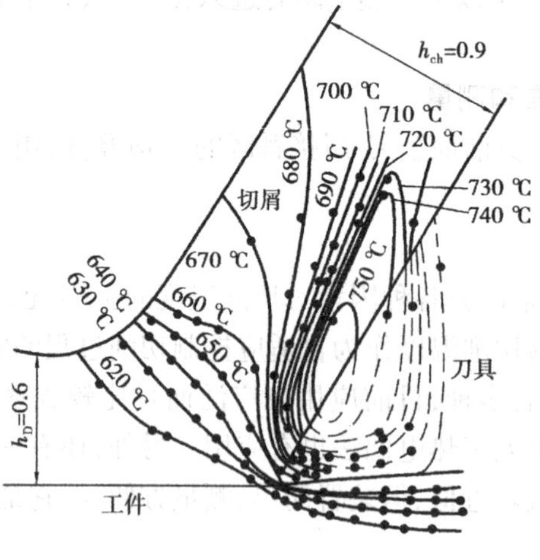

工件材料：低碳易切钢；刀具：$\gamma_o=30°$，$\alpha_o=7°$；

切削用量：$h_D=0.6$ mm　$v_c=22.86$ m/min；切削条件：干切削，预热611 ℃

图1.36 二维切削中的温度分布

(3)影响切削温度的主要因素

考虑切削过程中某因素对切削温度的影响，仍然是从该因素对切削热的产生和传出这两个方面来综合考虑。

1)切削用量对切削温度的影响

通过实验得出的切削温度的经验公式为

$$\theta = C_{\theta} \cdot v_{c}^{z_{\theta}} \cdot f^{y_{\theta}} \cdot a_{p}^{x_{\theta}} \tag{1.27}$$

式中　θ——刀具前面上刀-屑接触区的平均温度,℃;

C_{θ}——切削温度系数;

v_c——切削速度,m/min;

f——进给量,mm/r;

a_p——背吃刀量,mm;

$z_{\theta}, y_{\theta}, x_{\theta}$——相应的影响指数。

实验得出,用高速工具钢或硬质合金刀具切削中碳钢时,系数 C_{θ} 以及指数 z_{θ},y_{θ},x_{θ} 如表1.2所示。

由式(1.26)及表1.2可知,v_c,f,a_p 增大,切削温度升高,但切削用量三要素对切削温度的影响程度不一,以 v_c 的影响最大,f 次之,a_p 最小。因此,为了有效地控制切削温度以提高刀具使用寿命,在机床允许的条件下,选用较大背吃刀量 a_p 和进给量 f,比选用大的切削速度 v_c 更为有利。

表1.2　切削温度的系数及指数

<table>
<tr><th>刀具材料</th><th>加工方法</th><th>C_{θ}</th><th colspan="2">z_{θ}</th><th>y_{θ}</th><th>x_{θ}</th></tr>
<tr><td rowspan="3">高　速
工具钢</td><td>车　削</td><td>140~170</td><td colspan="2" rowspan="3">0.35~0.45</td><td rowspan="3">0.2~0.3</td><td rowspan="3">0.08~0.10</td></tr>
<tr><td>铣　削</td><td>80</td></tr>
<tr><td>钻　削</td><td>150</td></tr>
<tr><td rowspan="4">硬质合金</td><td rowspan="4">车　削</td><td rowspan="4">320</td><td>$f/(\mathrm{mm \cdot r^{-1}})$</td><td></td><td rowspan="4">0.15</td><td rowspan="4">0.05</td></tr>
<tr><td>0.1</td><td>0.41</td></tr>
<tr><td>0.2</td><td>0.31</td></tr>
<tr><td>0.3</td><td>0.26</td></tr>
</table>

2)刀具几何参数的影响

前角 γ_o 增大,使切屑变形程度减小,产生的切削热减小,因而切削温度下降。但前角大于18°~20°时,对切削温度的影响减小,这是因为楔角减小而使散热体积减小的缘故。

主偏角 κ_r 减小,使切削层公称宽度 b_D 增大,散热增大,故切削温度下降。

负倒棱及刀尖圆弧半径增大,能使切削变形程度增大,产生的切削热增加;但另一方面这两者都能使刀具的散热条件改善,使传出的热量增加,两者趋于平衡,因此,对切削温度影响很小。

3)工件材料的影响

工件材料的强度、硬度增大时,产生的切削热增多,切削温度升高;工件材料的导热系数越大,通过切屑和工件传出的热量越多,切削温度下降越快。

4)刀具磨损的影响

刀具后面磨损量增大,切削温度升高,磨损量达到一定值后,对切削温度的影响加剧;切削速度越高,刀具磨损对切削温度的影响就越显著。

5)切削液的影响

切削液对降低切削温度、减少刀具磨损和提高已加工表面质量有明显的效果。切削液对切削温度的影响与切削液的导热性能、比热、流量、浇注方式以及本身的温度有很大关系。

1.2.5 刀具磨损和破损

切削过程中,刀具一方面切下切屑,一方面也被损坏。刀具损坏到一定程度,就要更换新的切削刃或换刀才能继续切削。因此,刀具损坏也是切削过程中的一个重要现象。

刀具损坏的形式主要有磨损和破损两类。前者是连续的逐渐磨损,后者又包括脆性破损(如崩刃、碎断、剥落、裂纹等)和塑性破损两种。

刀具磨损后,使工件加工精度降低,表面粗糙度增大,并导致切削力和切削温度增加,甚至产生振动不能继续正常切削。因此,刀具磨损直接影响生产效率、加工质量和成本。

(1)刀具的磨损形式

切削时,刀具的前面和后面分别与切屑和工件相接触,由于前、后面上的接触压力很大,接触面的温度也很高,因此在刀具前、后面上发生磨损,如图 1.37 所示。

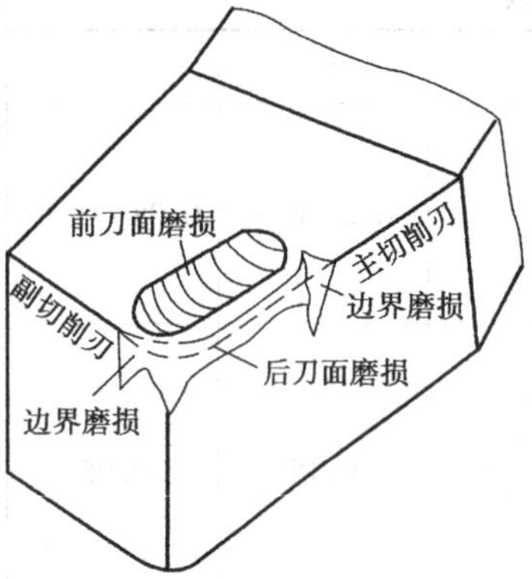

图 1.37 刀具的磨损形态

1)前刀面磨损

切削塑性材料时,如果切削速度和切削层公称厚度较大,则在刀具前面上形成月牙洼磨损,如图 1.38(a)所示。并以切削温度最高的位置为中心开始发生,然后逐渐向前后扩展,深度不断增加。当月牙洼发展到其前缘与切削刃之间的棱边变得很窄时,切削刃强度降低,容易导致切削刃破损。刀具前面月牙洼磨损值以其最大深度 KT 表示。

2)后刀面磨损

切削时,工件的新鲜加工表面与刀具后面接触,相互摩擦,引起刀具后面磨损。后面的磨损形式是磨成后角等于零的磨损棱带。切削铸铁和以较小的切削层公称厚度切削塑性材料时,主要发生这种磨损。后面上的磨损棱带往往不均匀,如图 1.38(b)所示。刀尖部分(*C* 区)强度较低,散热条件又差,磨损比较严重,其最大值为 *VC*;切削刃靠近工件待加工表面处的后面(*N* 区)磨成较

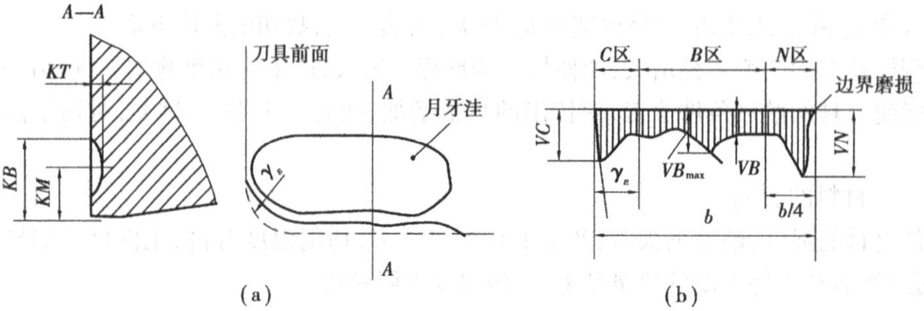

图 1.38 刀具磨损的测量位置

深的沟，以 VN 表示。在后面磨损棱带的中间部位（B 区），磨损比较均匀，其平均宽度以 VB 表示，最大宽度以 VB_{max} 表示。

3）前后面同时磨损或边界磨损

切削塑性材料，$h_D = 0.1 \sim 0.5$ mm 时，会发生前后面同时磨损。

在切削铸钢件和锻件等外皮粗糙的工件时，常在主切削刃靠近工件外皮处以及副切削刃靠近刀尖处的后面上，磨出较深的沟纹，这种磨损称为边界磨损，如图 1.39 所示。发生这种边界磨损的主要原因有以下两点：

①切削时，在主切削刃附近的前后刀面上，压应力和切应力很大，但在工件外表面的切削刃上应力突然下降，形成很高的应力梯度，引起很大的切应力。同时，前刀面上切削温度最高，而与工件外表面接触点由于受空气或切削液冷却，造成很高的温度梯度，也引起很大的切应力。因而在主切削刃后刀面上发生边界磨损。

②由于加工硬化作用，靠近刀尖部分的副切削刃处的切削厚度减薄到零，引起这部分刀刃打滑，促使副后刀面上发生边界磨损。

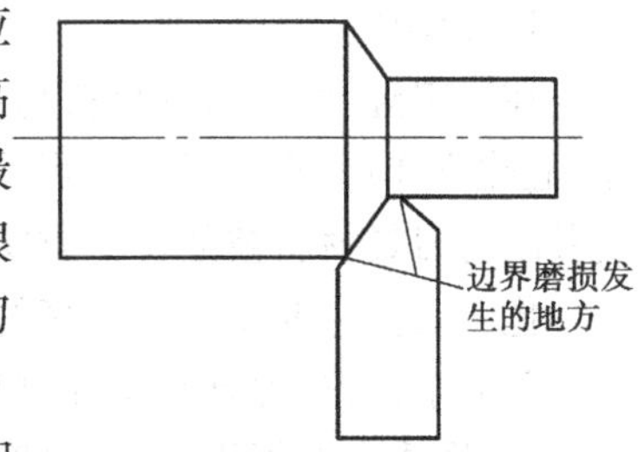

图 1.39　边界磨损部位

加工铸、锻件外皮粗糙的工件时，也容易发生边界磨损。

（2）**刀具磨损的原因**

切削时刀具的磨损是在高温高压条件下产生的。因此，形成刀具磨损的原因就非常复杂，它涉及机械、物理、化学和相变等的作用。现将其中主要的原因简述如下：

1）硬质点磨损

硬质点磨损是由工件材料中的杂质、材料基体组织中所含的碳化物、氮化物和氧化物等硬质点以及积屑瘤的碎片等将刀具表面上擦伤，划出一条条的沟纹造成的机械磨损。各种切削速度下的刀具都存在这种磨损，但它是低速刀具磨损的主要原因，因低速时温度低，其他形式的磨损还不显著。

2）黏结磨损

在一定的压力和温度作用下，在切屑与前面、已加工表面与后面的摩擦面上，产生塑性变形而使工件的原子或晶粒冷焊在刀面上形成黏结点，这些黏结点又因相对运动而破裂，其原子或晶粒被对方带走，一般说来，黏结点的破裂发生在硬度较低的一方，即工件材料上，但刀具材料往往有组织不均、存在内应力、微裂纹以及空隙、局部软点等缺陷，因此，黏结点的破裂也常常发生刀具材料被工件材料带走的现象，从而形成刀具的黏结磨损。高速工具钢、硬质合金等各种刀具都会因黏结而发生磨损。

黏结磨损的程度取决于切削温度、刀具和工件材料的亲和力、刀具和工件材料硬度比、刀具表面形状与组织和工艺系统刚度等因素。例如，刀具和工件材料的亲和力越大、硬度比越小，黏结磨损就越严重。

3）扩散磨损

切削过程中，刀具表面始终与工件上被切出的新鲜表面相接触，由于高温与高压的作用，两摩擦表面上的化学元素有可能互相扩散到对方去，使两者的化学成分发生变化，从而削弱了刀具材料的性能,加速了刀具的磨损。例如,用硬质合金刀具切削钢件时,切削温度常达到800~1 000 ℃以上,自800 ℃开始,硬质合金中的Co,C,W等元素会扩散到切屑中而被带走;切屑中的Fe也会扩散到硬质合金中,形成新的低硬度、高脆性的复合碳化物;同时,由于Co的扩散,还会使刀具表面上WC,TiC等硬质相的黏结强度降低,这一切都加剧了刀具的磨损。因此,扩散磨损是硬质合金刀具的主要磨损原因之一。

扩散磨损的速度主要与切削温度、工件和刀具材料的化学成分等因素有关。扩散速度随切削温度的升高而增加,而且愈演愈烈。

4)化学磨损

在一定温度下,刀具材料与某些周围介质(如空气中的氧、切削液中的极压添加剂硫、氯等)起化学作用,在刀具表面形成一层硬度较低的化合物,而被切屑带走,加速了刀具的磨损;或者因为刀具材料被某种介质腐蚀,造成刀具损耗,这些被称为化学磨损。

化学磨损主要发生于较高的切削速度条件下。

总的来说,当刀具和工件材料给定时,对刀具磨损起主导作用的是切削温度。在温度不高时,以硬质点磨损为主;在温度较高时,以黏结、扩散和化学磨损为主。如图1.40所示为硬质合金刀具加工钢料时,在不同的切削速度(切削温度)下各类磨损所占的比例。

(3)刀具磨损过程及磨钝标准

1)刀具的磨损过程

根据切削实验可知,如图1.41所示的刀具磨损过程的典型曲线。由图可知,刀具的磨损过程分3个阶段:

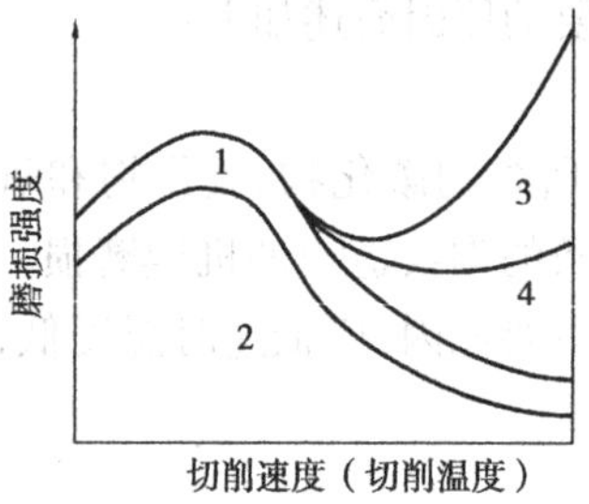

图1.40 切削温度对刀具磨损强度的影响

1—机械磨损;2—黏结磨损;

3—扩散磨损;4—化学磨损

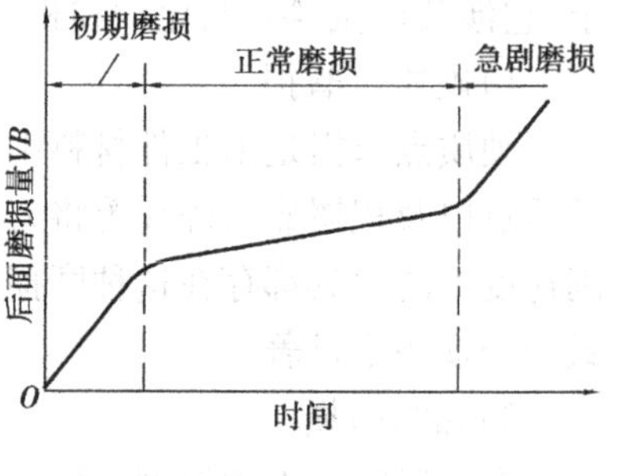

图1.41 刀具磨损的典型曲线

①初期磨损阶段

因为新刃磨的刀具后面存在粗糙不平以及显微裂纹、氧化或脱碳等缺陷,而且切削刃较锋利,后面与加工表面接触面积较小,压应力较大,因此,这一阶段的磨损较快。

②正常磨损阶段

经过初期磨损后,刀具后面粗糙表面已经磨平,单位面积压力减小,磨损比较缓慢且均匀,进入正常磨损阶段。在这个阶段,后面的磨损量与切削时间近似成正比增加。正常切削时,这个阶段时间较长。

③急剧磨损阶段

当磨损量增加到一定限度后,加工表面粗糙度增加,切削力与切削温度迅速升高,刀具磨损量增加很快，甚至出现噪声、振动，以致刀具失去切削能力。在这个阶段到来之前，就要及时换刀。

2）刀具的磨钝标准

刀具磨损后将影响切削力、切削温度和加工质量，因此必须根据加工情况给刀具规定一个最大允许的磨损量，这个磨损限度就称为刀具的磨钝标准。

因为一般刀具的后面都发生磨损，而且测量也比较方便。因此，国际标准化组织ISO统一规定以1/2切削深度处后面上测量的磨损带宽度 *VB* 作为刀具的磨钝标准，如图1.42所示。

自动化生产中用的精加工刀具，常以沿工件径向的刀具磨损尺寸作为衡量刀具的磨钝标准，称为刀具的径向磨损量 *NB*，如图1.42所示。

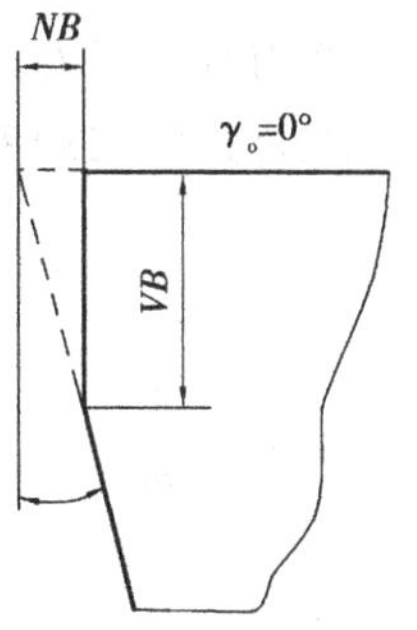

图1.42　刀具磨钝标准

由于加工条件不同，所规定的磨钝标准也有变化。例如，精加工的磨钝标准取得小，粗加工的磨钝标准取得大。

磨钝标准的具体数值可参考有关手册，一般 $VB=0.3$ mm。

（4）刀具使用寿命及其与切削用量的关系

1）刀具使用寿命

刀具使用寿命的定义为刀具由刃磨后开始切削一直到磨损量达到刀具磨钝标准所经过的总切削时间。刀具使用寿命以 T 表示，单位为分钟。

刀具总的使用寿命是表示一把新刀从投入切削起，到报废为止总的实际切削时间。因此，刀具总的使用寿命等于这把刀的刃磨次数（包括新刀开刃）乘以刀具的使用寿命。

2）刀具使用寿命与切削用量的关系

①切削速度与刀具使用寿命的关系

当工件、刀具材料和刀具的几何参数确定之后，切削速度对刀具使用寿命的影响最大。增大切削速度，刀具使用寿命就降低。目前，用理论分析方法导出的切削速度与刀具使用寿命之间的数学关系，与实际情况不尽相符，故还是通过刀具使用寿命实验来建立它们之间的经验公式，其一般形式为

$$v_c \cdot T^m = C_o \tag{1.28}$$

式中　v_c——切削速度，m/min；

T——刀具使用寿命，min；

m——指数，表示 v_c 对 T 的影响程度；

C_o——系数，与刀具、工件材料和切削条件有关。

式（1.28）为重要的刀具使用寿命公式，指数 m 表示 v_c 对 T 影响程度，耐热性越低的刀具材料，其 m 值越小，切削速度对刀具使用寿命的影响越大。也就是说，切削速度稍稍增大一点，则刀具使用寿命的降低就很大。

应当指出，在常用的切削速度范围内，式（1.28）完全适用；但在较宽的切削速度范围内进行实验，特别是在低速区内，式（1.28）就不完全适用了。

②进给量和背吃刀量与刀具使用寿命的关系

切削时，增大进给量 f 和背吃刀量 a_p，刀具使用寿命将降低。经过实验，可得到与式

(1.27)类似的关系式为

$$\left.\begin{aligned} f \cdot T^{m_1} &= C_1 \\ a_p \cdot T^{m_2} &= C_2 \end{aligned}\right\} \tag{1.29}$$

③刀具使用寿命的经验公式

综合式(1.28)和式(1.29),可得到切削用量与刀具使用寿命的一般关系式为

$$T = \frac{C_T}{V_c^{\frac{1}{m}} \cdot f^{\frac{1}{m_1}} \cdot a_p^{\frac{1}{m_2}}}$$

令 $x = \frac{1}{m}, y = \frac{1}{m_1}, z = \frac{1}{m_2}$, 则

$$T = \frac{C_T}{v_c^x \cdot f^y \cdot a_p^z} \tag{1.30}$$

式中 C_T——使用寿命系数,与刀具、工件材料和切削条件有关;

x,y,z——指数,分别表示各切削用量对刀具使用寿命的影响程度,一般 $x>y>z$。

用 YT15 硬质合金车刀切削 $\sigma_b = 0.637$ GPa 的碳钢时,切削用量($f>0.7$ mm/r)与刀具使用寿命的关系为

$$T = \frac{C_T}{v_c^5 \cdot f^{2.25} \cdot a_p^{0.75}} \tag{1.31}$$

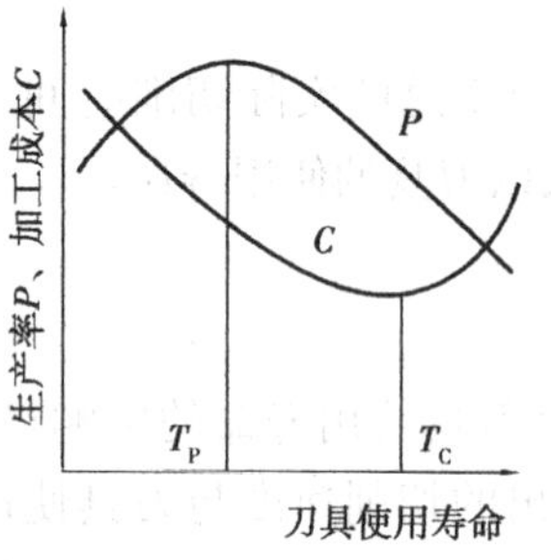

图 1.43 刀具使用寿命对生产率和加工成本的影响

由式(1.31)可知,切削速度 v_c 对刀具使用寿命影响最大,进给量 f 次之,背吃刀量 a_p 最小。这与三者对切削温度的影响顺序完全一致,反映出切削温度对刀具使用寿命有着重要的影响。

(5)刀具使用寿命的选择

刀具的磨损达到磨钝标准后即需重磨或换刀。究竟刀具切削多长时间换刀比较合适,即刀具的使用寿命应取什么数值才算合理呢?一般有两种方法:一是根据单件工时最短的观点来确定使用寿命,这种使用寿命称为最大生产率使用寿命;二是根据工序成本最低的观点来确定使用寿命,称为经济使用寿命。

在一般情况下均采用经济使用寿命,当任务紧迫或生产中出现不平衡环节时,则采用最大生产率使用寿命。如图 1.43 所示为刀具使用寿命对生产率和加工成本的影响。

生产中一般常用的刀具使用寿命的参考值为高速工具钢车刀 $T=60 \sim 90$ min;硬质合金、陶瓷车刀 $T=30 \sim 60$ min;在自动机床上多刀加工的高速工具钢车刀 $T=180 \sim 200$ min。

在选择刀具使用寿命时,还应注意以下 4 点:

①简单的刀具,如车刀、钻头等,使用寿命应选得低些;结构复杂和精度高的刀具,如拉刀、齿轮刀具等,使用寿命应选得高些;同一类刀具,尺寸大的、制造和刃磨成本均较高的,使用寿命应选得高些;可转位刀具的使用寿命比焊接式刀具应选得低些。

②装卡、调整比较复杂的刀具,使用寿命应选得高些。

③车间内某台机床的生产效率限制了整个车间生产率提高时,该台机床上的刀具使用寿

命要选得低些,以便提高切削速度,使整个车间生产达到平衡。

④精加工尺寸很大的工件时,为避免在加工同一表面时中途换刀,使用寿命应选得至少能完成一次走刀,并应保证零件的精度和表面粗糙度要求。

(6)**刀具的破损**

在切削加工中,刀具时常会不经过正常的磨损,就在很短的时间内突然损坏以致失效,这种损坏类型称为破损。破损也是刀具损坏的主要形式之一,多数发生在使用脆性较大刀具材料进行断续切削或者加工高硬度材料的情况下。据统计,硬质合金刀具有50% ~60%的损坏是破损,陶瓷刀具的比例更高。

刀具的破损按性质可分成塑性破损和脆性破损;按时间先后可以分成早期破损和后期破损。早期破损是切削刚开始或经过很短的时间切削后即发生的破损,主要是由于刀具制造缺陷以及冲击载荷引起的应力超过了刀具材料的强度;后期破损是加工一定时间后,刀具材料因机械冲击和热冲击造成的机械疲劳和热疲劳而发生的破损。

1)塑性破损

切削时由于高温、高压的作用,有时在前、后刀面和切屑或工件的接触层上,刀具表层材料发生塑性流动而丧失切削性能。它直接和刀具材料与工件材料的硬度比值有关,比值越高,越不容易发生塑性破损。硬质合金刀具的高温硬度高,一般不易发生这种破损。高速工具钢刀具因其耐热性较差,常出现这种破损。常见的塑性破损形式如下:

①卷刃

刀具切削刃部位的材料,由于后刀面和工件已加工表面的摩擦,沿后刀面向所受摩擦的方向流动,形成切削刃的倒卷,称为卷刃。主要发生在工具钢、高速工具钢等刀具材料进行精加工或切削厚度很小的加工时。

②刀面隆起

在采用大的切削用量以及加工硬材料的情况下,刀具前、后刀面的材料发生远离切削刃的塑性流动,致使前、后刀面发生隆起。工具钢、高速工具钢以及硬质合金刀具都会发生这种损坏。

2)脆性破损

脆性破损常发生于脆性较大的硬质合金和陶瓷刀具上。

①崩刃

在切削刃上产生小的缺口,一般缺口尺寸与进给量相当或稍大一些,切削刃还能继续进行切削。陶瓷刀具切削时,在早期常发生这种崩刃。硬质合金刀具进行断续切削时,也常发生崩刃现象。

②碎断

在切削刃上发生小块碎裂或大块断裂,不能继续正常切削。前者发生在刀尖和主切削刃处,一般还可以重磨修复再使用,硬质合金和陶瓷刀具断续切削时,常在早期出现这种损坏。后者是发生于刀尖处,刀具不能再重磨使用,大多是断续切削较长时间后,没有及时换刀,因刀具材料疲劳而造成的。

1.3 切削条件的合理选择

1.3.1 工件材料的切削加工性

在切削加工中,有些材料容易切削,有些材料很难切削。判断材料切削加工的难易程度、改善和提高切削加工性对提高生产率和加工质量有重要意义。研究材料的切削加工性,是为了找出改善难加工材料切削加工性的途径。

(1)工件材料切削加工性的概念及其评定指标

工件材料切削加工性是指在一定切削条件下,对工件材料进行切削加工的难易程度。材料加工的难易,不仅取决于材料本身,还取决于具体的切削条件。

根据不同的加工要求,衡量切削加工性的指标有以下5种:

1)刀具使用寿命指标与相对加工性指标

用刀具使用寿命高低来衡量被加工材料切削加工的难易程度。在相同切削条件下加工不同材料时,刀具使用寿命较长,其加工性较好;或在保证相同刀具使用寿命的前提下,切削这种工件材料所允许的切削速度,切削速度较高的材料,其加工性较好。

在切削普通金属材料时,取刀具使用寿命为60 min时允许的切削速度 v_{60} 值来评定材料切削加工性的好坏;在切削难加工材料时,则用 v_{20} 值的大小来评定材料切削加工性的优劣。在相同加工条件下,v_{60} 或 v_{20} 的值越高,材料的切削加工性越好;反之,加工性差。

此外,还经常使用相对加工性指标,即以处于正火状态的45钢(170 ~ 229 HBS, $\sigma_b = 0.637$ GPa)的 v_{60} 为基准,写作 $(v_{60})_j$,其他被切削的工件材料的 v_{60} 与之相比的数值,记作 K_v,这个比值称为相对加工性,即

$$K_v = \frac{v_{60}}{(v_{60})_j} \tag{1.32}$$

$K_v > 1$ 的材料,比45钢容易切削;$K_v < 1$ 的材料,比45钢难切削。K_v 越大,切削加工性越好;K_v 越小,切削加工性越差。目前常用的工件材料,按相对加工性 K_v 可分为8级,如表1.3所示。

表1.3 工件材料的切削加工性等级

加工性等级	名称及种类		相对加工性 K_v	代表性工件材料
1	很容易切削材料	一般有色金属	>3.0	5-5-5铜铅合金,9-4铝铜合金,铝镁合金
2	容易切削材料	易切削钢	2.5 ~ 3.0	15Cr退火,$\sigma_b = 0.373 \sim 0.441$ GPa 自动机钢,$\sigma_b = 0.392 \sim 0.490$ GPa
3		较易切削钢	1.6 ~ 2.5	30钢正火,$\sigma_b = 0.441 \sim 0.549$ GPa

续表

加工性等级	名称及种类		相对加工性 K_v	代表性工件材料
4	普通材料	一般钢及铸铁	1.0 ~ 1.6	45 钢，灰铸铁，结构钢
5		稍难切削材料	0.65 ~ 1.0	2Cr13 调质，σ_b = 0.8 288 GPa 85 钢轧制，σ_b = 0.8 829 GPa
6	难切削材料	较难切削材料	0.5 ~ 0.65	45Cr 调质，σ_b = 1.03 GPa 60Mn 调质，σ_b = 0.9 319 ~ 0.981 GPa
7		难切削材料	0.15 ~ 0.5	50CrV 调质，1Cr18Ni9Ti 未淬火，α 相钛合金
8		很难切削材料	< 0.15	β 相钛合金，镍基高温合金

2）加工材料的性能指标

用加工材料的物理、化学和力学性能高低来衡量切削该材料的难易程度。如表 1.4 所示为根据加工材料的硬度、抗拉强度、伸长率、冲击韧性及热导率来划分加工性等级。

表 1.4　工件材料切削加工性分级表

切削加工性	易切钢			较易切削		较难切削			难切削			
等级代号	0	1	2	3	4	5	6	7	8	9	9_a	9_b
硬度	HBS	≤50	>50 ~100	>100 ~150	>150 ~200	>200 ~250	>250 ~300	>300 ~350	>350 ~400	>400 ~480	>480 ~635	>635
硬度	HRC					>14 ~24.8	>24.8 ~32.3	>32.3 ~38.1	>38.1 ~43	>43 ~50	>50 ~60	>60
抗拉强度 σ_b /GPa	≤0.196	>0.196 ~0.441	>0.441 ~0.588	>0.588 ~0.784	>0.784 ~0.98	>0.98 ~1.176	>1.176 ~1.372	>1.372 ~1.568	>1.568 ~1.764	>1.764 ~1.96	>1.96 ~2.45	>2.45
伸长率 δ/%	≤10	>10 ~15	>15 ~20	>20 ~25	>25 ~30	>30 ~35	>35 ~40	>40 ~50	>50 ~60	>60 ~100	>100	
冲击韧度 a_k /(kJ·m^{-2})	≤196	>196 ~392	>392 ~588	>588 ~784	>784 ~980	>980 ~1 372	>1 372 ~1 764	>1 764 ~1 962	>1 962 ~2 450	>2 450 ~2 940	>2 940 ~3 920	
热导率 κ/[W·(m·K)$^{-1}$]	418.68 ~293.08	<293.08 ~167.47	<167.47 ~83.74	<83.74 ~62.80	<62.80 ~41.87	<41.87 ~33.5	<33.5 ~25.12	<25.12 ~16.75	<16.75 ~8.37	<8.37		

从加工性分级表中查出材料性能的加工性等级，可较直观地、全面地了解材料切削加工难易程度的特点。例如，某正火 45 钢的性能为 229 HBS，σ_b = 0.598 GPa，δ = 16%，a_k = 588 kJ/m^2，κ = 50.24 W/(m·K)，表中查出各项性能的切削加工性等级为“4，3，2，2，4”。因此，

综合各项等级分析可知,正火 45 钢是一种较易切削的金属材料。

3)切削力或切削温度

在粗加工或机床动力不足时,常用切削力或切削温度指标来评定材料的切削加工性,即相同的切削条件下,切削力大、切削温度高的材料,其切削加工性就差;反之,其切削加工性就好。对于某些导热性差的难加工材料,也常以切削温度来衡量。

4)已加工表面质量

精加工时,用被加工表面粗糙度值来评定材料的切削加工性。对有特殊要求的零件,则以已加工表面变质层深度、残余应力和加工硬化等指标来衡量材料的切削加工性。凡是容易获得好的已加工表面质量的材料,其切削加工性较好;反之,则切削加工性较差。

5)断屑的难易程度

在自动机床、组合机床及自动线上进行切削加工时,或者对如深孔钻削、盲孔钻削等断屑性能要求很高的工序,采用这种衡量指标。凡是切屑容易折断的材料,其切削加工性就好;反之,则切削加工性较差。

(2)难加工材料切削加工性特点

目前,在高性能机械结构的机器、造船、航空、电站、石油化工、国防工业中使用了许多难加工金属材料,其中有高锰钢、高强度合金钢、不锈钢、高温合金、钛合金、冷硬铸铁以及各种非金属材料,如玻璃钢、陶瓷等。它们的相对加工性 K_v 一般小于 0.65。在加工这些材料时,常表现出切削力大、切削温度高、切屑不易折断和刀具磨损剧烈等现象。并造成严重的加工硬化和较大的残余拉应力,使加工精度降低。为了改善这些材料的切削加工性,进行了大量试验研究。以下介绍 6 种材料的切削加工性特点:

1)不锈钢

不锈钢的种类较多,按其组织分为铁素体不锈钢、马氏体不锈钢、奥氏体不锈钢、析出硬化不锈钢。常用的有马氏体不锈钢 2Cr13,3Cr13,奥氏体不锈钢 1Cr18Ni9Ti。例如,1Cr18Ni9Ti 的性能为硬度 291 HBS,强度 σ_b = 0.539 GPa,伸长率 δ = 40%,冲击韧度 a_k =2 452 kJ/m^2,其加工性等级为“5,2,6,9,-”。

不锈钢的常温硬度和强度接近 45 钢,但切削时切削温度升高后,使硬化加剧,材料硬度、强度随着提高,切削力增大。不锈钢切削时的伸长率是 45 钢的 3 倍,冲击韧性是 45 钢的 4 倍,热导率仅为 45 钢的 1/3 ~ 1/4。因此,消耗功率大,断屑困难,并因传热差使刀具易磨损。

2)钛合金

钛合金从金属组织上可分为 α 相钛合金(包括工业纯钛)、β 相钛合金、(α + β)相钛合金。其硬度按 α 相、(α + β)相、β 相的次序增加,而切削加工性按这个次序下降。

钛合金的导热性能低,切屑与前刀面的接触面积很小,致使切削温度很高,可为 45 钢的 2 倍;钛合金塑性较低,与刀具材料的化学亲和性强,容易和刀具材料中的 Ti,Co 和 C 元素黏结,加剧刀具的磨损;钛合金的弹性模量低,弹性变形大,接近后刀面处工件表面的回弹量大,所以已加工表面与后刀面的摩擦较严重。

3)高锰钢

高锰钢有许多类,常用的有水韧处理高锰钢(Mn13)、无磁高锰钢(40Mn18Cr,50Mn18Cr4WV)。例如,Mn13 耐磨高锰钢的性能为硬度 210 HBS,强度 σ_b = 0.981 GPa,伸长

率 $\delta = 80\%$，冲击韧度 $a_k = 2\ 943\ kJ/m^2$，加工性等级为“4,5,9,9a,-”。

由此可知，高锰钢的硬度和强度较低，但伸长率和冲击韧度很高。切削时塑性变形大，加工硬化严重，断屑困难，硬化层达 0.1 ~ 0.3 mm 以上，切削时硬度由 210 HBS 提高到 500 HBS，产生的切削力较切削正火 45 钢提高 1 倍以上。高锰钢的热导率小，切削温度高，刀具易磨损。

4）冷硬铸铁

冷硬铸铁的表层硬度很高、可达 60 HRC。在表层中不均匀的硬质点多。其中，镍铬冷硬铸铁的高温强度高、热导率小。

冷硬铸铁的加工特点是刀刃（尖）处受力大、温度高，刀刃碰到硬质点易产生磨粒磨损和崩刃，刀具使用寿命低。因此，在合金铸铁的种类中，是属于难加工材料。

5）硬质合金

硬质合金常用于模具制造材料，它除采用磨削加工外，若选用表层为人工合成聚晶金刚石、基体为硬质合金的复合金刚石刀具（PCD）加工后可得到良好效果。

6）陶瓷

陶瓷材料是用天然或人工合成的粉状化合物，经过成型和高温烧结制成的，由无机化合物构成的多相固体材料。按性能和用途分为普通陶瓷和特种陶瓷。普通陶瓷又称传统陶瓷；特种陶瓷又称精细陶瓷，又可分为结构陶瓷（高强度陶瓷和高温陶瓷）和功能陶瓷（磁性、介电、半导体、光学和生物陶瓷等）两类。

在机械工程中，应用较多的陶瓷主要是精细陶瓷，它具有硬度高、耐磨、耐热等特点。一般采用磨削加工，如采用切削加工，必须选用金刚石刀具或立方氮化硼刀具。

（3）改善材料切削加工性的途径

1）合理选择刀具材料

根据加工材料的性能和要求，应选择与之匹配的刀具材料。例如，切削含钛元素的不锈钢、高温合金和钛合金时，宜用 YG 类硬质合金刀具切削，其中选用 YG 类中的细颗粒牌号，能明显提高刀具使用寿命。由于 YG 类的耐冲击性能较高，故也可用于加工工程塑料和石材等非金属材料。Al_2O_3 基陶瓷刀具切削各种钢和铸铁，尤其对切削冷硬铸铁效果良好。Si_3N_4 基陶瓷能高速切削铸铁和淬硬钢、镍基合金等。立方氮化硼铣刀高速铣削 60 HRC 模具钢的效率比电加工高 10 倍，表面粗糙度 R_a 达 2.3 ~ 1.8 μm。金刚石涂层刀具在加工未烧结陶瓷和硬质合金时，效率比用硬质合金刀具高数十倍左右。

2）适当调剂钢中化学元素和进行热处理

在不影响工件的使用性能的前提下，在钢中适当加入易切削元素，如硫、铅，使材料结晶组织中产生硫化物，减少了组织结合强度，便于切削。此外，铅造成组织结构不连续，有利于断屑，铅能形成润滑膜，减小摩擦系数。不锈钢中有硒元素，可改善硬化程度。在铸铁中加入合金元素铝、铜等能分解出石墨元素，易于切削。

采用适当的热处理方法也可改善加工性。例如，对于低碳钢进行正火处理，可提高硬度、降低韧性。高碳钢通过退火处理，降低硬度后易于切削。对于高强度合金钢，通过退火、回火或正火处理可改善切削加工性。

3)采用新的切削加工技术

随着切削加工的发展,出现了一些新的加工方法,例如,加热切削、低温切削、振动切削,在真空中切削和绝缘切削等,其中有的可有效地解决难加工材料的切削。

例如,对耐热合金、淬硬钢和不锈钢等材料进行加热切削。通过切削区域中工件上温度增高,能降低材料的剪切强度,减小接触面间摩擦系数,因此可减小切削力而易于切削。加热切削能减小冲击振动,使切削平稳,提高了刀具使用寿命。

加热是在切削部位处加工工件上进行,可采用电阻加热、高频感应加热和电弧加热。加热切削时采用硬质合金刀具或陶瓷刀具。加热切削需附加加热装置,故成本较高。

1.3.2 刀具合理参数的选择

刀具几何参数包括刀具角度、刀面形式、切削刃形状等。它们对切削时金属的变形、切削力、切削温度、刀具磨损、已加工表面质量等都有显著的影响。

刀具合理的几何参数是指在保证加工质量的前提下,能够获得最高刀具使用寿命、较高生产效率和较低生产成本的刀具几何参数。

刀具合理几何参数的选择主要决定于工件材料、刀具材料、刀具类型及其他具体工艺条件,如切削用量、工艺系统刚性及机床功率等。

(1)前角及前面形状的选择

1)前角的主要功用

①影响切削区的变形程度。增大刀具前角,可减小切削层的塑性变形,减小切屑流经前面的摩擦阻力,从而减小切削力、切削热和切削功率。

②影响切削刃与刀头的强度、受力性质和散热条件。增大刀具前角,会使刀具楔角减小,使切削刃与刀头的强度降低,刀头的导热面积和容热体积减小;过分增大前角,有可能导致切削刃处出现弯曲应力,造成崩刃。因此,前角过大时,刀具使用寿命会下降。

③影响切削形态和断屑效果。若减小前角,可增大切屑的变形,使之易于脆化断裂。

④影响已加工表面质量。主要通过积屑瘤、鳞刺、振动等影响。

从上述前角的功用可知,增大或减小前角各有利弊,在一定的条件下,前角有一个合理的数值。如图 1.44 所示为刀具前角对刀具使用寿命影响的示意曲线。由图 1.44 可知,前角太大、太小都会使刀具使用寿命显著降低。对于不同的刀具材料,各有其对应着刀具最大使用寿命的前角,称为合理前角 γ_{opt}。由于硬质合金的抗弯强度较低,抗冲击韧性差,其 γ_{opt} 小于高速工具钢刀具的 γ_{opt}。工件材料不同时也是这样,如图 1.45 所示。

2)合理前角的选择原则

①工件材料的强度、硬度低,可取较大的甚至很大的前角;工件材料强度、硬度高,应取较小的前角;加工特别硬的工件(如淬硬钢)时,前角很小甚至取负值。例如,加工铝合金时,一般取前角为 30°~35°;加工中硬钢时,前角取为 10°~20°;加工软钢时,前角为 20°~30°。

②加工塑性材料(如钢)时,尤其冷加工硬化严重的材料,应取较大的前角;加工脆性材料(如铸铁)时,可取较小的前角。用硬质合金刀具加工一般钢材料时,前角可选 10°~20°;加工一般灰铸铁时,前角可选 5°~15°。

③粗加工,特别是断续切削,承受冲击性载荷,或对有硬皮的铸锻件粗切时,为保证刀具

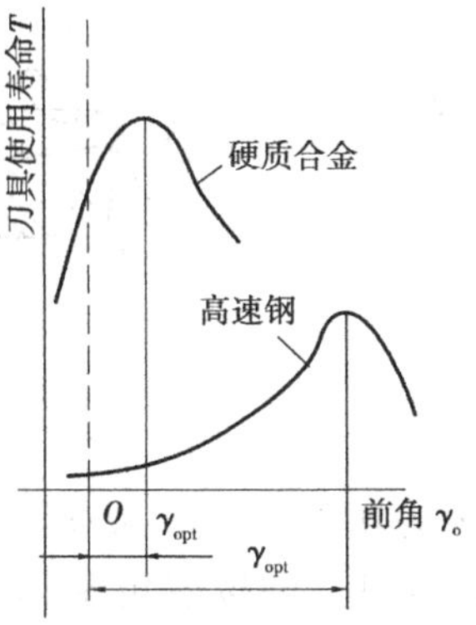

图1.44　前角的合理数值

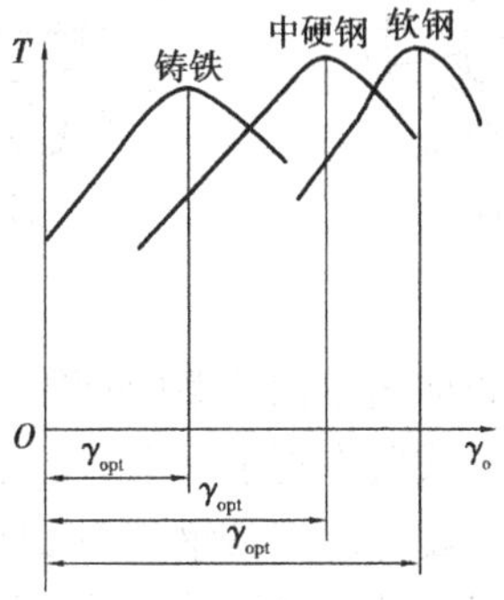

图1.45　加工材料不同时的合理前角

有足够的强度,应适当减小前角。但在采取某些强化切削刃及刀尖的措施之后,也可增大前角。

④成形刀具和前角影响刀刃形状的其他刀具,为防止刃形畸变,常取较小的前角,甚至取为0°,但这些刀具的切削条件不好,应在保证切削刃成形精度的前提下,设法增大前角。例如,生产中的增大前角的螺纹车刀和齿轮滚刀等。

⑤刀具材料的抗弯强度较大、韧性较好时,应选用较大的前角。如高速工具钢刀具比硬质合金刀具,相同条件时,允许选用较大前角,可增大5°~10°。

⑥工艺系统刚性差和机床功率不足时,应选取较大的前角。

⑦数控机床和自动机、自动线用刀具,为使刀具的切削性能稳定,宜取较小的前角。

如表1.5所示为硬质合金车刀合理前角的参考值,如为高速工具钢车刀,其前角可比表中大5°~10°。

表1.5　硬质合金车刀合理前角的参考值

工件材料	碳钢 σ_b/GPa				40Cr		不锈钢(奥氏体)	高锰钢	钛及钛合金
	≤0.445	≤0.558	≤0.784	≤0.98	正火	调质			
前角	25°~30°	15°~20°	12°~15°	10°	13°~18°	10°~15°	15°~30°	25°~30°	25°~30°

工件材料	淬硬钢/HRC					铸铁/HBS		铜			铝及铝合金
	38~41	44~47	50~52	54~58	60~65	≤220	>220	纯铜	黄铜	青铜	
前角	0°	-3°	-5°	-7°	-10°	10°~15°	5°~10°	25°~30°	15°~25°	5°~15°	25°~30°

注:粗车取较小值,精车取较大值。

3)前面形式选择

如图1.46所示为生产中常用到的刀具的几种前面形式。

①正前角平面形(见图1.46(a))

该形式形状简单、制造容易、刀刃锋利,但刀具强度较低、散热较差。

该形式常用于精加工刀具和复杂刀具,如车刀、成形车刀、铣刀、螺纹车刀和齿轮加工刀具等。

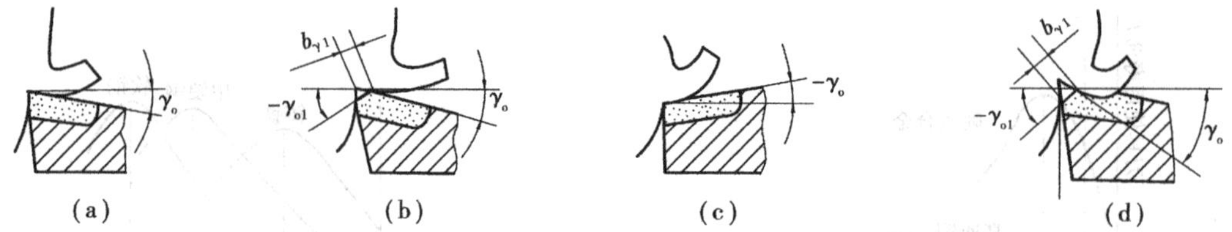

图 1.46　前面形式

②正前角带倒棱型(见图 1.46(b))

该形式要在切削刃上磨出正或负的倒棱。倒棱宽 $b_{\gamma 1}$ 一般为 0.2 ~ 1 mm,或 $b_{\gamma 1}=(0.3\sim0.8)f$;一般高速工具钢刀具倒棱前角 γ_{o1} 取 0° ~ 5°,硬质合金刀具倒棱前角 γ_{o1} 取 -5° ~ -10°。刀具具有倒棱后可提高其切削刃强度、改善散热条件。由于 $b_{\gamma 1}$ 较小,故不影响正前角的切削作用。

一般在用陶瓷刀具、硬质合金刀具进行粗加工和半精加工时需在刀具上磨制出倒棱,磨断屑槽的车刀上也常磨制出倒棱。

③负前角型(见图 1.46(c))

负前角可作成单面型和双面型两种,双面型可减小前面重磨面积,增加刀片重磨次数。负前角型刀具的切削刃强度高,散热体积大,刀片上由受弯作用改变为受压,改善了受力条件。但加工时切削力大,易引起振动。

负前角型刀具主要用于硬质合金刀具高速切削高强度、高硬度材料和在间断切削、带冲击切削条件下的切削。

④曲面型(见图 1.46(d))

在刀具前面上磨出曲面或在前面上磨出断屑槽,是为了在加工韧性材料时,使切屑卷成螺旋形,或折断成 C 形,使之易于排出和清理。卷屑槽可做成直线圆弧形、直线形、全圆弧形等不同形式,如图 1.47 所示。

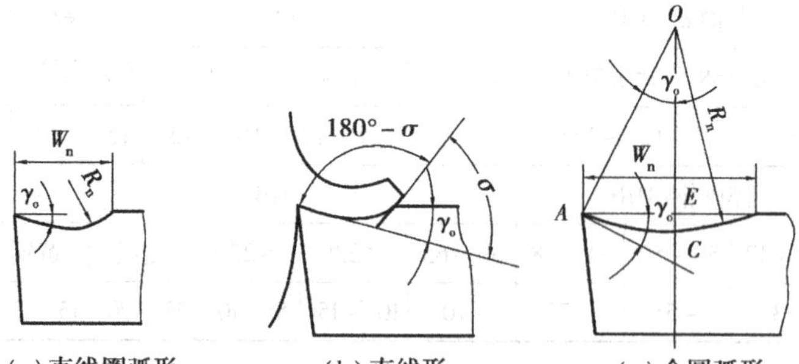

图 1.47　刀具前面上卷屑槽的形状

一般直线圆弧形的槽底圆弧半径 $R_n=(0.4\sim0.7)W_n$;直线形槽底角(180° - σ)为 110° ~ 130°。这两种槽形较适于加工碳素钢、合金结构钢、工具钢等,一般 γ_o 为 5° ~ 15°。全圆弧槽形,可获得较大的前角(γ_o 可增至 25° ~ 30°),且不致使刃部过于削弱,较适于加工紫铜、不锈钢等高塑性材料。

卷屑槽宽度根据工件材料和切削用量决定,一般可取 $W_n=(7\sim10)f$。

在一般硬质合金可转位刀片上作有不同形状的断屑槽。在钻头、铣刀、拉刀和部分螺纹刀具上均具有曲面型前面。

(2)**后角的选择**

1)后角的功用

①后角的主要功用是减小后面与过渡表面和已加工表面之间的摩擦。由于切屑形成过程中的弹性、塑性变形和切削刃钝圆半径的作用,在过渡表面和已加工表面上有一个弹性恢复层。后角越小,弹性恢复层同后面的摩擦接触长度越大,它是导致切削刃及后面磨损的直接原因之一。从这个意义上来看,增大后角能减小摩擦,可提高已加工表面质量和刀具使用寿命。

②后角越大,切削刃钝圆半径 r_n 值越小,切削刃越锋利。

③在同样的磨钝标准 VB 值下,后角大的刀具由新用到磨钝,所磨去的金属体积较大,(见图1.48),这也是增大后角可延长刀具使用寿命的原因之一。但带来的问题是刀具径向磨损值 NB 大,当工件尺寸精度要求较高时,就不宜采用大后角。

④增大后角将使切削刃和刀头的强度削弱,导热面积和容热体积减小;且 NB 一定时的磨耗体积小,刀具使用寿命降低(见图1.48),这些是增大后角的不利方面。

因此,同样存在一个后角合理值 α_{opt}。

2)合理后角的选择原则

①粗加工、强力切削及承受冲击载荷的刀具,要求切削刃有足够强度,应取较小的后角;精加工时,刀具磨损主要发生在切削刃区和后面上,为减小后面磨损和增加切削刃的锋利程度,应取较大的后角。车刀合理后角在 $f \leqslant 0.25$ mm/r 时,可取为 $\alpha_o = 10° \sim 12°$,在 $f > 0.25$ mm/r 时,$\alpha_o = 5° \sim 8°$。

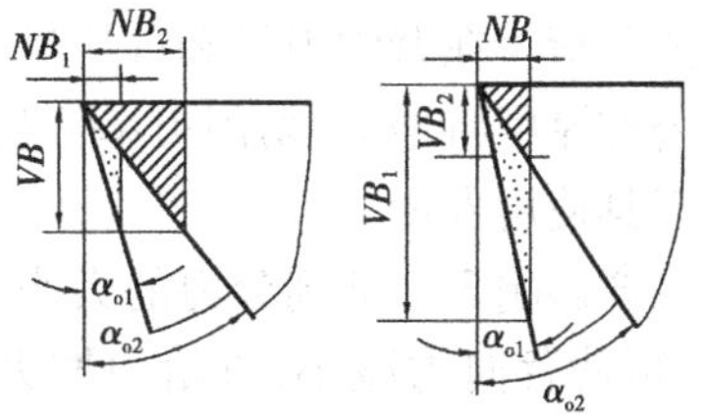

(a) VB一定　(b) NB一定

图1.48　后角对刀具磨损体积的影响

②工件材料硬度、强度较高时,为保证切削刃强度,宜取较小的后角;工件材质较软、塑性较大或易加工硬化时,后面的摩擦对已加工表面质量及刀具磨损影响较大,应适当加大后角;加工脆性材料,切削力集中在刃区附近,宜取较小的后角;但加工特别硬而脆的材料,在采用负前角的情况下,必须加大后角才能造成切削刃切入的条件。

③工艺系统刚性差,容易出现振动时,应适当减小后角。为了减小或消除切削时的振动,还可在车刀后面上磨出 $b_{\alpha1} = 0.1 \sim 0.2$ mm,$\alpha_{o1} = 0°$的刃带,该刃带不但可消振,还可提高刀具使用寿命以及起到稳定和导向作用,该法主要用于铰刀、拉刀等有尺寸精度要求的刀具上。也可在刀具后面上磨出如图1.49所示的消振棱,其 $b_{\alpha1} = 0.1 \sim 0.2$ mm,$\alpha_{o1} = -5° \sim -10°$。消振棱可使切削过程稳定性增加,有助于消除切削过程中的低频振动。

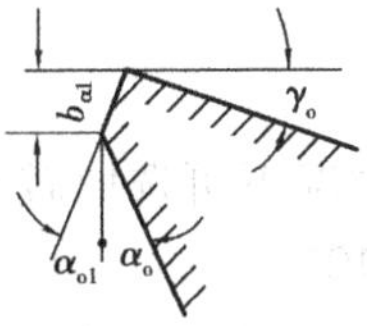

图1.49　带消振棱的车刀

④各种有尺寸精度要求的刀具,为了限制重磨后刀具尺寸的变化,宜取较小的后角。

⑤为了刀具制造、刃磨方便,车刀的副后角一般取其等于后角。切断刀的副后角,由于受其结构强度的限制,只能很小,$\alpha_o' = 1° \sim 2°$。

硬质合金车刀合理后角的选择如表1.6所示。

表 1.6　硬质合金车刀合理后角的参考值

工件材料	合理后角(°)		工件材料	合理后角(°)	
	粗　车	精　车		粗　车	精　车
低碳钢	8~10	10~12	灰铸铁	4~6	6~8
中碳钢	5~7	6~8	铜及铜合金(脆)	4~6	6~8
合金钢	5~7	6~8	铝及铝合金	8~10	10~12
淬火钢	8~10		钛合金 ($\sigma_b \leqslant 1.177$ GPa)	10~15	
不锈钢(奥氏体)	6~8	8~10			

(3)**主偏角、副偏角及刀尖形状的选择**

1)主偏角和副偏角的功用

①影响切削加工残留面积高度。从这个因素看,减小主偏角和副偏角,可减小已加工表面粗糙度,特别是副偏角对已加工表面粗糙度的影响更大。

②影响切削层的形状,尤其是主偏角直接影响同时参与工作的切削刃长度和单位切削刃上的负荷。在背吃刀量和进给量一定的情况下,增大主偏角时,切削层公称宽度将减小,切削层公称厚度将增大,切削刃单位长度上的负荷随之增大。因此,主偏角直接影响刀具的磨损和刀具使用寿命。

③影响3个切削分力的大小和比例关系。在刀尖圆弧半径 r_ε 很小的情况下,增大主偏角,可使背向力减小,进给力增大。同理,增大副偏角也可使得背向力减小。而背向力的减小,有利于减小工艺系统的弹性变形和振动。

④主偏角和副偏角决定了刀尖角 ε_r,故直接影响刀尖处的强度、导热面积和容热体积。

⑤主偏角还影响断屑效果。增大主偏角,使得切屑变得窄而厚,容易折断。

2)合理主偏角的选择原则

①粗加工和半精加工,硬质合金车刀一般选用较大的主偏角,以利于减小振动,提高刀具使用寿命和断屑。

②加工很硬的材料,如冷硬铸铁和淬硬钢,为减轻单位长度切削刃上的负荷,改善刀头导热和容热条件,提高刀具使用寿命,宜取较小的主偏角。

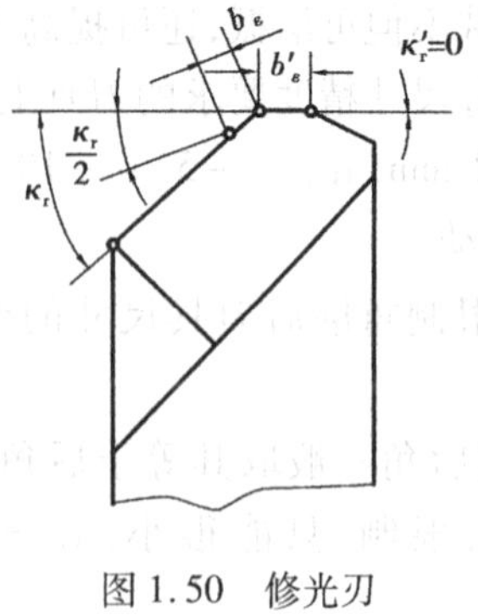

图 1.50　修光刃

③工艺系统刚性较好时,减小主偏角可提高刀具使用寿命;刚性不足时,应取大的主偏角,甚至主偏角 $\kappa_r \geqslant 90°$,以减小背向力、减小振动。

④单件小批生产,希望一两把刀具加工出工件上所有的表面,则选取通用性较好的45°车刀或90°偏刀。

3)合理副偏角的选择原则

①一般刀具的副偏角,在不引起振动的情况下可选取较小的数值,如车刀、端铣刀、刨刀,均可取 $\kappa'_r = 5° \sim 10°$。

②精加工刀具的副偏角应取得更小一些,必要时,可磨出一段 $\kappa'_r = 0$ 的修光刃(见图 1.50),修光刃长度 b'_ε 应略大于进给量,

即 $b'_\varepsilon \approx (1.2 \sim 1.5) f$。

③加工高强度高硬材料或断续切削时,应取较小的副偏角,$\kappa'_r = 4° \sim 6°$,以提高刀尖强度。

④切断刀、锯片铣刀和槽铣刀等,为保证刀头强度和重磨后刀头宽度变化较小,只能取很小的副偏角,即 $\kappa'_r = 1° \sim 2°$。

如表1.7所示为在不同加工条件时,主要从工艺系统刚度考虑的合理主偏角、副偏角的参考值。

表1.7　合理主偏角、副偏角的参考值

加工情况	工艺系统刚度足够,加工冷硬铸铁、高锰钢等高硬度、高强度材料	工艺系统刚度较好,加工外圆及端面,能中间切入	工艺系统刚度较差,粗加工、强力切削时	工艺系统刚度差,加工台阶轴、细长轴、薄壁件,多刀车、仿形车	切断、切槽
主偏角	10° ~30°	45°	60° ~75°	75° ~93°	≥90°
副偏角	10° ~5°	45°	15° ~10°	10° ~5°	1° ~2°

4)过渡刃的功用与选择

刀尖是整个刀具最薄弱的部位,刀尖处强度和散热条件很差,极易磨损(或破损)。因此,常在主、副切削刃之间磨出过渡刃,以加强刀尖强度,提高刀具寿命。按形成方法的不同,刀尖可分为3种:交点刀尖、直线过渡刃刀尖(见图1.51(a))和圆弧过渡刃刀尖(见图1.51(b))。

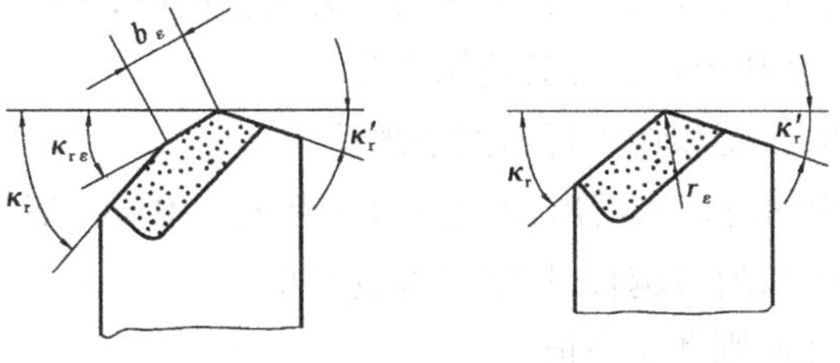

(a)直线过渡刃刀尖　(b)圆弧过渡刃刀尖

图1.51　刀尖形式

交点刀尖是主切削刃和副切削刃的交点,无所谓形状,故无须几何参数去描述。将圆弧过渡刃刀尖投影于基面上,刀尖为一段圆弧,因此,可用刀尖圆弧半径 r_ε 来确定刀尖的形状。而直线过渡刃刀尖在基面上投影后,成为一小段直线切削刃,这段直线切削刃称为过渡刃,可用两个几何参数来确定,即过渡刃长度 b_ε 以及过渡刃偏角 $\kappa_{r\varepsilon}$。圆弧过渡刃刀尖在基面上投影后,用其圆弧半径来描述。

①圆弧过渡刃刀尖。高速工具钢车刀 $r_\varepsilon = 1 \sim 3$ mm;硬质合金和陶瓷车刀 $r_\varepsilon = 0.5 \sim 1.5$ mm;金刚石车刀 $r_\varepsilon = 1.0$ mm;立方氮化硼车刀 $r_\varepsilon = 0.4$ mm。

②直线过渡刃刀尖。过渡刃偏角 $\kappa_{r\varepsilon} \approx \frac{1}{2}\kappa_r$;过渡刃长度 $b_\varepsilon = 0.5 \sim 2$ mm 或 $b_\varepsilon =$

$\left(\frac{1}{4} \sim \frac{1}{5}\right) a_p$。

(4)**刃倾角的选择**

1)刃倾角的功用

①控制切屑流出方向

如图1.52所示，$\lambda_s = 0°$时，即直角切削，切屑在前刀面上近似沿垂直于主切削刃的方向流出；λ_s为负值，切屑流向与v_f方向相反，可能缠绕、擦伤已加工表面，但刀头强度较好，常用于粗加工；λ_s为正值时，切屑流向与v_f方向一致，但刀头强度较差，适用于精加工。

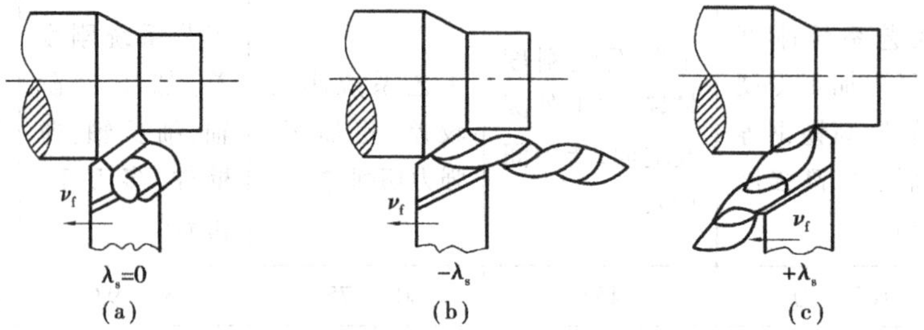

图1.52　刃倾角λ_s对切屑流出方向的影响

②影响切削刃的锋利性

由于刃倾角造成较小的切削刃实际钝圆半径，使切削刃显得锋利，故以大刃倾角刀具工作时，往往可切下很薄的切削层。

③影响刀尖强度、刀尖导热和容热条件

在非自由不连续切削时，负的刃倾角使远离刀尖的切削刃处先接触工件，可使刀尖避免受到冲击；而正的刃倾角将使冲击载荷首先作用于刀尖。同时，负的刃倾角使刀头强固，刀尖处导热和容热条件较好，有利于延长刀具使用寿命。

④影响作用切削刃的长度和切入切出的平衡性

当$\lambda_s = 0°$时，切削刃同时切入切出，冲击力大；当$\lambda_s \neq 0°$时，切削刃逐渐切入工件，冲击小，而且刃倾角越大，作用切削刃越长，切削过程越平稳。

2)合理刃倾角的选择原则和参考值

①加工一般钢料和灰铸铁，无冲击的粗车取$\lambda_s = 0° \sim -15°$，精车取$\lambda_s = 0° \sim 5°$；有冲击时，取$\lambda_s = -5° \sim -15°$；冲击特别大时，取$\lambda_s = -30° \sim -45°$。

②加工淬硬钢、高强度钢、高锰钢，取$\lambda_s = -20° \sim -30°$。

③工艺系统刚性不足时，尽量不用负刃倾角，以减小背向力。

④微量精车外圆、精车孔和精刨平面时，取$\lambda_s = 45° \sim 75°$。

1.3.3　切削用量的选择

切削用量的大小对切削力、刀具磨损与刀具使用寿命、加工质量、生产率和加工成本等均有显著影响。只有选择合适的切削用量，才能充分发挥机床和刀具的功能，最大限度地挖掘生产潜力，降低生产成本。

(1)制订切削用量的原则

制订切削用量就是确定切削用量三要素的大小。所谓合理的切削用量,是指充分利用刀具的切削性能和机床性能(功率、扭矩等),在保证加工质量的前提下,获得高的生产率和低的加工成本的切削用量。

对于粗加工,要尽可能保证较高的金属切除率和必要的刀具使用寿命。提高切削速度,增大进给量和背吃刀量,都能提高金属切除率。但是,这 3 个因素中,对刀具使用寿命影响最大的是切削速度,其次是进给量,影响最小的则是背吃刀量。因此,在选择粗加工切削用量时,应优先考虑采用大的背吃刀量,其次考虑采用大的进给量,最后才能根据刀具使用寿命的要求,选定合理的切削速度。

半精加工和精加工时首先要保证加工精度和表面质量,同时应兼顾必要的刀具使用寿命和生产效率。提高切削速度,切屑变形和切削力有所减小,已加工表面粗糙度值减小;提高进给量,切削力将增大,而且已加工表面粗糙度值会显著增大;提高背吃刀量,切削力成比例增大,使工艺系统弹性变形增大,并可能引起振动,因而会降低加工精度,使已加工表面粗糙度值增大。因此,此时常采用较小的背吃刀量和进给量;为了减小工艺系统的弹性变形,减小积屑瘤和鳞刺的产生,用硬质合金刀具进行精加工时一般多采用较高的切削速度,高速工具钢刀具则一般多采用较低的切削速度。

(2)背吃刀量的选择

背吃刀量根据加工性质和加工余量确定。

1)一次走刀的情况

在粗加工时,一次走刀应尽可能切去全部加工余量,在中等功率机床上,背吃刀量 a_p 可达 8 ~ 10 mm。

2)分次走刀的情况

下列情况可分几次走刀:

①加工余量太大,一次走刀切削力太大,会导致机床功率不足或刀具强度不够时。

②工艺系统刚性不足或加工余量极不均匀,易引起很大振动时,如加工细长轴或薄壁工件。

③断续切削,刀具受到很大的冲击容易造成打刀时。

在上述情况下,如分二次走刀,第一次的背吃刀量也应比第二次大,第二次的背吃刀量可取加工余量的 1/4 ~ 1/3。

3)切削有硬皮或冷硬层的情况

切削表面层有硬皮的铸锻件或切削不锈钢等冷硬较严重的材料时,应尽量使背吃刀量超过硬皮或冷硬层厚度,以防刀刃过早磨损或破损。

4)半精加工情况

在半精加工时, $a_p = 0.5 \sim 2$ mm。

5)精加工情况

在精加工时, $a_p = 0.1 \sim 0.4$ mm。

(3)进给量的选择

粗加工时,对工件表面质量没有太高要求,而此时切削力往往很大,合理的进给量应是工艺系统所能承受的最大进给量。最大进给量要受到下列一些因素的限制:机床进给机构的强度、车刀刀杆的强度和刚度、硬质合金或陶瓷刀片的强度及工件的装夹刚度等。如硬质合金等刀具强度较大时,可选用较大的进给量,当断续切削时,为减小冲击,要适当减小进给量。

在半精加工和精加工时,因背吃刀量较小,切削力不大,进给量的选择主要考虑加工质量和已加工表面的粗糙度值,一般取得较小。

工厂生产中,进给量常根据经验或查表选取。粗加工时,根据加工材料、车刀刀杆尺寸、工件直径及已确定的背吃刀量从相关手册中查表获取进给量。在半精加工和精加工时,则按已加工表面粗糙度要求,根据工件材料、刀尖圆弧半径、切削速度等从相关手册中查表获取进给量。

另外,按经验确定的粗车进给量在一些特殊情况下,如切削力很大、工件长径比很大、刀杆伸出长度很大时,有时还需对选定的进给量进行校验(一项或几项)。

(4)**切削速度的确定**

根据已选定的背吃刀量 a_p、进给量 f 及刀具使用寿命 T,可计算切削速度 v_c 或机床转速 n 为

$$v_c = \frac{C_v}{T^m \cdot a_p^{x_v} \cdot f^{y_v}} \cdot K_v \qquad (\mathrm{m/min}) \tag{1.33}$$

式中 C_v ——切削速度系数;

m, x_v, y_v——T, a_p, f 的指数;

K_v ——根据工件材料、毛坯表面状态、刀具材料、加工方法和刀具几何参数等对切削速度的修正系数的乘积,在切削用量手册中查得。

实际生产中,也可从相关手册中查表选取切削速度的参考值,通过切削速度的参考值可知:

①粗车时,背吃刀量、进给量均较大,故切削速度较低;精加工时,背吃刀量、进给量均较小,所以切削速度较高。

②工件材料强度、硬度较高时,应选较低的切削速度;反之,切削速度较高。工件材料加工性越差,切削速度越低。

③刀具材料的切削性能越好,切削速度越高。

此外,在选择切削速度时,还应考虑以下5点:

①精加工时,应尽量避免积屑瘤和鳞刺产生的区域。

②加工材料的强度及硬度较高时,应选较低的切削速度,反之则选较高的切削速度;材料的加工性越差,则切削速度也应选得越低。加工灰铸铁的切削速度较中碳钢低,加工易切钢的切削速度较同硬度的普通碳钢高,而加工铝合金和铜合金的切削速度则较加工钢要高很多。

③在断续切削或加工锻、铸件等带有硬皮的工件时,为减小冲击和热应力,宜适当降低切削速度。

④在工艺系统刚度较差,易发生振动的情况下,切削速度应避开自激振动的临界速度。

⑤加工大件、细长件、薄壁件以及带硬皮的工件时,应选用较低的切削速度。

(5)**机床功率的校核**

切削用量选定后,应当校验机床功率能否满足要求。

切削功率 P_c 可用式(1.21)计算,然后利用式(1.22)$\left(P_E \geqslant \frac{P_c}{\eta_c}\right)$进行校核。$P_E$ 为机床电动机功率,从机床说明书上可查到。

如果满足式(1.22),则所选择的切削用量可以在该机床上应用。如果 P_c 远小于 P_E,则说明机床的功率没有充分发挥,这时可规定较小的刀具使用寿命或者采用切削性能较好的刀具材料,以提高切削速度,充分利用机床功率,来达到提高生产率的目的。

如果不满足式(1.22),则所选择的切削用量不能在该机床上应用。这时可选择功率更大的机床,或根据所限定的机床功率适当降低切削速度,以降低切削功率,但此时刀具的性能未能充分发挥。

1.3.4　切削液

在金属切削过程中,合理选用切削液,可以改善金属切削过程的界面摩擦情况,减少刀具和切屑的黏结,抑制积屑瘤和鳞刺的生长,降低切削温度,减小切削力,提高刀具使用寿命和生产效率。因此,对切削液的研究和应用应当予以重视。

(1)**切削液的作用**

1)冷却作用

切削液浇注在切削区域内,利用热传导、对流和汽化等方式,可有效降低切削温度,从而提高刀具使用寿命和加工质量。在刀具材料的耐热性较差、工件材料的热膨胀系数较大以及两者的导热性较差的情况下,切削液的冷却作用显得更为重要。

2)润滑作用

切削液渗入切屑、刀具、工件的接触面间,其中带油脂的极性分子吸附在切屑、刀具、工件的接触面上,形成物理性吸附膜;若与添加在切削液中化学物质产生化学反应,形成化学性吸附膜。在切削区内形成的润滑膜,减小了切屑、刀具、工件之间的摩擦系数,减轻黏结现象、抑制积屑瘤,改善加工表面质量,提高刀具使用寿命。

3)清洗作用

在金属切屑过程中,有时产生一些细小的切屑(如切削铸铁)或磨料的细粉(如磨削)。为了防止碎屑或磨粉黏附在工件、刀具和机床上,影响工件已加工表面质量、刀具使用寿命和机床精度,要求切削液具有良好的清洗作用。为了增强切削液的渗透性、流动性,往往加入剂量较大的表面活性剂和少量矿物油,用大的稀释比(水占95% ~98%)制成乳化液,可大大提高其清洗效果。为了提高其冲刷能力,及时冲走碎屑及磨粉,在使用中往往给予一定的压力,并保持足够的流量。

4)防锈作用

为了减小工件、机床、刀具受周围介质(空气、水分等)的腐蚀,要求切削液具有一定的防锈作用。在切削液中加入防锈添加剂,使其与金属表面起化学反应生成保护膜,从而起到防锈作用。在气候潮湿地区,对防锈作用的要求显得更为突出。

防锈作用的好坏,取决于切削液本身的性能和加入的防锈添加剂。

此外,切削液应具有良好的稳定性和抗霉变能力、不损坏涂漆零件,达到排放时不污染环境、对人体无害和使用经济性等要求。

(2)切削液的种类

切削加工中最常用的切削液可分为水溶性、非水溶性(油性)和固体润滑剂3大类。

1)水溶性切削液

水溶性切削液以冷却为主,主要有以下两种:

①水溶液

水溶液是以水为主要成分的切削液。水的导热性能和冷却效果好,但单纯的水容易使金属生锈,润滑性能差。因此,常在水溶液中加入一定量的添加剂,如防锈添加剂、表面活性物质和油性添加剂等,使其既具有良好的防锈性能,又具有一定的润滑性能。在配制水溶液时,要特别注意水质情况,如果是硬水,必须进行软化处理。

②乳化液

乳化液是将乳化油用95%～98%的水稀释而成,呈乳白色或半透明状的液体,具有良好的冷却作用。但润滑、防锈性能较差。通常再加入一定量的油性、极压添加剂和防锈添加剂,配制成极压乳化液或防锈乳化液。表面活性剂的分子上带极性一头与水亲和,不带极性一头与油亲和,并添加乳化稳定剂,使乳化油、水不分离。

2)非水溶性(油性)切削液

非水溶性(油性)切削液以润滑为主,主要为切削油。

①切削油

切削油的主要成分是矿物油,少数采用动植物油或复合油(矿物油与动植物油的混合油)。常用的是矿物油。

矿物油包括机械油、轻柴油和煤油等。它们的特点是热稳定性好,资源较丰富,价格较便宜,但润滑性能较差。

②极压切削油

纯矿物油不能在摩擦界面形成坚固的润滑膜,润滑效果较差。实际使用中,常在矿物油中添加氯、硫、磷等极压添加剂和防锈添加剂,形成极压切削油,以提高其润滑和防锈作用。

3)固体润滑剂

固体润滑剂主要是二硫化钼蜡笔、石墨、硬脂酸蜡等。二硫化钼能防止黏结和抑制积屑瘤形成,减小切削力,能显著地延长刀具使用寿命和减小加工表面粗糙度。生产中,用二硫化钼蜡笔涂在砂轮、砂盘、带、丝锥、锯带或圆锯片上,能起到润滑作用,降低工件表面的粗糙度,延长砂轮和刀具的使用寿命,减少毛刺或金属的熔焊。

在攻螺纹时,常在刀具或工件上涂上一些膏状或固体润滑剂。膏状润滑剂主要是含极压添加剂的润滑脂。

(3)切削液的选用

切削液的使用效果除取决于切削液的性能外,还与刀具材料、加工要求、工件材料、加工方法等因素有关,应综合考虑,合理选用。

1)根据刀具材料、加工要求选用切削液

高速工具钢刀具耐热性差,粗加工时,切削用量大,切削热多,容易导致刀具磨损,应选用以冷却为主的切削液;精加工时,主要是获得较好的表面质量,可选用润滑性好的极压切削油或高浓度极压乳化液。硬质合金刀具耐热性好,一般不用切削液,如需要,也可用低浓度乳化液或水溶液,但应连续地、充分地浇注,不宜断续浇注,以免处于高温状态的硬质合金刀片在突然遇到切削液时,产生巨大的内应力而出现裂纹。

2)根据工件材料选用切削液

加工钢等塑性材料时,需用切削液。

加工铸铁、黄铜等脆性材料时,一般不用切削液,原因是作用不如钢明显,而崩碎切屑黏附在机床的运动部件上又易搞脏机床、工作地。对于铜、铝及铝合金等材料,加工时均处于极压润滑摩擦状态,为了得到较好的表面质量和精度,应选用极压切削油或极压乳化液,可采用10%～20%乳化液、煤油或煤油矿物油的混合液;切削铜时不宜用含硫的切削液,因硫会腐蚀铜。加工高强度钢、高温合金等难加工材料时,由于切削加工处于极压润滑摩擦状态,故应选用含极压添加剂的切削液。切削镁合金时,不能用水溶液,以免燃烧。

3)根据加工性质选用切削液

钻孔、攻丝、铰孔、拉削等,排屑方式均处于封闭、半封闭状态,导向部、校正部与已加工表面的摩擦严重,对硬度高、强度大、韧性大、冷硬严重的难切削材料尤为突出,宜用乳化液、极压乳化液和极压切削油;成形刀具、齿轮刀具等,要求保持形状、尺寸精度,应采用润滑性好的极压切削油或高浓度极压切削液;磨削加工温度很高,且细小的磨屑会破坏工件表面质量,要求切削液具有较好冷却性能和清洗性能,常用半透明的水溶液和普通乳化液,磨削不锈钢、高温合金宜用润滑性能较好的水溶液和极压乳化液。

1.4　磨　削

1.4.1　砂轮

砂轮是一种用结合剂把磨粒黏结起来,经压坯、干燥、焙烧及车整而成,具有很多气孔,而用磨粒进行切削的工具。砂轮的结构如图1.53所示。它的特性主要由磨料、粒度、结合剂、硬度和组织5个参数所决定。

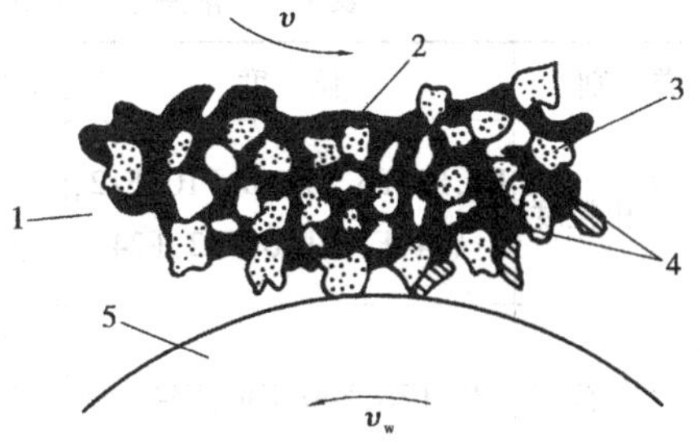

图1.53　砂轮的组成

1—砂轮;2—结合剂;3—磨料;4—气孔;5—工件

(1)磨料

磨料分天然磨料和人造磨料两大类。天然磨料为金刚砂、天然刚玉、金刚石等。天然金刚石价格昂贵,其他天然磨料杂质较多,质地较不均匀,故主要用人造磨料来制造砂轮。

目前常用的磨料可分为刚玉系、碳化物系和超硬磨料系3类。其具体分类、代号、主要成分、性能和适用范围如表 1.8 所示。

表 1.8　常用磨料的种类、代号、主要成分、性能和适用范围

种类	名　称	代　号	主要成分	颜　色	性　能	适用范围
刚玉类	棕刚玉	A	Al_2O_3:92.5% ~97% TiO_2:2% ~3%	棕褐色	硬度高,韧性好,抗弯强度大,化学性能稳定,耐热,价廉	碳钢、合金钢、可锻铸铁与青铜
	白刚玉	WA	Al_2O_3: >99%	白色		淬火钢、高速工具钢
碳化物类	黑碳化硅	C	SiC: >95%	黑色	硬度更高,强度高,性脆,很锐利,与铁有反应,热稳定性较好	铸铁、黄铜、非金属
	绿碳化硅	GC	SiC: >99%	绿色		硬质合金
超硬磨料类	立方氮化硼	CBN	立方氮化硼	黑色、琥珀色	硬度高,耐磨性和导电性好,发热量小	磨硬质合金、不锈钢、高合金钢等难加工材料
	人造金刚石	RVD MBD	碳结晶体	乳白色、无色等	硬度极高,韧性很差,价格昂贵	磨硬质合金、宝石、陶瓷等材料

注:人造金刚石和立方氮化硼目前已有多种品种,其代号也不同,适用的领域也不相同。

(2)粒度

粒度指磨料颗粒的尺寸大小(单位:μm)。当磨粒尺寸较大时,用机械筛选法来分级,粒度号是指用 1 in(英寸)长度有多少孔数的筛网来命名的,如 F60 表示磨粒刚能通过每英寸 60 个孔眼的筛网。粒度号越大,颗粒越小。把磨粒基本尺寸小于 53 μm 的磨粒称为微粉,用光电沉降仪法或沉降管法来分级,其粒度号为 F230—F1 200,F 后的数字(粒度号)越大,微粉越细。常用粒度及适用范围如表 1.9 所示。

表 1.9　常用磨料的粒度和适用范围(GB/T 2481.2—2009)

类　别		粒　度	应用范围
粗磨粒	粗粒度	F4,F5,F6,F7,F8,F10,F12,F14,F16,F20,F22,F24	荒磨 去毛刺
	中粒度	F30,F36,F40,F46,F54,F60	粗磨 半精磨 精磨
	细粒度	F70,F80,F90,F100,F120,F150,F180,F220	精磨
			珩磨
微粉	极细粒度	F230,F240,F280,F320,F360	珩磨 研磨
		F400,F500,F600,F800,F1000,F1200	研磨 超精磨 镜面磨

一般而言，用粗粒度砂轮磨削时磨削效率高，但工件表面粗糙度差，用细粒度砂轮磨削时，工件表面粗糙度好，但磨削效率低。在满足工件表面粗糙度要求的前提下，应尽量选用粒度较粗的磨具，以保证较高的磨削效率。砂轮粒度选择的原则如下：

①粗磨时，选粒度较小（颗粒粗）的砂轮，可提高磨削生产率。

②精磨时，选粒度较大（颗粒细）的砂轮，可减小已加工表面粗糙度。

③磨软而韧的金属，用颗粒较粗的砂轮，这是因为用粗颗粒砂轮可减少同时参加磨削的磨粒数，避免砂轮过早堵塞，并且磨削时发热也小，工件表面不易烧伤。

④磨硬而脆的金属，用颗粒较细的砂轮，此时增加了参加磨削的磨粒数，可提高磨削生产率。

(3)结合剂

结合剂是把许多细小的磨粒黏结在一起而构成砂轮的材料。砂轮是否耐腐蚀、能否承受冲击和经受高速旋转而不致裂开等，主要取决于结合剂的成分和性质。常用结合剂的性质和用途如表1.10、表1.11所示。

表1.10　结合剂种类（GB/T 2484—2006）

名称	陶瓷结合剂	橡胶结合剂	增强橡胶	树脂或其他热固性有机结合剂	纤维增强树脂结合剂	菱苦土结合剂	塑料结合剂
代号	V	R	RF	B	BF	Mg	PL

表1.11　常用结合剂的性能和适用范围

结合剂	代号	性　能	适用范围
陶瓷	V	耐热、耐蚀，气孔率大，易保持廓形，弹性差	最常用，适用于各类磨削加工
树脂	B	强度较V高，弹性好，耐热性差	适用于高速磨削，切断，开槽等
橡胶	R	强度较B高，弹性更好，气孔率小，耐热性差	适用于切断，开槽，及作无心磨的导轮

(4)砂轮的硬度

砂轮硬度并不是指磨粒本身的硬度，而是指砂轮工作表面的磨粒在外力作用下脱落的难易程度。即磨粒容易脱落的，砂轮硬度为软；反之，为硬。同一种磨料可做出不同硬度的砂轮，它主要取决于结合剂的成分。砂轮硬度从“极软”到“极硬”可分成7级，其中再分为19个小级，用英文字母标记，“A”到“Y”由软至硬。硬度等级如表1.12所示。

表1.12　砂轮的硬度等级名称及代号（GB/T 2484—2006）

名称	极软				很软			软			中级			硬				很硬	极硬
代号	A	B	C	D	E	F	G	H	J	K	L	M	N	P	Q	R	S	T	Y

砂轮硬度的选用原则是保证磨具适当自锐性的同时，避免磨具过快、过大磨损，保证磨削时不产生过高磨削温度。

①工件材料越硬，应选用越软的砂轮。这是因为硬材料易使磨粒磨损，需用较软的砂轮

以使磨钝的磨粒及时脱落,但是磨削有色金属(铝、黄铜、青铜等)、橡皮、树脂等软材料,却要用较软的砂轮。因为这些材料易使砂轮堵塞,选用软的砂轮可使堵塞处较易脱落,露出尖锐的新磨粒。

②砂轮与工件磨削接触面积大时,磨粒参加切削的时间较长,较易磨损,应选用较软的砂轮。

③半精磨与粗磨相比,需用较软的砂轮,以免工件发热烧伤,但精磨和成形磨削时,为了使砂轮廓形保持较长时间,则需用较硬一些的砂轮。

④砂轮气孔率较低时,为防止砂轮堵塞,应选用较软的砂轮。

⑤树脂结合剂砂轮由于不耐高温,磨粒容易脱落,其硬度可比陶瓷结合剂砂轮选高 1 ~ 2 级。

在机械加工中,常用的砂轮硬度等级是软 2 至中 2,荒磨钢锭及铸件时可用至中硬 2。

(5)**砂轮的组织号**

砂轮的组织是指磨粒、结合剂、气孔三者在砂轮内分布的紧密或疏松的程度。磨粒占砂轮体积百分比较高而气孔较少时,属紧密级;磨粒体积百分率较低而气孔较多时,属疏松级。砂轮组织的等级划分是以磨粒所占砂轮体积的百分数为依据的,如表 1.13 所示。

表 1.13　砂轮的组织代号(GB/T 2484—2006)

组织号	0	1	2	3	4	5	6	7	8	9	10	11	12	13	14
磨粒/%	62	60	58	56	54	52	50	48	46	44	42	40	38	36	34
疏密度	紧密				中等				疏松					大气孔	
使用范围	重负荷、成形、精密磨削、间断及自由磨削,或加工硬脆材料				外圆、内圆、无心磨及工具磨,淬火钢工件及刀具刃磨等				粗磨及磨削韧性大、硬度低的工件,适合磨削薄壁、细长工件,或砂轮与工件接触面大以及平面磨削等					磨削有色金属及塑料等非金属,以及热敏性大的合金	

砂轮组织号大,则组织松,砂轮不易被磨屑堵塞,切削液和空气能带入磨削区域,可降低磨削区域的温度,减少工件因发热引起的变形和烧伤,故适用于粗磨、平面磨、内圆磨等磨削接触面积较大的工序,以及磨削热敏感性较强的材料、软金属和薄壁工件。

砂轮组织号小,则组织紧密,气孔百分率小,使砂轮变硬,容易被磨屑堵塞,磨削效率低,但可承受较大磨削压力,砂轮廓形可保持持久,故适用于重压力下磨削,如手工磨削以及精磨、成形磨削。

(6)**砂轮的形状及选择**

为了适应在不同类型的磨床上磨削各种形状和尺寸的工件的需要,砂轮有许多种形状和尺寸,常用砂轮的形状、代号、用途如表 1.14 所示。

表1.14　常用砂轮的形状、代号及用途(GB/T 2484—2006)

代号	名　称	形　状	尺寸标记	主要用途
1	平形砂轮	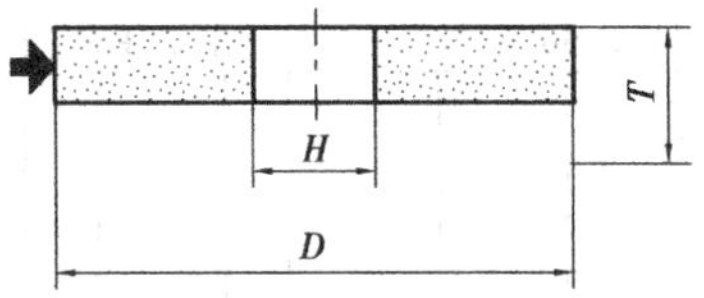	1 型—圆周型面—$D \times T \times H$	外圆磨、内圆磨、平面磨、无心磨、工具磨
2	黏结或夹紧用筒形砂轮	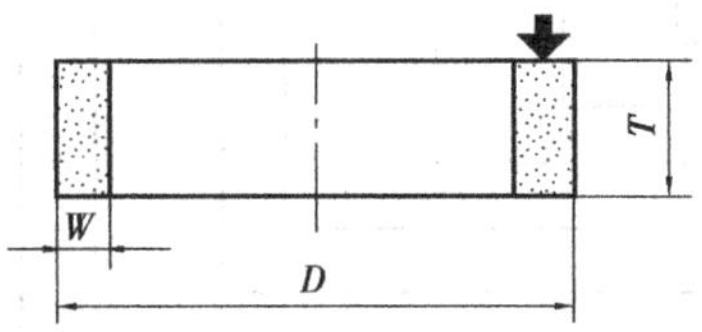	2 型—$D \times T \times W$	端磨平面
4	双斜边砂轮	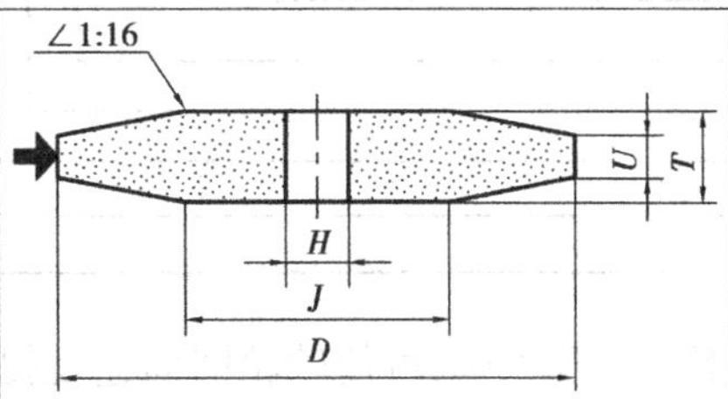	4 型—$D \times T \times H$	磨齿轮及螺纹
6	杯形砂轮	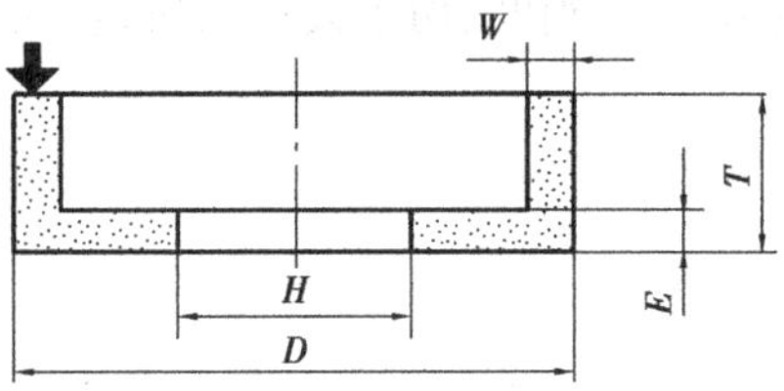	6 型—$D \times T \times H - W \times E$	磨平面、内圆、刃磨刀具
7	双面凹一号砂轮	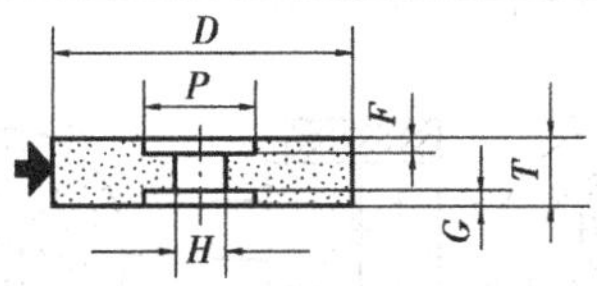	7 型—圆周型面—$D \times T \times H - P \times F/G$	磨外圆、无心磨的砂轮和导轮、刃磨车刀后刀面
11	碗形砂轮	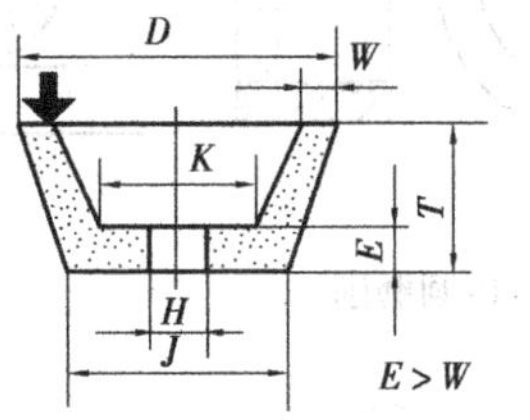	11 型—$D/J \times T \times H\text{-}W \times E$	端磨平面、刃磨刀具、磨刀具
41	薄片砂轮	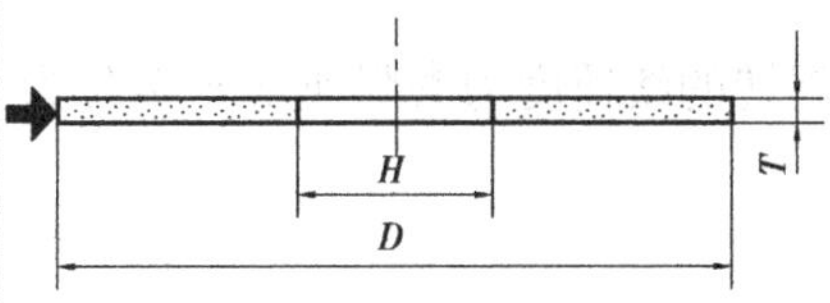	41 型—$D \times T \times H$	切断及切槽

注：➡表示固结磨具磨削面的符号。

砂轮的标志印在砂轮端面上，根据 GB/T 484—2006 的规定标记如下，其中磨料牌号和生产企业自定的结合剂牌号为可选项，其标记符号也由生产企业自定。例如：

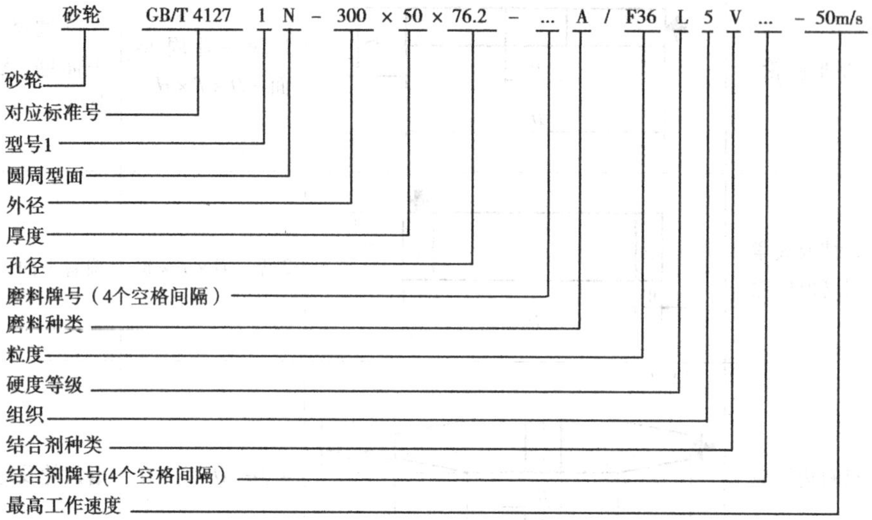

选用砂轮时，其外径在可能情况下尽量选大些，可使砂轮圆周速度提高，以降低工件表面粗糙度和提高生产率；砂轮宽度应根据机床的刚度、功率大小来决定，机床刚性好、功率大，可使用宽砂轮。

1.4.2 磨削过程

(1)磨削运动

外圆、内圆和平面磨削时的切削运动如图 1.54 所示。

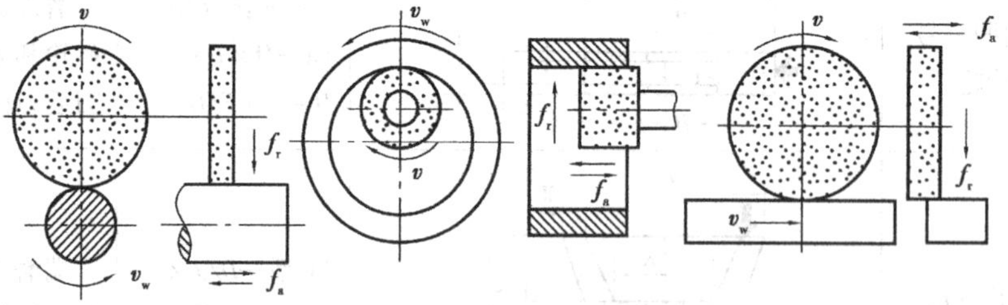

(a)外圆磨削　(b)内圆磨削　(c)平面磨削

图 1.54　磨削运动

1)主运动

砂轮的旋转运动是主运动，砂轮旋转的线速度为磨削速度 v，单位为 m/s。

2)进给运动

①外圆、内圆磨削

圆周进给运动：工件的旋转运动，进给速度为工件被加工表面的切线速度 v_w，单位为 m/min。

轴向进给运动:工件相对砂轮的直线运动,用轴向进给量 f_a 表示(是指工件每转一转,相对于砂轮在轴线方向的移动量),单位为 m/min。

②平面磨削

纵向进给运动:工作台的往复运动,用运动速度 v_w 表示,单位为 m/min。

轴向进给运动:砂轮相对于工件的轴向直线运动,用工作台每往复行程(双行程)或每单行程砂轮的轴向移动量 f_a 表示,单位为 mm/单行程或 mm/双行程。

3)切入运动

在外圆、内圆和平面磨削时,为得到所需的工件尺寸,除上述成形运动外,在加工中砂轮还需沿径向做切入运动,其大小用工作台(或工件)每单行程或双行程时砂轮沿径向的切入深度 f_r 表示,也称为磨削深度,单位为 mm/单行程或 mm/双行程。

(2)磨削过程及特点

从本质上来看,磨削也是一种切削。砂轮表面上的每个磨粒的凸出在外表面上的尖棱可认为是微小的切削刃。因此,砂轮可看做是具有极多微小刀齿的刀具(如铣刀)。如图 1.55 所示,砂轮上的磨粒是无数又硬又小且形状很不规则的多面体,磨粒的顶尖角为 90° ~ 120°,并且尖端均带有若干微米的尖端圆角半径 r_β,磨粒尖端随机分布在砂轮上,经修整后的砂轮,磨粒前角可达 −80° ~ −85°。因此磨削过程与其他切削方法相比又具有自己的特点。

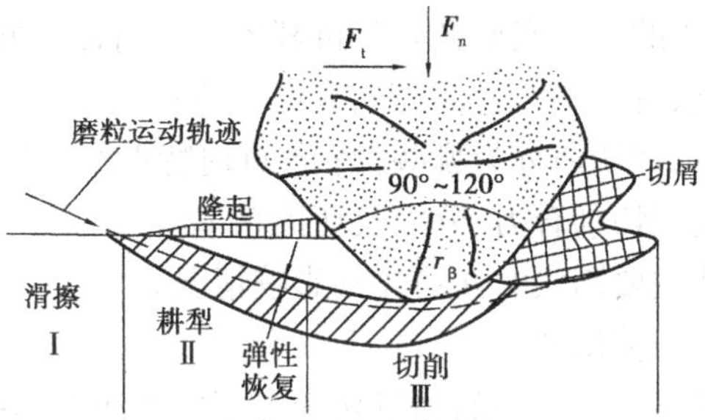

图 1.55　磨粒切入过程

磨削时,其切削厚度由零开始逐渐增大。由于磨粒具有很大负前角和较大尖端圆角半径,当磨粒开始以高速切入工件时,在工件表面上产生强烈的滑擦,这时切削表面产生弹性变形;当磨粒继续切入工件,磨粒作用在工件上的法向力 F_n 增大到一定值时,工件表面产生塑性变形,使磨粒前方受挤压的金属向两边塑性流动,在工件表面上耕犁出沟槽,而沟槽的两侧微微隆起;当磨料继续切入工件,其切削厚度增大到一定数值后,磨粒前方的金属在磨粒的挤压作用下,发生滑移而成为切屑。

由于各个磨粒形状、分布和高低各不相同,其切削过程也有差异。其中,一些凸出和比较锋利的磨粒,切入工件较深,经过滑擦、耕犁和切削 3 个阶段,形成非常微细的切屑;比较钝的、凸出高度较小的磨粒,切不下切屑,只是起刻划作用,在工件表面上挤压出微细的沟槽;更钝的、隐藏在其他磨粒下面的磨粒只是稍微滑擦工件表面,起抛光的作用。由此可见,磨削过程是包含切削、刻划和抛光作用的综合的复杂过程。

从磨削的过程看,滑擦、耕犁和切削使工件有挤压变形,并导致工件与磨粒之间的摩擦增加,同时切削速度很高,磨削过程经历的时间极短(只有 0.000 1 ~ 0.000 05 s)。因此,磨削时产生的瞬时局部温度是极高的(可达到 800 ~ 1 200 ℃)以上,磨削时见到的火花,就是高温下燃烧的切屑。当磨粒被磨钝和砂轮被切屑堵塞时，温度还会更高，甚至能使切屑熔化，烧伤工件表面及改变工件的形状和尺寸，在磨淬硬钢时还会出现极细的裂纹。为了降低磨削温度和冲洗掉砂轮空隙中的磨粒粉末和金属微尘，通常磨削时必须加冷却液，把它喷射到磨削区域，来提高磨削生产率，并改善加工表面的质量。冷却液应具有黏性小、冷却迅速的性质，又不致腐蚀机件和损害操作者健康，通常采用的冷却液是碳酸钠液和乳化液。

思考题

1. 以外圆车削为例，说明什么是主运动、进给运动和合成运动，并分析三者之间的关系。

2. 外圆车刀切削部分由哪些几何参数构成？写出其符号并简述其概念。

3. 何谓基面、切削平面、正交平面？

4. 试比较标注参考系与工作参考系的异同。

5. 试画出切断刀具正交平面参考系的标注角度 γ_o，α_o，λ_s，κ_r 和 κ'_r，设 $\kappa_r=90°$，$\lambda_s=2°$。

6. 为什么当切断车刀切到实心工件最后时，工件不是被切断的，而是被挤断的？

7. 试画图说明切削过程的 3 个变形区并分析其各产生何种变形。

8. 切削变形的表示方法有哪些？它们之间有何关系？

9. 从切屑形成的机理可把切屑分为哪些种？各有何特点？可否相互转化？

10. 以外圆车削为例说明切削合力、分力及切削功率。

11. 影响切削力有哪些主要因素？并简述其影响情况。

12. 切削热是如何产生与传出的？

13. 切削温度的含义是什么？常用的测量切削温度的方法有哪些？测量原理是什么？

14. 切削用量三要素对切削温度的影响是否相同？为什么？试与切削用量对切削力的影响进行对比。

15. 刀具有哪几种磨损形态？各有什么特征？

16. 刀具磨损原因有哪些？刀具材料不同，其磨损原因是否相同？为什么？

17. 刀具磨损过程可分为几个阶段？各阶段有什么特点？

18. 何谓刀具磨钝标准？它与刀具使用寿命有何关系？磨钝标准制订的原则是什么？

19. 刀具使用寿命与刀具总寿命有何关系？

20. 如何改善工件材料的切削加工性？

21. 选择切削用量的原则是什么？从刀具使用寿命的角度来考虑，应如何选择切削用量？

22. 如果选定切削用量后，发现切削功率将会超过所选机床功率时，应如何解决？

23. 前角有何功用？如何选择车刀的前角？

24. 车刀的过渡刃和修光刃有什么功用？

25. 刃倾角的功用有哪些？

26. 后角的主要功用是什么？

27. 前角与后角均影响刀头强度，生产中怎样处理？

28. 切削加工中常用的切削液有哪几类？它们的主要特点是什么？
29. 如何合理选择切削液？请举例说明。
30. 试比较磨削和单刃刀具切削时的异同。
31. 砂轮有哪些组成要素？
32. 砂轮粒度怎样表示？简述砂轮粒度的选择原则。
33. 何谓砂轮的硬度？与砂轮磨粒的硬度有何区别？简述砂轮硬度的选择原则。
34. 磨削过程分为哪 3 个阶段？如何运用这一规律来提高磨削效率和表面质量？

第2章 刀具材料

2.1 刀具材料应具备的性能

现代切削加工对刀具提出了更高和更新的要求。近几十年来,世界各工业发达国家都在大力发展先进刀具,开发出了许多高性能的刀具材料。

刀具材料通常是指刀具切削部分的材料。其性能的好坏将直接影响加工精度、切削效率、刀具寿命和加工成本。因此,正确选择刀具材料是设计和选用刀具的重要内容之一。

由于刀具在切削时,要克服来自工件的弹塑性变形的抗力和来自切屑、工件的摩擦力,常使刀具切削刃上出现很大的应力并产生很高的温度,刀具将会出现磨损和破损。因此,为使刀具能正常工作,刀具材料应满足以下性能要求:

(1)高的硬度和耐磨性

刀具材料的硬度必须高于被加工材料的硬度,常温下刀具硬度一般应在60 HRC以上。

耐磨性是指材料抵抗磨损的能力,它与材料硬度、强度和金相组织等有关。一般而言,材料的硬度越高,耐磨性越好;材料金相组织中碳化物越多、越细、分布越均匀,其耐磨性越高。

(2)足够的强度和韧性

切削时刀具要承受较大的切削力、冲击和振动,为避免崩刃和折断,刀具材料应具有足够的强度和韧性。一般用材料的抗弯强度和冲击韧度值表示。

(3)高的耐热性

耐热性即高温下保持足够的硬度、耐磨性、强度和韧性的性能。常将材料在高温下仍能保持高硬度的能力称为热硬性、红硬性。刀具材料的高温硬度越高,耐热性越好,允许的切削速度越高。

(4)化学稳定性好

化学稳定性好是指刀具材料在常温和高温下不易与周围介质及被加工材料发生化学反应。

(5)**良好的工艺性和经济性**

便于加工制造，如良好的锻造性、热处理性、可焊性、刃磨性等，还应尽可能满足资源丰富、价格低廉的要求。

现代切削加工具有更高速、更高效和自动化程度高等特点，为适应其需要，对现代切削加工的刀具材料提出了比传统加工用刀具材料更高的要求，它不仅要求刀具耐磨损、寿命长、可靠性好、精度高、刚性好，而且要求刀具尺寸稳定、安装调整方便等。

2.2 刀具材料的种类

随着机械制造技术的发展与进步，刀具材料也取得了较大的发展。刀具材料从碳素工具钢发展到了现在广泛使用的硬质合金、陶瓷和超硬材料(立方氮化硼、金刚石等)。

现代切削加工基本淘汰了碳素工具钢，所使用的刀具材料主要为高速工具钢、硬质合金、陶瓷、立方氮化硼、金刚石5类。其主要力学性能如表2.1所示。

表2.1 常用刀具材料的主要物理、力学性能

材料种类		密度 /(g·cm^{-3})	硬度 /HRC(HRA)	抗弯强度 /GPa	冲击韧度值 /(MJ·m^{-2})	热导率 /[W(m·K)$^{-1}$]	耐热性 /℃
高速工具钢		8.0~8.8	63~70 (83~86.6)	2~4.5	0.098~0.588	16.75~25.1	600~700
硬质合金	钨钴类	14.3~15.3	(89~91.5)	1.08~2.35	0.019~0.059	75.4~87.9	800
	钨钛钴类	9.35~13.2	(89~92.5)	0.9~1.4	0.002 9~0.006 8	20.9~62.8	900
	碳化钽、铌类	—	(~92)	~1.5	—	—	1 000~1 100
	碳化钛基类	5.56~6.3	(92~93.3)	0.78~1.08	—	—	1 100
陶瓷	氧化铝陶瓷	3.6~4.7	(91~95)	0.44~0.686	0.004 9~0.011 7	4.19~20.93	1 200
	氧化物、碳化物混合陶瓷			0.71~0.88			1 100
超硬材料	立方氮化硼	3.44~3.49	8 000~9 000 HV	~0.294	—	75.55	1 400~1 500
	人造金刚石	3.47~3.56	10 000 HV	0.21~0.48	—	146.54	700~800

2.2.1 高速工具钢

高速工具钢是在工具钢中加入较多的钨(W)、钼(Mo)、铬(Cr)、钒(V)等合金的高合金工具钢，俗称为白钢或锋钢。

(1)**高速工具钢的特点**

与普通的碳素工具钢和合金工具钢相比，高速工具钢突出的特点是热硬性很高，在切削温度达 500 ~ 650 ℃时，仍能保持 60 HRC 的硬度。同时，高速工具钢还具有较高的耐磨性以及高的强度和韧性。

与硬质合金相比，高速工具钢的最大优点是可加工性好并具有良好的综合力学性能。同时，高速工具钢的抗弯强度是硬质合金的 3 ~ 5 倍，冲击韧性是硬质合金的 6 ~ 10 倍。

高速工具钢具有较好的力学性能和良好的工艺性，特别适合制造各种小型刀具及结构和形状复杂的刀具，如成形车刀、钻头、拉刀、齿轮加工刀具和螺纹加工刀具等。另外，由于高速工具钢刀具热处理技术的进步以及成形金属切削工艺（全磨制钻头、丝锥等）的更新，使得高速工具钢仍是现代切削加工应用较多的刀具材料之一。

（2）常用高速工具钢材料的分类与性能及应用

高速工具钢的品种繁多，根据《高速工具钢》GB/T 9943—2008，按切削性能可分为低合金高速工具钢（HSS-L）、普通高速工具钢（HSS）和高性能高速工具钢（HSS-E）；按化学成分可分为钨系高速工具钢和钨钼系高速工具钢；另外，按制造工艺不同可分为熔炼高速工具钢和粉末冶金高速工具钢。生产中常用的是普通高速工具钢和高性能高速工具钢，常用高速工具钢的力学性能如表 2.2 所示。

表 2.2　常用高速工具钢的种类、牌号、主要性能和用途

种类	代号	牌　号	常温硬度/HRC	高温硬度/HRC（600 ℃）	抗弯强度/GPa	冲击韧性/(MJ·m^{-2})	其他特性	主要用途
普通高速钢	HSS	W18Cr4V（T51841）	63 ~ 66	48.5	3 ~ 3.4	0.18 ~ 0.32	可磨性好	复杂刀具，精加工刀具
		W6Mo5Cr4V2（T66541）	63 ~ 66	47 ~ 48	3.5 ~ 4	0.3 ~ 0.4	高温塑性特好，热处理较难，可磨性稍差	代替钨系用，热轧刀具
高性能高速钢	HSS-E	W2Mo9Cr4VCo8（T72948）	67 ~ 69	55	2.7 ~ 3.8	0.23 ~ 0.3	综合性能好，刃磨性也好，但价格特高	切削难加工材料的刀具
		W6Mo5Cr4V2Al（T66546）	67 ~ 69	54 ~ 55	2.84 ~ 3.82	0.223 ~ 0.291	性能与 T72948 相当，但价格低很多，可磨性略差	切削难加工材料的刀具

注：1. 表中除 W18Cr4V 为钨系高速工具钢外，其他的均为钨钼系高速工具钢。
2. 牌号下方括号内为 GB/T 9943—2008 规定的该牌号的统一数字代号。

1）普通高速工具钢

普通高速工具钢的特点是工艺性能好，具有较高的硬度、强度、耐磨性和韧性。它可用于制造各种刃形复杂的刀具。

普通高速工具钢又分为钨系高速工具钢和钨钼系高速工具钢两类。

①钨系高速工具钢

该类高速工具钢的典型牌号为W18Cr4V,是我国最常用的一种高速工具钢。该类高速工具钢综合性能较好,可制造各种复杂刃形刀具。

②钨钼系高速工具钢

它是以Mo代替部分W发展起来的一种高速工具钢。与W18Cr4V相比,这种高速工具钢的碳化物含量减少,而且颗粒细小分布均匀,因此,其抗弯强度、塑性、韧性和耐磨性都略有提高,适用于制造尺寸较大、承受冲击力较大的刀具(如滚刀、插刀等);又因钼的存在,使其热塑性非常好,故特别适用于轧制或扭制钻头等热成形刀具。其主要缺点是可磨削性略低于W18Cr4V。

2)高性能高速工具钢

高性能高速工具钢是在普通高速工具钢成分中再添加一些碳(C)、钒(V)、钴(Co)、铝(Al)等合金元素,进一步提高材料的耐热性能和耐磨性。该类高速工具钢的寿命为普通高速工具钢的1.5~3倍,适用于加工不锈钢、耐热钢、钛合金及高强度钢等难加工材料。

这种高速工具钢属于钨钼系高速工具钢,但其细分种类很多,主要有钴高速工具钢和铝高速工具钢两种。

①钴高速工具钢

常用牌号为W2Mo9Cr4VCo8(T72948)。这是一种含钴超硬高速工具钢,常温硬度较高,具有良好的综合性能。钴高速工具钢在国外应用较多,我国因钴储量少,故使用不多。

②铝高速工具钢

常用牌号为W6Mo5Cr4V2Al(T66546)。这是我国研制的无钴高速工具钢,是在W6Mo5Cr4V2的基础上增加铝、碳的含量,以提高钢的耐热性和耐磨性,并使其强度和韧性不降低。国产的W6Mo5Cr4V2Al的综合性能已接近国外的W2Mo9Cr4VCo8,因不含钴,生产成本较低,但刃磨性能较差,已在我国推广使用。

3)粉末冶金高速工具钢

粉末冶金高速工具钢是将熔炼的高速工具钢液用高压惰性气体或高压水雾化成细小粉末,将粉末在高温高压下制成形,再经烧结而成的高速工具钢。

与熔炼高速工具钢相比,粉末冶金高速工具钢由于碳化物细小,分布均匀,从而提高了材料的硬度与强度,热处理变形小,因此,粉末冶金高速工具钢不仅耐磨性好,而且可磨削性也得到显著改善。但成本较高,其价格相当于硬质合金。因此,主要使用范围是制造成形复杂刀具,如精密螺纹车刀、拉刀、切齿刀具等,以及加工高强度钢、镍基合金、钛合金等难加工材料用的刨刀、钻头、铣刀等刀具。

2.2.2 硬质合金

(1)硬质合金的组成与性能

硬质合金是由高硬度、高熔点的金属碳化物(WC,TiC,TaC和NbC等)微粉,用Co或Mo,Ni等金属成分作为黏结剂经高温烧结而成的粉末冶金制品。由于其高温碳化物含量远远超过高速工具钢,因此它的硬度、耐磨性和高热硬性均高于高速工具钢,切削温度达到800~1 000 ℃时仍能进行切削加工。但其抗弯强度较低,脆性较大,加工工艺性较差。

硬质合金的性能取决于其化学成分、碳化物粉末的粗细程度及其烧结工艺。碳化物含量增加时,则硬度增高,抗弯强度降低,适于粗加工;黏结剂含量增加时,则抗弯强度增高,硬度降低,适于精加工。

(2)普通硬质合金分类、牌号与使用性能

《硬质合金牌号 第1部分:切削工具用硬质合金牌号》GB/T 18376.1—2008 将硬质合金分为P,M,K,N,S和H共6类,各个类别为满足不同的使用要求,以及根据切削工具用硬质合金材料的耐磨性和韧性的不同,分成若干个组,用01,10,20等两位数字表示组号,其牌号如"P201",其中"P"表示类,"20"表示组,"1"表示细分号(需要时使用)。各类硬质合金的基本成分与适用领域如表2.3所示。

表2.3 常用硬质合金牌号、成分和力学性能(GB/T 18376.1—2008)

类别	分组号	基本成分	力学性能		使用领域
			常温硬度/HRA	抗弯强度/MPa	
P	01,10,20,30,40	以TiC,WC为基,以Co(Ni+Mo+Co)作黏结剂的合金/涂层合金	≥89.5~92.3	≥700~1 750	长切屑材料的加工,如钢、铸钢、长切削可锻铸铁等的加工
M	01,10,20,30,40	以WC为基,以Co作黏结剂,添加少量TiC(TaC,NbC)的合金/涂层合金	≥88.9~92.3	≥1 200~1 800	通用合金,用于不锈钢、铸钢、锰钢、可锻铸铁、合金钢、合金铸铁等的加工
K	01,10,20,30,40	以WC为基,以Co作黏结剂,或添加少量TaC,NbC的合金/涂层合金	≥88.5~92.3	≥1 350~1 800	短切屑材料的加工,如铸铁、冷硬铸铁、短切屑可锻铸铁、灰口铸铁等的加工
N	01,10,20,30	以WC为基,以Co作黏结剂,或添加少量TaC,NbC或CrC的合金/涂层合金	≥90.0~92.3	≥1 450~1 700	有色金属、非金属材料的加工,如铝、镁、塑料、木材等的加工
S	01,10,20,30	以WC为基,以Co作黏结剂,或添加少量TaC,NbC或TiC的合金/涂层合金	≥90.5~92.3	≥1 500~1 750	耐热和优质合金材料的加工,如耐热钢,含镍、钴、钛的各类合金材料的加工
H	01,10,20,30	以WC为基,以Co作黏结剂,或添加少量TaC,NbC或TiC的合金/涂层合金	≥90.5~92.3	≥1 000~1 500	硬切削材料的加工,如淬硬钢、冷硬铸铁等材料的加工

传统的国产普通硬质合金按化学成分不同分为4类:钨钴类、钨钛钴类、钨钛钽(铌)钴类和碳化钛基类硬质合金。前3类主要成分是WC,后一类主要成分为TiC。常用硬质合金如表2.4所示。

表2.4　常用硬质合金牌号、成分和力学性能

类型	牌号（旧标准）	成分（质量分数）/%					物理力学性能				使用性能	
		WC	TiC	Tac（Nbc）	Co	其他	密度/（g·cm^{-3}）	导热系数/[W（M·C）$^{-1}$]	硬度/HRA（HRC）	抗弯强度/GPa	加工材料类别	(1)耐磨性 (2)韧性 (3)切削速度 (4)进给量
钨钴类	YG3	97	—	—	3	—	14.9～15.3	87.92	91.5(78)	1.08	短切屑的黑色金属；有色金属；非金属材料	1 2 3 4 ↑ ↓ ↑ ↓
	YG6X	93.5	—	0.5	6	—	14.6～15.0	75.55	91(78)	1.37		
	YG6	94	—	—	6	—	14.6～15.0	75.55	89.5(75)	1.42		
	YG8	92	—	—	8	—	14.5～14.9	75.36	89(74)	1.47		
	YG8C	92	—	—	8	—	14.5～14.9	75.36	88(72)	1.72		
钨钛钴类	YT30	66	30	—	4	—	9.3～9.7	20.93	92.5(80.5)	0.88	长切屑的黑色金属	1 2 3 4 ↑ ↓ ↑ ↓
	YT15	79	15	—	6	—	11～11.7	33.49	91(78)	1.13		
	YT14	78	14	—	8	—	11.2～12.0	33.49	90.5(77)	1.77		
	YT5	85	5	—	10	—	12.5～13.2	62.80	89(74)	1.37		
添加钽（铌）类	YG6A（YA6）	91	—	5	6	—	14.6～15.0	—	91.5(79)	1.37	长切屑或短切屑的黑色金属和有色金属	—
	YG8A	91	—	1	8	—	14.5～14.9	—	89.5(75)	1.47		
	YW1	84	6	4	6	—	12.8～13.3	—	91.5(79)	1.18		
	YW2	82	6	4	8	—	12.6～13.0	—	90.5(77)	1.32		
碳化钛基类	YN05	—	79	—	—	Ni7 Mo14	5.56	—	93.3(82)	0.78～0.93	长切屑的黑色金属	—
	YN10	15	62	1	—	Ni12 Mo10	6.3	—	92(80)	1.08		

注：表中符号为Y—硬质合金；G—钴；T—钛；X—细颗粒合金；C—粗颗粒合金；A—含TaC（NbC）的YG硬质合金；W—通用合金；N—不含钴，用镍作黏结剂的合金。

1）钨钴类硬质合金（YG）

由WC和Co组成，代号为YG。此类硬质合金抗弯强度好，硬度和耐磨性较差，主要用于加工铸铁、有色金属和非金属材料。Co含量越高，韧性越好，适用于粗加工；Co含量少者用于精加工。YG类细晶粒硬质合金适用于加工精度高、表面粗糙度要求小和需要刀刃锋利的场合。

2）钨钛钴类硬质合金（YT）

该类硬质合金含有5%～30%的TiC。其硬度、耐磨性、耐热性都明显提高，但韧性、抗冲击和抗振动性差,主要用于加工切屑成带状的钢料等塑性材料。合金中含 TiC 量多、含 Co 量少时,耐磨性好,适于精加工;含 TiC 量少、含 Co 量多时,承受冲击性能好,适于粗加工。

3)钨钛钽(铌)钴类硬质合金

在 YG 类硬质合金中添加少量的 TaC 或 NbC,可细化晶粒、提高硬度和耐磨性,而韧性不变,还可提高合金的高温硬度、高温强度和抗氧化能力,适于加工冷硬铸铁、有色金属及其合金的半精加工。

在 YT 类硬质合金中添加少量的 TaC 或 NbC,可提高抗弯强度、冲击韧性、耐热性、耐磨性及高温硬度和抗氧化能力等,既可用于加工钢料,又可用于加工铸铁和有色金属,故被称为"通用合金"(代号为 YW)。

4)碳化钛基类硬质合金(YN)

碳化钛基类硬质合金又称为金属陶瓷。以 TiC 为主体,加入少量的 WC 和 NbC,以 Ni 和 Mo 为黏结剂,经压制烧结而成。

该类硬质合金具有比 WC 基硬质合金更高的耐磨性、耐热性和抗氧化能力,其主要缺点是热导率低和韧性较差,适于工具钢的半精加工及淬硬钢的加工。

硬质合金种类繁多,且不同硬质合金的性能也有所不同,只有根据具体条件合理选用,才能发挥硬质合金的效能。

2.2.3 陶瓷材料

目前,国内外应用最为广泛的陶瓷刀具材料大多数为复相陶瓷,其种类一般可分为氧化铝基陶瓷、氮化硅基陶瓷和复合氮化硅-氧化铝基陶瓷 3 大类。其中,前两种应用最为广泛。

常用的陶瓷刀具材料是以 Al_2O_3 或 Si_3N_4 为基体成分在高温下烧结而成的。其硬度可达 91 ~ 95HRA,即使在 1 200℃时硬度也达 80HRA;耐磨性比硬质合金高十几倍;有很高化学稳定性,即使在高温下也不易与工件起化学反应;摩擦系数也低,切屑不易黏刀,不易产生积屑瘤。

①因陶瓷材料硬度高、耐磨性好,故可加工传统刀具难以加工或根本不能加工的高硬材料,如硬度达 65 HRC 的各类淬硬钢、冷硬铸铁等,因而可免除退火热处理工序,提高工件的硬度,延长机器设备的使用寿命。

②陶瓷刀片切削时与金属工件的摩擦力小,切削不易黏结在刀片上,不易产生积屑瘤,加上可进行高速切削,故在条件相同时,被加工工件表面粗糙度比较低。

③普通陶瓷材料的抗弯强度及冲击韧性很差,仅为硬质合金的 1/3 ~ 1/2,对冲击十分敏感;但新型陶瓷材料的断裂韧性已接近某些牌号的硬质合金刀片,因而具有良好的抗冲击能力,尤其在进行铣、刨、镗削及其他断续切削时,更能显示其优越性。故其不仅能对高硬度材料进行粗、精加工,也可进行铣削、刨削、断续切削和毛坯粗车等冲击力很大的加工。

④刀具使用寿命比传统硬质合金刀具高几倍甚至几十倍,减少了加工中的换刀次数。

⑤因陶瓷材料耐高温,红硬性好,可在 1 200 ℃下连续切削,故陶瓷刀具的切削速度可比硬质合金高很多,可进行高速切削或实现"以车、铣代磨",切削效率比传统硬质合金刀具高 3 ~ 10 倍,达到节约工时、电力、机床数 30% ~ 70% 或更高的效果。

⑥氮化硅陶瓷刀具主要原料是自然界很丰富的氮和硅,用它代替硬质合金,可节约大量

W,Co,Ta 和 Nb 等重要的金属。

2.2.4　金刚石

金刚石有天然及人造两类,金刚石刀具有 3 种:天然单晶金刚石刀具、人造聚晶金刚石(PCD)刀具和金刚石复合刀具。天然金刚石由于价格昂贵等原因应用较少,工业上多使用人造聚晶金刚石作为刀具或磨具材料。

人造金刚石是在高温高压条件下,依靠合金触媒的作用,由石墨转化而成。金刚石复合刀片是在硬质合金的基体上烧结一层厚约 0.5 mm 的金刚石,形成金刚石与硬质合金的复合刀片。

金刚石的硬度极高,它是目前已知的硬度最高的物质,其硬度接近于 10 000 HV(硬质合金的硬度仅为 1 250 ~ 1 750 HV),耐磨性很好;金刚石刀具有非常锋利的切削刃,能切下极薄的切屑,加工冷硬现象较少;金刚石抗黏结能力强,不产生积屑瘤,很适合精密加工;金刚石导热系数大,约为硬质合金的 2 ~ 9 倍,甚至高于立方氮化硼和铜,因此热量传递迅速,金刚石热膨胀系数小,仅相当于硬质合金的 1/5,因此刀具热变形小,加工精度高;金刚石刀具摩擦系数小,一般仅为 0.1 ~ 0.3(硬质合金的摩擦系数为 0.4 ~ 1),因此金刚石刀具切削时可显著减小切削力;但其耐热性差,切削温度不得超过 700 ~ 800 ℃;强度低、脆性大,对振动很敏感,只宜微量切削;与铁的亲和力很强,不适合加工黑色金属材料。

金刚石目前主要用于磨具及磨料,用于对硬质合金、陶瓷及玻璃等高硬度、高耐磨性材料的加工;作为切削刀具多在高速下对有色金属及非金属材料进行精细切削。

2.2.5　立方氮化硼

立方氮化硼(CBN)是 20 世纪 50 年代发展起来的一种人工合成的新型材料,20 世纪 70 年代,发展为切削刀具用的 CBN 烧结体——聚晶立方氮化硼(PCBN),由软的立方氮化硼在高温高压下加入催化剂转化而成的一种新型超硬刀具材料。

聚晶立方氮化硼硬度很高,达 8 000 ~ 9 000 HV,仅次于金刚石的硬度;抗弯强度和断裂韧性介于硬质合金和陶瓷之间;热稳定性大大高于人造金刚石,在 1 300 ℃时仍可切削;具有很高的抗氧化能力,在 1 000 ℃时也不产生氧化现象,铁元素的化学惰性也远大于人造金刚石,与铁系材料在 1 200 ~ 1 300 ℃高温时也不易起化学作用,但在 1 000 ℃左右时会与水产生水解作用,造成大量 CBN 被磨耗,因此用 PCBN 刀具湿式切削时需注意选择切削液种类。

因此,立方氮化硼作为一种超硬刀具材料,可用于加工钢、铁等黑色金属,特别是加工高温合金、淬火钢和冷硬铸铁等难加工材料,它还非常适合数控机床加工。

2.2.6　涂层刀片

涂层刀片是在韧性和强度较高的基体材料(如硬质合金或高速工具钢)上,采用化学气相沉积(CVD)、物理气相沉积(PVD)、真空溅射等方法,涂覆一层或多层(涂层厚度 5 ~ 12 μm)颗粒极细的耐磨、难熔、耐氧化的硬化物(最常用的涂层材料是 TiC,TiN,以及 TiC-TiN 复合涂层和 TiC-Al_2O_3 复合涂层)后获得的新型刀片。涂层刀具既保持了良好的韧性和较高的强度,又具有了涂层的高硬度、高耐磨性和低摩擦系数等特点。因此,涂层刀具可提高加工效率,提高加工精度,延长刀具使用寿命,降低加工成本。但涂层刀具重磨性差,工艺及工装要求高,刀具成本高,主要用于刚性高的数控机床。

当今数控机床所用的切削刀具中有80%左右使用涂层刀具。涂层刀具将是今后数控加工领域中最重要的刀具品种。

2.3 刀具材料的选用

目前,广泛应用的现代切削刀具主要有金刚石刀具、立方氮化硼刀具、陶瓷刀具、涂层刀具、硬质合金刀具及高速工具钢刀具等。刀具材料种类繁多、各种类材料的牌号更多,其性能相差很大,每一品种的刀具材料都有其特定的加工范围,只能适应一定的工件材料和一定的切削速度范围,而被加工工件材料的品种十分繁多。因此,如何正确选择刀具材料进行切削加工,以确保加工质量、提高切削加工生产率、降低加工成本和减少资源消耗是一个十分重要的问题。

每一品种的刀具材料都有其最佳加工对象,即存在刀具材料与加工对象的合理匹配的问题。刀具材料与加工对象的匹配,主要指二者的力学性能、物理性能和化学性能相匹配,以获得最长的刀具寿命和最大的切削加工生产率。

现代切削加工用刀具材料必须根据所加工的工件和加工性质来选择。

(1)切削刀具材料与加工对象的力学性能匹配

切削刀具与加工对象的力学性能匹配问题主要是指刀具与工件材料的强度、韧性和硬度等力学性能参数要相匹配。具有不同力学性能的刀具材料所适合加工的工件材料有所不同。

刀具材料的主要力学性能排序如下:

1)刀具材料的硬度大小顺序

刀具材料的硬度大小顺序为

金刚石刀具 > 立方氮化硼刀具 > 陶瓷刀具 > 硬质合金 > 高速工具钢

2)刀具材料的抗弯强度大小顺序

刀具材料的抗弯强度大小顺序为

高速工具钢 > 硬质合金 > 陶瓷刀具 > 金刚石和立方氮化硼刀具

3)刀具材料的断裂韧度大小顺序

刀具材料的断裂韧度大小顺序为

高速工具钢 > 硬质合金 > 立方氮化硼、金刚石和陶瓷刀具

刀具材料的硬度必须高于工件材料的硬度,高硬度的工件材料,必须用更高硬度的刀具来加工。如立方氮化硼刀具和陶瓷刀具能胜任淬硬钢(45 ~ 65 HRC)、轴承钢(60 ~ 62 HRC)、高速工具钢(>62 HRC)、工具钢(57 ~ 60 HRC)和冷硬铸铁等的高速精车加工,可实现“以车代磨”。

具有优良高温力学性能的刀具适合于在数控机床上的进行较高的切削速度的切削加工。刀具的高温力学性能比常温力学性能更为重要。高温硬度高的陶瓷刀具可作为高速切削刀

具，普通硬质合金在温度高于500 ℃时因为其黏结相钴(Co)变软而硬度急剧下降，故不适合用作高速切削刀具。

(2)切削刀具材料与加工对象的物理性能匹配

切削刀具与加工对象的物理性能匹配问题主要是指刀具与工件材料的熔点、弹性模量、导热系数、热膨胀系数、抗热冲击性能等物理性能参数要相匹配。具有不同物理性能的刀具(如高导热却低熔点的高速工具钢刀具、高熔点和低热胀的陶瓷刀具、高导热和低热胀的金刚石刀具等)所适合加工的工件材料有所不同。

1)各种刀具材料的耐热温度

各种刀具材料的耐热温度由低到高分别为

高速工具钢为600~700 ℃；金刚石刀具为700~800 ℃；WC基超细晶粒硬质合金为800~900 ℃；TiC(N)基硬质合金为900~1 100 ℃；陶瓷刀具为1 100~1 200 ℃；立方氮化硼刀具为1 300~1 500 ℃。

2)各种刀具材料的导热系数

各种刀具材料的导热系数大小顺序为

金刚石>立方氮化硼>WC基硬质合金>TiC(N)基硬质合金>高速工具钢>Si_3N_4基陶瓷>Al_2O_3基陶瓷

3)各种刀具材料的热胀系数

各种刀具材料的热胀系数大小顺序为

高速工具钢>WC基硬质合金>TiC(N)>Al_2O_3基陶瓷>立方氮化硼>Si_3N_4基陶瓷>金刚石

4)各种刀具材料的抗热振性

各种刀具材料的抗热振性大小顺序为

高速工具钢>WC基硬质合金>Si_3N_4基陶瓷>立方氮化硼>金刚石>TiC(N)基硬质合金>Al_2O_3基陶瓷

加工导热性差的工件时，应采用导热较好的刀具材料，以使切削热得以迅速传出而降低切削温度。金刚石由于导热系数及热扩散率大，切削热容易散出，故刀具切削部分温度低。金刚石的热膨胀系数比硬质合金小，约为高速工具钢的1/10。因此，金刚石刀具不会产生很大的热变形，这对尺寸精度要求很高的精密加工刀具来说尤为重要。

(3)切削刀具材料与加工对象的化学性能匹配

切削刀具材料与加工对象的化学性能匹配问题主要是指刀具材料与工件材料化学亲和性、化学反应、扩散和溶解等化学性能参数要相匹配。不同的刀具材料(如金刚石刀具、立方氮化硼刀具、陶瓷刀具、硬质合金刀具、高速工具钢刀具)所适合加工的工件材料有所不同。

各种刀具材料的主要化学性能顺序如下：

1)各种刀具材料抗黏结温度高低顺序

各种刀具材料与钢抗黏结温度高低顺序为

立方氮化硼>陶瓷>硬质合金>高速工具钢

各种刀具材料与镍基合金抗黏结温度高低顺序为

陶瓷>PCBN>硬质合金>金刚石>高速工具钢

2)各种刀具材料抗氧化温度高低顺序

各种刀具材料抗氧化温度高低顺序为

陶瓷 > 立方氮化硼 > 硬质合金 > 金刚石 > 高速工具钢

3)各种刀具材料的扩散强度大小顺序

各种刀具材料对钢铁的扩散强度大小顺序为

金刚石 > Si_3N_4 基陶瓷 > 立方氮化硼 > Al_2O_3 基陶瓷

各种刀具材料对钛的扩散强度大小顺序为

Al_2O_3 基陶瓷 > 立方氮化硼 > Si_3N_4 基陶瓷 > 金刚石

4)刀具材料元素在钢中溶解度大小顺序

刀具材料元素在钢（未淬硬）中溶解度的大小顺序为(1 027 ℃)

Si_3N_4 基陶瓷 > WC 基硬质合金 > 立方氮化硼 >

TiN 基硬质合金 > TiC 基硬质合金 > Al_2O_3 基陶瓷

(4)现代切削刀具材料的合理选择

一般而言,立方氮化硼、陶瓷刀具、涂层硬质合金及 TiC(N)基硬质合金刀具适用于钢铁等黑色金属的数控加工;而金刚石刀具适用于对 Al,Mg,Cu 等有色金属材料及其合金和非金属材料的加工。如表 2.5 所示为上述刀具材料所适合加工的一些工件材料。

表 2.5 数控加工常用刀具材料所适合加工的一些工件材料

刀具材料	高硬钢	耐热合金	钛合金	镍基高温合金	铸铁	纯铜	高硅铝合金	FRP 复材料
PCD	×	×	◎	×	×	×	◎	◎
PCBN	◎	◎	○	◎	◎		●	●
陶瓷刀具	◎	◎	×	◎	◎		×	×
涂层硬质合金	○	◎	◎	●	◎	◎	●	●
TiC(N)基硬质合金	●	×	×	×	◎	●	×	×

注:表中符号含义为:◎—优;○—良;●—尚可;×—不适合。

思考题

1. 刀具切削部分材料应具备哪些性能?
2. 高性能高速工具钢有几种类型?它们与普通高速工具钢比较有什么特点?
3. 常用的硬质合金有哪些牌号?它们的用途如何?为什么?
4. 涂层刀具有何优点?一般有哪几种涂层材料?
5. 陶瓷刀具材料有何特点?各类陶瓷刀具材料的适用场合怎样?
6. 金刚石刀具材料有何特点?适用场合怎样?
7. 立方氮化硼刀具材料有何特点?适用场合怎样?
8. 如何根据加工条件合理选择刀具材料?

第3章 数控车削刀具

3.1 数控车削刀具的类型与用途

数控车削刀具种类繁多，按照刀具的用途及结构进行分类，分别介绍每种数控车削刀具的适用环境及其特点。

3.1.1 按用途分类

按用途不同，车刀分为外圆车刀、内孔车刀、端面车刀、切断车刀及螺纹车刀等，如图3.1所示。

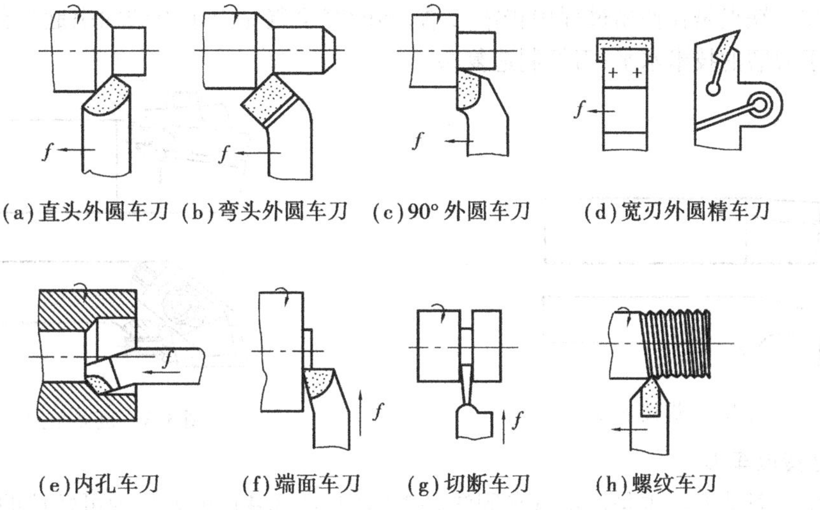

图3.1 常用车刀种类

外圆车刀用于粗车和精车外回转表面。直头外圆车刀结构简单，制造方便，通用性差，一般适用于车削外圆。弯头外圆车刀不仅可车削外圆，还可车削端面及倒角，通用性较好。90°外圆车刀的主偏角 κ_r 为 90°，径向力较小，因此适用于加工阶梯轴或细长轴零件的外圆和肩面。宽刃精刀的切削刃宽度大于进给量，可获得粗糙度较低的已加工表面；但由于其副偏角 κ_r' 为 90°，径向力较大，容易产生振动，故只适用于工艺系统刚度高的机床。

3.1.2 按结构分类

按结构不同，车刀可分为整体车刀、焊接车刀、机夹车刀、可转位车刀及成形车刀等。

(1)**整体车刀**

整体车刀是由长条形状的整块高速钢制成，俗称“白钢刀”，使用时视其具体用途刃磨。

(2)**焊接车刀**

焊接车刀是把硬质合金刀片钎焊在优质碳素结构钢(45 钢)上或合金结构钢(40Cr)的刀杆刀槽上，并按所选择的几何参数刃磨而制得，如图 3.2 所示。

焊接车刀的特点：结构简单、使用可靠、制造方便，一般工厂可自行制造，可根据使用要求刃磨出所需的形状和角度。但刀杆不能重复使用，当刀片用完后，刀杆也随之报废；又由于硬质合金刀片和刀杆材料的线膨胀系数差别较大，焊接时会因热应力引起刀片上表面产生微裂纹。

(3)**机夹车刀**

机夹车刀是将硬质合金刀片用机械夹固的方法夹持在刀杆上使用的车刀(见图 3.3)。

与硬质合金焊接车刀相比，机夹车刀有很多优点：刀片不经高温焊接，排出了产生焊接应力和裂纹的可能性；刀杆可重复使用，提高了刀杆利用率，降低成本；刀片用钝后可重磨，报废时还可回收。缺点是在使用过程中仍需刃磨，不能完全避免由于刃磨而引起的热裂纹；切削性能取决于刃磨的技术水平；刀杆制造复杂。

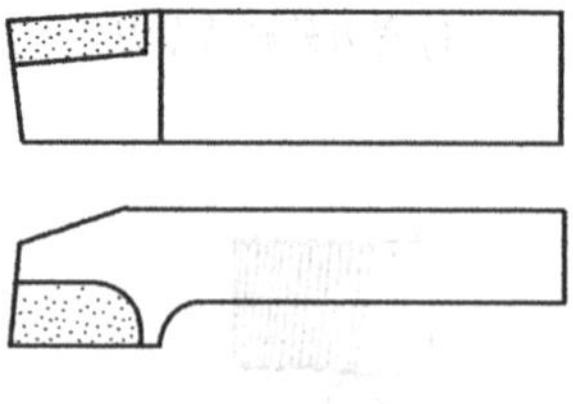

图 3.2 焊接车刀

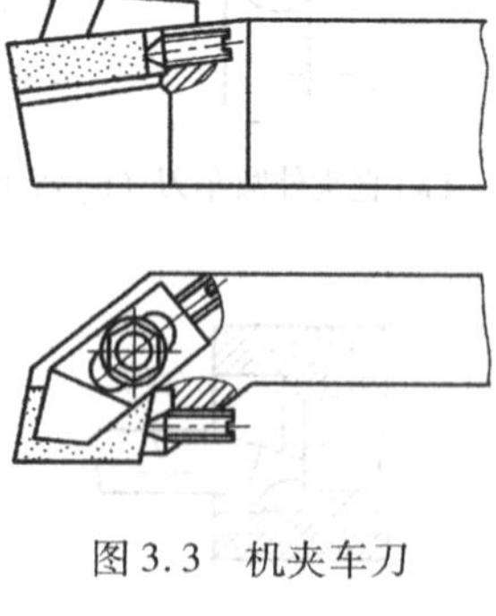

图 3.3 机夹车刀

(4)**可转位车刀**

可转位车刀其刀片也是用机械夹固法装夹的(见图 3.4)，但刀片为可转位的圆形或正多边形，每边都可作切削刃，当用钝后不需刃磨，只需使刀片转位，即可用新的切削刃继续切削。只有当刀片上所有的切削刃都磨钝后，才需要更换刀片。可转位车刀由刀杆、刀片和夹紧元件组成，如图 3.5 所示。

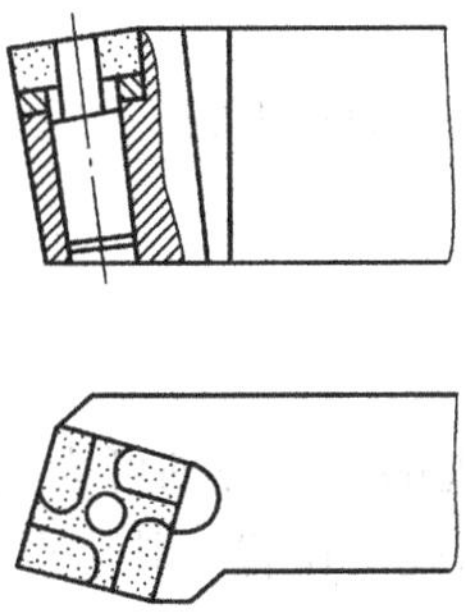

图3.4　可转位车刀

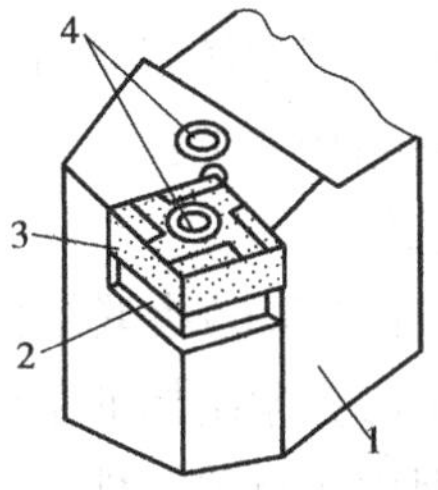

图3.5　可转位刀片的组成
1—刀杆;2—刀垫;
3—刀片;4—夹紧元件

可转位车刀除了具有焊接、机夹车刀的优点外,还有切削性能和断屑稳定,停车换刀时间短,完全避免了使用焊接和刃磨引起的热应力和热裂纹,适合硬质合金、涂层刀片和超硬材料的使用,有利于刀杆和刀片的专业化生产等。由于可转位车刀的几何参数是根据已确定的加工条件设计的,故通用性较差。

(5)**成形车刀**

成形车刀又称样板刀,是一种专用刀具,其刃形是根据工件廓形设计的。它主要用在普通车床、六角车床、半自动及自动车床上加工内外回转成形表面。详细介绍请参阅第4章内容。

3.2　机夹可转位车刀

可转位车刀是机夹重磨式车刀结构进一步改进的结果。

3.2.1　可转位车刀的组成

可转位车刀是使用可转位刀片的机夹车刀。这种车刀使用量大,结构有其特点,故称为可转位车刀,以区别于其他机夹车刀。可转位车刀由刀杆、刀片、刀垫和夹紧元件组成(见图3.5)。其特点是刀片可以转位使用,当几个切削刃都用钝后,即可更换新的刀片。

可转位车刀的最大优点是车刀几何参数完全由刀片和刀槽保证,不受工人技术水平的影响。因此,其切削性能稳定,适于在现代化大批量生产中使用。此外,由于机床操作工人不必磨刀,可减少许多停机换刀的时间。可转位车刀刀片下面的刀垫采用淬硬钢制成,提高了刀片支承面的强度,可使用较薄的刀片,有利于节约硬质合金。

3.2.2　可转位车刀的夹紧方式

可转位车刀多利用刀片上的孔对刀片进行夹固,因此刀片夹固结构与其他机夹车刀的夹固结构完全不同。可转位车刀刀片夹固结构除要求夹固可靠和结构简单外,还有以下要求:

①刀片转位或更换刀片后,刀尖位置的变化应在工件精度允许的范围内。

②刀片转位或更换刀片时,操作应简便迅速。

③夹固元件的动作幅度应保证在刀片和刀槽公差范围内将刀片夹紧。

④夹固元件不应妨碍切屑的流出。

典型夹紧结构如下:

(1)**偏心式**

偏心式(见图3.6)夹紧结构是靠转轴上端的偏心轴实现的。偏心轴可为偏心销轴或偏心螺钉轴。偏心夹紧结构的主要参数是偏心量 e 及刀杆刀槽孔的位置。其优点是结构简单,使用方便。但由于有关零件的制造有误差,因此很难使刀片夹靠在两个定位侧面上,实际上只能夹靠在一个定位侧面上。理论上偏心夹紧能够自锁,特别是偏心螺钉夹紧,三角螺纹更加强了自锁作用,故在无大切削振动情况下,刀片夹紧是可靠的。

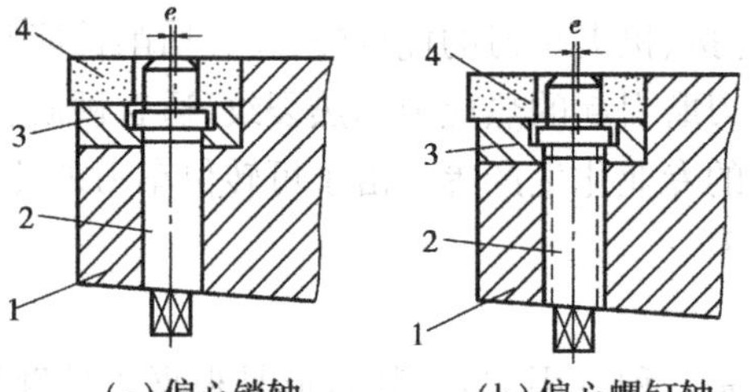

图3.6　偏心夹紧结构

1—刀杆;2—偏心轴;3—刀垫;4—刀片

(2)**杠销式**

杠销式夹紧结构是利用杠杆原理夹紧刀片。用螺钉在杠销下端加力 P,使杠销绕支点 O 旋转将刀片夹紧。杠销加力的方法有两种:一种是螺钉头直接顶压杠销下端(见图3.7(a));另一种是螺钉头部锥面在杠销下端切向加力(见图3.7(b))。

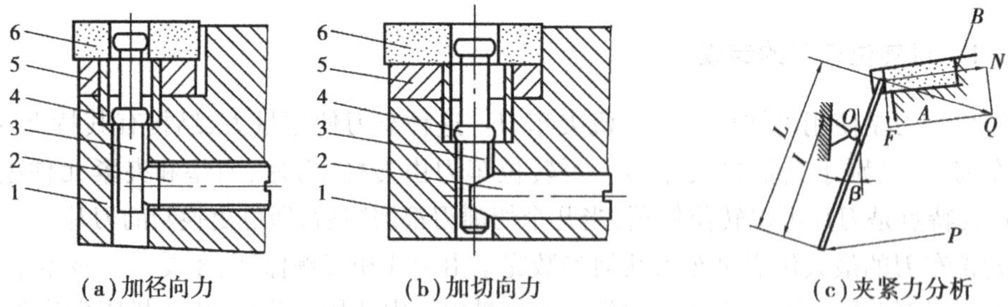

图3.7　杠销式夹紧结构

1—刀杆;2—螺钉;3—杠销;4—弹簧套;5—刀垫;6—刀片

杠销式能实现双侧面定位夹紧,结构不算复杂,制造较容易。

(3)**杠杆式**

杠杆式夹紧结构利用压紧螺钉夹紧刀片(见图3.8)。旋紧时推动"L"形杠杆绕支点顺时针转动将刀片夹紧,压紧螺钉旋出时,杠杆逆时针转动而松开刀片,有两种形式,如图3.8(a)、(b)所示。

图3.8(b)结构更好些。杠杆式结构受力合理、夹紧可靠、使用方便,是性能较好的一种。缺点是工艺性较差,制造比较困难。

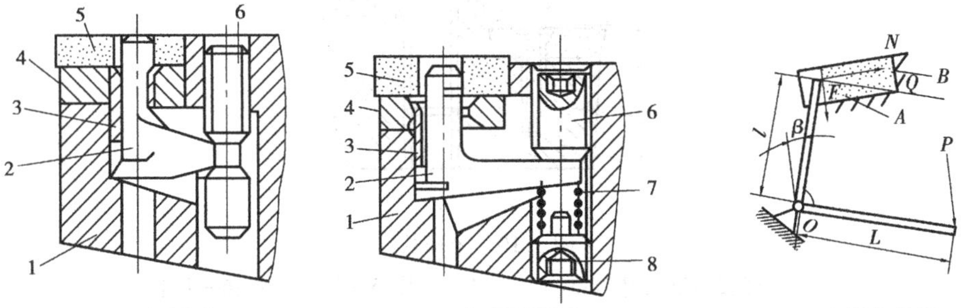

(a)杠杆式　(b)杠杆弹簧式　(c)夹紧力分析

图3.8　杠杆夹紧结构

1—刀杆;2—杠杆;3—弹簧套;4—刀垫;

5—刀片;6—压紧螺钉;7—弹簧;8—调节螺钉

(4)楔销式

楔销式(见图3.9)的刀片也是利用内孔定位夹紧的。当旋紧螺钉2将楔块7压下时,刀片6被推向销轴5而将刀片夹紧;松开螺钉时,弹簧垫圈3将楔块抬起。该结构优点是结构简单、方便,制造容易。缺点是夹紧力与刀片所受背向抗力相反,定位精度差。

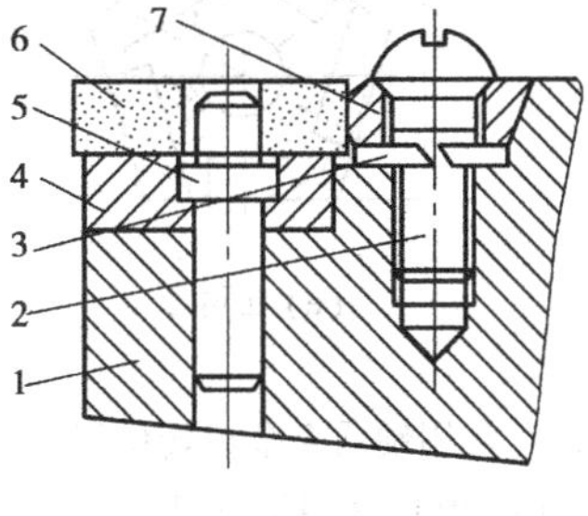

图3.9　楔销式

1—刀杆;2—压紧螺钉;3—弹簧垫圈;4—刀垫;5—圆柱销;6—刀片;7—楔块

(5)上压式

上压式(见图3.10)是一种螺钉压板结构,夹紧时先将刀片推向刀槽两侧定位面后再施力压紧。这种结构夹紧可靠、定位精确。缺点是压板有碍切屑流出,适用于带后角无孔刀片的夹紧。

3.2.3　可转位车刀及刀片的ISO代码

(1)硬质合金可转位刀片

常用的刀片形状有三角形、偏8°三角形、凸三角形、正方形、五角形及圆形等,如图3.11所示。刀片形状主要根据工件形状和加工条件选择。

可转位车刀刀片多数有孔而无后角,每条切削刃处作有断屑槽并形成刀片前角,少数刀片做成带后角而不带前角。

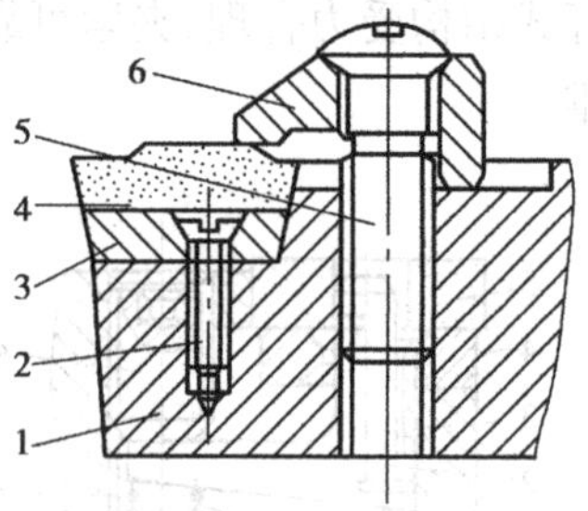

图 3.10　上压式

1—刀杆;2—沉头螺钉;3—刀垫;4—刀片;5—压紧螺钉;6—压板

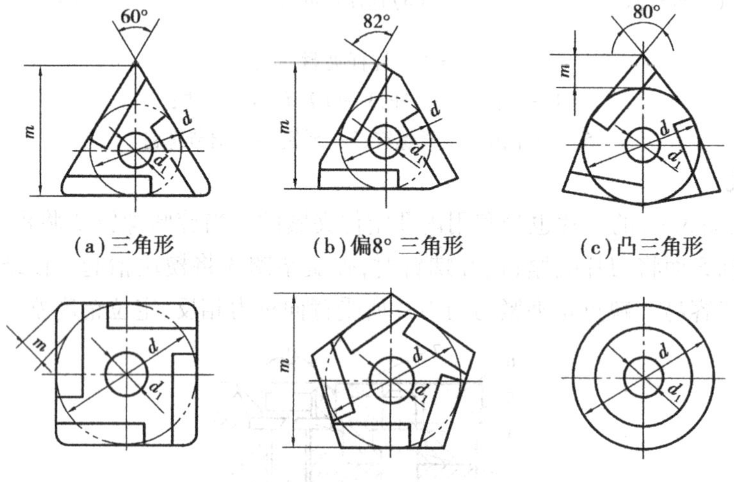

(a)三角形　(b)偏8° 三角形　(c)凸三角形

(d)正方形　(e)五角形　(f)圆形

图 3.11　常用硬质合金可转位刀片的形状

刀片尺寸有内切圆直径 d 或刀片边长 L、检验尺寸 m、刀片厚度 S、孔径 d_1 及刀尖圆弧半径 r_ε，其中 d 和 s 是基本尺寸(见图 3.12)。尺寸 d 根据切削刃工作长度选择,断屑槽根据工件材料、切削用量和断屑要求选择。

(2)**可转位车刀的 ISO 代码**

GB 2076—1987 规定了我国可转位车刀刀片的形状、尺寸、精度、结构特点等,用 10 位代码表示(这与 ISO 规则是一致的),如图 3.13 所示。

码位 1 表示刀片形状,如 S 表示正方形,T 表示正三角形等。

码位 2 表示刀片的法向后角。

码位 3 表示刀片尺寸公差等级,共有 12 号种。精度较高的公差等级代号为 A,F,C,H,E,G;精度较低的公差等级代号有 J,K,L,M,N,U。

码位 4 表示刀片结构类型(断屑槽及夹固形式),如用 M 表示刀片中间有固定孔,并单向带有断屑槽;A 为有固定孔而无断屑槽平面型。

码位 5 用两位数字表示刀片的切削刃长度。数字只取尺寸的整数部分,如切削刃长为 8.0 mm 的正方形刀片,即用 08 表示。刀片廓形的基本参数以内切圆直径 d 表示,刀片的切

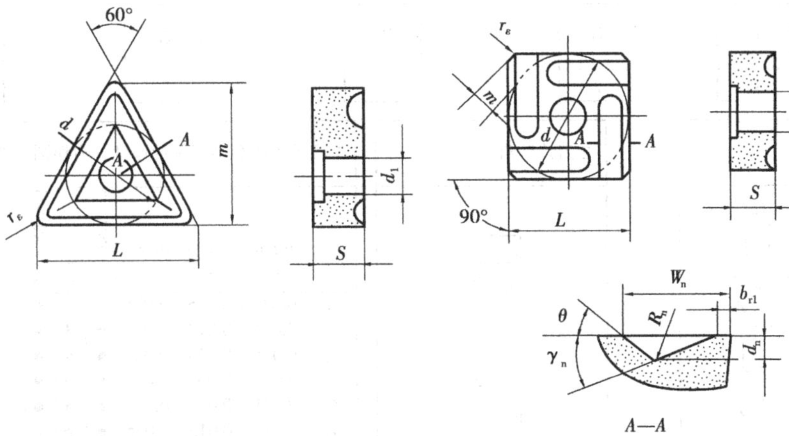

图3.12 可转位刀片尺寸

削刃长度可由内切圆直径及刀尖角计算得出。

码位6用两位数字表示刀片的厚度。数字只取尺寸的整数部分，如厚度为4.76 mm的刀片，用04表示。刀片厚度是指切削刃刀尖处至刀片底面的尺寸。不同内切圆直径的刀片，采用不同的厚度。

码位7表示车刀刀片尖圆角半径，用放大10部的两位数字来表示刀尖圆角半径的大小，如刀尖圆角半径为0.4 mm的刀片，号位7用04表示。

码位8的字母表示刀片的切削刃截面形状（刃口钝化代号），它是由刀具几何参数决定的。其中，F表示尖刃，E为倒圆刃，T为倒棱刃，S为倒圆加倒棱刃。

码位9表示刀片切削刃的切削方向，R表示右切，L表示左切。N表示左、右切均可。

码位10是制造商自定义代码，通常用一个字母和一个数字表示刀片断屑槽的形式和宽度（如C_2），或者用两个字母分别表示断屑槽的形式和加工性质。断屑槽的形式和尺寸是可转位刀片诸参数中最活跃的因素。

3.2.4 车刀角度的换算

(1)正交平面与法平面间角度的换算

可转位刀片的角度是在法平面给出的，安装到刀槽上后则需要计算出正交平面内的角度。

1)前角γ_o

如图3.14所示给出了刃倾角$\lambda_s \neq 0°$车刀主切削刃上选定点在正交平面P_o、法平面P_n内的各标注角度。图3.14中，Mb为正交平面P_o与前刀面A_γ的交线，Mc为法平面与前刀面A_γ的交线，Ma为正交平面P_o、法平面P_n与基面P_r三者的交线，于是有

$$\tan \gamma_n = \frac{ac}{Ma}$$

$$\tan \gamma_o = \frac{ab}{Ma}$$

C	N	M	G	12
1	2	3	4	5

1.刀片形状	
A 85° B 82° K 55°	
H 120°	
L 90°	
O 135°	
P 108°	
C 80° D 55° E 75° M 86° V 35°	
R-	
S 90°	
T 60°	
W 80°	

2.刀片后角

	α
A	3°
B	5°
C	7°
D	15°
E	20°
F	25°
G	30°
N	0°
P	11°
O	特殊

3.精度代号(包括刀片的厚度，内切圆公差)

	d/mm (±)	m/mm (±)	s/mm (±)	d=6.35/9.525	d=12.7	d=15.8/19.05	
A	0.025	0.005	0.025	●	●	●	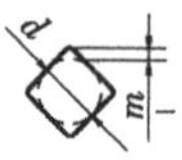
C	0.025	0.013	0.025	●	●	●	
E	0.025	0.025	0.025	●	●	●	
F	0.013	0.005	0.025	●	●	●	
G	0.025	0.025	0.130	●	●	●	
H	0.013	0.013	0.025	●	●	●	
J	0.050	0.005	0.025	●			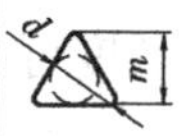
	0.080	0.005	0.025		●		
	0.100	0.005	0.025			●	
K	0.050	0.013	0.025	●			
	0.080	0.013	0.025		●		
	0.100	0.013	0.025			●	
M	0.05	0.08	0.13	●			
	0.08	0.13	0.13		●		
	0.10	0.015	0.13			●	
N	0.05	0.08	0.025	●			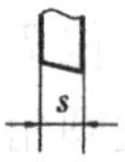
	0.08	0.13	0.025		●		
	0.10	0.15	0.025			●	
U	0.08	0.13	0.13	●			
	0.13	0.20	0.13		●		
	0.18	0.27	0.13			●	

4.断屑槽及夹固形式	
R 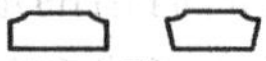 无中心孔	Q  圆柱孔+双面倒角40°~60°
F  无中心孔	C  圆柱孔+双面倒角70°~90°
N 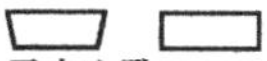 无中心孔	G  圆柱孔
A  圆柱孔	T  圆柱孔+单面倒角40°~60°
M 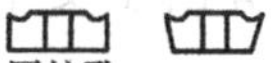 圆柱孔	H 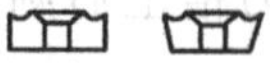 圆柱孔+单面倒角70°~90°
U  圆柱孔+双面倒角40°~60°	W  圆柱孔+单面倒角40°~60°
J  圆柱孔+双面倒角70°~90°	B 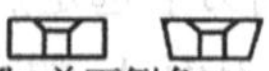 圆柱孔+单面倒角70°~90°
X特殊设计	

5.切削刃长/mm

d/mm	A 	C 	S 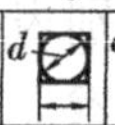	R 	H 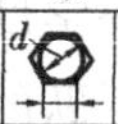	T 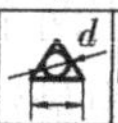	L 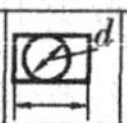	O 	W 
5.56	—	05	05	—	—	09	08	—	03
6.0	—	—	—	06	—	—	—	—	—
6.35	—	06	06	—	03	11	10	02	04
6.65	10	—	—	—	—	—	—	—	—
7.94	—	07	07	—	—	—	—	—	—
8.0	—	—	—	08	—	—	—	—	—
9.0	—	—	—	—	—	—	12	—	—
9.525	—	09	09	—	05	16	15	04	06
10.0	—	—	—	10	—	—	—	—	—
12.0	—	—	—	12	—	—	—	—	—
12.7	—	12	12	—	07	22	20	05	08
15.875	—	15	15	—	09	27	—	06	10
16.0	—	—	—	16	—	—	—	—	—
16.74	—	16	16	—	—	—	—	—	—
19.05	—	19	19	—	11	33	—	07	13
20.0	—	—	—	20	—	—	—	—	—

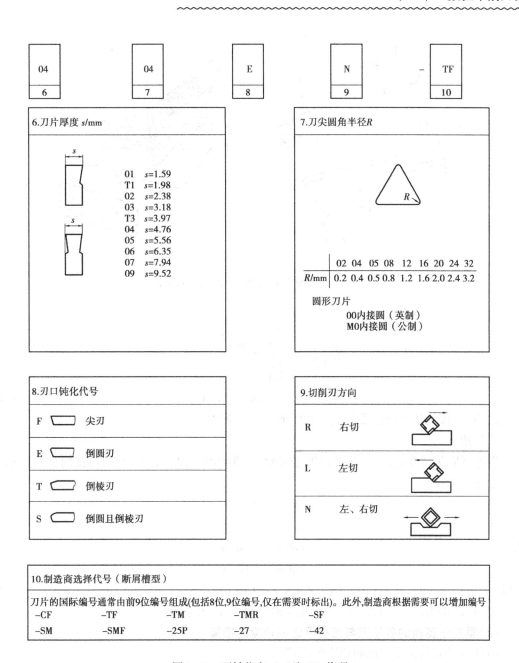

04	04	E	N	- TF
6	7	8	9	10

6.刀片厚度 *s*/mm

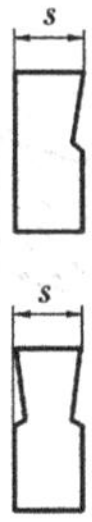

代号	s
01	s=1.59
T1	s=1.98
02	s=2.38
03	s=3.18
T3	s=3.97
04	s=4.76
05	s=5.56
06	s=6.35
07	s=7.94
09	s=9.52

7.刀尖圆角半径*R*

	02	04	05	08	12	16	20	24	32
R/mm	0.2	0.4	0.5	0.8	1.2	1.6	2.0	2.4	3.2

圆形刀片

00内接圆（英制）

M0内接圆（公制）

8.刃口钝化代号

F  尖刃

E  倒圆刃

T  倒棱刃

S  倒圆且倒棱刃

9.切削刃方向

R　右切 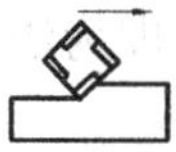

L　左切 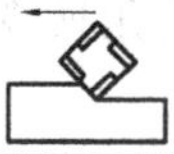

N　左、右切 

10.制造商选择代号（断屑槽型）

刀片的国际编号通常由前9位编号组成(包括8位,9位编号,仅在需要时标出)。此外,制造商根据需要可以增加编号

–CF	–TF	–TM	–TMR	–SF
–SM	–SMF	–25P	–27	–42

图 3.13　可转位车刀刀片 ISO 代码

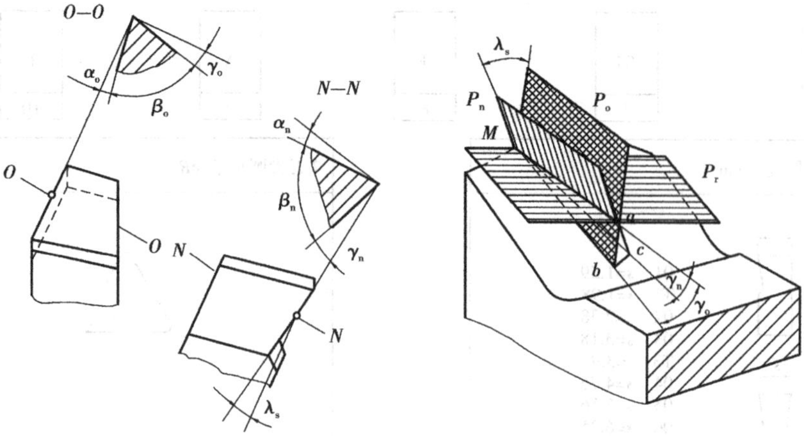

图3.14　正交平面与法平面间角度的换算

$$\frac{\tan \gamma_n}{\tan \gamma_o} = \frac{\dfrac{ac}{Ma}}{\dfrac{ab}{Ma}} = \frac{ac}{ab} = \cos \lambda_s$$

$$\tan \gamma_n = \tan \gamma_o \cos \lambda_s \tag{3.1}$$

式(3.1)即为法平面前角与正交平面前角的关系式。

2)后角 α_o

当进行后角换算时,可设想把前角逐渐加大,直到前刀面与后刀面重合,此时前角与后角互为余角,即

$$\alpha_n = 90° - \gamma_n$$

$$\alpha_o = 90° - \gamma_o$$

而

$$\cot \alpha_n = \tan \gamma_n$$

$$\cot \alpha_o = \tan \gamma_o$$

所以

$$\cot \alpha_n = \cot \alpha_o \cos \lambda_s \tag{3.2}$$

式(3.2)即为法平面后角 α_n 与正交平面后角 α_o 的关系式。

(2)垂直于基面的各平面与正交平面间角度的换算

1)任意平面与正交平面间角度的换算

如图3.15所示,P_i 为通过切削刃上选定点 A 并垂直基面的任意平面,它与主切削刃(AH)在基面中的投影 AG 间的夹角为 τ_i,τ_i 称为方位角。假设正交平面参考系内的各角度 $\gamma_o,\alpha_o,\kappa_r,\kappa_r',\lambda_s$ 均已知,求 P_i 内的前角 γ_i 与后角 α_i。

当 $\lambda_s = 0°$(见图3.15(a))过切削刃 AH 作一矩形 $AEBH$,此矩形为基面 P_r,AEF 为正交平面 P_o,ABC 为任意平面 P_i,$AHCF$ 为前刀面,则前角 γ_i 为

$$\tan \gamma_i = \frac{BC}{AB} = \frac{EF}{AB} = \frac{AE \tan \gamma_o}{AB} = \tan \gamma_o \sin \tau_i$$

当 $\lambda_s \neq 0°$(见图3.15(b))过点 A 作一矩形 $AEBG$,此矩形为通过主切削刃 A 点的基面,

AEF 为正交平面 P_o，AGH 为切削平面 P_s，ABC 为任意平面 P_i，$AHCF$ 为前刀面，则前角 γ_i 为

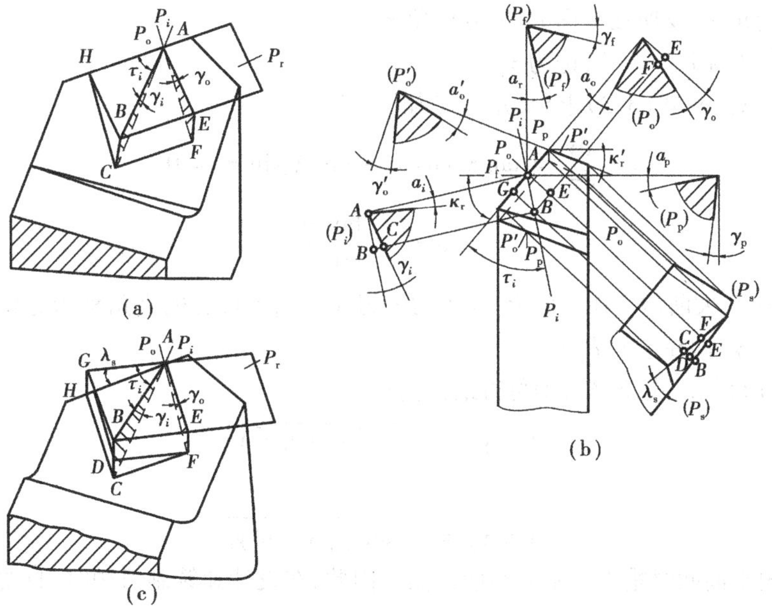

图 3.15　任意平面与正交平面间角度的换算

$$\tan \gamma_i = \frac{BC}{AB} = \frac{BC + DC}{AB} = \frac{EF + GH}{AB} = \frac{AE \tan \gamma_o + AG \tan \lambda_s}{AB}$$

$$= \frac{AE}{AB}\tan \gamma_o + \frac{DF}{AB}\tan \lambda_s$$

得
$$\tan \gamma_i = \tan \gamma_o \sin \tau_i + \tan \lambda_s \cos \tau_i \tag{3.3}$$

式(3.3)即为求任意平面前角 γ_i 的公式。为求后角 α_i，可设想把前角加大到前刀面与后刀面重合，此时 $\alpha_i = 90° - \gamma_i$，这样可得到任意平面的后角公式为

$$\cot \alpha_i = \cot \alpha_o \sin \tau_i + \tan \lambda_s \cos \tau_i \tag{3.4}$$

2）背平面 P_p 内的角度

当 $\tau_i = 90° - \kappa_r$ 时，P_i 平面即为背平面 P_p，可得 γ_p 与 α_p 的公式为

$$\tan \gamma_p = \tan \gamma_o \cos \kappa_r + \tan \lambda_s \sin \kappa_r \tag{3.5}$$

$$\cot \alpha_p = \cot \alpha_o \cos \kappa_r + \tan \lambda_s \sin \kappa_r \tag{3.6}$$

3）假定工作平面 P_f 内的角度

当 $\tau_i = 180° - \kappa_r$ 时，P_i 平面即为假定工作平面 P_f，可得 γ_f 与 α_f 的公式为

$$\tan \gamma_f = \tan \gamma_o \sin \kappa_r - \tan \lambda_s \cos \kappa_r \tag{3.7}$$

$$\cot \alpha_f = \cot \alpha_o \sin \kappa_r - \tan \lambda_s \cos \kappa_r \tag{3.8}$$

4）正交平面 P_o 内的角度与背平面 P_p、假定工作平面 P_f 内角度关系

由式(3.5)—式(3.8)可导出正交平面参考系内的角度 γ_o 与 α_o 为

$$\tan \gamma_o = \tan \gamma_p \cos \kappa_r + \tan \gamma_f \sin \kappa_r \tag{3.9}$$

$$\cot \gamma_o = \cot \gamma_p \cos \kappa_r + \cot \gamma_f \sin \kappa_r \tag{3.10}$$

$$\tan\lambda_s = \tan\gamma_p\sin\kappa_r + \tan\gamma_f\cos\kappa_r \tag{3.11}$$

5)最大前角 γ_g 及所在平面 P_g 的方位角 τ_g

最大前角也称几何前角,记为 γ_g。

设 $y = \tan\gamma_i$,对式(3.3)求导,并使其为零,即

$$\frac{dy}{d\tau_i} = \tan\gamma_o\cos\tau_i - \tan\lambda_s\sin\tau_i = 0$$

得

$$\tan\tau_g = \frac{\tan\gamma_o}{\tan\lambda_s} \tag{3.12}$$

式中 τ_g——最大前角所在平面 P_g 与主切削刃在基面上投影的夹角称为方位角,最大前角 γ_g 即在平面 P_g 内。

将式(3.12)代入式(3.3),即可得最大前角

$$\tan\gamma_g = \sqrt{\tan^2\gamma_o + \tan^2\lambda_s} \tag{3.13}$$

或

$$\tan\gamma_g = \sqrt{\tan^2\gamma_p + \tan^2\gamma_f} \tag{3.14}$$

最大前角平面同时垂直于基面和前刀面。因此,在设计和铣制刀槽时,只要在 P_g 平面内保证最大前角 γ_g,也就同时能保证车刀主切削刃的角度 γ_o 和 λ_s。

6)最小后角 α_b 及所在平面 P_b 的方位角 τ_b

对式(3.4)求导,并使其为零,即

$$\cot\tau_b = \frac{\tan\lambda_s}{\cot\alpha_o} = \tan\alpha_o\tan\lambda_s \tag{3.15}$$

式中 τ_b——平面 P_b 与主切削平面 P_s 之间的夹角,最小后角 α_b 即在平面 P_b 内。

将式(3.15)代入式(3.4),即可得最小后角 α_b

$$\cot\alpha_b = \sqrt{\cot^2\alpha_o + \tan^2\lambda_s} \tag{3.16}$$

$$\cot\alpha_b = \sqrt{\cot^2\alpha_p + \cot^2\alpha_f} \tag{3.17}$$

最小后角平面 P_b 同时垂直于基面和后刀面。

7)副切削刃前角 γ_o' 与刃倾角 λ_s'

当前刀面为平面时,主、副切削刃共面。如果给定了刀尖角 ε_r,则副切削刃前角 γ_o' 与刃倾角 λ_s' 也就随之确定了。此时可用式(3.3)推导和的表达式。当 $\tau = \varepsilon_r - 90°$ 时,平面 P_i 即为副切削刃的正交平面 P_o',可得副前角 γ_o' 的公式为

$$\tan\gamma_o' = -\tan\gamma_o\cos\varepsilon_r + \tan\lambda_s\sin\varepsilon_r \tag{3.18}$$

当 $\tau_i = \varepsilon_r$ 时,平面 P_i 即为副切削刃的切削平面 P_s',可得副切削刃刃倾角 λ_s的公式为

$$\tan\lambda_s' = \tan\gamma_o\sin\varepsilon_r + \tan\lambda_s\cos\varepsilon_r \tag{3.19}$$

3.2.5 可转位车刀几何角度的设计计算

可转位车刀的几何角度是由刀片的几何角度和刀槽几何角度综合形成的(见图3.16)。为了制造和使用的方便,可转位车刀刀片的角度都做得尽可能简单,一般都做成刃倾角为零度($\lambda_b = 0°$),且将刀片前角 γ_{nb} 和后角 α_{nb} 中的一个做成零度。因此,可转位车刀几何角度的

设计计算是在已知刀片角度 γ_{nb}，α_{nb}，λ_b，ε_b 和车刀角度 γ_o，λ_s，κ_r 的条件下,求刀槽角度 γ_{og}，κ_{rg}，λ_{sg}，γ_{gg} 和车刀刀尖角 ε_r，校验车刀后角 α_o 及副刃后角 α_o'。

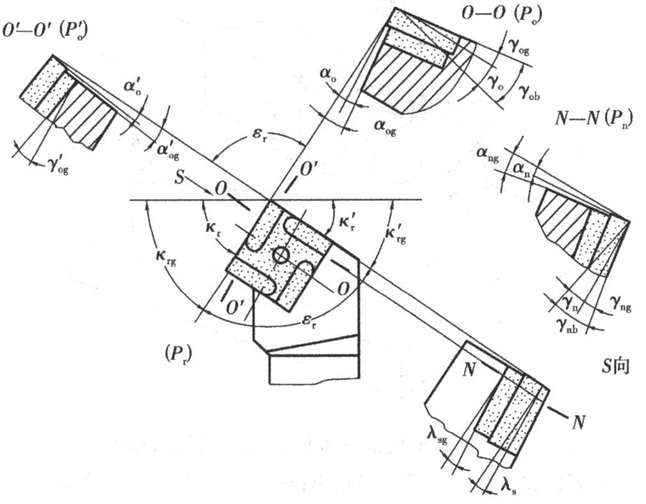

图3.16　可转位车刀几何角度关系

(1)**刀槽角度设计计算**

下面以最常用的 $\gamma_{nb}>0°$,$\alpha_{nb}=0°$,$\lambda_b=0°$ 刀片为例,讲述刀槽角度的设计计算。

由于 $\alpha_{nb}=0°$,要使刀片安装在刀槽上后具有车刀后角 α_o，必须将刀槽平面做成带负前角的斜面,这个负前角称为刀槽前角 γ_{og}。

同理,刀槽还应做有负的刃倾角 λ_{sg}，以保证车刀的副刃后角 α_o'。

1)刀槽主偏角 κ_{rg} 与刃倾角 λ_{sg}

刀槽主偏角 κ_{rg} 与刃倾角 λ_{sg} 分别等于车刀的主偏角 κ_r 与刃倾角 λ_s，即

$$\kappa_{rg}=\kappa_r \tag{3.20}$$

$$\lambda_{sg}=\lambda_s \tag{3.21}$$

2)刀槽前角 γ_{og}

为使车刀获得后角 α_o，刀槽前角 γ_{og} 也必须是负值。从如图3.16所示中知,在法平面内车刀前角 γ_n 等于刀片前角 γ_{nb} 和刀槽前角 γ_{ng} 的代数和,即

$$\gamma_n=\gamma_{nb}+\gamma_{ng}$$

或

$$\gamma_{ng}=\gamma_n-\gamma_{nb} \tag{3.22}$$

将式(3.22)取正切函数,并将式(3.1)代入,整理得 γ_{og} 的计算式为

$$\tan\gamma_{og}=\frac{\tan\gamma_o-\tan\gamma_{nb}/\cos\lambda_s}{1+\tan\gamma_o\tan\gamma_{nb}\cos\lambda_s} \tag{3.23}$$

3)刀槽最大倾斜角 γ_{gg} 与方位 τ_{gg}

刀槽最大倾斜角 γ_{gg} 就是刀槽底面的最大负前角,利用最大负前角法铣制刀槽比较简便,如图3.17所示。

刀槽最大倾斜角 γ_{gg} 可按式(3.24)计算。当 $\gamma_{og}<0°$且 $\lambda_{sg}<0°$时，γ_{gg} 取负值,即

$$\tan\gamma_{gg}=-\sqrt{\tan^2\gamma_{og}+\tan^2\lambda_{sg}} \tag{3.24}$$

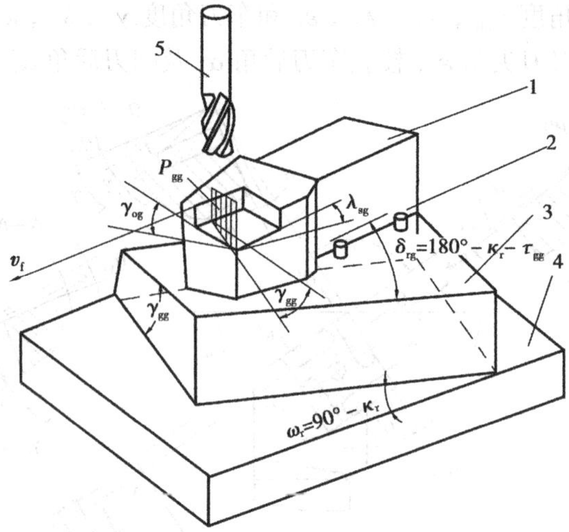

图 3.17　用刀槽底面最大倾斜角法铣制刀槽原理

1—刀杆;2—定位销;3—斜底模;4—铣床工作台;5—立铣刀

刀槽最大倾斜角 γ_{gg} 所在平面的方位角 τ_{gg} 可按式(3.25)计算,即

$$\tan\tau_{gg}=\frac{\tan\gamma_{og}}{\tan\lambda_{sg}} \tag{3.25}$$

4)车刀刀尖角 ε_r 与副偏角 κ_r'

车刀刀尖角 ε_r 是刀片刀尖角在基面的投影,由于刀槽负刃倾角和副前角的存在,刀尖角 ε_r 并不等于刀片刀尖角 ε_b,有 $\varepsilon_r>\varepsilon_b$。由如图 3.18 所示可知

$$\varepsilon_r=\tau_{gg}+\tau_{gg}' \tag{3.26}$$

式中　τ_{gg}'——刀槽最大倾斜角 γ_{gg} 所在平面与副切削平面的夹角。

τ_{gg}' 的计算公式如下:

因为　$\dfrac{QM}{AM}=\tan\tau_{gb}'$　$\dfrac{AN}{AM}=\cos\gamma_{gg}$

所以
$$\tan\tau_{gg}'=\frac{\tan\tau_{gb}'}{\cos\gamma_{gg}} \tag{3.27}$$

式中
$$\tau_{gb}'=\varepsilon_b-\tau_{gb} \tag{3.28}$$

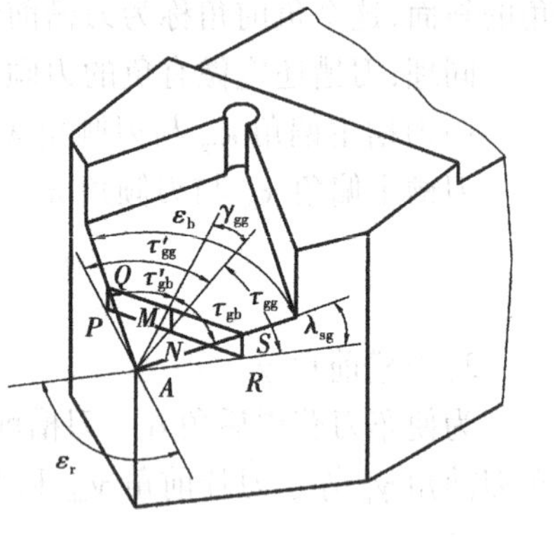

图 3.18　刀尖角的计算

而

$$\tan\tau_{gb}=\frac{MS}{AM}=\frac{NR}{AM}\frac{AN}{AN}=\tan\tau_{gg}\cdot\cos\gamma_{gg} \tag{3.29}$$

以上为求刀尖角 ε_r 的顺序,即 $\tau_{gg}\rightarrow\tau_{gb}\rightarrow\tau_{gb}'\rightarrow\tau_{gg}'\rightarrow\varepsilon_r$

当刀尖角已知时,副偏角 κ_r' 可用式(3.30)计算,即

$$\kappa_r'=180°-\kappa_r-\varepsilon_r \tag{3.30}$$

(2)**车刀后角校验**

由式(3.24)可知,在计算刀槽时,是依据车刀前角 γ_o、刃倾角 λ_s 和刀片前角 λ_{nb},当刀片

形状确定后，车刀后角 α_o 和 α'_o 就只能是派生的了。

1）车刀后角 α_o

在车刀法平面中，刀片后刀面垂直于刀片底面（见图3.16），此时车刀法后角 α_n 与刀槽法前角 γ_{ng} 的数值相等，符号相反，即

$$\alpha_n = -\gamma_{ng} \quad \alpha_n = -\gamma_{ng} \tag{3.31}$$

根据式（3.1），可得

$$\tan\gamma_{ng} = \tan\gamma_{og}\cos\lambda_s$$

而

$$\tan\alpha_o = \tan\alpha_n\cos\lambda_s$$

所以

$$\tan\alpha_o = -\tan\gamma_{og}\cos^2\lambda_s \tag{3.32}$$

式（3.32）即为可转位车刀后角 α_o 的校验公式。

2）副刃后角 α'_o

根据式（3.18）、式（3.19）可得副刃前角 γ'_{og} 和刃倾角 λ'_{sg} 的计算公式为

$$\tan\gamma'_{og} = -\tan\gamma_{og}\cos\varepsilon_r + \tan\gamma_{sg}\sin\varepsilon_r \tag{3.33}$$

$$\tan\lambda'_{sg} = \tan\gamma_{og}\sin\varepsilon_r + \tan\lambda_{sg}\cos\varepsilon_r \tag{3.34}$$

根据式（3.32）可得副刃后角 α'_o 的计算公式为

$$\tan\alpha'_o = -\tan\gamma'_{og}\cos^2\lambda'_{sg} \tag{3.35}$$

式（3.33）、式（3.34）中的 ε_r 由式（3.26）求得，也可以近似取 $\varepsilon_r = \varepsilon_b$，副刃后角的数值一般应不小于2°～3°。

3.2.6 可转位车刀的合理使用

（1）可转位车刀的选择

可转位车刀的型号、规格很多，它的几何参数都是根据刀具资料设计的，因此，在使用前要认真选择，才能发挥其应有的作用。

1）车刀刀尖高度的选择

目前，我国工具厂生产的可转位车刀的刀尖高度尺寸系列为16，20，25，32，40，50 mm，使用时可根据车床的型号选择相应的车刀刀尖高度。

2）主偏角的选择

主偏角主要根据车刀用途和工艺系统刚性来选择。国家标准中，主偏角的大小共有19种，其中，常用的有90°，93°，75°，60°，45°。主偏角为90°或93°的车刀在车削时产生的径向力小，断屑范围较宽。精车时，特别是加工长径比很大的工件时，可避免产生振动，保证加工质量。93°车刀还可加工盲孔。75°车刀适合于强力切削，多用于粗车外圆、端面和内孔。当工艺系统刚性较好，工件材料的强度、硬度较高时，可选用45°或60°车刀。45°车刀通用性强，是常用刀具。

（2）可转位车刀的使用

①使用前检查刀片的牌号、型号以及车刀的型号是否符合要求，还要检查刀片有无损伤，刀片底面是否平整，刀槽底面有无变形和缺陷以及定位夹紧元件是否完整无损。

②装夹刀片时要注意使刀片与刀垫、刀垫与刀槽之间紧密贴合。当刀片转位或更换时，注意保持接触面的清洁，夹紧力不要过大。

③刀片磨损到规定程度时，要及时转位或更换刀片，否则会影响工件的加工质量。

④合理选用刀垫，刀垫作为刀片的支承可以吸收刀片破碎时引起的冲击力，从而保护刀杆。刀垫材料为硬质合金和工具钢，刀垫型号见国家标准 GB 5343.2—85。

⑤注意合理选择刀片材料，为提高刀具耐用度，可采用涂层刀片。

⑥合理选择切削用量和刀片的断屑槽形。切削用量的选择除了按切削原理中的有关原则进行外，还要与选好的刀片相互配合，才能保证断屑的可靠。一种刀片的槽形和槽宽只能适应某种切削条件。当出现不断屑时，应调整切削用量或者重新选择刀片。例如，适当增大进给量或降低切削速度可实现断屑。又如，加工塑性材料时，选择断屑槽宽度较小的刀片，可加大切屑的变形，使之易于折断。

(3)机夹可转位刀片的刃磨

目前，我国硬质合金厂生产的可转位刀片，大多数没有经过精化处理，因此切削刃不锋锐、刀尖强度低、刀具耐用度低。为了改善这种状况，使用部门可对刀片进行修磨。目前已有很多工厂成立了专门机构，对刀片进行刃磨。一般是用金刚石砂轮机对刀片的底面、周边和断屑槽进行刃磨。经过刃磨的可转位刀片刃口锋利，刀具耐用度明显提高。

3.3 数控车床用车刀综合分析

随着数控车床及车削中心应用越来越广泛，对数控车削类刀具的研究和开发就十分紧迫。由于数控车床和车削加工中心大多用在产品变动较为频繁的单件或小批生产的场合，加工的零件复杂，加工面多，为了充分发挥数控机床的效能，需要对数控车刀提出一些特殊要求。

(1)数控车刀必须具备的特殊性能

1)有可靠的断屑性能，以保证刀具正常工作

数控车床和车削加工中心一般采用较高速度工作，因而断屑和排屑问题十分突出，且限于工作条件，断屑必须由刀具承担。

要使切屑容易折断，就要增大切屑的变形。国产硬质合金可转位刀片槽形较深较宽，这类宽槽形可使切屑排出流畅，但深槽形使得切削阻力增大。故这类刀片只适合用于功率较小、刚性不高的普通车床上。若用到切削速度高、切削深度和进给量大的数控车床上，断屑则不理想。同时，国产刀片多采用二维槽形，切屑只在两个方向受到阻碍；而国外数控车刀多采用三维槽形刀片，切屑在 3 个方向均受到阻碍，故断屑性能优于二维槽形。数控车床功率加大，刚性好，允许的切削速度高，宜采用槽形较窄，有多级断屑槽的刀片。

2)要求有高的使用寿命

数控车刀大多采用 TiC，TiN，Ai_2O_3 等涂层刀片，如此可成倍提高刀具耐用度。

3)重复定位精度高

在数控车削开始前，通过对刀和调刀过程，已把刀尖和切削刃相对于工件的坐标位置确定下来，并输进程序，且由此计算出刀具所应走的轨迹。如果数控车刀换刃后刀尖或切削刃位置变化大，则必然影响工件加工精度。影响车刀换刃后重复定位精度的原因有以下两方面：

①刀片精度的高低

刀片精度即是刀尖对刀片周边的尺寸精度。数控车刀一般采用G级(精密级)以上精度等级的刀片。每种刀片的主要尺寸包括刀片内切圆公称直径d,刀尖位置尺寸m,刀片厚度s,各类精度等级的刀片所允许的偏差值如图3.13所示。

②刀片的夹紧方式

通常采用以刀片周边为定位基准的夹紧方式,如前所述的杠杆式、上压式及压孔式等;不要采用以孔为定位基准的夹紧方式,如楔销式等。因为刀片精度是相对于周边确定而不是相对于孔确定的。刀片的常用夹紧方式如本章3.2.2小节所述。

4)数控车刀夹持必须可靠

因数控车床或车削加工中心有防护罩将工件和刀具封闭着,操作者不能随时观察刀具工作情况,故夹持必须牢固可靠。外圆车刀多采用杠杆式、上压式、螺钉销加上压式;内孔车刀多采用上压式、螺钉销加上压式、压孔式;其中螺钉销加上压式较为理想。

(2)数控车刀常用结构形式

目前的数控车刀主要是硬质合金可转位车刀,车刀的刀杆刀片已经标准化,其结构形式主要有加工外圆(包括端面)用车刀和内孔镗刀,此外还有切槽刀及螺纹刀等。

加工外圆(包括端面)的车刀采用方刀柄。这种车刀刀头定位精度很高,不需预调,直接安装在数控车床转塔上,安装精度高。

内孔镗刀其镗杆柄须经过磨削。它可直接固定在镗杆座或夹入衬套再固定在数控车床上。

(3)数控车刀的应用

车刀属基本刀具,通用性很强。在数控车床上,它常用于加工外圆、端面、台阶、倒角、成形表面,镗内孔,车削内、外螺纹,以及切内、外槽等。在数控车床上,当加工零件有一定批量时,最好作成专用数控车刀。

1)数控车床用外圆车刀

如图3.19所示,车削外圆及台阶轴类零件时,常采用三角形刀片、55°刀尖角的棱形刀片、80°刀尖角的棱形刀片,作成主偏角κ_r为90°的尖角刀;专车外圆零件时,常采用四边形刀片,主偏角常取75°;如车削外圆、端面及倒角时,常采用四边形刀片,作成主偏角为45°的直头或弯头车刀。

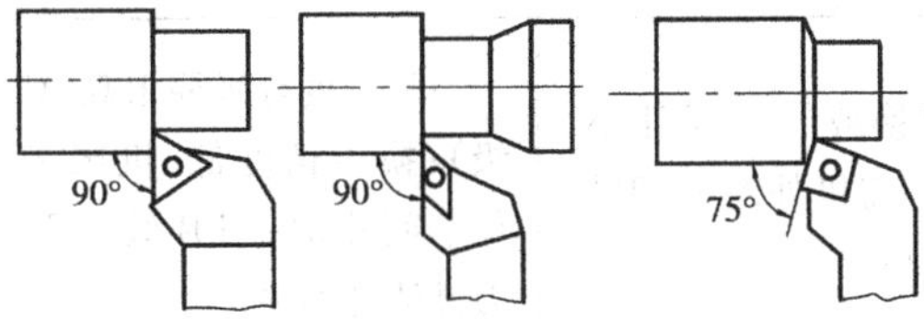

图3.19 数控车床用外圆车刀

2)数控车床用仿形车刀

如图3.20所示,加工台阶轴类零件,可采用刀尖角为80°的棱形刀片,κ_r取95°。

如加工带有锥面而直径多变的轴类零件时,可采用刀尖角为55°的棱形刀片,κ_r取93°。

如加工有对称锥度的轴类零件时,选35°刀尖角的刀片,κ_r取72.5°;或选用55°刀尖角的棱形刀片,κ_r 取 63°。

如车削曲线形轴类零件时,可选圆形刀片,也可选 35°刀尖角或 55°刀尖角的刀片,κ_r 取 93°,刀尖角小,刀尖锐,在数字控制下可走出正确的曲线轨迹而避免刀具与工件的干涉。

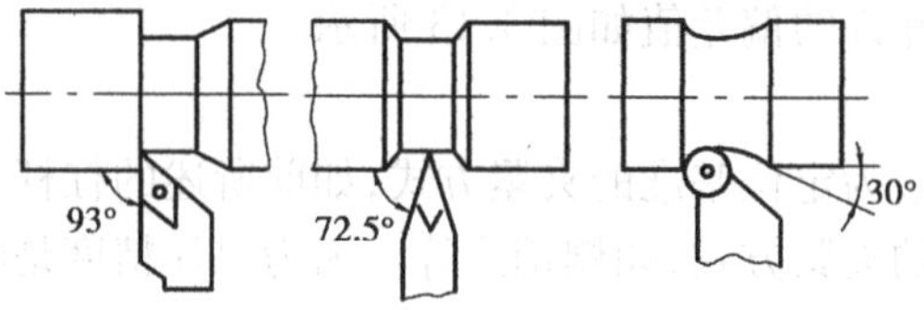

图 3.20 数控车床用仿形车刀

3)数控车床用内孔镗刀

如图3.21 所示,镗盲孔时,可选用80°刀尖角的刀片,κ_r 取 95°,采用圆柱柄;镗通孔时,可选用四边形刀片,κ_r 取 75°,采用圆柱柄。镗刀用圆柱柄刀杆的截面积比用方形刀杆的截面积大,刚性好,并且刀杆轴线与刀尖易于调整到同一水平面内。以上车刀刀片、刀杆和车刀应尽量采用 ISO 标准。

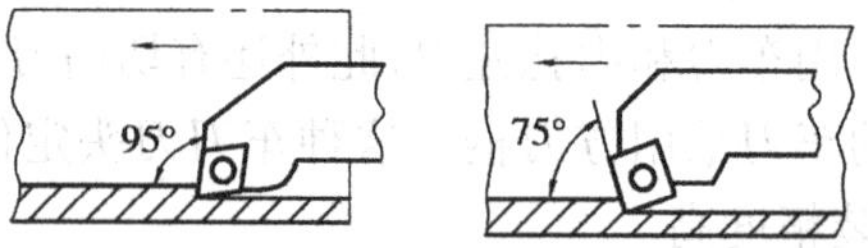

图 3.21 数控车床用内孔镗刀

国际上对切槽刀、螺纹刀还没有统一标准。这类车刀在国内已由成都工具研究所开发出系列产品;也可选用底面带有 120°定位面的刀片,采用上压式可调夹紧方式,制成内、外螺纹车刀或内外切槽刀。

(4)数控车刀的快换方式

当数控车刀后刀面(或前刀面)磨损到一定值或车刀崩刃后,须立即换刀。为了充分发挥数控机床效率,应尽可能减少停机换刀时间,故必须采用快换方式。常用的车刀快换方式有更换刀片、更换刀具及更换刀夹 3 种形式,其特点如表 3.1 所示。在数控车床上采用的车刀快换方式主要是更换刀片和更换刀夹这两种。

表 3.1 刀具快换方式比较

更换方式	主要有点	主要缺点	适用范围
更换刀片	被更换或转换元件小,轻便;不需机外对刀;刀杆周转量小	刀片精度等级要求高(G 级);换刀精度低;机床工作空间小时,刀片装拆及刀槽清理不便	简易数控车床及自动线上个别工序
更换刀具	刀片精度等级要求不高,换刀精度高;换刀快速,轻便;占空间小,利于多刀加工	刀具上要有调整装置;刀具要专门设计制造;需要机外对刀装置	圂刀加工机床、自动线

续表

更换方式	主要有点	主要缺点	适用范围
更换刀夹	刀杆精度要求不高；易于调整刀具中心高；适于多品种加工；便于自动换刀，刀夹可在同类机床上通用；刀杆、刀夹便于系列化、标准化及专业化生产	被更换元件体积大，使用范围受限；刀夹设计制造复杂，精度要求高；机外对刀装置复杂，影响刀架系统刚性	用于数控机床（如转塔式）或自动线上工序间的换刀

思考题

1. 可转位刀片和可转位车刀的型号都是怎样规定的?

2. 采用三边形、四边形和五边形刀片的可转位车刀各具有什么优缺点? 各应用在什么场合?

3. 试分析常用的可转位车刀的夹紧机构各有什么优缺点及适用场合。

4. 为什么可转位车刀的刀槽底面一般都做成负前角和负刃倾角?

5. 使用可转位车刀时，要注意哪些问题?

6. 已知：外圆车刀选取的几何角度为 $\kappa_r=75°$，$\alpha_o=6°$，$\lambda_s=-6°$；选用的刀片为 SNGM 160612，刀片前角 $\gamma_{o片}=20°$，刀片刀尖角 $\varepsilon_{r片}=90°$，刀片法后角 $\alpha_{n片}=0°$，刀片副后角 $\alpha'_{o片}=0°$。试计算刀杆刀片槽角度及车刀主前角 γ_o、副后角 α'_o。

第 4 章 成形车刀

成形车刀是一种加工内、外回转体成形表面的专用刀具，其刃形是根据工件的廓形设计的。它以其加工精度稳定、生产率高、刀具使用寿命长和刃磨简便等特点广泛应用于各类车床以及生产自动线上。

用成形车刀加工时，由于工件的成形表面主要取决于刀具切削刃的形状和制造精度，因此，它可保证被加工工件表面形状和尺寸精度的一致性与互换性，加工精度可达 IT10—IT8，表面粗糙度可达 R_a 3.2 ~6.3 μm；工件廓形是由刀具切削刃一次切成的，同时参加工作的切削刃长，生产率高；成形车刀可重磨次数多，使用寿命长。

4.1 成形车刀的种类

(1)按刀具结构分类

1)平体成形车刀

平体成形车刀外形为平条状，与普通车刀相似，只是切削刃有一定形状。如图 4.1(a)所示的螺纹车刀、铲齿车刀就属此类。这种车刀一般可用来加工宽度不大较简单的成形表面，并且沿前刀面的重磨次数不多。

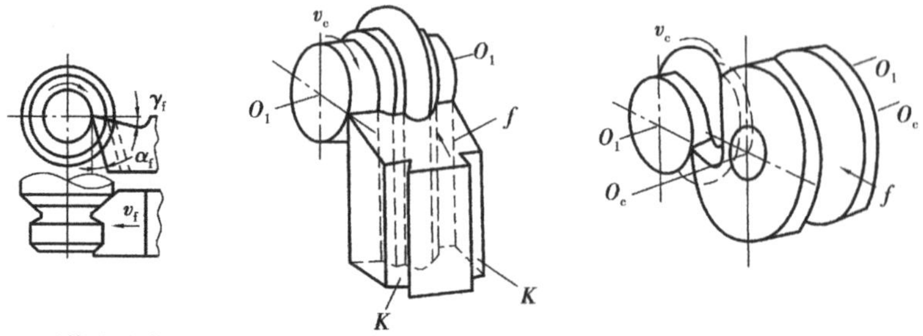

(a)平体成形车刀　(b)棱体成形车刀　(c)圆体成形车刀

图 4.1　成形车刀种类

2)棱体成形车刀(见图4.1(b))

棱体成形车刀外形为多棱柱体,由于结构尺寸限制,只能用来加工外成形表面。刀体可根据结构设计得长些,故大大增加了沿前刀面的重磨次数,刀体刚性好。

3)圆体成形车刀(见图4.1(c))

圆体成形车刀外形为回转体,重磨次数较棱体车刀更多。不但可加工外成形表面,也可用来加工内成形表面。因为刀体本身为回转体,制造容易,故生产中应用较多;但加工精度不如前两种成形车刀高。

(2)按进给方向分类

1)径向成形车刀

径向成形车刀是沿工件半径方向进给的,整个切削刃同时切入,工作行程短,生产效率高。但同时参加工作的切削刃长度长,径向力较大,易引起振动而影响加工质量,不适于细长和刚性差的工件。

2)切向成形车刀(见图4.2)

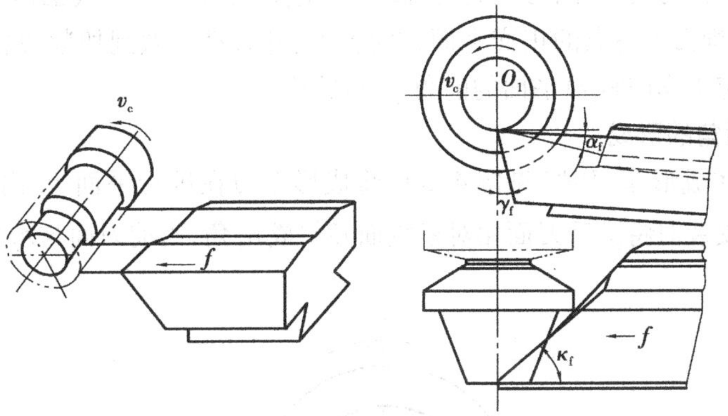

图4.2　切向进给成形车刀

切向成形车刀是沿工件切线方向进给的,由于切削刃与工件端面(进给方向)存在偏斜角κ_r,故切削刃是逐渐切入工件的,只有切削刃上最后一点通过工件的轴向铅垂面后,工件上的成形表面才被加工完成。

显然,与径向成形车刀相比,它的切削力小且工作过程较平稳;但工作行程长,生产效率低。故仅用于加工廓形深度不大、细长、刚度较差的工件。

(3)按工作时与工件轴线的相互位置分类

按工作时与工件轴线的相互位置可分为正装(见图4.1)和斜装(见图4.3)两种。

成形车刀一般都用高速钢整体制造。近年来,为提高刀具使用寿命,也采用镶焊硬质合金的成形车刀(见图4.4),但目前国内还用得不多。

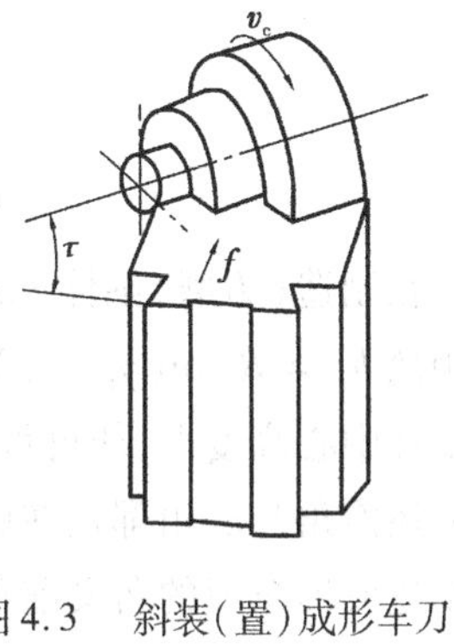

图4.3　斜装(置)成形车刀

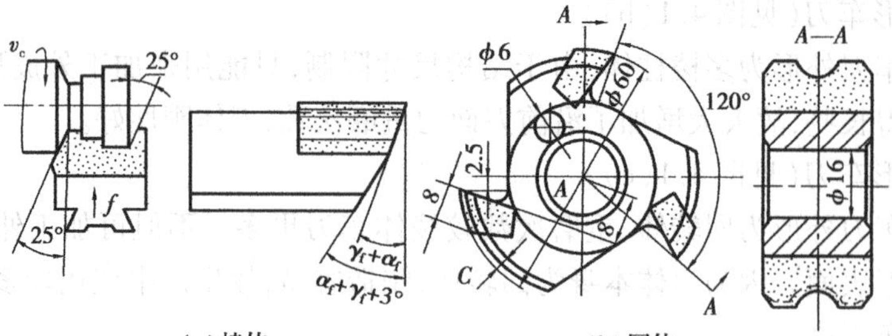

(a)棱体　　(b)圆体

图4.4　硬质合金成形车刀

4.2　成形车刀的前角与后角

成形车刀与其他刀具一样,必须具有合理的切削角度才可以有效工作。由于成形车刀切削刃形状复杂,切削刃上各点的正交平面方向各不相同,难于做到切削刃各点的切削角度合理。一般只给假定工作(进给)平面的前角 γ_f 与后角 α_f 。

(1)前角与后角的形成

①在制造棱体成形车刀时(见图4.5),将成形车刀在进给平面 P_f 内的楔角 β_f 磨制成 $90°-(\gamma_f+\alpha_f)$,安装时将其后刀面相对铅垂面倾斜成 α_f 角,则前刀面与水平轴向面间的夹角即为 γ_f 。

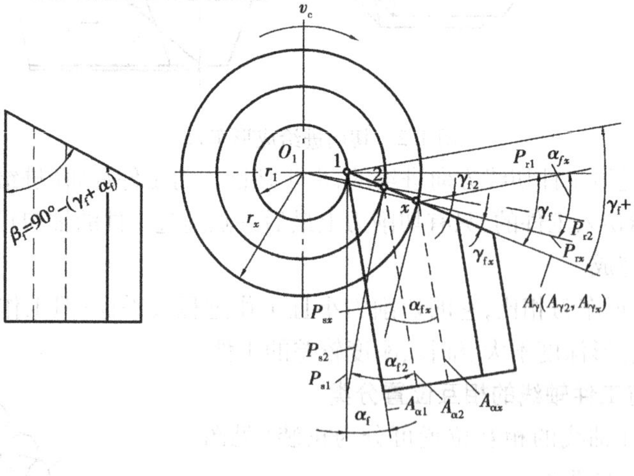

图4.5　棱体成形车刀前角与后角的形成

②在制造(刃磨)圆体成形车刀时(见图4.6),在进给平面 P_f 内,使刀具前刀面至其轴心线的距离 $h_c=R\sin(\gamma_f+\alpha_f)$,安装时 $H=R\sin\alpha_f$ 使刀具轴心线高于工件轴心线,并使刀尖位于工件中心高度上,便可得到刀具的前角 γ_f 与后角 α_f。

上述前角与后角都是在假定工作平面内测量,切削刃上最外点处的前角与后角,它是设计与制造成形车刀的名义前角 γ_f 与后角 α_f。

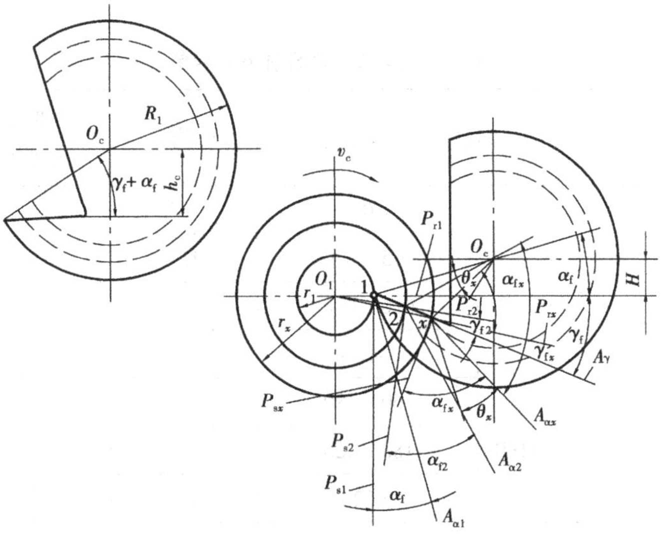

图4.6　圆体成形车刀前角与后角的形成

(2)**前角与后角的变化规律**

由如图4.6所示可知,只有基点1位于工件中心等高位置上,其余各点都低于工件中心。由于切削刃上各点的切削平面和基面位置不同,因而前角和后角也都不同,距基点越远的点,前角越小、后角越大,即

$$\gamma_{f2} < \gamma_{f1}$$

$$\alpha_{f2} > \alpha_{f1}$$

由于圆体成形车刀切削刃上各点后刀面(该点在圆的切线)是变化的,因此,后角增大的程度比棱体成形车刀更大。

切削刃上任意点处的前角 γ_{fx} 和后角 α_{fx} 与最外点处的前角 γ_f 和后角 α_f 的关系为

棱体成形车刀

$$\gamma_{fx} = \arcsin\left(\frac{r_1}{r_x}\sin\gamma_f\right) \tag{4.1}$$

$$\alpha_{fx} = (\alpha_f + \gamma_f) - \gamma_{fx} \tag{4.2}$$

圆体成形车刀

$$\gamma_{fx} = \arcsin\left(\frac{r_1}{r_x}\sin\gamma_f\right) \tag{4.3}$$

$$\alpha_{fx} = (\alpha_f + \gamma_f) - \gamma_{fx} + \theta_x \tag{4.4}$$

式中　r_1——成形车刀切削刃上最外点对应的工件最小半径;

r_x——成形车刀切削刃上任意点对应的工件半径;

θ_x——圆体成形车刀切削刃上任意点处的后刀面与最外点处后刀面间的夹角。

(3)**前角与后角的选取**

成形车刀前角与后角均指名义侧前角 γ_f 与侧后角 α_f。前角 γ_f 的合理数值也同车刀一样,是根据工件材料的性质选取的(见表4.1)。后角 α_f 的合理数值则是根据成形车刀的种类选取的(见表4.1)。

表4.1 成形车刀的前角与后角

<table>
<tr><th colspan="2">工件材料</th><th colspan="2">材料的力学性能</th><th>前角 γ_f</th><th>成形车刀种类</th><th>后角 α_f</th></tr>
<tr><td colspan="2" rowspan="4">钢</td><td rowspan="4">σ_b /GPa</td><td><0.5</td><td>20°</td><td rowspan="4">圆体</td><td rowspan="4">10°~15°</td></tr>
<tr><td>0.5~0.6</td><td>15°</td></tr>
<tr><td>0.6~0.8</td><td>10°</td></tr>
<tr><td>>0.8</td><td>5°</td></tr>
<tr><td colspan="2" rowspan="3">铸铁</td><td rowspan="3">HSB</td><td>160~180</td><td>10°</td><td rowspan="5">棱体</td><td rowspan="5">12°~17°</td></tr>
<tr><td>180~220</td><td>5°</td></tr>
<tr><td>>220</td><td>0°</td></tr>
<tr><td colspan="2">青铜</td><td></td><td></td><td>0°</td></tr>
<tr><td rowspan="3">黄铜</td><td>H62</td><td></td><td></td><td>0°~5°</td></tr>
<tr><td>H68</td><td></td><td></td><td>10°~15°</td><td rowspan="5">平体</td><td rowspan="5">25°~30°</td></tr>
<tr><td>H80~H90</td><td></td><td></td><td>15°~20°</td></tr>
<tr><td colspan="2">铝、紫铜</td><td></td><td></td><td>25°~30°</td></tr>
<tr><td colspan="2">铅黄铜 HPb59-1</td><td></td><td></td><td rowspan="2">0°~5°</td></tr>
<tr><td colspan="2">铅黄铜 HA159-3-2</td><td></td><td></td></tr>
</table>

注:本表仅适用于高速钢成形车刀,如为硬质合金成形车刀加工钢料时,可取表中数值减去5°;如工件为正方形或六角形棒料时,值应减小2°~5°。

不难看出,工件材料的强度(硬度)越高,成形车刀的前角 γ_f 应取得越小,以保证刃口强度。由于圆体成形车刀切削刃上各点后角变化较大,故名义后角 α_f 应取得小些。

(4)切削刃正交平面内的后角及其改善措施

成形车刀后刀面与工件过渡表面间的摩擦程度取决于切削刃各点的后角大小,因此要对切削刃上关键点的后角进行验算。

现以 $\gamma_f=0°$, $\lambda_s=0°$的成形车刀为例进行讨论。

如图4.7所示,切削刃上任一点 x 在假定工作平面内的后角 α_{fx} 与该点主剖面后角 α_{ox} 之间的关系为

$$\tan\alpha_{ox} = \tan\alpha_{fx}\sin\kappa_{rx}$$

由上式可知,当 $\kappa_{rx}=0°$,则有 $\alpha_{ox}=0°$,这将造成该段切削刃所在的后刀面与加工表面间的严重摩擦。因此,在设计时就必须采取以下的改善措施:

①在 $\kappa_{rx}=0°$的切削刃磨出凹槽,只保留一狭窄棱面,如图4.8(a)所示。

②在 $\kappa_{rx}=0°$的切削刃处磨出 $\kappa'_{rx}\approx2°$的副切削刃,如图4.8(b)所示。

③将成形车刀与工件轴线斜置成 $\tau=15°\sim20°$,如图4.8(c)所示。这样从根本上解决了

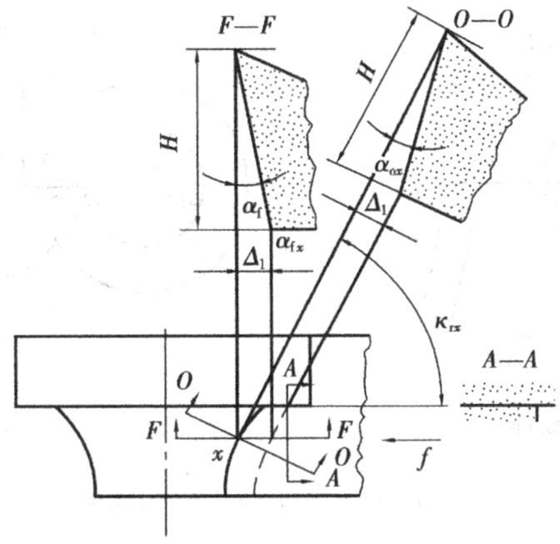

图4.7　切削刃上 α_{ox} 与 α_{fx} 的关系

后刀面与加工表面间摩擦严重的问题。

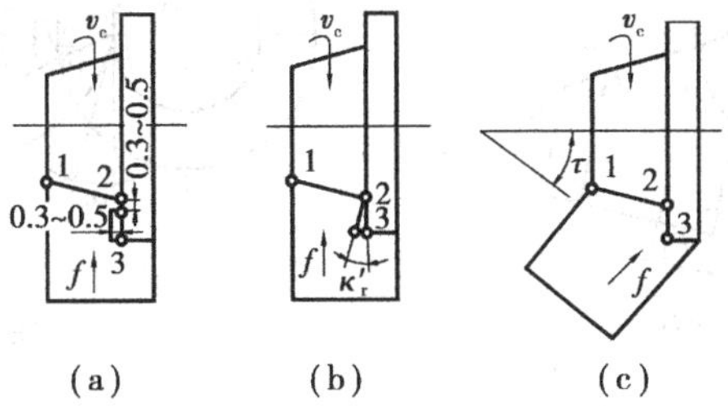

图4.8　改善正交平面内 $\alpha_{ox}=0°$ 的措施

4.3　径向成形车刀的廓形设计

4.3.1　廓形设计的必要性

在进行成形车刀的廓形设计之前,首先要明确对廓形设计、计算的原因。

如图4.9(a)所示为 $\gamma_f=0°$, $\alpha_f>0°$的棱体成形车刀。棱体成形车刀的廓形就是其法向剖面 N—N 内的廓形,在制造棱体成形车刀时,必须知道 N—N 剖面内的廓形。由图4.9可知,刀具在 N—N 剖面内的廓形深度 P_2 就与工件轴向剖面内的廓形深度 P_{w2} 不同, $P_2<P_{w2}=C_2$, 而根据工件径向尺寸及 α_f 值对刀具廓形进行设计计算。

同样,对于圆体成形车刀(见图4.9(b)),在制造时也必须先知道轴向剖面 N—N 内的廓形。由图4.9可知,刀具在 N—N 剖面内的廓形深度 P_2 就与工件轴向剖面内的廓形深度 P_{w2} 不同, $P_2<P_{w2}=C_2$。

如图4.10所示为 $\alpha_f>0°$, $\gamma_f>0°$的情况,此时 $C_2>P_{w2}$, 因为 $P_2<P_{w2}$, 故 $P_2<P_{w2}<C_2$。即当 $\alpha_f>0°$, $\gamma_f>0$ °时,刀具前刀面上廓形深度 C_2 也与工件轴向剖面内的廓形深度 P_{w2} 不再相同,且随着 γ_f 的增大,($P_{w2}-P_2$)差值也增大。因此,为了保证能切出正确的工件廓形,必须在设计时对刀具廓形进行修正计算。

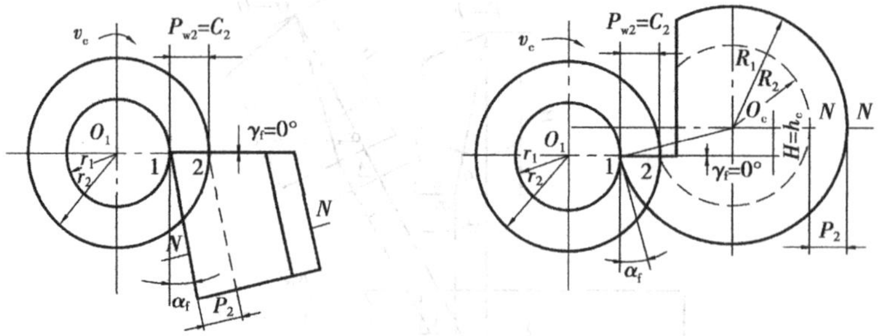

(a)棱体　　(b)圆体

图 4.9　$\gamma_f=0°,\alpha_f>0°$时的廓形

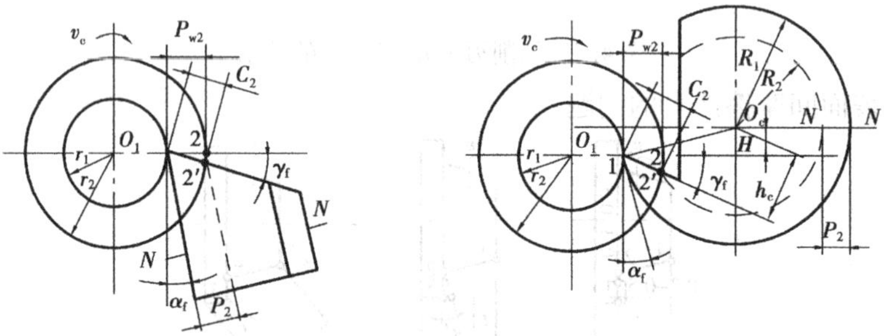

(a)棱体　　(b)圆体

图 4.10　$\gamma_f>0°,\alpha_f>0°$时的廓形

4.3.2　棱体成形车刀的廓形设计

(1)图解法

①以放大的比例画出工件的正视图和俯视图(见图 4.11)。

②在正视图上,从基准点 1 作与水平线成 γ_f 的直线,即为前刀面的投影线。它与工件各组成点所在圆相交于点 2′,3′(4′),这些点就是刀具前刀面上与工件各组成点相对应的点。

③自基准点 1 作与铅垂线倾斜 α_f 的直线,即为后刀面的投影线,由 2′,3′(4′)各点分别作平行于后刀面投影线的直线,这些直线即为切削刃上的各点所在后刀面的投影线,它们与基准点 1 所在后刀面投影线间的距离 $P_2,P_3(P_4)$,即为刀具各组成点的廓形深度。

④由于工件廓形各组成点的轴向尺寸等于刀具廓形上相应点的轴向尺寸,因此延长各后刀面投影线,在点 1 后刀面投影线的延长线上取点 1″并作为该线的垂线,以该垂线为起始线,分别在过点 2′,3′(4′)的后刀面投影线的延长线上截取 l_2 等于 l_3 和 l_4 得交点 2″,3″,4″,用直线(或平滑曲线)连接这些点,即得刀具 N—N 剖面内的廓形。

(2)计算法

如图 4.11 所示,首先作刀具前刀面投影线的延长线,再从工件中心点 O_1 作该延长线的垂线交于点 b,点 O_1 到垂线的距离为 h,再标出 C_2,C_3,C_4 及 A_1,A_2,A_3,A_4。

根据图 4.11 的几何关系,由直角三角形 O_1b1 可知

$$h = r_1 \sin \gamma_f \tag{4.5}$$

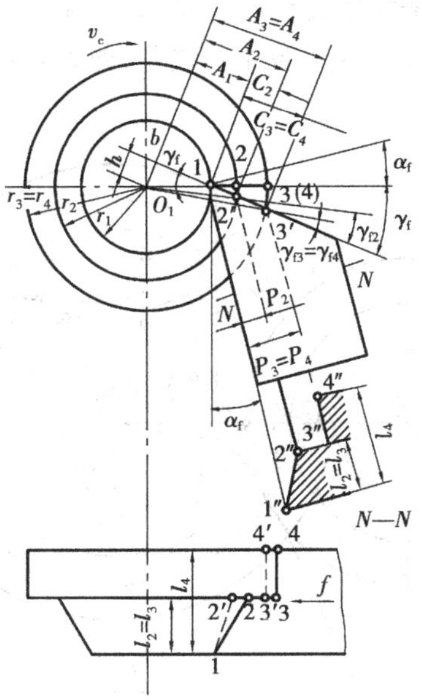

图 4.11　棱体成形车刀的廓形设计

1,2,3,4—工件廓形;1′,2′,3′,4′—切削刃廓形;

1″,2″,3″,4″—刀具廓形

$$A_1 = r_1 \cos \gamma_f \tag{4.6}$$

所以

$$\gamma_{f2} = \arcsin \frac{h}{r_2}$$

$$A_2 = r_2 \cos \gamma_{f2}$$

又

$$C_2 = A_2 - A_1$$

所以

$$P_2 = C_2 \cos(\gamma_f + \alpha_f)$$

同理,前刀面上的任意点 n 的各参数为

$$\gamma_{fn} = \arcsin \frac{h}{r_n} \tag{4.7}$$

$$A_n = r_n \cos \gamma_{fn} \tag{4.8}$$

$$C_n = A_n - A_1 \tag{4.9}$$

$$P_n = C_n \cos(\gamma_f + \alpha_f) \tag{4.10}$$

4.3.3　圆体成形车刀的廓形设计

(1)图解法

①以放大的比例画出工件的正视图和俯视图(见图 4.12)。

②在正视图上,从基准点 1 作与水平线夹角为 γ_f 的向下倾斜的直线为前刀面的投影线,分别与工件各组成点所在圆相交于点 2′,3′(4′),这些点即为刀具廓形的组成点。

③自点 1 作与水平线夹角为 α_f 的斜向右上方的直线,以点 1 为中心,车刀的外圆半径 R_1 为半径作圆弧,与该直线相交,其交点 O_c 即车刀的轴心。以 O_c 为圆心, O_c1, O_c2',$O_c3'(4')$

为半径作同心圆,与过 O_c 的水平线相交于点 1″,2″,3″（4″）。R_1，R_2，R_3（R_4）即为刀具廓形各组成点的半径。R_1 与 R_2，R_3（R_4）各半径之差,即为刀具廓形各组成点在轴向剖面的廓形深度。

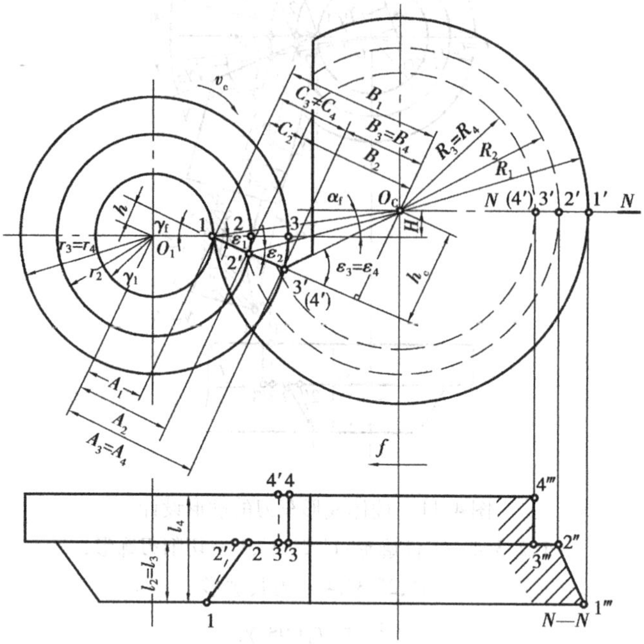

图 4.12 圆体成形车刀的廓形设计

④根据已知的工件轴向尺寸及 R_1,R_2,R_3,R_4，利用摄影原理即可求出刀具轴向剖面内的廓形。

(2)**计算法**

如图 4.12 所示,过点 1 作前刀面投影线的延长线，O_1 至该延长线的距离为 h，O_c 至该延长线的距离为 h_c，分别标出工件和刀具廓形上的尺寸 $A_1,A_2,A_3(A_4),C_2,C_3(C_4),B_1,B_2,B_3(B_4)$。

由图 4.12 可知

$$h_c = R_1\sin(\gamma_f + \alpha_f) \tag{4.11}$$

$$B_1 = R_1\cos(\gamma_f + \alpha_f)$$

$$\varepsilon = \arctan\frac{h_c}{B_1}$$

$$B_2 = B_1 - C_2$$

$$\varepsilon_2 = \arctan\frac{h_c}{B_2}$$

则

$$R_2 = \frac{h_c}{\sin\varepsilon_2}$$

同理

$$B_n = B_1 - C_n \tag{4.12}$$

$$\varepsilon_n = \arctan \frac{h_c}{B_n} \tag{4.13}$$

$$R_n = \frac{h_c}{\sin \varepsilon_n} \tag{4.14}$$

式中，C_2，C_n 的计算方法与棱体成形车刀相同。

4.4　成形车刀加工圆锥表面的双曲线误差

用成形车刀加工的零件，其外形很多是圆锥部分或曲线部分（可看成由许多圆锥部分组成）。如果使用普通成形车刀加工，则加工后的工件外形经检验发现圆锥部分的母线不是直线，而是一条内凹的双曲线，圆锥体实际上变成了双曲线体，因而产生了误差，这个误差称为双曲线误差。

4.4.1　双曲线误差产生的原因

如图4.13所示给出了棱体成形车刀加工圆锥表面的情况。工件圆锥表面的母线是工件轴向剖面的直线12。由于成形车刀的前角 $\gamma_f > 0°$，切削刃上只有点1处于工件圆锥母线上，而点2′处于刀具前刀面 $M—M$。由数学知识可知，用过前刀面 $M—M$ 的平面去截圆锥面时，可得到一外凸的双曲线1—3″—2″，与之对应的刀具切削刃廓形应是相吻合的内凹双曲线。这就要求 $N—N$ 剖面内的刀具廓形应是内凹双曲线，但这会给刀具制造带来很大困难。为便于刀具制造，$N—N$ 剖面内的刀具廓形做成直线1″—2″，会相应地得到工件在 $M—M$ 的剖面内的直线形1′—4″—2″，这样反映到轴向剖面内就不会得到母线为直线的圆锥面了，而是内凹的双曲面，它们之间的差为 Δ_1，故称为双曲线误差。

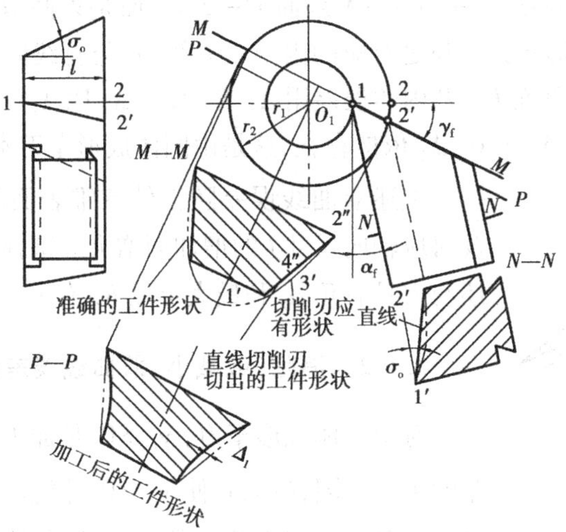

图4.13　棱体成形车刀加工圆锥面表面的误差

如果取 $\gamma_f = 0°$，即让刀具前刀面 $M—M$ 与圆锥母线重合，就不会产生双曲线误差。

同理，用 $\gamma_f > 0°$，$\alpha_f > 0°$ 的圆体成形车刀加工圆锥面时，也会得到内凹双曲线，而且内凹程度比棱体成形车刀加工时还要大得多（见图 4.14）。误差大的原因可理解为总误差由两部分组成：一部分误差 Δ_1 是由于圆体成形车刀的前刀面 $M—M$ 不与工件圆锥母线相重合造成的，这正相当于 $\gamma_f > 0°$ 的棱体成形车刀加工圆锥表面的情况；另一部分误差 Δ_2 是由于圆体成形车刀的前刀面 $M—M$ 不通过本身轴线，即不与本身圆锥母线相重合造成的。

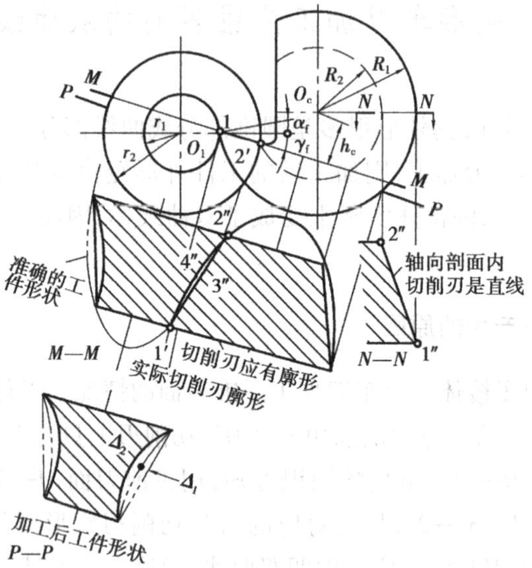

图 4.14　圆体成形车刀加工圆锥面表面的误差

因此，要想加工出圆锥体工件，刀具应该是与之吻合的反向圆锥体。由于圆体成形车刀的前刀面不通过刀具本身的轴线，得到的前刀面 $M—M$ 内的切削刃廓形不但不是内凹双曲线 1′—3—2″，甚至也不是直线 1′—2″（$N—N$ 剖面 1′—2″），而是外凸双曲线 1′—4—2″，当然在 $M—M$ 面内得到的工件形状为一与之对应的内凹双曲线，它与直线间的差称为刀具本身的双曲线误差。反映在轴向剖面 $P—P$ 内的误差用 Δ_2 表示，且 Δ_2 比 Δ_1 大得多。

当 $\gamma_f = 0°$，只能使 $\Delta_1 = 0$，Δ_2 依然存在，这是由圆体成形车刀本身的结构决定的。

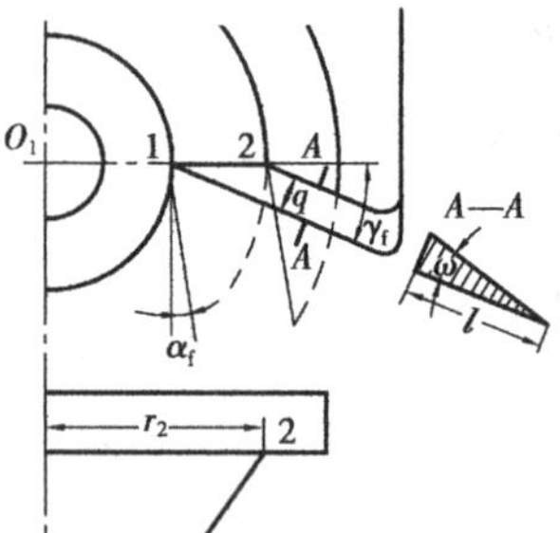

图 4.15　带前刀面侧向倾斜角的成形车刀

上述双曲线误差随工件圆锥表面的锥角 σ_0、刀具前角 γ_f 及对应轴向尺寸 l 的增加而增大。圆体成形车刀的双曲线误差还与刀具后角 α_f 和最大半径 R_1 有关。

4.4.2　消除（或减小）双曲线误差的措施

对于棱体成形车刀，$\gamma_f > 0°$ 是加工圆锥表面产生双曲线误差的主要原因，故只有使 $\gamma_f = 0°$ 才能消除这种误差。这是办法之一。对于圆体成形车刀，$\gamma_f = 0°$ 只能消除成形总误差 Δ 中的部分 Δ_1，比 Δ_1 大几十倍的 Δ_2 依然不能消除。

消除双曲线误差的第二个办法是采用带有前刀面侧向倾

斜角 ω 的成形车刀,如图4.15所示。

为了使切削刃与工件圆锥母线重合,可使前刀面倾斜 ω 角,从而将低于工件水平轴线的切削刃提高到水平轴线的位置。对棱体成形车刀来说,这样做完全消除了双曲线误差;圆体成形车刀本身就拥有双曲线误差,故不可能完全消除,只能减小误差。

前刀面侧向倾斜角 ω 可计算为

$$\tan \omega = \frac{r_2 - r_1}{l} \sin \gamma_f \tag{4.15}$$

4.5　成形车刀样板

制造成形车刀时,一般是用样板来检验刀具廓形的精确度。成形车刀的廓形尺寸一般不注在刀具图上,而是详细地注在样板图上。

成形车刀的样板如图4.16所示。样板为成对制造,其中,一块是工作样板,用来检验成形车刀的廓形;另一块是检验样板,用来检验工作样板的精度。

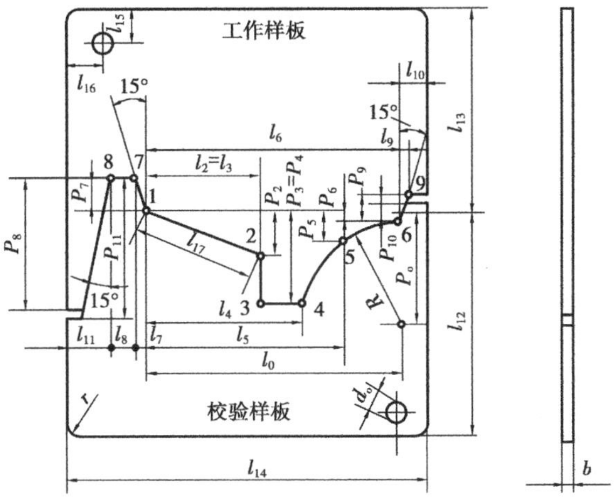

图4.16　成形车刀的样板

样板一般用低碳钢(15或20号钢)制造,经表面渗碳淬火后硬度应达HRC56~62。

样板的廓形应与刀具廓形(包括附加刀刃在内)完全一致;样板上各组成点的坐标尺寸应以刀具廓形上的点1为基准来标注,这样可减小累计误差。样板上的尺寸公差可取为刀具廓形尺寸公差的1/3~1/2,而刀具廓形公差是工件廓形公差的1/3~1/2,一般不小于±0.01 mm;样板上成形表面的粗糙度 R_a 应达0.08 ~ 0.16 μm。

为了使工作样板与校验样板上的廓形互相吻合得好,在廓形凹陷的各转折点处,应钻一小孔或锯一小槽,这样当样板热处理时,可避免在转折点处产生裂纹。

思考题

1. 成形车刀的前、后角是指哪一剖面的角度？为什么还要规定在基准点处的前、后角？

2. 成形车刀的法后角过小时，通常用哪些办法改善切削情况？

3. 为什么要进行成形车刀廓形的设计计算？它的基本原理是怎样的？

4. 为什么加工圆锥面时会产生双曲线误差？棱体和圆体成形车刀产生的加工误差有什么不同？

5. 成形车刀廓形的制造精度一般采用什么办法进行检验？

6. 棱体和圆体成形车刀常见的装夹方式有哪些？如何定位、夹紧和调整？

7. 为什么成形车刀不能在切削刃各点均作出合理的切削角度？

8. 试分析棱体和圆体成形车刀切削刃上各点的前、后角变化规律。

9. 试述生产中如何用作图法和计算法设计计算成形车刀的廓形。

第5章 孔加工刀具

5.1 孔加工刀具的种类

在工件实体材料上钻孔或扩大已有孔的刀具,统称为孔加工刀具。孔加工刀具由于是在工件内表面进行切削,工作部分处于加工表面包围之中,其结构尺寸受到一定限制,刀具的容屑和排屑、强度和刚度、导向以及冷却润滑等问题显得尤为突出,必须根据具体加工情况作适当的考虑。

在孔的加工过程中,可根据孔的结构和技术要求的不同,采用不同的刀具进行加工。孔加工刀具按其用途分为两类:一类是用于实体工件上的孔加工刀具,如扁钻、麻花钻、中心钻及深孔钻等;另一类是对工件上已有的孔进行再加工的刀具,如扩孔钻、锪钻、铰刀及镗刀等。

5.1.1 用于实体工件上的孔加工刀具

(1)扁钻

扁钻是结构最简单、使用得最早的一种钻孔工具。如图5.1所示,它的切削部分呈铲形,生产成本低、刃磨方便,但因切削前角小,导向不好、切削和排屑性能较差,重磨次数少。

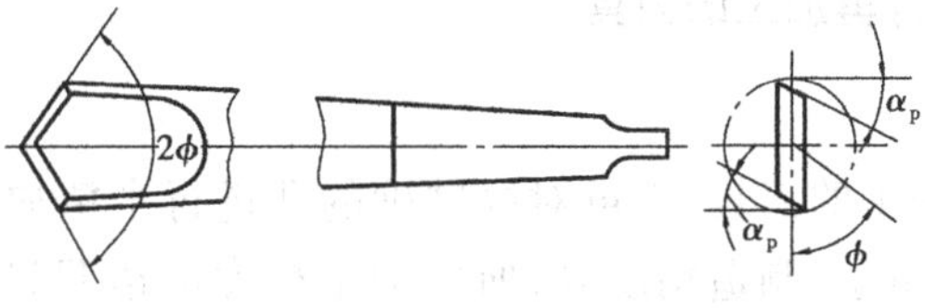

图5.1 扁钻

扁钻有整体式和装配式两种。前者适用于数控机床,常用于较小直径(小于ϕ12 mm)孔加工,后者适用于较大直径(大于ϕ63.5 mm)孔加工。

(2)麻花钻

麻花钻是孔加工刀具中应用最广泛的刀具,特别适合于加工小于ϕ30 mm的孔,对于直径大一点的孔也可作为扩孔钻使用。麻花钻按其刀柄形式不同,可分为直柄和锥柄麻花钻;

按制造材料不同,可分为高速钢麻花钻和硬质合金麻花钻(详见本章5.2节)。

(3)**中心钻**

中心钻是用来加工轴类工件中心孔的,根据其结构特点分为带护锥中心钻(见图5.2(a))、无护锥中心钻(见图5.2(b))和弧形中心钻(见图5.2(c))。

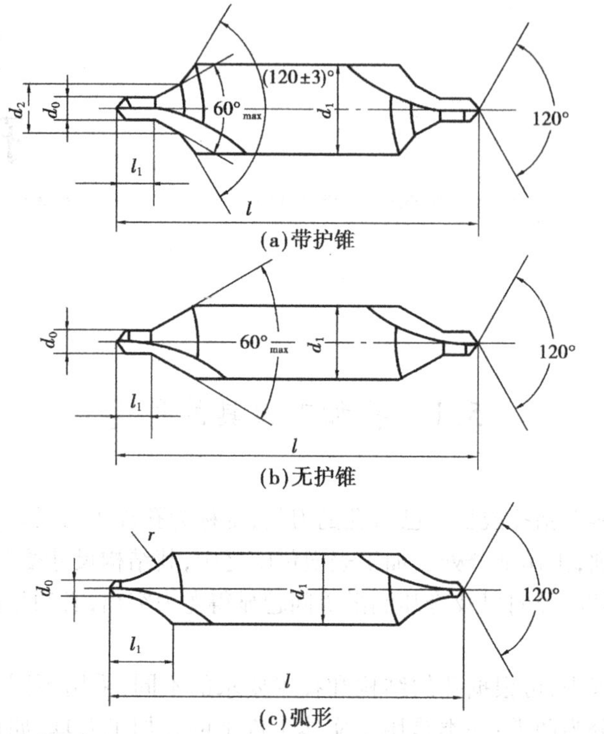

图5.2　中心钻的种类

(4)**深孔钻**

深孔钻通常用于加工孔深与孔径之比大于5~10倍的孔。由于切削液不易到达切削区,深孔钻的冷却条件差,切削温度高,刀具耐用度差;而且刀具细长,刚度较差,钻孔时容易发生偏移和振动。

5.1.2　对已有孔进行再加工的刀具

(1)**铰刀**

铰刀是对孔进行精加工的刀具,也可对高精确的孔进行半精加工。由于铰刀齿数多,其刚度和导向性好,加工余量小,制造精度高,所以加工精度可达IT11~IT6级,表面粗糙度R_a为1.6~0.2 μm。其加工范围一般为中小孔(详见本章5.5节)。

(2)**镗刀**

镗刀是对工件已有孔进行再加工的刀具,可在车床、铣床、镗床及组合镗床上镗孔。镗孔的加工精度可达IT8—IT6级,表面粗糙度R_a6.3~0.8 μm。镗孔加工可用一种刀具适应不同直径孔的加工,对于大直径孔和有较高位置精度要求的孔系,镗削是主要的精加工方法。

镗刀按其结构特点及使用方式,可分为单刃和多刃镗刀(详见本章5.4节)。

(3)**扩孔钻**

扩孔钻专门用来扩大已有孔。扩孔钻的外形与麻花钻相似,但齿数较多,通常有3~4齿,因而工作时导向性好;扩孔余量小,无横刃,改善了切削条件;扩孔钻的主切削刃较短,容屑槽较浅,强度和刚度均较高,切削过程平稳。因此,扩孔时可采用较大的切削用量,而加工质量和生产效率却比麻花钻高,精度可达IT11—IT10级,表面粗糙度R_a6.3~3.2 μm。

常用的有高速钢整体扩孔钻(见图5.3(a))、高速钢镶齿套式扩孔钻(见图5.3(b))和硬质合金镶齿套式扩孔钻(见图5.3(c))等 。

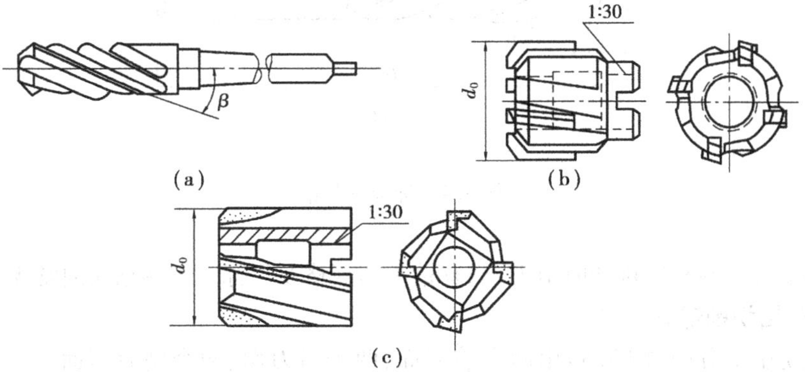

图5.3　扩孔钻

(4)**锪钻**

锪钻用于加工圆柱形沉头孔、锥孔、凸台面等。带导柱的平底锪钻适用于加工圆柱形沉头孔,其端面和圆周上都有刀齿,并且有一个导向柱,以保证沉头座和孔保持同心。导向柱可做成可拆卸的,以便于制造和刃磨;带导柱90°锥面锪钻,适用于加工沉头螺钉沉头座;端面锪钻只有端面上有切削齿。

5.2　麻花钻

5.2.1　**麻花钻结构要素**

(1)**麻花钻的结构组成**

麻花钻由工作部分、颈部和柄部3部分组成(见图5.4)。

工作部分包括切削部分和导向部分。切削部分承担切削工作,导向部分的作用在于切削部分切入孔后起导向作用,也是切削部分的备磨部分。为了减小孔壁的摩擦,在外径上沿轴向作出每100 mm长度上有0.03~0.12 mm的倒锥。钻心圆是一个假想的圆,它与钻头两个主切削刃相切。钻心直径约为钻头直径的0.15倍,为提高钻头的刚度,钻心沿轴向作出每100 mm长度上有1.4~2.0 mm的正锥。

柄部是钻头的夹持部分,用以与机床主轴孔配合并传递扭矩。柄部有直柄和锥柄之分,尺寸大的钻头(直径大于13 mm)用锥柄,尺寸小(直径小于13 mm)的钻头用直柄。柄部末端

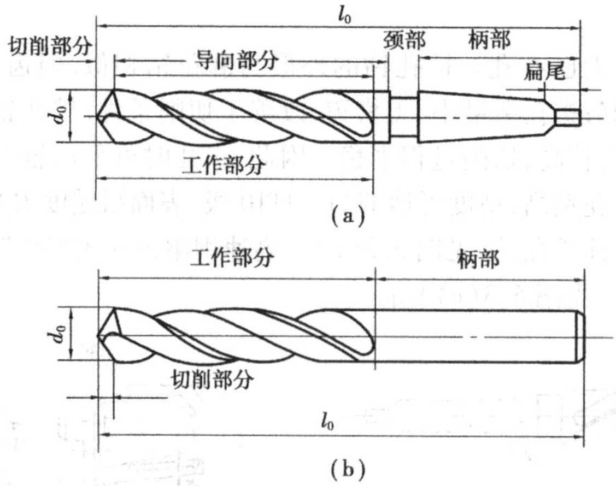

图 5.4　标准麻花钻

作有扁尾。

颈部凹槽可供砂轮磨锥柄时退刀，刻有钻头的规格及厂标。直柄钻头通常无颈部。

(2)麻花钻切削部分的组成

麻花钻切削部分(见图 5.5)由两个前刀面、两个后刀面、两个副后刀面、两条主切削刃、两条副切削刃和一条横刃组成。

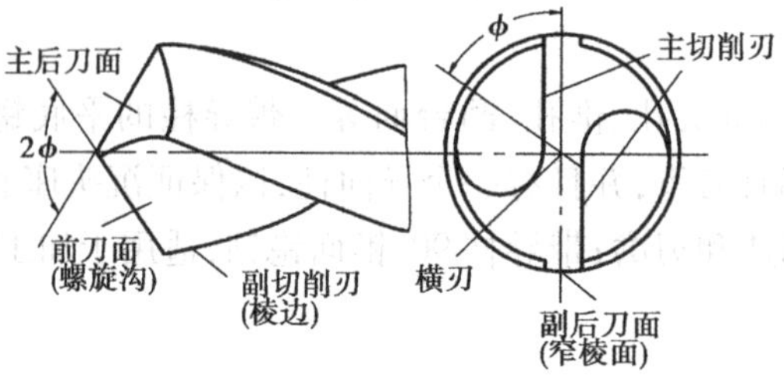

图 5.5　麻花钻的组成

前刀面即螺旋沟表面，是切屑流经的表面；后刀面与加工表面相对，位于钻头前端，形状由刃磨方法决定；副后刀面是与已加工表面(孔壁)相对的钻头外圆柱面上的窄棱面；主切削刃是前刀面(螺旋沟表面)与后刀面的交线；副切削刃即棱边，是前刀面(螺旋沟表面)与副后刀面(窄棱面)的交线；横刃也称钻尖，是两个(主)后刀面的交线，位于钻头的最前端。

(3)麻花钻的结构参数

1)直径 d

直径 d 是钻头切削部分两刃带间的垂直距离，其大小选用标准系列尺寸或螺纹孔的底孔尺寸。

2)螺旋角

钻头螺旋沟表面与外圆柱表面的交线为螺旋线，该螺旋线与钻头轴线的夹角称为钻头螺旋角，记为 β。由如图 5.6 所示可知

$$\tan\beta = \frac{2\pi R}{p} \tag{5.1}$$

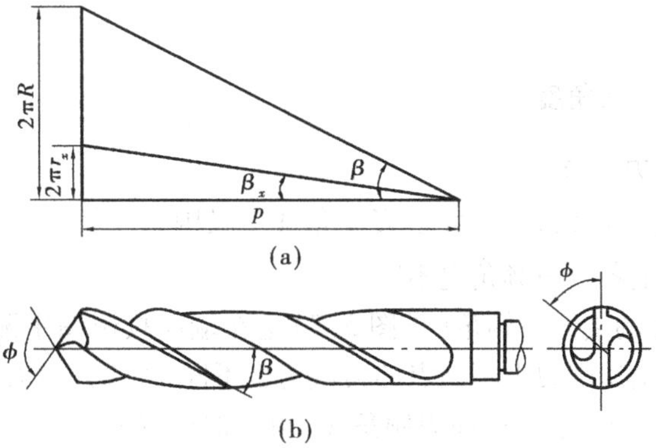

图5.6　钻头的螺旋角

式中　R——钻头外圆半径；

p——钻头螺旋沟导程；

β——钻头名义螺旋角，即外缘处螺旋角。

主切削刃上各点的半径不同，而同一条螺旋线上各点导程是相同的，故主切削刃上任意点处的螺旋角 β_x 不同，可写为

$$\tan\beta_x = \frac{2\pi r_x}{p} = \frac{2\pi R}{p}\frac{r_x}{R} = \frac{r_x}{R}\tan\beta \tag{5.2}$$

式中　r_x——主切削刃上任意点半径。

螺旋角实际上就是钻头在假定工作平面内的前角 γ_f。螺旋角越大，前角越大，钻头切削刃越锋利。但螺旋角过大，会使钻头刃口处强度削弱，散热条件变差。标准麻花钻的名义螺旋角一般为18°~30°，大直径钻头取大值。

从切削原理角度出发，钻不同工件需要不同的前角，即不同的螺旋角。

选择螺旋角 β 的原则是；对加工硬、脆材料可选得偏小些；对加工软材料偏大些。螺旋角 β 以钻头外圆处为准。

标准麻花钻是针对加工碳素结构钢、合金钢及铸铁等大多数情况而设计的螺旋角。特殊设计时，可按如表5.1所示选取。

表5.1　被加工材料选取螺旋角 β

被加工材料	螺旋槽的螺旋角 β		
	钻头直径 d/mm		
	<1	1~10	>10
碳素结构钢、合金钢、铸钢、黄钢	18°~20°	22°~28°	28°~38°
铅黄铜、青铜、硬橡胶、硬塑料	8°~10°	10°~12°	12°~20°
铝、铝合金、纯铜、铸黄铜、锌合金	25°~30°	30°~35°	35°~40°
钛	—	—	—

5.2.2 麻花钻的几何角度

(1)刃倾角与端面刃倾角

由于主切削刃不过轴心线,故形成了刃倾角 λ_s。又因为主切削刃上各点的基面、切削平面不同,因此主切削刃上各点刃倾角也不同。

主切削刃上选定点的端面刃倾角(见图5.7)是在端面投影图中测量的该点基面与主切削刃间的夹角。同理,主切削刃上不同点的刃倾角也不同,外缘处最大(绝对值最小),近钻心处最小(绝对值最大)。选定点的端面刃倾角 λ_{tx} 可近似计算为

$$\sin\lambda_{tx} = -\frac{d_c}{2r_x} \tag{5.3}$$

式中 d_c——钻心直径。

主切削刃上选定点的端面刃倾角与刃倾角的关系为

$$\sin\lambda_{sx} = \sin\lambda_{tx}\sin\kappa_{rx} = -\frac{d_c}{2r_x}\sin\kappa_{rx} \tag{5.4}$$

(2)顶(锋)角与主偏角

钻头顶角是在与两条主切削刃平行的平面内测量的两条主切削刃在该平面内投影间的夹角,记为 2ϕ。它是设计、制造、刃磨时的测量角度。标准麻花钻的 $2\phi = 120°$。主切削刃上各点顶角是相同的,与基面无关。

主偏角是在基面内测量的主切削刃在其上的投影与进给方向之间的夹角,记为 κ_{rx}。由于各点基面不同,各点处的主偏角也就不同。

2ϕ 与主切削刃上选定点的 κ_{rx} 存在的关系为

$$\tan\kappa_{rx} = \tan\phi\cos\lambda_{tx} \tag{5.5}$$

(3)前角

主切削刃上选定点的前角是在该点的正交平面内测量的。数值可计算为

$$\tan\gamma_{ox} = \frac{\tan\beta_x}{\sin\kappa_{rx}} + \tan\lambda_{tx}\cos\kappa_{rx} \tag{5.6}$$

由式(5.6)可知:

①主切削刃上螺旋角大处的前角 γ_{ox} 也大,故钻头外缘处的前角最大,钻心处前角最小(见图5.8)。

②主切削刃上端面刃倾角 λ_{tx} 大处的前角 λ_{ox} 也大,故钻头外缘处的前角最大。

③主偏角对前角的影响较复杂。无论对哪段切削刃,主偏角在某一范围内由小变大时,前角 γ_{ox} 将增大,但超出此范围再增大时,反会使前角 γ_{ox} 减小(见图5.9)。

综上所述,标准麻花钻主切削刃上各点前角将按如图5.10所示规律变化。

(4)后角

主切削刃上选定点的后角是在以钻头轴线为轴心的圆柱面的切平面内测量的切削平面与主后刀面之间的夹角,记为 α_f。主切削刃上各点都在绕轴线作圆周运动(忽略进给运动时),而过该选定点的圆柱面的切平面内的后角 α_f 最能反映后刀面与工件加工表面间的摩擦

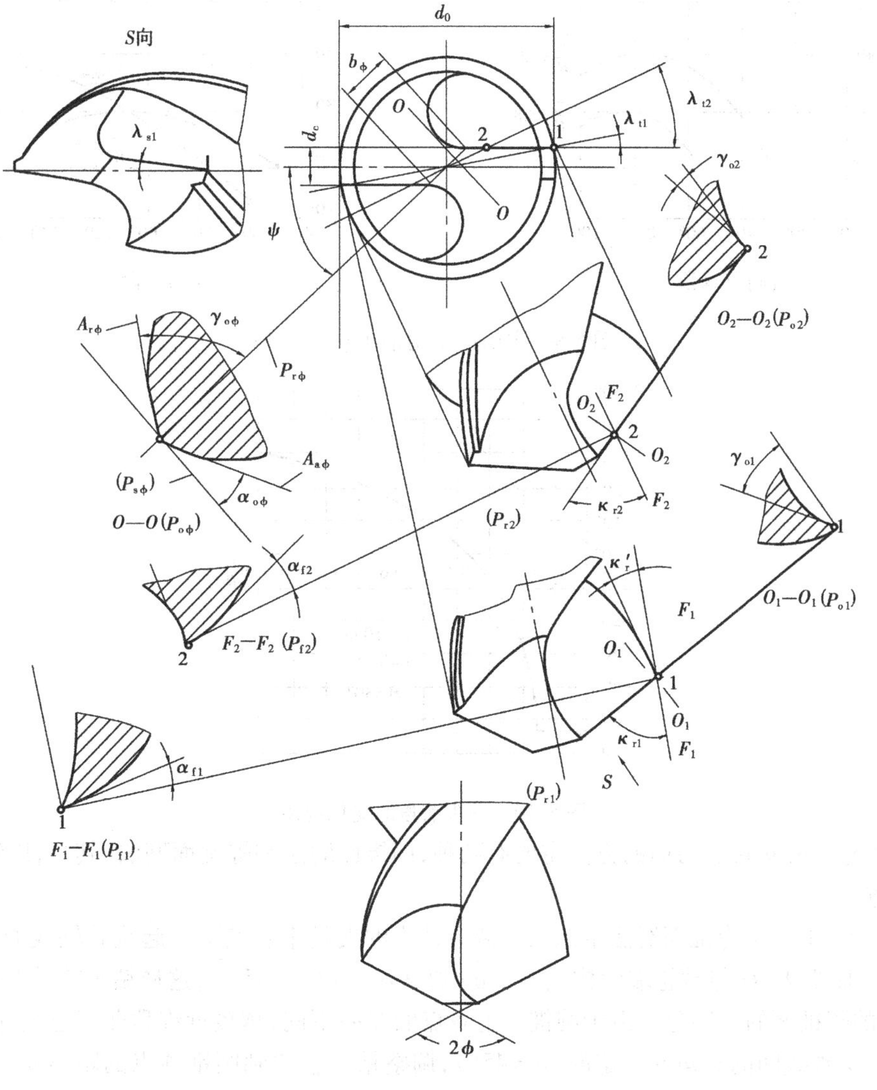

图5.7　钻头的几何角度

情况，而且便于测量。通常给定的后角值，一般指外缘的名义后角 α_f（为8°~14°）。

钻头主切削刃上各点的后角应磨成不等：外缘处磨得小些，近钻心处磨得大些。原因有以下3点：

①要与主切削刃上各点的前角变化相适应，以使各点楔角相差不大。

②由于有进给运动，实际上主切削刃上的各点在做螺旋运动，其运动轨迹为螺旋线。

③近钻心处后角磨大后，可改善横刃的切削条件，有利于切削液渗入切削区。

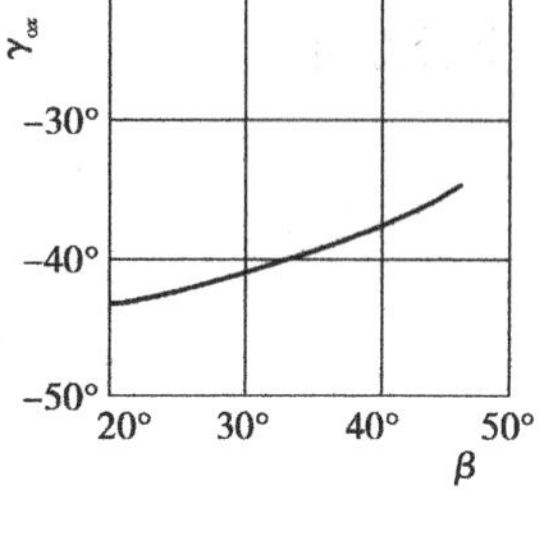

图5.8　螺旋角 β 对钻心处前角 γ_{ox} 的影响

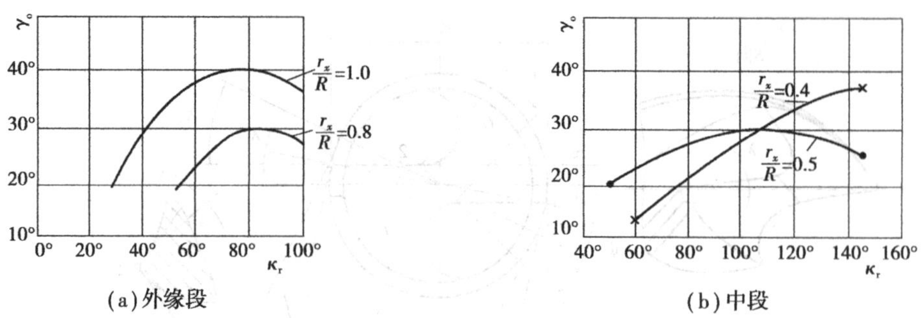

图 5.9　主偏角 κ_r 对前角 γ_o 的影响

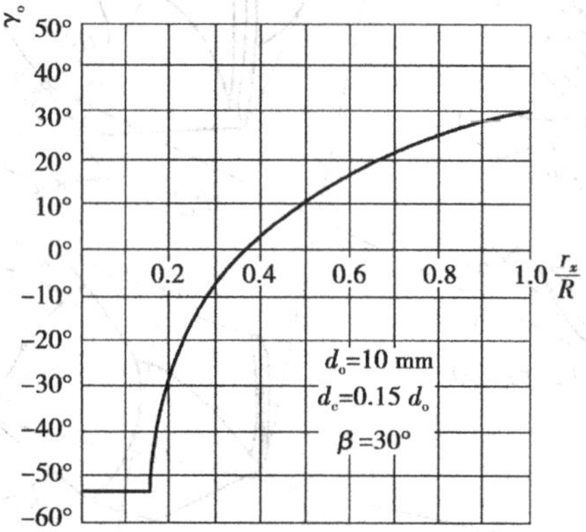

图 5.10　钻头前角的变化规律

刃磨标准麻花钻后刀面的方法主要有两种，即锥面磨法和螺旋面磨法，其中，以锥面磨法最为普遍。

如图 5.11 所示为锥面磨法示意图。装夹钻头的夹具带着钻头一起绕着轴线 $O—O$ 作往复运动。轴线 $O—O$ 与砂轮端面构成夹角 δ（通常 $\delta = 13° \sim 45°$），这样钻头的后刀面就是锥角为 2δ 的圆锥面的一部分。由于圆锥面上各点的曲率不同，越接近锥顶曲率越大，故当圆锥轴线和钻头轴线间的夹角 θ 一定时（$\theta = 45°$），调整钻头轴线到圆锥顶点的距离 a［一般 $a = (1.8 \sim 1.9)d_0$］和圆锥轴线到钻头轴线间的垂距 e（一般 $e = (0.07 \sim 0.05)d_0$），就能使主切削刃上各点得到不同的后角以及适当的顶角和横刃斜角等。当磨完一个后刀面以后再刃磨另一个后刀面。

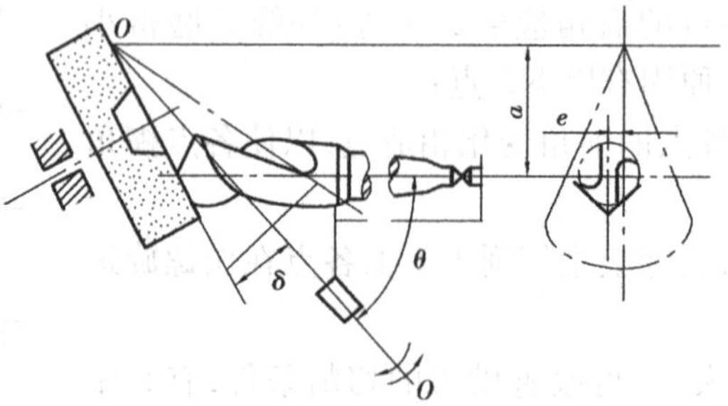

图 5.11　麻花钻后刀面锥面磨法示意图

(5)**副后刀面**

钻头的副刃后角 $\alpha'_o = 0°$,因为副后刀面(窄棱面)是外圆柱表面的一部分。

(6)**横刃角度**

两个主后刀面的交线即为横刃(见图5.7),它接近于一条直线,横刃长度记为 b_ϕ。横刃角度包括横刃前角 $\gamma_{o\phi}$、横刃后角 $\alpha_{o\phi}$ 和横刃斜角 ψ。横刃的前角和后角均在横刃正交平面内测量。由于横刃通过钻头中心且在端面投影图中为直线,故横刃上各点的基面相同。横刃斜角 ψ 是在端面投影图中测量的横刃相对于主切削刃倾斜的角度,记为 ψ 。它是刃磨钻头主后刀面时自然形成的。后角大时,ψ 减小,一般情况下,$\psi = 50° \sim 55°$,当横刃近似垂直于主切削刃,即 $\psi \approx 90°$时,$\alpha_{o\phi}$ 最小,因而可用 ψ 的大小来判断后角是否刃磨得合适。

5.2.3　钻头顶角对钻削加工的影响

钻头顶角 2ϕ 是决定排屑角度、切削力、毛刺的产生、孔内壁粗糙度的重要因素,从而影响钻头的切削性能、寿命及钻削加工后孔的加工质量。因此,在实际加工中,正确地选择钻尖顶角对保证钻孔的加工质量、提高钻头的寿命及钻削加工的生产效率等有着重要的指导意义。

标准高速钢麻花钻的钻尖顶角 $2\phi = 118°$。这是因为对于一般钢材来说,118°顶角的钻头寿命最长,切削稳定。槽部形状设计使得顶角为118°时的切削刃形状呈直线。如果对刀尖进行磨削,改变了顶角,顶角大于118°时,形成中凹形状,易于切屑折断;顶角小于118°时,形成中凸形状可抑制毛刺的产生。但是不管哪种形状,都会造成刀尖强度下降,切削不稳定。

在实际加工时,需根据工件材料、排屑情况及工件的几何形状来正确选择钻头顶角。

(1)**工件材料不同时钻头顶角对钻削加工的影响**

实际生产中,工件材料的种类很多,其性能各异。因此,在钻削不同工件材料时,应选用不同材料、不同几何参数的钻头。

1)加工硬度低、韧性好的塑性材料

用钻头加工硬度低、韧性好的塑性材料时,一般采用高的切削速度和大的进给量。因此,产生的切屑厚且多,断屑困难,切屑不易排出。这就要求钻头有良好的排屑性能。钻削过程中,切屑沿钻头的中心方向排出,切屑的流向与切削刃呈90°,如图5.12所示的箭头。当钻尖顶角 $2\phi = 90°$时,切屑的流向 v_{ch} 在钻头中心线方向的分速度 v_{chf} 较小,切屑容易发生阻塞;当 $2\phi = 118°$时,切屑的流向 v_{ch} 沿钻头中心线方向的分速度 v_{chf} 增大,切屑较易沿螺旋槽方向排出;当 $2\phi = 138°$时,v_{chf} 更大,切屑更易沿螺旋槽方向滑移,并迅速排出孔外。因此,在这种情况下,选择较大的钻尖顶角比较有利。

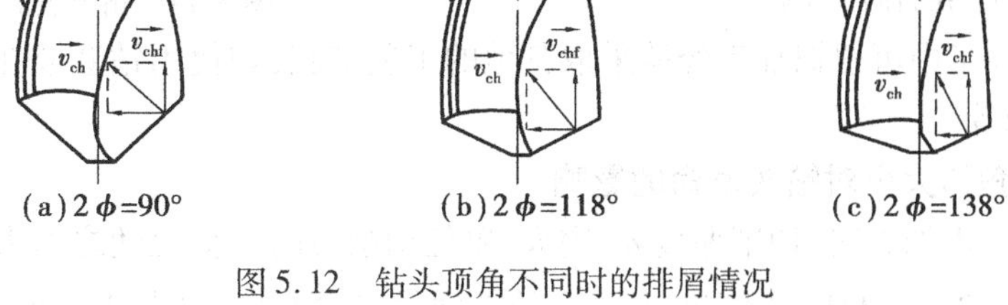

(a) $2\phi=90°$　(b) $2\phi=118°$　(c) $2\phi=138°$

图5.12　钻头顶角不同时的排屑情况

2）加工高强度合金钢

高强度合金钢的硬度和强度较高，塑性和韧性不高。钻削加工时，如果采用标准的钻尖顶角 $2\phi=118°$ 或较小的钻尖顶角 $2\phi=90°$ 时，切屑宽而薄（切削厚度 $a_c=f/2\cdot\sin\phi$，f—进给量，切削宽度 $a_w=d_0/(2\cdot\sin\phi)$，d_0—钻头直径），不易排出，易在孔中卡住且在孔壁之间产生较大的摩擦，使切削温度升高，使刀具寿命降低，孔的加工质量也较差。如果将钻尖顶角 2ϕ 增大到130°，则在同样的进给量条件下，所得的切屑比 $2\phi=90°$，$2\phi=118°$ 的钻头钻削时所得的切屑窄而厚，这种切屑易排出，钻头不易卡住且与孔壁之间的摩擦小，但其定心作用不如 $2\phi=90°$，$2\phi=118°$ 的钻头好。

3）加工硬度高、韧性差的脆性材料

对硬度高、韧性差的脆性材料进行钻削加工时，易形成崩碎切屑，切屑与前刀面的摩擦小，但与后刀面的摩擦大，特别是钻头外缘转角处的磨损很大。因此，为了增加切削刃的耐磨性，钻尖顶角应选取较小的数值 $2\phi=90°$，以便增大外缘转角的大小，使主切削刃至导向刃带之间形成一个大钝角的过渡部分，且不易产生崩刃；在钻通孔时，同样选择 $2\phi=90°$ 较为有利。

（2）工件形状不同时钻头顶角对钻削加工的影响

实际生产中，工件的形状各异。当工件有较大的斜面时，对钻削就会产生影响：钻头不易定心，两个切削刃不是同时接触工件表面，受力大小也不同，易钻偏等。此时，在选择钻尖顶角时应考虑以下两种情况：

1）在斜面上钻孔

当斜面角度较大时，钻头切削刃外缘处会先接触工件，易造成偏心。此时，应减小钻尖顶角，使钻尖先接触工件，如图5.13所示。斜面的斜度越大时，钻头顶角相应越小，通常可取90°～118°。

2）钻出表面为斜面

在钻头钻出表面为斜面时，两个切削刃不是同时钻出，受力大小不同。当钻尖顶角大时，径向力小，轴向力大。钻出时，不易偏心，且切削力可由孔壁或钻套来承受，如图5.14所示。因此，斜面的斜度越大时，越宜选较大的钻头顶角，通常可取130°～138°。

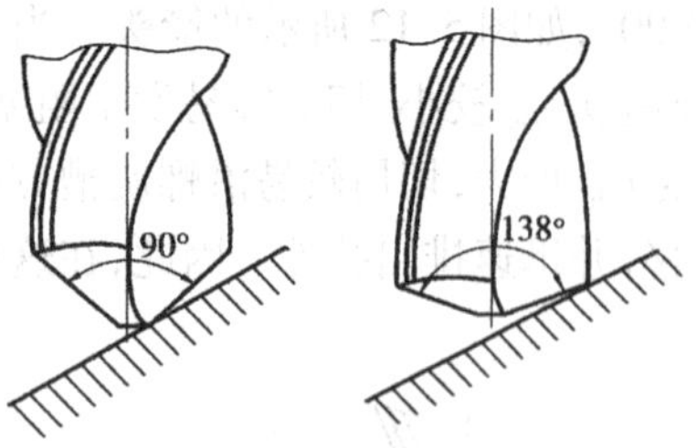

图5.13　在斜面上钻孔

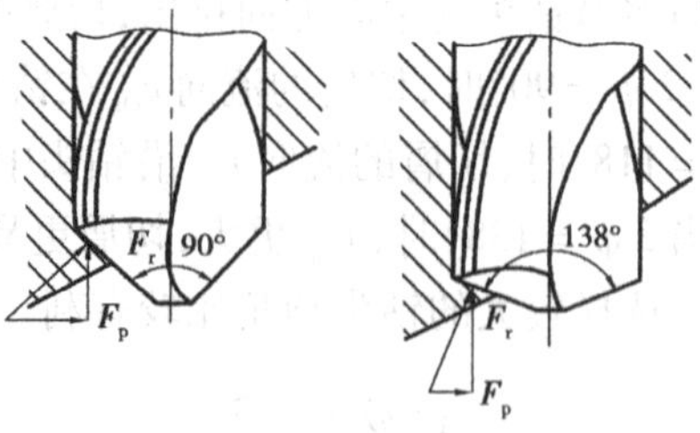

图5.14　钻出表面为斜面

此外，实际加工中可根据加工经验采取其他的工艺措施，如使用钻套或在设计允许时，可先铣一个小平面等。

（3）钻头顶角的大小对钻头寿命的影响

当钻头顶角 2ϕ 加大时，切削厚度 a_c 增大，单位切削刃的负荷也随之增大，钻头寿命就会降低。因此，通常 2ϕ 取118°，但有时对不同的工件材料也有所不同，也有取其他值的。如图

5.15 所示，加工碳素结构钢时，钻头顶角 $2\phi = 138°$左右时，钻头寿命最长。

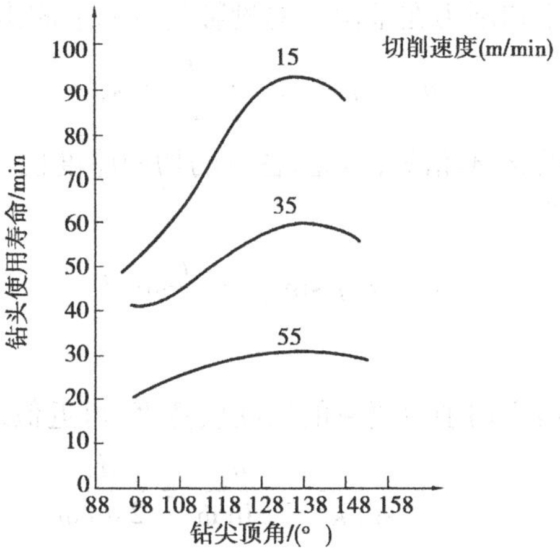

钻头材质：W18Gr4V;直径：10 mm;螺旋角：12°;

孔深：40 mm(盲孔);进给量：0.2 mm/r

图 5.15　钻头顶角对钻头寿命的影响

对于性能不同的材料，钻头顶角对钻头寿命的影响也不同。经验证明，对性能不同的大多数被加工材料来讲，钻头顶角 2ϕ 为 128°～138°时，钻头寿命最长。

5.2.4　钻削原理

(1) 钻削要素

钻孔时的切削要素主要包括以下 6 个方面(见图 5.16)：

1) 切削速度 v

切削速度是钻头外径处的主运动速度，即

$$v = \frac{\pi d_0 n}{1\ 000} \tag{5.7}$$

式中　v——切削速度，m/s；

d_0——钻头外径，mm；

n——钻头或工件的转速，r/s。

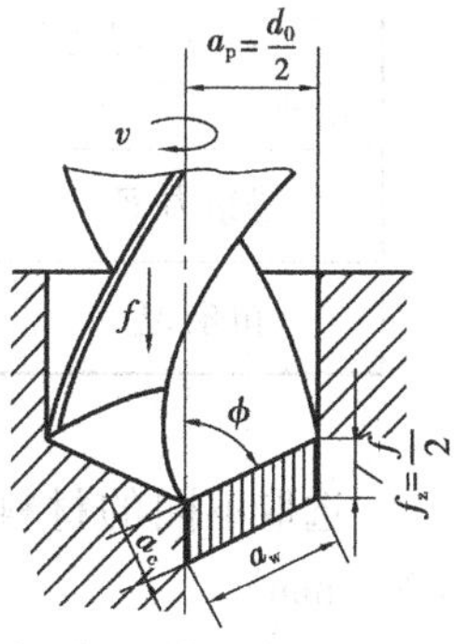

图 5.16　钻削要素

2) 进给量 f 和每齿进给量 f_z

钻头每转一转沿进给方向移动的距离称进给量 f (mm/r)。由于钻头有两个刀齿，故每个刀齿的进给量为

$$f_z = \frac{f}{2}$$

3) 背吃刀量 a_p

背吃刀量是钻头直径的 1/2，即

$$a_p = \frac{d_0}{2} \tag{5.8}$$

4)切削厚度 a_c

切削厚度是沿垂直于主切削刃在基面上的投影的方向上测出的切削层厚度,即

$$a_c = f_z \sin \kappa_r = \frac{f}{2} \sin \kappa_r \tag{5.9}$$

由于主切削刃上各点的 κ_r 不相等,因此,各点的切削厚度也不相等。为了计算方便,可近似地用平均切削厚度表示为

$$a_{c_{av}} = f_z \sin \phi = \frac{f}{2} \sin \phi \tag{5.10}$$

5)切削宽度 a_w

切削宽度是在基面上沿主切削刃测量的切削层宽度,可近似地表示为

$$a_w = \frac{a_p}{\sin \kappa_r} \approx \frac{a_p}{\sin \phi} = \frac{d_0}{2\sin \phi} \tag{5.11}$$

6)切削层面积 A_{cz}

钻头上每个刀齿的切削层面积为

$$A_{cz} = a_{c_{av}} a_w = f_z a_p = \frac{f d_0}{4} \tag{5.12}$$

(2)钻削力和功率

钻头每一切削刃都产生切削力,包括切向力(主切削力)、背向力(径向力)和进给力(轴向力)。当左右切削刃对称时,背向力相互抵消,最终构成钻头的进给力 F_t 和切削扭矩 M_c。

与车削一样,通过切削实验,测量钻削力,可知影响钻削力的因素和规律。钻头各切削刃上产生切削力的比例大致如表 5.2 所示。

表 5.2 钻削力的分配

切削力 钻削力	主切削力	横刃	刃带
进给力 F_t	40%	57%	3%
扭矩 M_c	80%	8%	12%

选取不同的材料,在固定的钻削条件下,变化切削用量,测出进给力 F_t (N)与扭矩 M_c (N · mm)。

经过数据处理后,可获得钻削力的实验公式为

进给力

$$F_f = C_{F_f} d_0^{z_{F_f}} f^{y_{F_f}} K_{F_f} \tag{5.13}$$

扭矩

$$M_c = C_{M_c} d_0^{z_{M_c}} f^{y_{M_c f}} K_{M_c} \tag{5.14}$$

式中,系数、指数及建立公式的条件如表 5.3 所示。一般估计时,可取 K_{F_f}, K_{M_c} 为 1。

由式(5.14)计算出扭矩后,可用下式计算切削消耗功率(单位 kW) P_c

$$P_c = \frac{M_c v_c}{30d} \tag{5.15}$$

式中　M_c ——切削扭矩；

v_c ——切削速度；

d_0 ——钻头直径。

表 5.3　钻削时轴向力、扭矩及功率的计算公式

计算公式							
名称	进给力/N			扭矩/(N·mm)		功率/kW	
计算公式	$F_f = C_{F_f} d_0^{z_{F_f}} f^{y_{F_f}} K_{F_f}$			$M_c = C_{M_c} d_0^{z_{M_c}} f^{y_{M_c}} K_{M_c}$		$P_c = \frac{M_c v_c}{30 d_0}$	
公式中的系数和指数							
加工材料	刀具材料	系数和指数					
		进给力			扭矩		
		C_{F_f}	z_{F_f}	y_{F_f}	C_{M_c}	z_{M_c}	y_{M_c}
钢，s_b = 650 MPa	高速钢	600	1.0	0.7	0.305	2.0	0.8
不锈钢 1Cr18Ni9Ti	高速钢	1 400	1.0	0.7	0.402	2.0	0.7
灰铸铁，硬度 190 HBS	高速钢	420	1.0	0.8	0.206	2.0	0.8
	硬质合金	410	1.2	0.75	0.117	2.2	0.8
可锻铸铁，硬度 150 HBS	高速钢	425	1.0	0.8	0.206	2.0	0.8
	硬质合金	320	1.2	0.75	0.098	2.2	0.8
中等硬度非均质铜合金，硬度 100 ~ 140 HBS	高速钢	310	1.0	0.8	0.117	2.0	0.8

注：用硬质合金钻头钻削未淬硬的结构碳钢、铬钢及镍铬钢时，进给力及扭矩可按下列公式计算，即

$$F_f = 3.48 d_0^{1.4} f^{0.8} s_b^{0.75} \qquad M_c = 5.87 d_0^2 f s_b^{0.7}$$

(3)**钻削用量选择**

1)钻头直径

钻头直径应由工艺尺寸决定，尽可能一次钻出所要求的孔。当机床性能不能胜任或加工精度不能满足要求时，才采用先钻孔再扩孔的工艺。需扩孔者，钻孔直径取孔径的50% ~ 70%。

合理刃磨与修磨，可有效地降低进给力，能扩大机床钻孔直径的范围。

2)进给量

一般钻头进给量受钻头的刚性与强度限制。大直径钻头才受机床走刀机构动力与工艺系统刚性限制。

通钻头进给量可按经验公式估算，即

$$f = (0.01 \sim 0.02) d_0 \tag{5.16}$$

合理修磨的钻头可选用 $f = 0.03d_0$。直径小于 3 ~5 mm 的钻头,常用手动进给。

3)钻削速度

高速钢钻头的切削速度推荐按如表 5.4 所示数值选用,也可参考有关手册、资料选取。

表 5.4 高速钢钻头切削速度/($m \cdot min^{-1}$)

加工材料	低碳钢	中高碳钢	合金钢不锈钢	铸铁	铝合金	铜合金
钻削速度 v_c	25 ~ 30	20 ~ 25	15 ~ 20	20 ~ 25	40 ~ 70	20 ~ 40

5.2.5 麻花钻的磨损

麻花钻一般多用高速钢制造。如图 5.17 所示,由于切削热及机械摩擦的作用,钻头的前刀面、后刀面、棱边和横刃上都会有不同程度的磨损。钻头正常磨损形式主要是后刀面磨损,在钻头的外缘处磨损最严重。磨损严重时会出现外径减小,影响加工精度。钻头正常磨损的主要原因是机械磨粒磨损,剧烈磨损的主要原因是相变磨损。

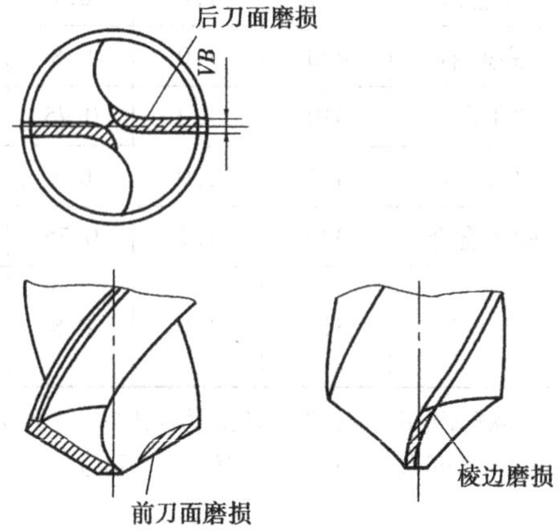

图 5.17 麻花钻的磨损

钻头磨损限度常取外缘转角处 VB 值为(0.8 ~1)倍刃带宽。一般钻铸铁 VB 值为 1 ~2 mm,钻非铁材料时按加工质量要求决定。

钻小孔或深孔时,钻头的磨损常以钻削力不超过某一限度为标准。当扭矩或进给力超过时通过报警装置发出信号,控制自动退刀。

影响钻头耐用度的因素很多,主要包括钻头材料与热处理状态、钻头结构、刃形参数、切削条件等。钻头硬度越高、结构刚性越好、刃形几何参数与加工材料搭配得越合理、刃磨对称度越高、切削用量优化得越合理,则钻头寿命越高。

5.2.6 麻花钻的结构缺陷与改进措施

(1)标准麻花钻的结构缺陷

①麻花钻的前面和后面都是曲面,沿主切削刃各点的前角、后角各不相同,相差较大,切

削能力悬殊；刃倾角和切削速度方向也不同，因而各点的切屑流出方向不同，互相牵制不利于切屑的卷曲，并有侧向挤压使切屑产生附加变形。

②麻花钻的主切削刃全刃参加切削，切削宽度宽，刃上各点的切削速度又不相等，容易形成螺旋形切屑，排屑困难。因此，切屑与孔壁挤压摩擦，常常划伤孔壁，加工后的表面粗糙度值大。

③麻花钻的直径受孔径的限制，螺旋槽使钻心更细，钻头的刚度低；仅有两条棱带导向，孔的轴线容易偏斜；再加上横刃前角小（负值）、长度大，钻削时轴向抗力大，定心困难，钻头容易摆动。因此，孔的形位公差较大。

④刀尖和主、副切削刃交汇处切削速度最高、刀尖角较小，且又因刃带的存在使副切削刃后角为零。因此，刀尖处摩擦最大，发热量大，散热条件差，磨损最快。

麻花钻结构上的这些缺点，严重地影响了它的切削性能。为了进一步提高它的工作效率，需要按具体加工情况加以修磨改进。

(2)麻花钻常见的修磨方法

在生产中，一般常从下述5个方面对麻花钻进行修磨：

1)修磨横刃

麻花钻上横刃的切削情况最差。为了改善钻削条件，修磨横刃极为重要。一般修磨横刃的方法如下：

①缩短横刃。如图5.18(a)所示，磨短横刃，减少其参加切削工作的长度，可显著地降低钻削时的轴向力，尤其对大直径钻头和加大钻心直径的钻头更为有效。由于这种修磨方法效果很好，又较简便，因此，直径12 mm以上的钻头，均常采用。

②修磨前角。如图5.18(b)所示，将钻心处的前刀面磨去一些，可增加横刃的前角。这是改善横刃切削条件的一种措施。

③综合式磨法。如图5.18(c)所示，综合上面两种方法，同时进行修磨。

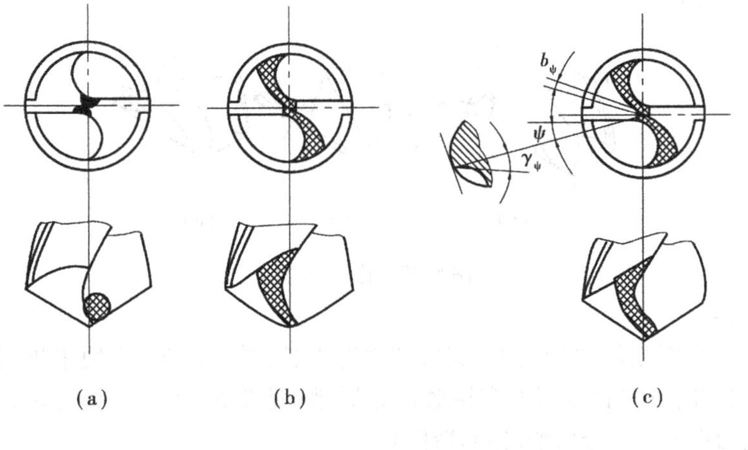

图5.18 修磨横刃

2)修磨多重顶角

钻头外圆处的切削速度最大，而该处又是主、副切削刃的交点，刀尖角ε_r较小，散热差，容易磨损。为了提高钻头的耐用度，将该转角处修磨出$2\phi = 70° \sim 75°$的双重顶角（见图5.19

(a))、三重顶角(当钻头直径较大时)或带圆弧刃的钻头(见图5.19(b))。经修磨后的钻头,在接近钻头外圆处的切削厚度减小,切削刃长度增加,单位切削刃长度的负荷减轻;顶角减小,轴向力下降;刀尖角加大,散热条件改善,因而可提高钻头的耐用度和加工表面质量。但钻削很软的材料时,为避免切屑太薄和扭矩增大,一般不宜采用这种修磨方法。

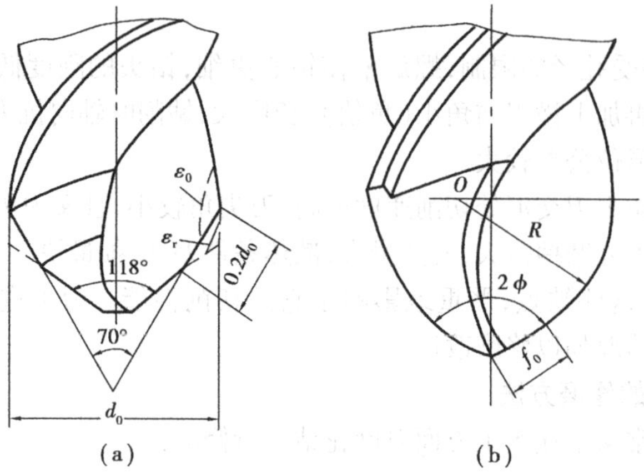

图5.19 修磨多重顶角和圆弧刃钻头

3)修磨前刀面

修磨前刀面的主要目的是改变前角的大小和前刀面的形式,以适应加工材料的要求。在加工脆性材料(如青铜、黄铜、铸铁、夹布胶木等)时,由于这些材料的抗拉强度较低,呈崩碎切屑,为了增加切削刃强度,避免崩刃现象,可将靠近外圆处的前刀面磨平一些,以减小前角,如图5.20(a)所示。当钻削强度、硬度大的材料时,则可沿主切削刃磨出倒棱,稍微减小前角来增加刃口的强度(见图5.20(b))。当加工某些强度很低的材料(如有机玻璃)时,为减小切屑变形,可在前刀面上磨出卷屑槽,加大前角,使切削轻快,以改善加工质量(见图5.20(c))。

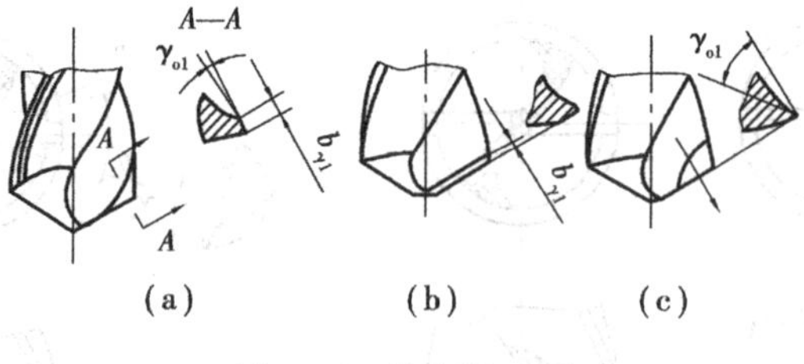

图5.20 修磨前刀面

4)开分屑槽

当钻削韧性材料或尺寸较大的孔时,切屑宽而长,排屑困难,为便于排屑和减轻钻头负荷,可在两个主切削刃的后刀面上交错磨出分屑槽(见图5.21),将宽的切屑分割成窄的切屑。也可在前刀面上开出分屑槽,但制造困难。

5)修磨刃带

因钻头的侧后角为0°,在钻削孔径超过12 mm、无硬皮的韧性材料时,可在刃带上磨出$\alpha_0' = 6° \sim 8°$的副后角(见图5.22),钻头经修磨刃带后,可减小磨损和提高耐用度。

从上面的修磨方法可知,改善麻花钻的结构,既可根据具体工作条件对麻花钻进行适

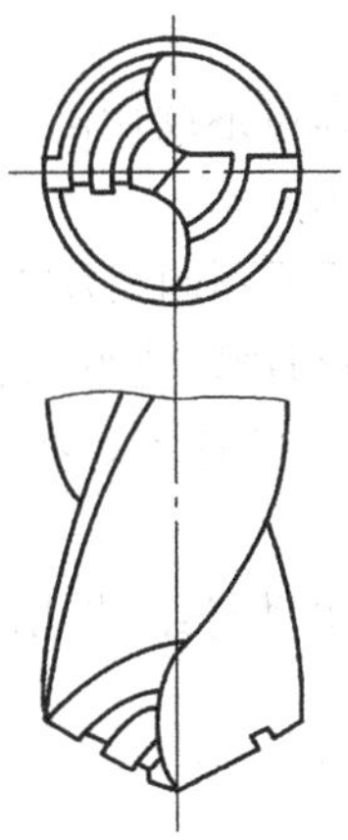

图5.21 开分屑槽

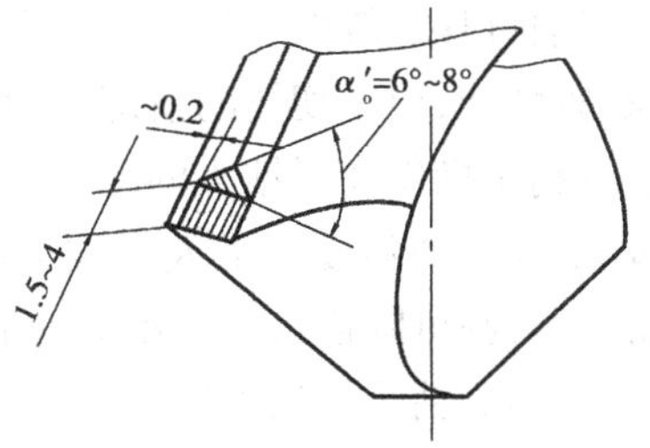

图5.22 修磨刃带

当的修磨，也可在设计和制造钻头时即考虑如何改进钻头的切削部分形状，以提高其切削性能。

5.3 可转位浅孔钻

浅孔钻是一种专用于深径比在3~5、中等直径的孔加工可转位刀具。利用耐磨性高的硬质合金，并通过选择合适的刀片和涂层方法来制造的这种可转位浅孔钻能在高速、高温的环境下工作，从而使钻孔效率大大提高（是普通高速钢钻头的3~4倍），改善孔加工质量（主要是孔表面粗糙度以及圆柱度），同时也可降低刀具成本。

5.3.1 结构特点

根据浅孔钻钻头孔径的不同，它的结构也是有区别的，ϕ12~ϕ16 mm的钻头采用单刀片；ϕ16~ϕ35 mm的钻头采用2~3个刀片；ϕ35~ϕ80 mm的钻头采用模块式结构，大于ϕ80 mm的钻头采用刀头与刀体分离式结构，中间用螺钉联接。当孔深与孔径之比大于4时，刀体的背上有两个导向条，以保证切削平稳。可转位浅孔钻多数装沉孔刀片，采用压孔方式夹紧。钻头由刀体、刀片、压紧螺钉、模块、定位销等组成。刀体尾部与机床的联接采用圆柱柄、莫氏锥柄及7:24锥柄等。刀体上有进油孔，通过Y形油路进入切削区。当以钻头回转为主运动时，需用冷却环供应切削液。

浅孔钻之所以能够进入孔加工领域，并迅速地取代高速钢麻花钻，是由它所具有的优于麻花钻的特点决定的。其主要特点如下：

①由于采用了可转位硬质合金刀片，浅孔钻的切削速度高。一般浅孔钻的切削速度可达70~190 m/min，生产效率是高速钢麻花钻的3~10倍。

②加工质量高。因切削速度高，加工孔的表面粗糙度改善了，R_a 可达12.5~6.3 μm。由于浅孔钻无横刃、定心性好，因此钻孔前无须在工件端面上打中心孔，孔的直线度也得到提高。而用麻花钻头钻孔，表面粗糙度 R_a 一般高于12.5 μm，且孔的直线精度低，孔易产生

偏斜。

③刀具成本低。刀片磨损或崩刃后只要将刀片转位(或更换),即可继续切削。刀具长度不变,不需进行调整,这点对数控机床尤为重要。刀体可重复长期使用。

④改善钻孔工作条件。根据不同加工件材料的切削性能,更换配置不同材质的硬质合金刀片,以使切削过程能较顺利进行。并且由于刀片上预先制造好的断屑槽,使得钻孔过程中,有较好的断屑性能,便于切屑的清理。而麻花钻钻削钢件时,断屑条件往往不好控制,易形成带状切屑,不利于操作和对钻头的冷却。

⑤减轻工人劳动强度。工人无须刃磨刀片,因切削速度高,若手动进给钻孔,可省力许多;若机动进给,则可降低机床进给运动的功率消耗。

⑥可转位钻头钻孔的切入切出长度短,缩短了走刀行程,提高了生产率。

⑦若采用涂层刀片(国外已广泛应用),内外刀片可通用,便于刀片管理。

⑧冷却效果好。采用内冷却方式,冷却、润滑效果好,同时也便于切屑的排除。

⑨刀体制造较简单。

当然,浅孔钻也有其缺点,主要表现为以下两点:

①只适于在实体材料上钻 $\phi20\sim\phi60$ mm 且长径比 $\frac{L}{D}\leqslant3$ 的浅孔。对于直径小于 20 mm 的孔,由于受到刀片尺寸规格的限制,刀体难以制造。

②加工过程中,必须用冷却液强制冷却。

浅孔钻的适用范围如下:

①适用于在实体上钻深度 $H\leqslant3D$ 的孔。

②适用于刚性好、功率大、进给机构运动平稳的机床。

③钻削中必须强制用大流量、高压力的冷却液冷却。

5.3.2 设计原则

浅孔钻所用刀片的形状为四边形、三边形、等边不等角六边形、菱形和圆形等。但国内多采用四边形和等边不等角六边形(即凸三边形)刀片,在 $\phi18\sim\phi50$ mm 浅孔钻上通常安装两个刀片,一个外刀片与一个内刀片相互搭接,把被加工孔径分成4个或两个部分。

(1)设计要素

设计浅孔钻时,应考虑的问题如下:

①钻头上配置刀片数量、刀片位置和角度。

②断屑槽形的选择。

③刀片夹紧结构的形式。

④钻头几何参数的选择。

⑤冷却方式。

(2)设计原则与方案

1)设计原则

浅孔钻为多刃刀具,钻削过程产生总切削力和扭矩,而总切削力又分为切削力、进给力、背向力。钻削的进给力是轴向的,影响机床进给机构设计及刀具弯曲强度;切削力是形成扭

矩的,不通过中心;背向力是多刃相互制约。为保证切削平稳,定心性好,设计时有以下要求:

①背向力相互平衡,互相抵消。

②构成力偶的两个切削力应平行、相等,产生切削扭矩与机床旋转力矩平衡。

为实现上述设计要求,使背向力达到平衡,经分析必须将内刀片一侧顺时针或外刀片逆时针绕中心偏转一个 β 角度。β 角大小取决于背向力的平衡。

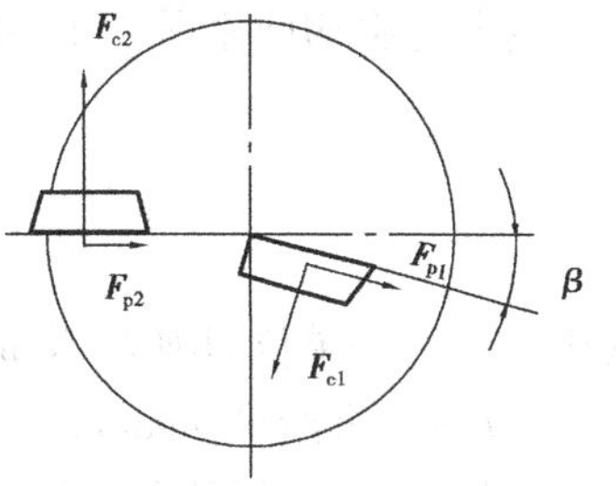

图5.23　浅孔钻力系简化图

用两个刀片组成的浅孔钻为例进行分析计算。受力情况如图5.23所示。把每个刀片受力的情况进行简化后可获得如图5.24所示的受力情况,即

$$F_{p2} = F_{p21} + F_{p22}$$
$$F_{p1} = F_{p11} + F_{p12}$$
$$F_{f1} = F_{f11} + F_{f12}$$
$$F_{f2} = F_{f21} + F_{f22}$$
$$F_{c1} = F_{c11} + F_{c12}$$
$$F_{c2} = F_{c21} + F_{c22}$$

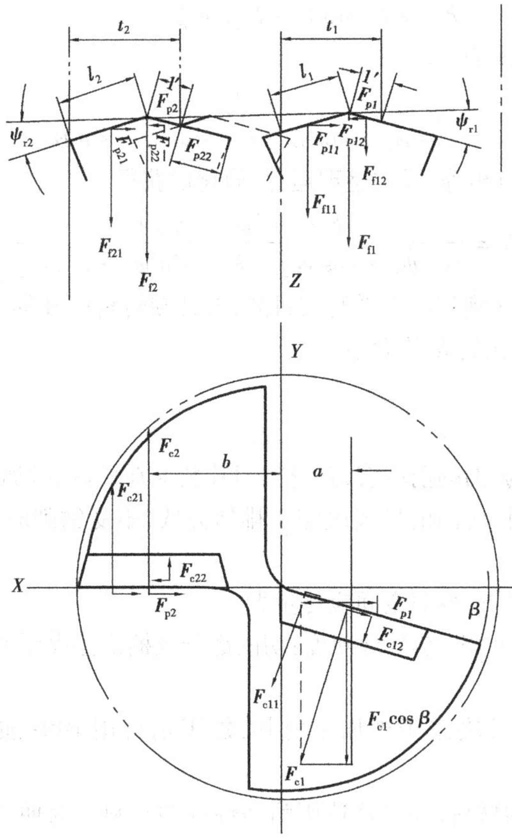

图5.24　浅孔钻受力情况

这些力由切削原理可知，可由单位切削力乘以切削面积的方法得出，即

$$F_c = k_c f l \cos \psi_r$$

$$F_f = KF_c$$

$$F_p = f_f \tan \psi_r$$

式中 k_c——单位切削力，N/mm^2；

f——进给量，mm/r；

l——刀片切削刃实际切削长度，mm；

ψ_r——钻头的余偏角；

K——进给力与切削力的比值。可通过试验确定；德国 Komet $K=0.7$，瑞士 Sondvik $K=0.5$，中国工具研究所测试得出 $K=0.55 \sim 0.6$，取 $K=0.6$。

满足背向力平衡的条件为

$$F_{p2} + F_{p1} - F_c \sin \beta = 0$$

再将上述条件代入后，经运算整理，得出下列简化式为

$$\frac{l_1}{l_2} = \frac{K \cdot \sin \psi_{r2}}{\cos \psi_{r1} \cdot \sin \beta - K \cdot \sin \psi_{r1} \cdot \cos \beta} \tag{5.17}$$

同样，考虑切削力达到平衡的条件为

$$F_{c2} + F_{p1} \sin \beta - F_{c1} \cos \beta = 0$$

整理后，得出下列简化式为

$$\frac{l_1}{l_2} = \frac{\cos \psi_{r2}}{\cos \psi_{r1} \cdot \cos \beta - K \cdot \sin \psi_{r1} \cdot \sin \beta} \tag{5.18}$$

因式(5.17)与式(5.18)相等，经过整理运算，简化后获得

$$\tan \beta = \frac{K \cdot \sin(\psi_{r1} + \psi_{r2})}{\cos \psi_{r1} \cdot \cos \psi_{r2} + K^2 \cdot \sin \psi_{r1} \cdot \sin \psi_{r2}} \tag{5.19}$$

为保证实现设计原则，达到切削力平衡的目的，刀具旋转角度 β 的大小取决于余偏角 ψ_{r2} 和 ψ_{r1} 及其进给力与切削力比值 K 的大小。

2)组成与零件

①刀体

刀体上设计两个排屑沟，沟的前端有刀片槽，刀片装卡在槽内，排屑沟分直沟和螺旋沟两种；两者的前端均为直沟。排屑沟的形式决定于排屑方式，不受钻削时切屑的形成和钻头几何参数的影响。

在保证刀体强度的前提下，容屑空间应尽量大。

刀体材料采用 40Cr 或 9CrSi，热处理硬度：切削部分及柄部淬火硬度不低于 HRC40 ~ 45。

②刀片

a. 刀片为硬质合金，牌号决定于被加工材料，加工钢材用 P40；加工铸铁、有色金属用 K10 ~ K20，M15 ~ M20 等。

b. 内刀片选用韧性好的材料，外刀片选用耐磨性好的材料。为便于管理，最好用既韧性好又耐磨性好的涂层刀片，如 YB11(GC135)。

c. 刀片必须带断屑槽，保证可靠的断屑。

d. 刀片带后角,便于使用与设计。

e. 为便于装卡和保证足够的容屑空间,刀片应带沉孔。

③紧固元件

用菊花形沉头螺钉卡紧刀片的沉孔。螺钉头部角度为44°~60°,卡紧牢固,多次装卡不变形,使用寿命长。

材料多用40 Cr和9 CrSi,热处理硬度不低于40~45 HRC。

④模块

用于大直径钻头以保护刀体,它是易损元件,要求具有良好的互换性。

3)切削负荷的匹配

①分屑

由两个切削刃构成,一个位于中心处,另一个位于外缘,每个刃口分别切出孔的一部分,同时还应有搭接量。

②刀片数量

$\phi16\sim\phi50$ mm用两个刀片;$\phi50\sim\phi80$ mm用4个刀片;$\phi>80$ mm选用4~6个刀片。

5.3.3 几何参数

(1)内切削刃前角

内切削刃位于钻头回转中心,切削速度低,呈挤压切削。为此,切削刃应低于中心,其前角大于零,为增强刀尖强度可修磨 $b_\varepsilon=1\sim2$ mm, $\lambda_s=3°\sim5°$。

(2)外切削刃前角

外切削刃位于钻头外缘,切削速度高,为提高切削刃强度,并使切屑沿沟向外排出,外刃应高于中心形成负刃倾角。

(3)后角

钻削过程中切削刃上各点的工作后角不等,钻心处后角最小,因此,设计时后角应大些,一般 $\alpha_o=7°\sim9°$。

(4)主偏角

主偏角是钻头主要结构参数之一。它影响着力的平衡和背向力的大小,其值根据钻头结构及所选用的刀片形状而定。

5.4 镗　刀

5.4.1 单刃镗刀

单刃镗刀的刀头与车刀相似,在镗杆轴线的一侧有切削刃(见图5.25),其结构简单、制造方便,通用性强,但刚度比车刀差。

(1)机夹式单刃镗刀

机夹式单刃镗刀与车刀相似,在镗杆轴线的一侧有切削刃(见图5.25),它具有结构简单、制造方便、通用性好等优点,但刚度比车刀差。为了使镗刀在镗杆内有较大的安装长度,并具有足够的位置安置压紧螺钉和调节螺钉,在镗盲孔或阶梯孔时,镗刀头在镗杆内的安装倾斜角 δ 一般取 10° ~45°;在镗通孔时取 $\delta = 0°$。在设计盲孔镗刀时,应使压紧螺钉不妨碍镗刀进行切削。通常镗杆上应设置调节直径的螺钉。镗杆上装刀孔通常对称于镗杆轴线,因而镗刀头装入刀孔后,刀尖高于工件中心,使切削时工作前角减小,后角增大。所以在选择镗刀的前角、后角时要相应增大前角,减小后角。

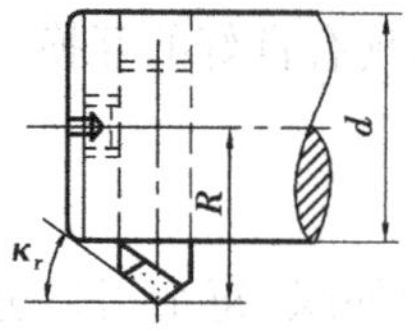

(a)通孔镗刀

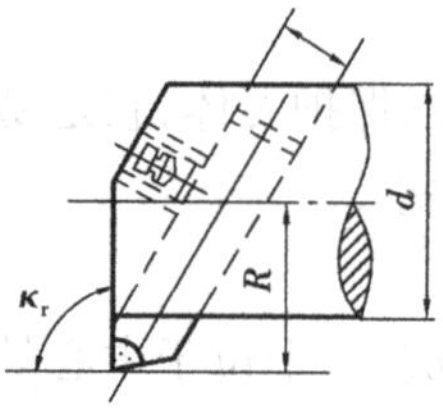

(b)盲孔镗刀

图 5.25 单刃镗刀

(2)**微调镗刀**

上述镗刀尺寸调节较费时,调节精度不易控制。新型的微调镗刀,调节方便、精度高,如图 5.26 所示为坐标镗床和数控机床上使用的一种微调镗刀。它具有调节尺寸容易、调节精度高等优点,主要用于精加工。

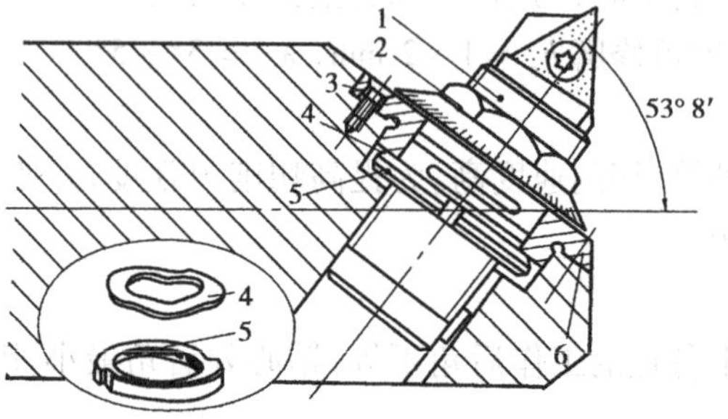

图 5.26 微调镗刀

微调镗刀是首先用调节螺母 5、波形垫圈 4 将微调螺母 2 连同镗刀头 1 一起固定在固定座套 6 上,然后用螺钉 3 将固定座套 6 固定在镗杆上。调节时,转动带刻度的微调螺母 2,使镗刀头径向移动达到预定尺寸。镗盲孔时刀头与镗杆轴线倾斜 53°8′。微调螺母的螺距为 0.5 mm,微调螺母上刻 80 格,调节时,微调螺母每转过一格,镗刀头沿径向移动量为

$$\Delta R = [(0.5/80) \cdot \sin 53°8'] \text{mm} = 0.005 \text{ mm}$$

旋转调节螺母 5,使波形垫圈 4 和微调螺母 2 产生变形,以产生预紧力和消除螺纹副的轴向间隙。

5.4.2 双刃镗刀

双刃镗刀有两个切削刃参加切削,双刃镗刀的两个切削刃对称安装在镗杆轴线两侧,可消除径向力对镗孔质量的影响。常用的有固定镗刀块、滑槽式双刃镗刀和浮动铰刀(浮动镗刀)等。

(1)**固定式镗刀块**

如图5.27所示,固定式镗刀块可制成焊接式或可转位式。固定式镗刀块直径尺寸不能调节,刀片一端有定位轴肩。刀片用螺钉或楔块紧固在镗杆中,适用于粗镗、半精镗直径 $d>40$ mm的孔。工作时,镗刀块可通过楔块或两个方向上倾斜的螺钉夹紧在镗杆上。安装时,镗刀块对轴线的不垂直、不平行与不对称,都会使孔径扩大。因此,镗刀块与镗杆上方孔的配合要求很高(H7/h6),方孔对轴线的垂直度、对称度误差不大于0.01 mm。固定式镗刀块刚性好,容屑空间大,因而它的切削效率高。加工时,可连续地更换不同镗刀块,进行粗镗、半精镗、锪沉孔或锪端面等。镗刀块适用于小批生产加工箱体零件的孔系。

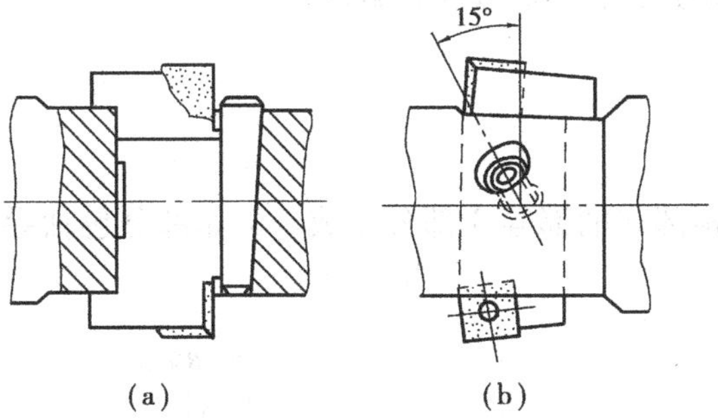

图5.27　固定式镗刀块

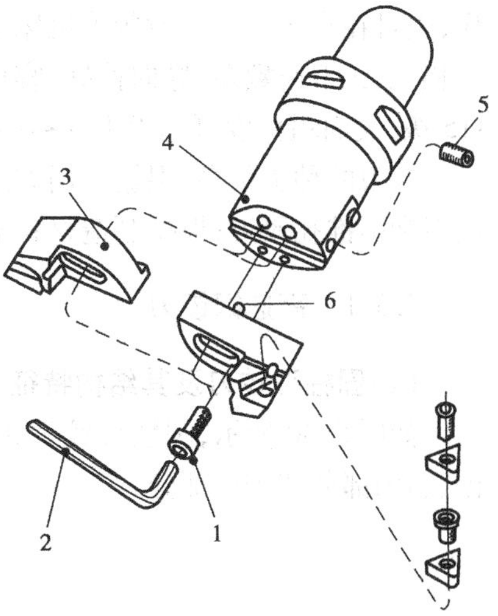

图5.28　滑槽式双刃镗刀

(2)**滑槽式双刃镗刀**

如图5.28所示为滑槽式双刃镗刀。镗刀头3的凸肩置于刀体4的凹槽中,用螺钉1将其压紧在刀体4上。调整尺寸时,稍微松开螺钉1,拧动调整螺钉5,推动镗刀头上销子6,使镗刀头3沿槽移动来调整尺寸。其镗孔范围为 $\phi 25 \sim \phi 250$ mm。目前广泛用于数控机床。

(3)**浮动镗刀(浮动铰刀)**

浮动镗刀的直径尺寸可在一定的范围内调节。镗孔时,刀片不紧固在镗杆上,可浮动并自动调心。如图5.29所示为可调式硬质合金浮动镗刀。调节尺寸时,稍微松开紧固螺钉2,转动调节螺钉3推动刀体,可使直径增大。浮动镗刀直径为20～330 mm。镗孔时,将浮动镗刀装入镗杆的方孔中,无须夹紧,通过作用在两侧切削刃上的切削力来自动定心,因此,它能自动补偿由于刀具安装误差和机床主轴偏差而造成的加工误差,能达到加工精度IT7—IT6,表面粗糙度 R_a 1.6～0.2

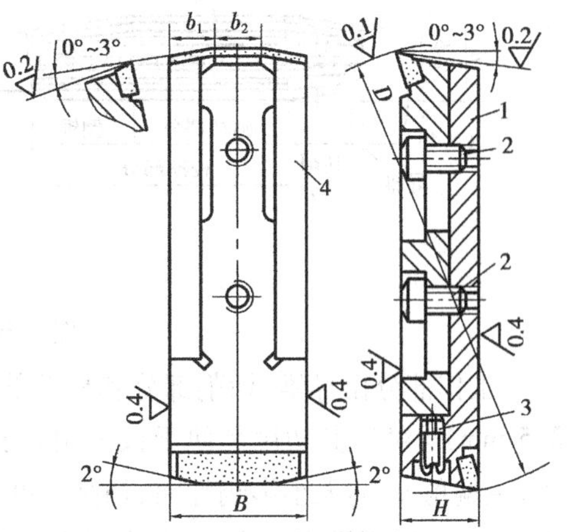

图5.29　浮动镗刀

μm。浮动镗刀无法纠正孔的直线性误差和位置误差,故要求预加工孔的直线性好,表面粗糙度小于等于 R_a 3.2 μm。浮动镗刀结构简单,刃磨方便,但操作费时,加工孔径不能太小,镗杆上方孔制造困难,切削效率低,因此适用于单件、小批生产中精加工直径较大的孔。

5.5 铰 刀

铰孔是对已有的孔进行半精和精加工的方法之一,在生产中应用很广。铰刀可用手操作,也可在车床、钻床、镗床等机床上工作。由于铰削余量小,切屑厚度薄,因此和钻头或扩孔钻相比,铰刀齿数多,导向性好,容屑槽浅,刚性增加,所以铰孔的加工精度可达 IT8—IT6 甚至 IT5 级,表面粗糙度可达 R_a1.6 ~ 0.4 μm。

铰刀的种类很多,根据使用方式,可分为手用铰刀和机用铰刀;根据用途,可分为圆柱孔铰刀和圆锥孔铰刀;根据制造材料不同,可分为高速钢铰刀和硬质合金铰刀。

5.5.1 高速钢铰刀

(1)圆柱形铰刀及其结构特征

如图 5.30 所示,圆柱形铰刀由工作部分、颈部和柄部等 3 部分组成。工作部分包括导锥、切削部分和校准部分。

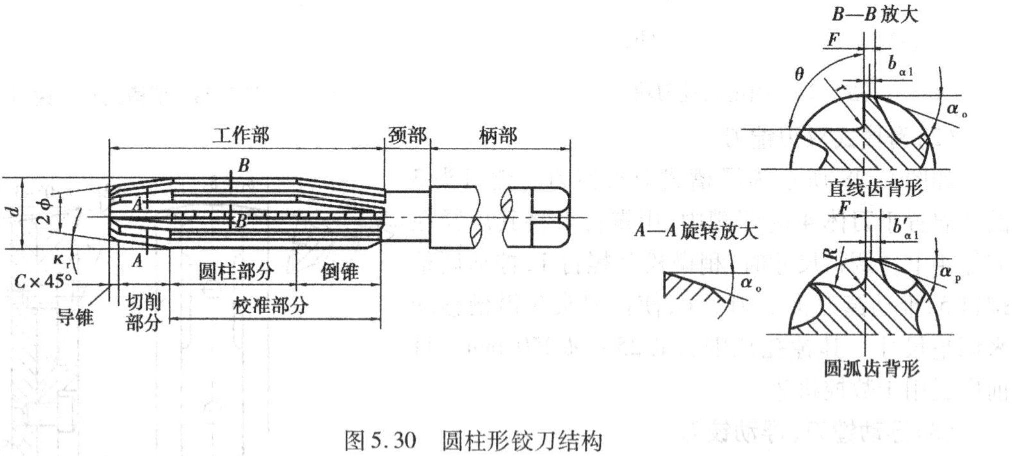

图 5.30 圆柱形铰刀结构

工作部分由导锥、切削部分和校准部分组成。导锥顶角 $2\phi = 90°$,即图 5.30 中 C(0.5 ~ 2.5 mm) ×45°,其功用是便于铰刀引入孔中和保护切削刃。切削部分担负着切除余量的任务,主偏角 κ_r 的大小影响导向、切削厚度和径向及轴向力的大小。κ_r 越小,轴向力越小、导向性越好,但切削厚度越小、径向力越大、切削锥部越长。一般手用铰刀的 $\kappa_r = 0°30' \sim 1°30'$;机用铰刀加工钢等韧性材料时 $\kappa_r = 12° \sim 15°$,加工铸铁等脆性材料时 $\kappa_r = 3° \sim 5°$;而加工不通孔用铰刀,为减小孔底圆锥部长度,取 $\kappa_r = 45°$。

校准部分有点像车刀的修光刃,其功用是校准、导向、熨压和刮光。为此,校准部分后面留有 $b_{\alpha1} = 0.2 \sim 0.4$ mm 的刃带,同时也为保证铰刀直径尺寸精度和各齿较小的径向圆跳动误差。为减轻校准部分与孔壁的摩擦以致孔径扩大，校准部分的一段或全部制成倒锥形，其倒锥量为(0.005～0.006 mm)/100。

由于铰孔余量很小，切屑很薄，前角作用不大，为制造上的方便，一般多取 $\gamma_o = 5° \sim 10°$。铰刀的后角一般取 $\alpha_o = 6° \sim 8°$。从切削厚度来看，好像后角应取再大些，但是当后角取大时，切削部分与校准部分交接处（刀尖）的强度、散热条件变差，初期使用铰孔质量好，但刀尖很快钝化，加工质量反而降低，同时也使重磨量加大，故后角取较小值。而且后角取较小值有利于增加阻力，避免振动。

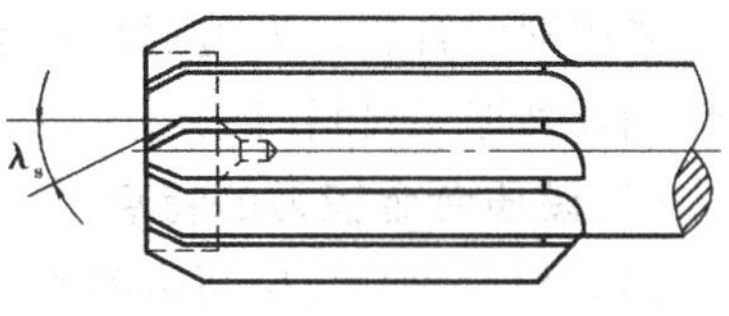

图5.31 带刃倾角铰刀

(2)**带刃倾角铰刀和大螺旋角铰刀**

如图5.31所示为带刃倾角铰刀。它的突出特点是切削部分的前面和校准部分的前面不是同一个平面，因而可方便地将切削部分制成正的刃倾角和前角，一般 $\lambda_s = 15° \sim 20°$，$\gamma_o = 3° \sim 5°$。由于实际前角较大，切屑容易形成，切削力小，可比普通铰刀的铰削余量大，进给量也大（$f = 0.5 \sim 3.18$ mm/r）。切屑向前排出顺畅，不会出现像普通铰刀那样切屑挤压在容屑槽内划伤孔壁的现象。加工不通孔时，铰刀前端有一沉孔可容纳切屑。

大螺旋角铰刀又称螺旋推铰刀，如图5.32所示。其特点是螺旋角很大，看起来像一个多头左螺旋。由于切削刃很长，连续参加切削，切削过程平稳无振动。切屑呈发状向前排出，不会擦伤已加工表面。由于切削刃很长，且磨损均匀，刀具寿命高。加工余量大，切削速度高，进给量大，在加工直径8～50 mm孔时，余量为0.4～1.2 mm，$v_c = 0.13 \sim 0.75$ mm/s，孔加工质量好，公差等级可达到IT7—IT6级，已加工表面粗糙度 R_a 为1.6～0.8 μm。

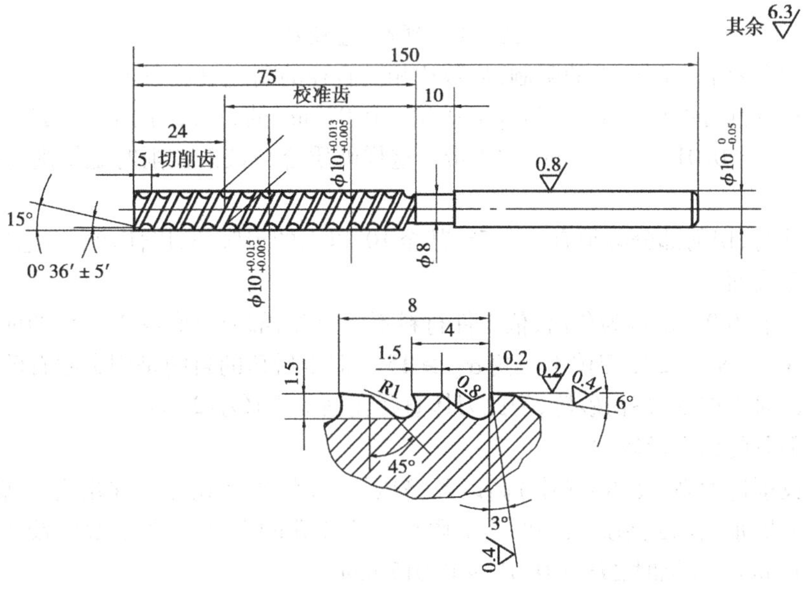

图5.32 大螺旋角铰刀

5.5.2 硬质合金铰刀

采用硬质合金铰刀可提高切削速度、生产率和刀具寿命，特别是加工淬火钢、高强度刚及耐热钢等难加工材料时，其效果更显著。

(1)硬质合金铰刀的特点

如图5.33所示，与高速钢铰刀相比硬质合金刀具的特点如下：

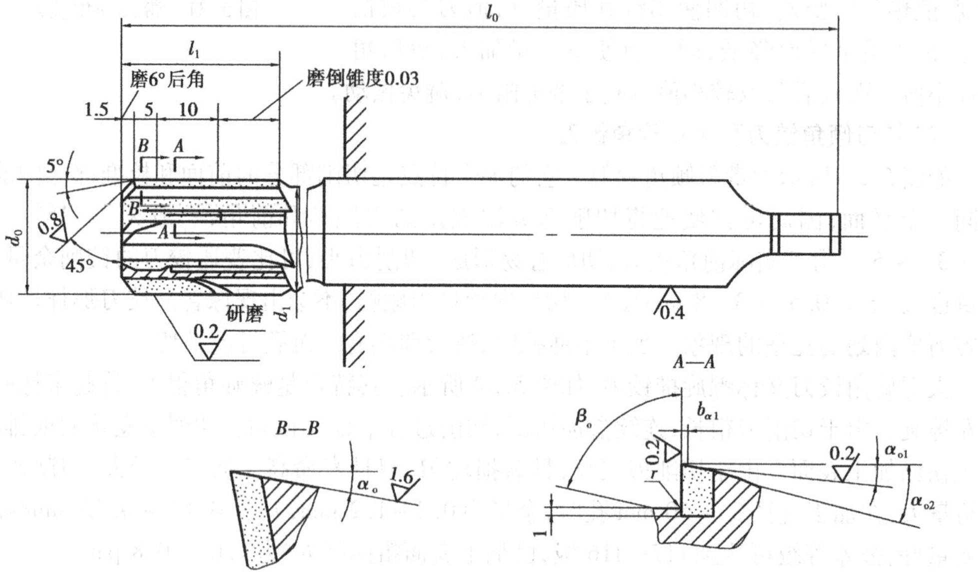

图5.33 硬质合金铰刀

①受结构和容屑空间要求的限制，齿数比相同直径的高速钢铰刀少。

②不但校准部分的后面上留有 $b_{\alpha1}=0.01\sim0.07$ mm 的刃带，为了改善刃口的强度，切削部分也磨出 $b_{\alpha1}=0.01\sim0.07$ mm 的刃带。这样硬质合金铰刀铰削时是切削与挤压的综合作用过程。

③铰钢件时，切削部分必须有3°~5°，甚至10°以上的刃倾角，以使切屑打卷向前排出，不致划伤已加工表面。

④前角一般为0°，也可为负值，依工件材料不同，切削部分可磨成3°~5°的前角。

⑤后角 $\alpha_{o1}=8°\sim12°$，刀体上后角 $\alpha_{o2}\geqslant15°$。双重后角的目的是用金刚石砂轮磨削硬质合金刀片后面时不糊塞、擦伤砂轮，为此刀体直径比钻头直径小2 mm。

⑥校准部分的倒锥量较大。

⑦由于铰削速度高、发热量(率)高以及挤压等原因，铰后孔径往往出现收缩现象(高速钢铰刀一般为扩张)，因此制造铰刀时其上限尺寸应比孔的上限尺寸大 ΔD。铰铸铁时 $\Delta D=0.015\sim0.02$ mm，铰钢时 $\Delta D=0.01\sim0.015$ mm。

⑧切削用量(参考)。铰钢件时 $v_c=0.13\sim0.2$ m/s，$f=0.3\sim0.5$ mm，单边余量 $\alpha_p=0.1\sim0.15$ mm。铰削时，加切削液冷却(乳化液)。

(2)无刃硬质合金铰刀

无刃硬质合金铰刀实际不是切削刀具，它是采用冷挤压的方式工作，以减小工件孔的表面粗糙度值和提高孔壁硬度，从而使孔有较好的耐磨性。其特点是前角 $\gamma_o = 60°$，后角 $\alpha_o = 4° \sim 6°$，刃带 $b_{\alpha1} = 0.25 \sim 0.5$ mm。由于铰削是加压过程，故余量很小，$\alpha_p = 0.03 \sim 0.05$ mm。铰孔前，孔的公差等级要达到 IT7，表面粗糙度 R_a 也应达 3.2 μm，铰后可获得 R_a 为 0.63 ~1.25 μm 的表面粗糙度值。铰后孔径一般要收缩 0.003 ~0.005 mm。铰后应反转退出，以免划伤工件表面。铰刀的制造精度要求很高，柄部与工作部分外圆同轴度误差应小于 0.01 mm，挤压刃处表面粗糙度值 R_a 应达 0.1 μm。锥面与校准部要用油石背光，且应注意保养，刃口不能起毛。

这种铰刀只适用于铰削铸铁件，一般用煤油作为切削液，且应供应充足，不能忽大忽小。

(3)单刃硬质合金铰刀

如图 5.34 所示为单刃硬质合金铰刀。图 7.34(a)为焊接式结构，图 7.34(b)为机夹式结构。

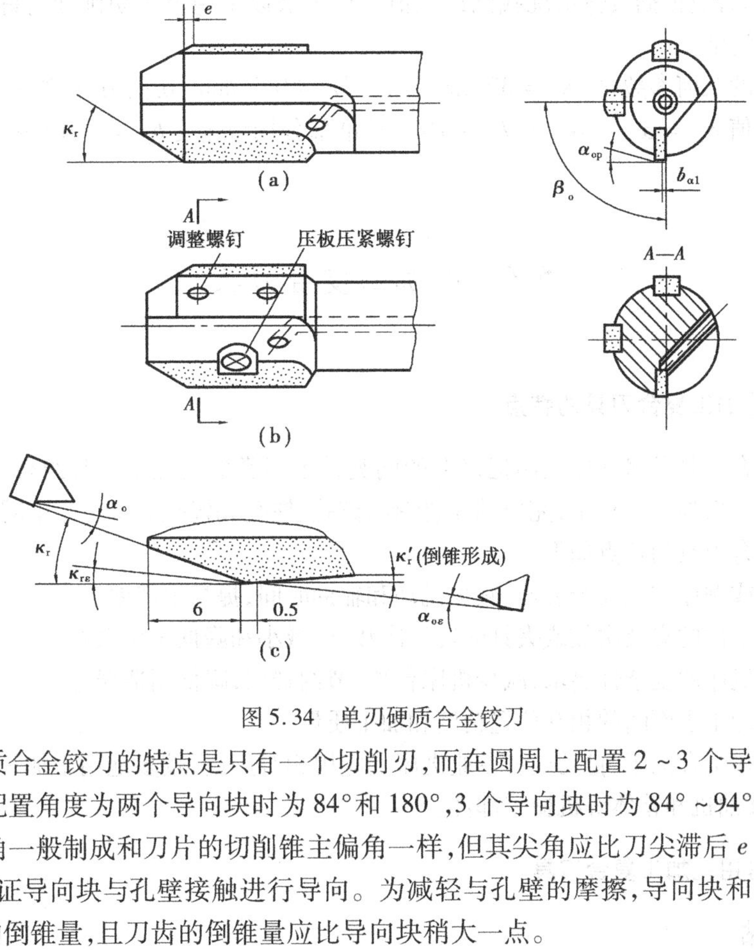

图 5.34　单刃硬质合金铰刀

单刃硬质合金铰刀的特点是只有一个切削刃，而在圆周上配置 2 ~3 个导向块。它们相对于刀齿的配置角度为两个导向块时为 84°和 180°，3 个导向块时为 84° ~94°，180°和 276°。导向块的导角一般制成和刀片的切削锥主偏角一样，但其尖角应比刀尖滞后 $e = 1 \sim 1.5$ 倍进给量，以保证导向块与孔壁接触进行导向。为减轻与孔壁的摩擦，导向块和刀片全长应有约 1/1 000 的倒锥量，且刀齿的倒锥量应比导向块稍大一点。

松开紧固螺钉后，旋转两个调整螺钉可调整刀片的径向尺寸。刀刃应比导向块高出 C 值(即径向尺寸大，但焊接式只能做成一样的尺寸)，C 值大小与工件材料有关，可参考如表 5.5 所示。导向块不但起支承、导向作用，还有挤光作用，也许是因为切削与挤压的综合作用，单刃硬质合金铰刀加工孔的精度高，表面粗糙度值小。切削刃与导向块为不同直径时效果更好。公差等级可稳定达 IT8—IT7,表面粗糙度 R_a 值可达 1 μm 以下。

表 5.5 单刃铰刀刀齿高出量 C

工件材料	钢		铸铁		铜合金和铝合金
	$\sigma_b \leqslant 590$ MPa	$\sigma_b > 590$ MPa	≤200HBS	≤200HBS	
刀齿高出量 C/mm	0 ~0.1	0.005 ~0.03	-0.005 ~ +0.005	0.002 ~0.02	-0.002 ~ +0.002

单刃铰刀的加工余量可比普通多刃铰刀大些,一般单边余量 α_p = 0.1 ~ 0.4 mm。可在钻孔后直接铰孔而又获得较高的加工精度和较小的表面粗糙度。进给量不应过大,通常可取 f=0.08 ~0.4 mm/r。切削速度不应低于 0.33 m/s。应注意到,表面粗糙度值与切削速度呈驼峰关系,使用者应根据具体情况找到最佳值。切削液以采用极压切削油为好,供油充分且应注意油液的清洁。

其他常用的几何参数是: $\kappa_r = 30°$,$\kappa_{re} = 3°$,$b\varepsilon = 0.5$ mm,切削刃、过渡刃和校准部分的后角可取相同值 $\alpha_o = \alpha_{oe} = \alpha_{op} = 7° \sim 10°$。校准部分韧带宽度 $b_{a1} = 0.15 \sim 0.4$ mm,直径大的取大值。

5.6 孔加工复合刀具

5.6.1 孔加工复合刀具的特点

孔加工复合刀具是将两把或两把以上的同类或不同类的孔加工刀具组合成一体的专用刀具。它能在一次加工过程中,完成钻孔、扩孔、铰孔、锪孔和镗孔等多工序不同的工艺复合。

孔加工复合刀具的特点如下:

①可同时或顺序加工几个表面,减少机动和辅助时间,提高生产率。

②可减少工件的安装次数或夹具的转位次数,以减小和降低定位误差。

③降低对机床的复杂性要求,减少机床台数,节约费用,降低制造误差。

④可保证加工表面间的相互位置精度和加工质量。

复合刀具在组合机床、自动线和专业机床上应用相对广泛,较多地用于加工汽车发动机、摩托车、农用柴油机和箱体等机械零部件。

5.6.2 常用孔加工复合刀具

(1)**复合钻**

通常在同时钻螺纹底孔与孔口倒角,或钻阶梯孔时,使用复合钻(见图 5.35)。这种复合钻可用标准麻花钻改制而成,或制成硬质合金复合钻。

(2)**复合扩孔钻**

在组合机床上加工阶梯孔、倒角时,广泛使用扩孔钻。小直径的扩孔钻,可用高速钢制成

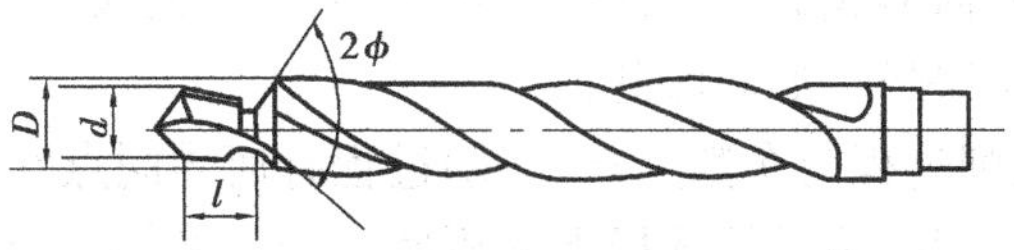

(a)高速钢复合钻

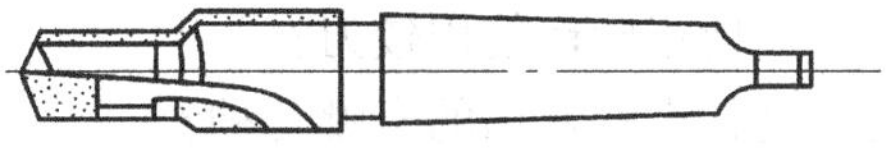

(b)硬质合金复合钻

图5.35　复合钻

整体结构,直径稍大时,可制成硬质合金复合扩孔钻(见图5.36)。

图5.36　复合扩孔钻

(3)**复合铰**

一般复合铰刀为了保证孔的尺寸精度和位置精度,与机床主轴采用浮动联接,因此,在设计复合铰刀时,要合理设置导向部分(见图5.37)。小直径的复合铰刀可制成整体的,大直径的可制成套式的;直径相差较大的,可制成装配式的。

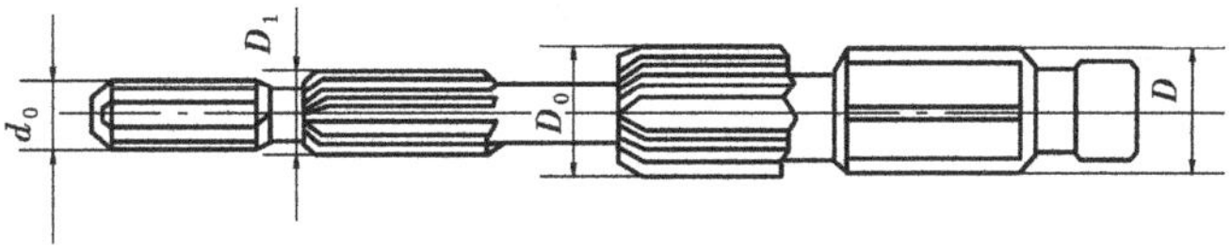

(a)带有前后导向的复合铰刀

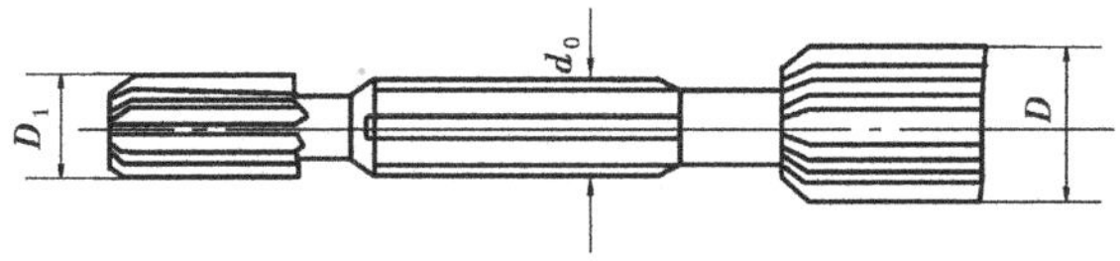

(b)利用已有孔为导向的复合铰刀

图5.37　复合铰

(4)**扩铰复合刀具**

扩铰复合刀具是由不同类刀具组成的孔加工复合刀具,刀具结构和工艺要求不同,在设计和制造方面都会有困难,因而要解决好刀具材料、结构形式和切削用量的选择等问题。

思考题

1.孔加工刀具有哪些?如何分类?

2.麻花钻由哪些部分组成?各部分的作用是什么?

3.麻花钻的前角是如何形成的?为什么外径处大,内径处小?

4. 麻花钻的后角是如何形成的？为什么外径处小，内径处大？

5. 麻花钻有哪些结构缺陷？如何修磨？

6. 比较钻削要素、钻削过程与车削要素、车削过程有何异同点？

7. 试从铰刀的结构和切削用量的选择上分析使用铰刀能加工出精度高、表面粗糙度值小的原因。

8. 铰刀的直径如何确定？如何正确地使用铰刀？

9. 孔加工复合刀具的特点是什么？常用的有哪几种？

第6章 数控铣削刀具

铣削是被广泛使用的一种切削加工方法,它用于加工平面、台阶面、沟槽、成形表面以及切断等,如图6.1所示。铣刀是多刃刀具,它的每一个刀齿相当于一把车刀,铣削加工时同时有多个刀齿参加切削,就其中一个刀齿而言,其切削加工特点与车削基本相同。但就整体刀具的切削过程而言,铣削过程又具有一些特殊规律。

本章以圆柱形铣刀和面铣刀为例,讲述铣刀的几何参数及铣削用量的选择,分析铣削过程特点、常用铣刀的结构特点及其应用范围,介绍可转位铣刀的夹紧方式及铣刀刀片的ISO代码,从而为正确选用、使用及设计铣刀建立初步基础。

6.1 铣削要素与切削层参数

6.1.1 铣削要素

(1)铣削用量

如图6.2所示,铣削用量由下列4个要素组成:

1)背吃刀量 a_p

在通过切削刃选定点并垂直于假定工作平面方向上测量的吃刀量,即为平行于铣刀轴线测量的切削层尺寸,单位为mm。端铣时, a_p 为切削层深度;而圆周铣削时, a_p 为被加工表面的宽度,如图6.2所示。

2)侧吃刀量 a_e

在平行于假定工作平面并垂直于切削刃选定点的进给运动方向上测量的吃刀量,即为垂直于铣刀轴线测量的切削层尺寸,单位为mm。端铣时, a_e 为被加工表面宽度;而圆周铣削时, a_e 为切削层深度,如图6.2所示。

3)进给运动参数

铣削时进给运动参数有以下3种表示方法:

①每齿进给量 f_z 。是指铣刀每转过一齿,相对工件在进给运动方向上的位移量,单位为

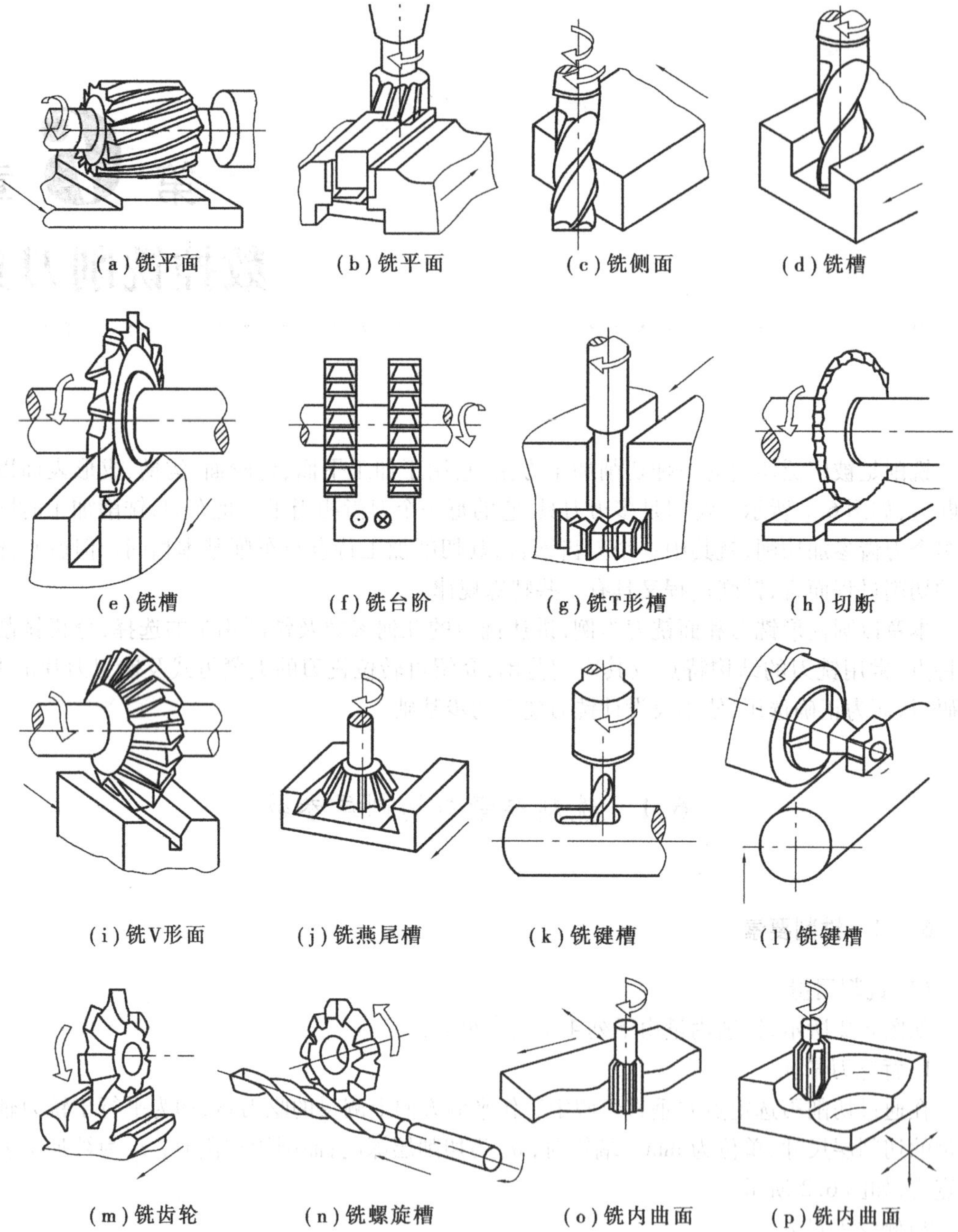

图6.1　铣削加工的应用

mm/z。

②进给量 f。是指铣刀每转一转,工件与刀具沿进给方向的相对位移量,单位为 mm/r。

③进给速度 v_f。是指单位时间内工件与铣刀沿进给方向的相对位移量,是铣刀切削刃选定点相对工件的进给运动的瞬时速度,单位为 mm/min。

三者之间关系为

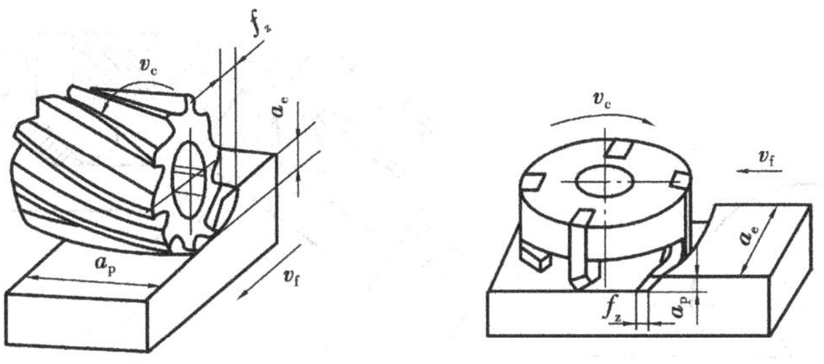

图6.2　铣削用量

$$v_f = fn = f_z zn \tag{6.1}$$

式中　v_f——进给速度;

z——铣刀齿数;

n——铣刀转速,r/min 或 r/s。

4)铣削速度 v_c

铣削速度是指铣刀切削刃选定点相对工件主运动的瞬时速度,可计算为

$$v_c = \frac{\pi dn}{1\ 000} \tag{6.2}$$

式中　v_c——主运动瞬时速度,m/min 或 m/s;

d——铣刀直径,mm;

n——铣刀转速,r/min 或 r/s。

铣削速度 v_c、进给量 f、背吃刀量 a_p、铣削宽度 a_e 合称为铣削用量四要素。

(2)铣削用量的选择原则

铣削用量的选择原则与车刀类似。首先选取尽可能大的背吃刀量(对于端铣,相当于 a_p;对于周铣,相当于 a_e),然后选取尽可能大的进给量(粗铣时选择 f_z;精铣、半精铣时直接选取 f),最后选择切削速度 v_c,具体选择方法见本章6.6.2小节。

6.1.2　切削层参数

铣削时的切削层为铣刀相邻两个刀齿在工件上形成的过渡表面之间的金属层,如图6.3所示。切削层形状与尺寸规定在基面内度量,它对铣削过程有很大影响。切削层参数有以下3个:

(1)切削层公称厚度 h_D(简称切削厚度)

切削层公称厚度是指相邻两个刀齿所形成的过渡表面间的垂直距离,如图6.3(a)所示为直齿圆柱形铣刀切削厚度。当切削刃转到 F 点时,其切削厚度为

$$h_D = f_z \sin \psi \tag{6.3}$$

式中　ψ——瞬时接触角,它是刀齿所在位置与起始切入位置间的夹角。

由式(6.3)可知,切削厚度随刀齿所在位置不同而变化。刀齿在起始位置 H 点时,$\psi = 0$,因此 $h_D = 0$。刀齿转到即将离开工件的 A 点时,$\psi = \delta$,切削厚度 $h_D = f \sin \delta$,h_D 为最大值。

由如图6.4所示可知,螺旋齿圆柱形铣刀切削刃是逐渐切入和切离工件的,切削刃各点

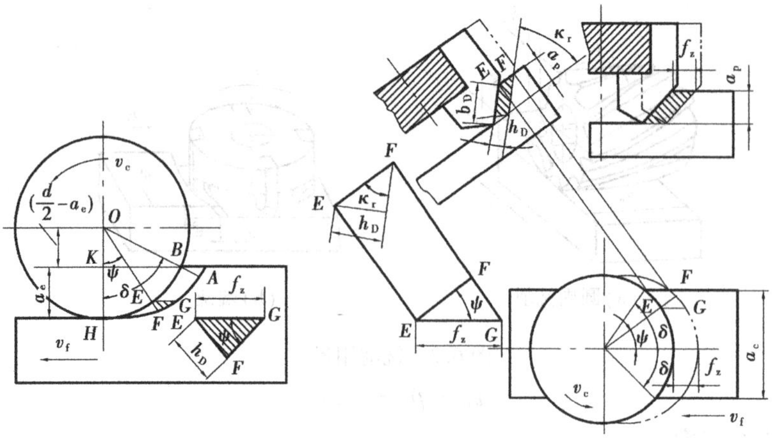

(a) 圆柱形铣刀　　(b) 面铣刀

图 6.3　铣刀切削层参数

的瞬时接触角不相等，因此，切削刃上各点的切削厚度也不相等。

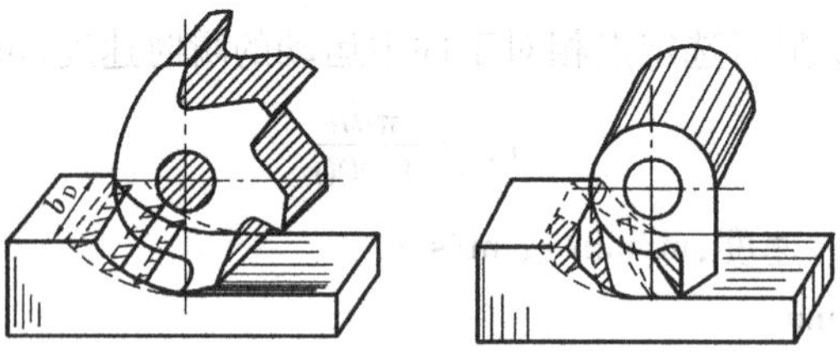

图 6.4　圆柱形铣刀切削层参数

如图 6.3(b) 所示为端铣时切削厚度 h_D，刀齿在任意位置时的切削厚度为

$$h_D = \overline{EF} \sin \kappa_r = f_z \cos \psi \sin \kappa \tag{6.4}$$

端铣时，刀齿的瞬时接触角由最大变为零，然后由零变为最大。因此，由式(6.4)可知，刀齿刚切入工件时，切削厚度为最小，然后逐渐增大。到中间位置时，切削厚度为最大，然后逐渐减小。

(2) 切削层公称宽度 b_D（简称切削宽度）

切削层公称宽度是 b_D 指切削刃参加工作长度。由如图 6.4 所示可知，直齿圆柱形铣刀的 b_D 等于 a_p；而螺旋齿圆柱形铣刀的 b_D 是随刀齿工作位置不同而变化的，刀齿切入工件后，b_D 由零逐渐增大至最大值，然后又逐渐减小至零，因而铣削过程较为平稳。

如图 6.3(b) 所示，端铣时每个刀齿的切削宽度始终保持不变，其值为

$$b_D = \frac{a_p}{\sin \kappa_r} \tag{6.5}$$

(3) 平均总切削层公称横截面积 A_{Dav}（简称平均总切削面积）

平均总切削层公称横截面积是铣刀同时参与切削的各个刀齿的切削层公称横截面积之和。铣削时，切削厚度是变化的，而螺旋齿圆柱形铣刀的切削宽度也是随时变化的，此外，铣刀的同时工作的齿数也在变化，因此铣削总切削面积是变化的。铣削时平均总切削面积可计算为

$$A_{\mathrm{Dav}}=\frac{Q_{\mathrm{W}}}{v_{\mathrm{e}}}=\frac{a_{\mathrm{p}}a_{\mathrm{e}}v_{\mathrm{f}}}{\pi dn}=\frac{a_{\mathrm{p}}a_{\mathrm{e}}f_{z}zn}{\pi dn}=\frac{a_{\mathrm{p}}a_{\mathrm{e}}f_{z}z}{\pi d} \tag{6.6}$$

式中　Q_{W}——单位时间内的金属切除量；

z——铣刀的齿数。

6.1.3　铣削力及功率

(1)铣削总切削力和分力

1)作用在铣刀上的总切削力和分力

铣刀为多齿刀具。铣削时，每个工作刀齿都受到变形抗力和摩擦力的作用，每个刀齿的切削位置和切削面积随时在变化，因此，每个刀齿所承受切削力的大小和方向也在不断变化。为了便于分析，假定作用在各刀齿上的总切削力 F 作用在某个刀齿上，如图6.5所示。并根据需要，可将铣刀总切削力 F 分解为以下3个互相垂直的分力：

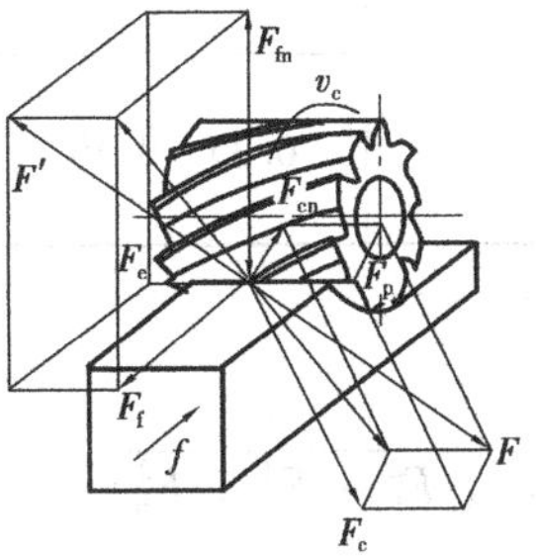

(a)圆柱形铣刀铣削力

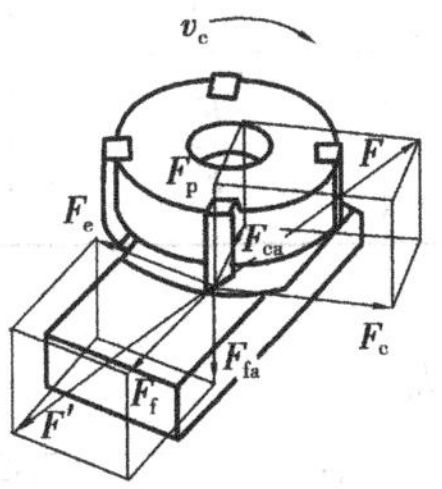

(b)面铣刀铣削力

图6.5　铣削力

①切削力 F_{C}——总切削力在铣刀主运动方向上的分力，它消耗功率最多。

②垂直切削力 F_{Cn}——在假定工作平面内，总切削力在垂直于主运动方向上的分力，它使刀杆产生弯曲。

③背向力 F_{p}——总切削力在垂直于假定工作平面上的分力。

圆周铣削时，F_{C} 和 F_{P} 的大小与圆柱形铣刀的螺旋角 ω 有关；而端铣时，与面铣刀的主偏角 κ_{r} 有关。用大螺旋角立铣刀铣削时，F_{P} 较大且向下，如果立铣刀没有夹牢，很易造成“掉刀”，而造成“打刀”和工件报废。

2)作用在工件上的铣削分力

如图6.5所示，作用在工件上的总切削力 F' 和 F 大小相等，方向相反。由于机床、夹具设计的需要和测量方便，通常将总切削力 F' 沿着机床工作台运动方向分解为以下3个分力：

①进给力 F_{f}。总切削力在纵向进给方向上的分力。它作用在铣床的纵向进给机构上，它的方向随铣削方式不同而异。

②横向进给力 F_{e}。总切削力在横向进给方向上的分力。

③垂直进给力 $F_{f_{\mathrm{n}}}$。总切削力在垂直进给方向上的分力。

铣削时，各进给力和切削力有一定比例，如表6.1所示，如果求出 F_{c}，便可计算 F_{f}，F_{e}和 $F_{f_{\mathrm{n}}}$。

表 6.1 各铣削力之间比值

铣削条件	比值	对称铣削	不对称铣削	
			逆铣	顺铣
端铣削 $a_e=(0.4\sim0.8)d$ $f_z=0.1\sim0.2$ mm/z	$\frac{F_f}{F_C}$	0.3 ~ 0.4	0.6 ~ 0.9	0.15 ~ 0.30
	$\frac{F_{fn}}{F_c}$	0.8 ~ 0.95	0.45 ~ 0.7	0.90 ~ 1.00
	$\frac{F_e}{F_c}$	0.5 ~ 0.55	0.5 ~ 0.55	0.5 ~ 0.55
圆柱铣削 $a_e=0.05d$ $f_z=0.1\sim0.2$ mm/z	$\frac{F_f}{F_c}$	—	1.0 ~ 1.20	0.80 ~ 0.90
	$\frac{F_{fn}}{F_c}$		0.2 ~ 0.3	0.75 ~ 0.80
	$\frac{F_e}{F_c}$		0.35 ~ 0.40	0.35 ~ 0.40

铣刀总切削力 F 为

$$F=\sqrt{F_c^2+F_{cn}^2+F_p^2}=\sqrt{F_f^2+F_e^2+F_{fn}^2} \tag{6.7}$$

(2)**铣削力的计算**

与车削相似,圆柱形铣刀和面铣刀的切削力可按如表 6.2 所示列出的实验公式进行计算。当加工材料性能不同时,F_c 需乘修正系数 K_{F_C}。

表 6.2 圆柱铣削和端铣时的铁削力计算式

铣刀类型	刀具材料	工件材料	切削力计算式
圆柱铣刀	高速钢	碳钢	$F_c=9.81(65.2)a_e^{0.86}f_z^{0.72}a_pzd^{-0.86}$
		灰铸铁	$F_c=9.81(30)a_e^{0.83}f_z^{0.65}a_pzd^{-0.83}$
	硬质合金	碳钢	$F_c=9.81(96.6)a_e^{0.88}f_z^{0.75}a_pzd^{-0.87}$
		灰铸铁	$F_c=9.81(58)a_e^{0.90}f_z^{0.80}a_pzd^{-0.90}$
面铣刀	高速钢	碳钢	$F_c=9.81(78.8)a_e^{1.1}f_z^{0.80}a_p^{0.95}zd^{-1.1}$
		灰铸铁	$F_c=9.81(50)a_e^{1.14}f_z^{0.72}a_p^{0.90}zd^{-1.14}$
	硬质合金	碳钢	$F_c=9.81(789.3)a_e^{1.1}f_z^{0.75}a_pzd^{-1.3}\pi^{-0.2}$
		灰铸铁	$F_c=9.81(54.5)a_ef_z^{0.74}a_p^{0.90}zd^{-1.0}$
被加工材料 σ_b 或硬度不同时的修正系数 K_{Fc}			加工钢料时 $K_{Fc}=\left(\frac{\sigma_b}{0.637}\right)^{0.30}$(式中 σ_b 的单位:GPa)
			加工铸铁时 $K_{Fc}=\left(\frac{布氏硬度值}{190}\right)^{0.55}$

(3)**铣削功率**

铣削过程中消耗的功率主要是按切削力 F_c 和主运动 v_c 来计算的,即铣削时消耗的功率 P_c 为

$$P_c = F_c v_c \times 10^{-3} \quad \text{kW} \tag{6.8}$$

式中　F_c ——铣削力,N;

　　v_c ——铣削速度,m/s。

但试验结果表明,进给运动也消耗一些功率 P_f,一般为

$$P_f \leqslant 0.15P_c$$

故切削功率 P 为

$$P = P_c + P_f = 1.15P_c$$

由此,铣床电动机功率的计算公式为

$$P_E \geqslant \frac{P_c}{\eta} \quad \text{kW} \tag{6.9}$$

式中　η ——机床传动总效率,一般 $\eta = 0.70 \sim 0.85$。

6.2　铣刀几何角度

铣刀种类虽多,但基本形式是圆柱铣刀和端铣刀,前者轴线平行于加工表面,后者轴线垂直于加工表面。铣刀刀齿数虽多,但各刀齿的形状和几何角度相同,所以对一个刀齿进行研究即可。无论是端铣刀,还是圆柱铣刀,每个刀齿都可视为一把外圆车刀,故车刀几何角度的概念完全可用于铣刀。

6.2.1　圆柱铣刀的几何角度

(1)**静止参考系**

分析圆柱形铣刀的几何角度时,应首先建立铣刀的静止参考系。圆周铣削时,铣刀旋转运动是主运动,工件的直线移动是进给运动。圆柱形铣刀的正交平面参考系由 P_r, P_s, P_o 组成,由于设计与制造的需要,还应采用法平面参考系来规定圆柱形铣刀的几何角度,如图6.6所示。其定义可参考车削中的规定。

1)切削平面 P_s

铣刀切削刃选定点的切削平面 P_s 是过该点并切于过渡表面的平面。

2)基面 P_r

铣刀切削刃选定点的基面 P_r 是过该点包含轴线并与该点切削平面垂直的平面。

3)正交平面 P_o

圆柱铣刀切削刃选定点的正交平面 P_o 与假定工作平面 P_f 重合,是垂直于轴线的端平面;端铣刀切削刃选定点的正交平面 P_o 垂直于主切削刃在该点基面中投影的平面。

4)法平面 P_n

切削刃选定点的法平面 P_n 是过该点垂直于主切削刃的平面。与车刀一样,只有在选定

点切削平面图中才能表示出该点法平面的位置关系。

5）假定工作平面 P_f 和背平面 P_p

与车刀一样，它们互相垂直，且都垂直于切削刃选定点的基面。

（2）圆柱铣刀的几何角度

圆柱铣刀的刀齿只有主切削刃，无副切削刃，故无副偏角，其主偏角 $\kappa_r = 90°$，圆柱铣刀的前角 γ_n 在法平面 P_n 中测量，后角在正交平面 P_o 中测量。

圆柱铣刀的标注角度如图 6.6 所示。

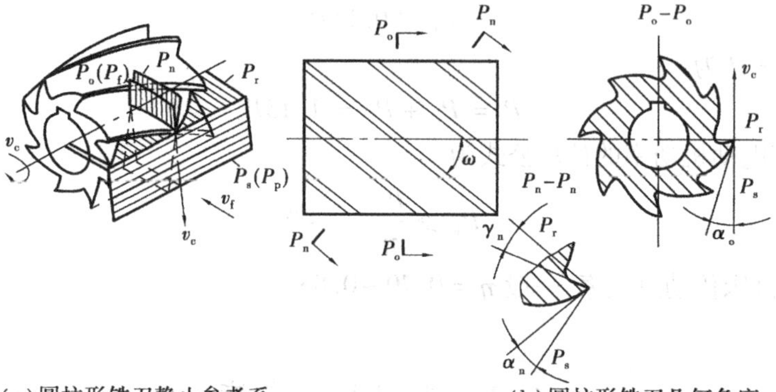

(a) 圆柱形铣刀静止参考系 (b) 圆柱形铣刀几何角度

图 6.6 圆柱形铣刀的几何角度

1）螺旋角 ω（刃倾角 λ_s）

螺旋角 ω 是螺旋切削刃展开成直线后与铣刀轴线间的夹角。显然，螺旋角 ω 等于刃倾角 λ_s。它能使刀齿逐渐切入和切离工件，能增加实际工作前角，使切削轻快平稳；同时形成螺旋形切屑，排屑容易，防止切屑堵塞现象的发生。一般细齿圆柱形铣刀的 $\omega = 30° \sim 35°$；粗齿圆柱形铣刀 $\omega = 40° \sim 45°$。

2）前角

通常在图样应标注 γ_n，以便于制造。但在检验时. 通常测量正交平面内前角 γ_o，然后根据 γ_o，可计算 γ_n 为

$$\tan \gamma_n = \tan \gamma_o \cos \omega \tag{6.10}$$

前角 γ_n 按被加工材料来选择，铣削钢时，取 $\gamma_n = 10° \sim 20°$；铣削铸铁时，取 $\gamma_n = 5° \sim 15°$。

3）后角

圆柱形铣刀后角规定在 P_o 平面内度量。铣削时，切削厚度 h_D 比车削小，磨损主要发生在后面上，适当地增大后角 α_o，可减少铣刀磨损。通常取 $\alpha_o = 12° \sim 16°$，粗铣时取小值，精铣时取大值。

6.2.2 面铣刀（端铣刀）的几何角度

铣刀的静止参考系如图 6.7 所示，参考平面的定义参见上述圆柱铣刀参考平面定义。面铣刀几何角度除规定在正交平面参考系内度量外，还规定在背平面、假定工作平面参考系内表示，以便于面铣刀刀体的设计与制造。

如图 6.7(b) 所示，在正交平面参考系中，标注角度有 γ_o 和过渡刃偏角 $\kappa_{r\varepsilon}$。

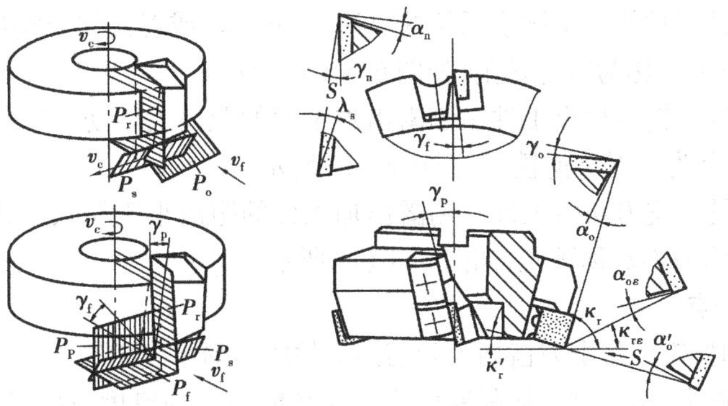

(a)面铣刀的静止参考系　(b)面铣刀的几何角度

图6.7 面铣刀的几何角度

机夹面铣刀的每个刀齿安装在刀体上之前相当于一把车刀。为了获得所需的切削角度，使刀齿在刀体中径向倾斜 γ_f 角、轴向倾斜 γ_p 角。若已确定 γ_o，λ_s 和 κ_r 值，则按式 $\tan\gamma_f = \tan\gamma_o\sin\kappa_r - \tan\lambda_s\cos\kappa_r$ 和式 $\tan\gamma_o = \tan\gamma_f\sin\kappa_r + \tan\gamma_p\cos\kappa_r$ 换算出 γ_f 和 γ_p，并将它们标注在装配图上，以供制造需要。

硬质合金面铣刀铣削时，由于断续切削，刀齿经受很大的机械冲击，在选择几何角度时，应保证刀齿具有足够的强度。一般加工钢时取 $\gamma_o = 5° \sim -10°$，加工铸铁时取 $\gamma_o = 5° \sim -5°$，通常取 $\lambda_s = -15° \sim -7°$，$\kappa_r = 10° \sim 90°$，$\kappa_r' = 5° \sim 15°$，$\alpha_o = 6° \sim 12°$，$\alpha_o' = 8° \sim 10°$。

6.3 铣削方式

铣削是平面加工中应用最普遍的一种方法，平面铣削有端铣和周铣两种方式。

6.3.1 端削的铣削方式及其特点

(1)端铣的铣削方式

端面铣削时，根据铣刀与工件加工面相对位置的不同，可分为对称铣削、不对称逆铣和不对称顺铣3种铣削方式，如图6.8所示。

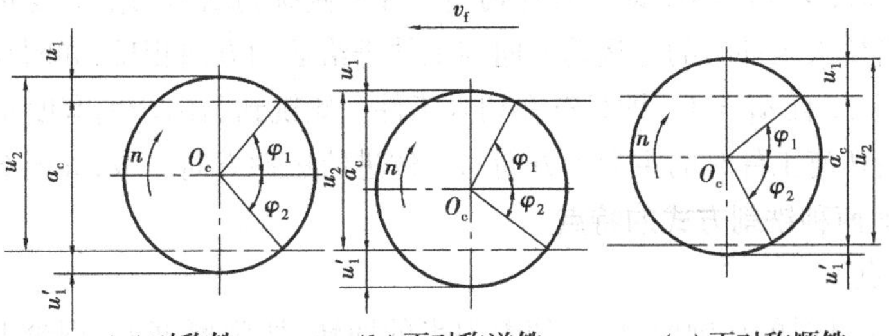

(a)对称铣　(b)不对称逆铣　(c)不对称顺铣

图6.8 端铣的铣削方式

①对称铣。铣刀轴线位于铣削弧长的对称中心位置,或者说铣刀露出工件加工面两侧的距离相等,即 $u_1' = u_1$,称为对称铣削,如图 6.8 (a)所示。

②不对称逆铣。铣刀切离工件一侧露出加工面的距离大于切入工件一侧露出加工面的距离,即 $u_1' > u_1$,称为不对称逆铣,如图 6.8 (b)所示。

③不对称顺铣。铣刀切离工件一侧露出加工面的距离小于切入工件一侧露出加工面的距离,即 $u_1' < u_1$,称为不对称顺铣,如图 6.8 (c)所示。

(2)端铣的特点

①对称铣削时,铣刀每个刀齿切入和切离工件时切削厚度相等。

②不对称逆铣中,切入时的切削厚度小于切离时的切削厚度,这种铣削方式切入冲击较小,适用于端铣普通碳钢和高强度低合金钢。

③不对称顺铣中,切入时的切削厚度大于切离时的切削厚度,这种铣削方式用于铣削不锈钢和耐热合金时,可减少硬质合金的剥落磨损,提高切削速度 40% ~60%。当 $u_1' \ll u_1$ 时,铣刀作用与工件进给运动方向的分力有可能与工件进给运动方向 v_f 同向,引起工作台丝杠、螺母之间的轴向窜动。

6.3.2 圆周铣削的铣削方式及其特点

(1)圆周铣削的铣削方式

圆周铣削可看作端铣的一种特殊情况,即主偏角 $\kappa_r = 90°$。用立铣刀铣沟槽时是对称铣的特殊情况,$u_1' = u_1 = 0$;用圆柱铣刀加工平面时,是不对称铣的特殊情况。如图 6.9 所示,圆周铣削分为逆铣和顺铣两种铣削方式。

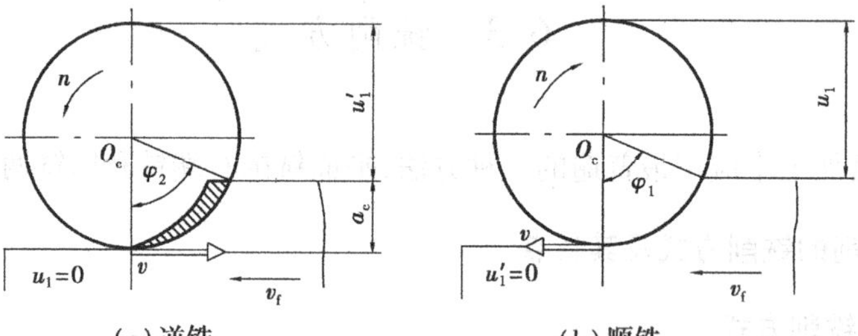

(a)逆铣　　(b)顺铣

图 6.9　圆周铣的铣削方式

①逆铣 $u_1' > u_1$,且 $u_1 = 0$,即只有在切离工件一侧铣到凸出切削宽度 a_c 之外时为逆铣。圆周逆铣时,刀齿切入工件时的主运动方向与工件进给运动方向相反,如图 6.9 (a)所示。

②顺铣 $u_1' < u_1$,且 $u_1 = 0$,即只有在切入工件一侧铣到凸出切削宽度 a_c 之外时为顺铣。圆周顺铣时,刀齿切离工件时的主运动方向与工件进给运动方向一致,如图 6.9 (b)所示。

(2)周周铣时两种铣削方式的特点

1)逆铣的特点

①刀齿切入工件时的切削厚度 h_D 随着刀齿的回转,切削厚度 h_D 理论上逐渐增大,但实际上刀齿并非从一开始接触工件就能切入金属层内。其原因是刀刃并不是前、后刀面的交线,而是由刃口钝圆半径 r_n 存在的实体,它相当于一个小圆柱的一部分。钝圆半径 r_n 的大小

与刀具材料种类，晶粒粗细，前、后面的刃磨质量以及刀具磨损等多种因素有关。新刃磨好的高速钢和硬质合金刀具一般 $r_n = 10 \sim 26\ \mu m$，随着刀具的磨损，r_n 可能进一步增大。根据研究一般认为，当理论切削厚度（计算值）小于刃口钝圆半径 r_n 时，切屑不易生成；只有当理论切削厚度 h_D 大约等于（或大于）刃口钝圆半径 r_n 时，刀齿才能真正切入金属形成切屑。因此，逆铣时，刀齿开始接触工件及以后的一段距离内不能切下切屑，而是刀齿的刃口钝圆部分对被切削金属层的挤压、滑擦和啃刮。值得一提的是，这一挤压、滑擦现象是发生在前一刀齿所形成的硬化层内，使得逆铣的这一缺点更加突出，致使刀具磨损加剧，易产生周期性振动，工件已加工表面粗糙度值增大。

②逆铣时，前刀面给予被切削层的作用力（在垂直方向的分力 F_V）是向上的，这个向上的分力有把工件从夹具内拉出的倾向。特别是开始铣削一端，如图6.10（c）所示。开始吃刀时，若工件夹紧不牢会使工件翻转发生事故。为防止事故发生，一是要注意工件夹紧牢靠；二是开始吃刀时可采取先低速进给，待进给一段后再按正常速度进给。

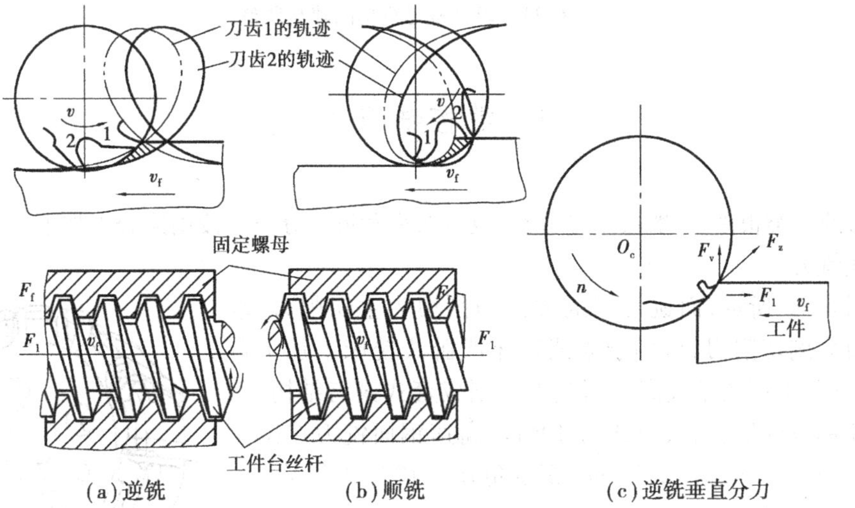

图6.10　逆铣和顺铣的受力及丝杠窜动

2）顺铣的特点

①铣刀齿切入工件时的切削厚度 h_D 最大，而后逐渐减小，避免了逆铣切入时的挤压、滑擦和啃刮现象，而且刀齿的切削距离较短，铣刀磨损较小，寿命可比逆铣时高2～3倍，已加工表面质量也较好。特别是铣削硬化趋势强的难加工材料时，效果更明显。前刀面作用于切削层的垂直分力 F_V 始终向下，因而整个铣刀作用于工件的垂直分力较大，将工件压紧在夹具上，安全可靠。

②顺铣虽然有明显的优点，但不是在任何情况下都可以采用的。铣刀作用于工件上进给方向的分力 F_f 与工件进给方向相同，而分力 F_f 又是变化的。当分力 F_f 足够大时，可能推动工件"自动"进给；而当 F_f 小时，又"停下"，仍靠螺母回转推动丝杠（丝杠与工作台相连）前进，这样丝杠时而靠紧螺母齿面的左侧，时而又靠紧螺母齿面的右侧，如图6.10（b）所示。这种在丝杠螺母机构间隙范围内的窜动或称爬行现象，不但会降低已加工表面质量，甚至会引起打刀。因此，采用顺铣时，第一个限制条件是必须消除进给机构的间隙，见图6.11（一般铣床为丝杠螺母机构，需注意调整双螺母距离以消除间隙，但也不应过紧，以免产生卡死现象），

避免爬行现象。采用顺铣的第二个限制条件是工件待加工表面无硬皮,否则刀齿易崩刃损坏。在不具备这两个条件的情况下,还是以逆铣为好。

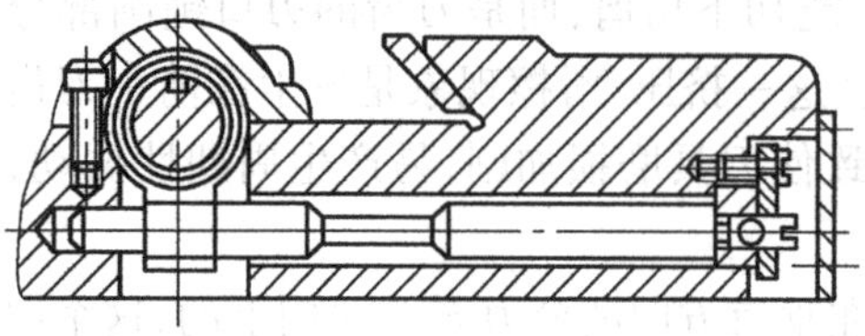

(a)

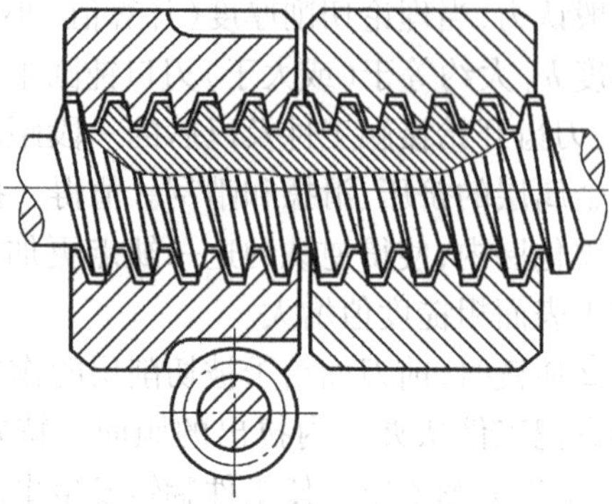

(b)

图6.11　丝杠螺母机构间隙与调整

6.4　数控铣刀的种类

铣刀的种类很多,一般按用途分类,也可按齿背形式分类。按用途分类如下:

1)面铣刀

如图6.12所示,面铣刀圆周方向切削刃为主切削刃,端部切削刃为副切削刃,可用于立式铣床或卧式铣床上加工台阶面和平面,生产效率较高。面铣刀多制成套式镶齿结构,刀齿为高速钢或硬质合金,刀体为40Cr。高速钢面铣刀按国家标准规定,直径 $d=80\sim250$ mm,螺旋角 $\beta=10°$,刀齿数 $z=10\sim26$。

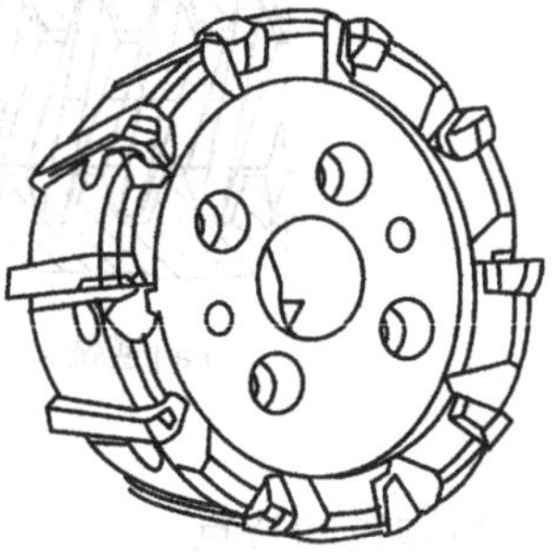

图6.12　面铣刀

硬质合金面铣刀的铣削速度、加工效率和工件表面质量均高于高速钢铣刀,并可加工带有硬皮和淬硬层的工件,因而在数控加工中得到了广泛的应用。如图6.13所示为常用硬质合金面铣刀的种类,由于整体焊接式和机夹焊接式面铣刀难于保证焊接质量,刀具耐用度底,重磨较费时,目前已被可转位式面铣刀所取代。

2)立铣刀

立铣刀是数控机床上用得最多的一种铣刀,其结构如图6.14所示。立铣刀的圆柱表面和端面上都有切削刃,它们可同时进行切削,也可单独进行切削。它主要用于加工凹槽、台阶面和小的平面。

立铣刀圆柱表面的切削刃为主切削刃,端面上的切削刃为副切削刃。主切削刃一般为螺旋齿,这样可以增加切削平稳性,提高加工精度。由于普通立铣刀端面中心处无切削刃,因此立铣刀不能做轴向进给,端面刃主要用来加工与侧面相垂直的底平面。

为了能加工较深的沟槽,并保证有足够的备磨量,立铣刀的轴向长度一般较长。为改善

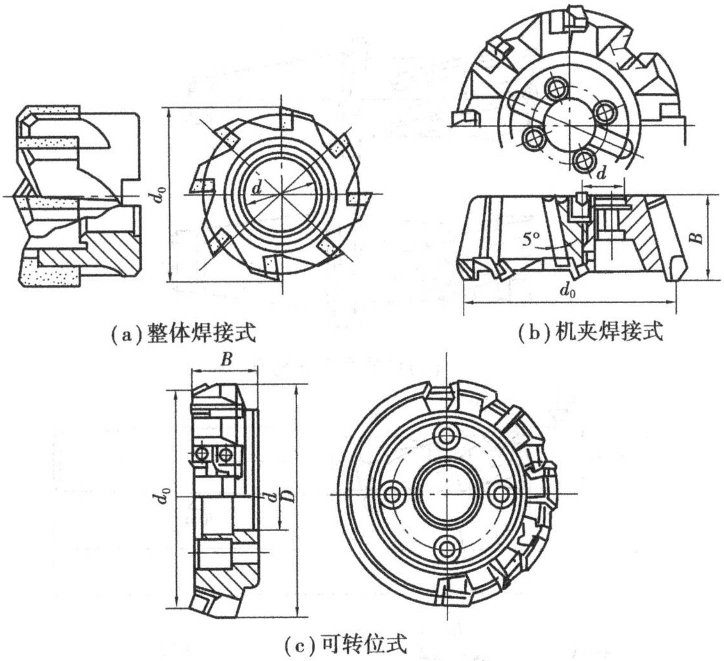

图6.13　硬质合金面铣刀

切屑卷曲情况，增大容屑空间，防止切屑堵塞，其刀齿数比较少，容屑槽圆弧半径则较大。一般粗齿立铣刀齿数 $z=3\sim4$，细齿立铣刀齿数 $z=5\sim8$，套式结构立铣刀 $z=10\sim20$，容屑槽圆弧半径 $r=2\sim5$。当立铣刀直径较大时，可制成不等齿距结构，以增强抗振作用，使切削过程平稳。

标准立铣刀的螺旋角 β 为 40°～45°（粗齿）和 30°～35°（细齿），套式结构立铣刀的 β 为 15°～25°。直径较小的立铣刀，一般制成带柄形式。$\phi2\sim\phi71$ mm 的立铣刀制成直柄；$\phi6\sim\phi63$ mm 的立铣刀制成莫氏锥柄；$\phi25\sim\phi80$ mm 立铣刀制成 7∶24 锥柄，内有螺孔用来拉紧刀具。但是，由于数控机床要求铣刀能快速自动装卸，故立铣刀柄部形式也有很大不同，一般是由专业厂家按照一定的规范设计制造成统一形式、统一尺寸的刀柄。直径大于 $\phi40\sim\phi60$ mm 的立铣刀可制成套式结构。

3）模具铣刀

模具铣刀由立铣刀演变而成，主要用于加工模具型腔和凸模成形表面。按工作部分外形可分为圆锥形平头立铣刀（圆锥半角 $\frac{\alpha}{2}=3°,5°,7°,10°$）、圆柱形球头立铣刀和圆锥形球头立铣刀 3 种，其柄部有直柄、削平型直柄和莫氏锥柄。

模具铣刀的结构特点是球头或端面上布满了切削刃，圆周刃与球头刃圆弧连接，可以做径向和轴向进给。铣刀上部部分用高速钢或硬质合金制造，国家标准规定直径 $d=4\sim63$ mm。如图 6.15 所示为高速钢制造的模具铣刀，如图 6.16 所示为用硬质合金制造的模具铣刀。小规格的硬质合金模具铣刀多制成整体结构，$\phi16$ mm 以上直径的制成焊接或机夹可转位刀片结构。硬质合金模具铣刀可取代金刚石锉刀和磨头来加工淬火后硬度小于 65HRC 的各种模具，它的切削效率可提高几十倍。

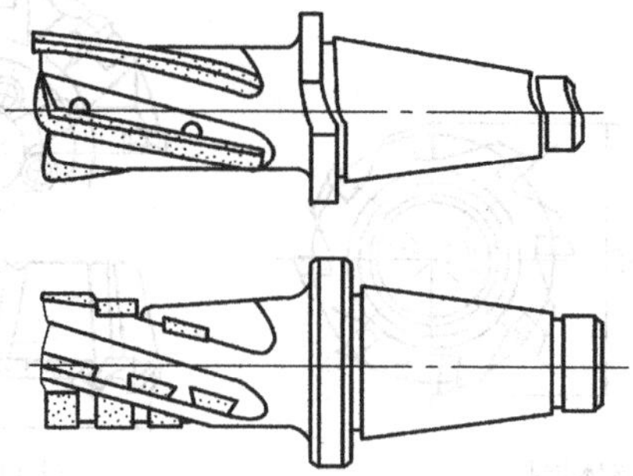

(a)硬质合金立铣刀

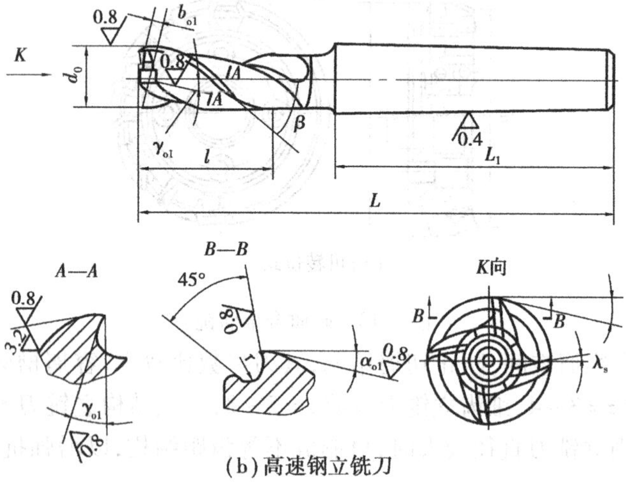

(b)高速钢立铣刀

图6.14　立铣刀

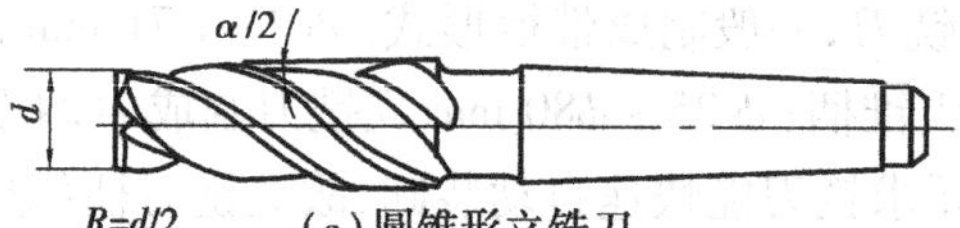

(a)圆锥形立铣刀

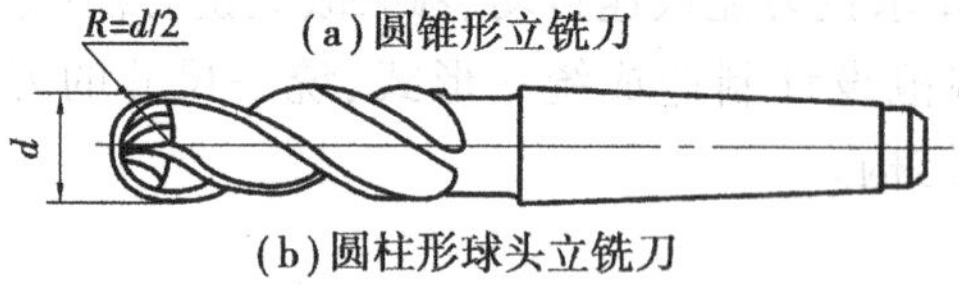

(b)圆柱形球头立铣刀

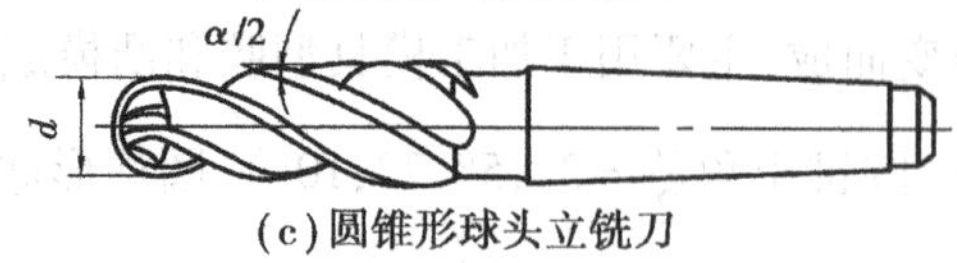

(c)圆锥形球头立铣刀

图6.15　高速钢模具铣刀

4)键槽铣刀

键槽铣刀如图6.17所示,它有两个刀齿,圆柱面和端面都有切削刃,端面切削刃是主切削刃,圆周切削刃是副切削刃。端面刃延至中心,既像立铣刀,又像钻头。加工时,先轴向进给达到槽深,然后沿键槽方向铣出键槽全长。

按国家标准规定,直柄键槽铣刀直径 $d=22$ mm,锥柄键槽铣刀直径 $d=14\sim50$ mm,键槽

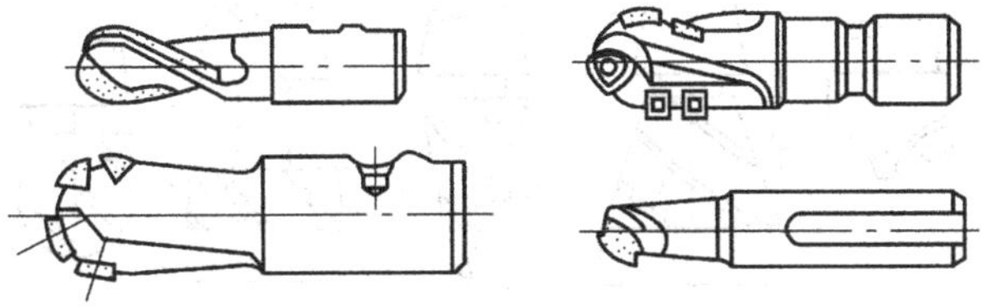

图6.16 硬质合金模具铣刀

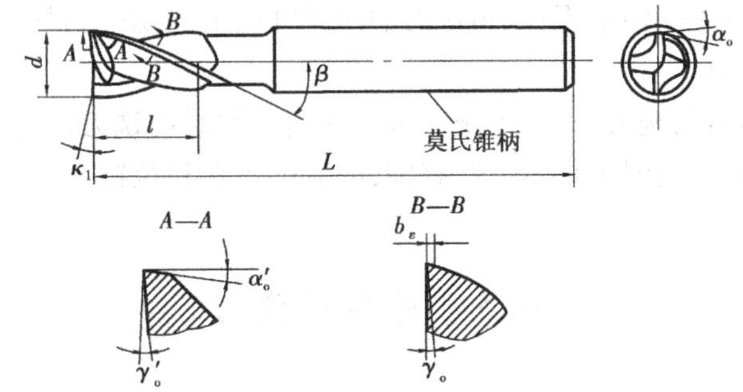

图6.17 键槽铣刀

铣刀直径的偏差有 e8 和 d8 两种。键槽铣刀的圆周切削刃仅在靠近端面的一小段长度内发生磨损,重磨时,只需刃磨端面切削刃,因此,重磨后铣刀直径不变。

5)鼓形铣刀

如图6.18 所示为一种典型的鼓形铣刀,它的切削刃分布在半径为 R 的圆弧面上,端面无切削刃。加工时控制刀具上下位置,相应改变刀刃的切削部位(见图6.19),可在工件上切出从负到正的不同斜角。R 越小,鼓形铣刀所能加工的斜角范围越广,但所获得的表面质量也越差。这种刀具的特点是刃磨困难,切削条件差,而且不适于加工有底的轮廓表面。

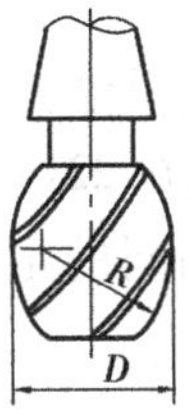

图6.18 鼓形铣刀

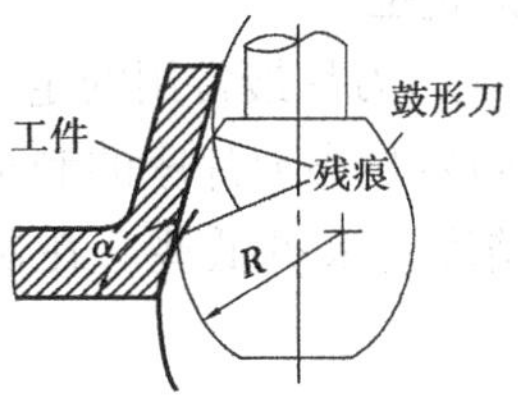

图6.19 用鼓形铣刀分层铣削变斜角面

6)成形铣刀

成形铣刀是在铣床上加工成形表面的专用刀具,其刃形是根据工件廓形设计计算的,如渐开线齿面、燕尾槽和T形槽等。它具有较高的加工精度和生产率。常用成形铣刀如图6.20所示。

成形铣刀按齿背形状可分为尖齿和铲齿两类。尖齿成形铣刀制造与重磨的工艺复杂,故目前生产中较少应用;铲齿成形铣刀在不同的轴向截面内具有相同的截面形状,磨损后沿前刀面刃磨,仍可保持刃形不变,所以重磨工艺较简单,故在生产中得到广泛应用。刃形复杂的一般都作成铲齿成形铣刀。

7)角度铣刀

一般用于加工带角度的沟槽和斜面,分单角铣刀和双角铣刀。单角铣刀的圆锥切削刃为

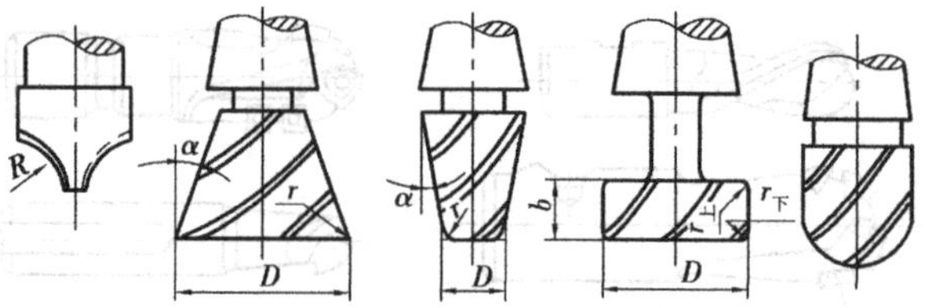

图 6.20　几种常用的成形铣刀

主切削刃,端面切削刃为副切削刃;双角铣刀的两圆锥面上的切削刃均为主切削刃,它又分为对称和不对称双角铣刀。

除了上述几种类型的铣刀外,数控铣床也可使用各种通用铣刀。但因不少数控铣床的主轴内有特殊的拉刀装置,或因主轴内锥孔有别,需配过渡套和拉钉。

6.5　可转位铣刀

6.5.1　可转位铣刀刀片的夹紧方式

可转位铣刀是将可转位刀片通过夹紧装置夹固在刀体上,当刀片的一个切削刃用钝后,直接在机床上将刀片转位或更新刀片,而不必拆卸铣刀,从而节省辅助时间,减少了劳动量,降低了成本,目前得到了极为广泛的应用。下面以可转位面铣刀为例说明。

如图 6.21 所示为机夹可转位面铣刀结构。它由刀体、刀片座(刀垫)、刀片、内六角螺钉、楔块和紧固螺钉等组成。刀垫 1 通过内六角螺钉固定在刀槽内,刀片安放在刀垫上并通过楔块夹紧。

(1)刀片的定位

可转位面铣刀刀片最常用的定位方式是三点定位,可由刀片座或刀垫实现,如图 6.22 所示。图 6.22(a)定位靠刀片座的制造精度保证,其精度要求较高;图 6.22(b)由于定位点可调,铣刀制造精度要求可低些。在制造、检验和使用铣刀时,采用相同的定位基准,以减少误差。

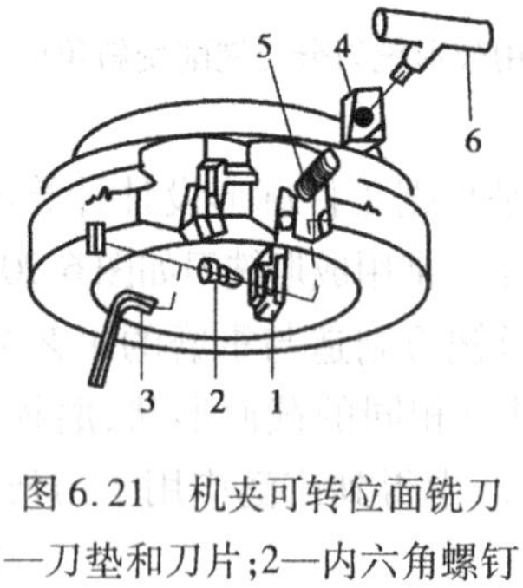

图 6.21　机夹可转位面铣刀

1—刀垫和刀片;2—内六角螺钉;

3—内六角扳手;4—楔形压块;

5—双头螺柱;6—专用锁紧扳手

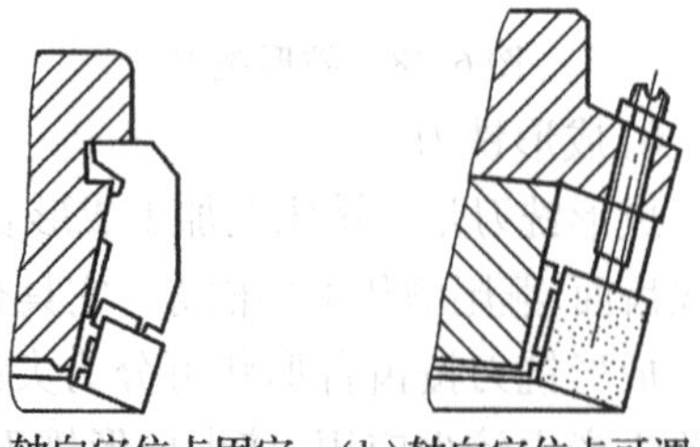

(a)轴向定位点固定　(b)轴向定位点可调

图 6.22　刀片的定位

(2)**刀片的夹紧**

由于铣刀工作在断续切削条件下,切削过程的冲击和振动较大,可转位结构中,夹紧装置具有极其重要的地位,其可靠程度直接决定铣削过程的稳定性。目前,常用的夹紧方法有多种,如图 6.23 所示。

1)螺钉楔块式

如图 6.23(a)、(b)所示,楔块楔角 12°,以螺钉带动楔块将刀片压紧或松开。它具有结构简单、夹紧牢靠、工艺性好等优点,目前用得最多。

2)拉杆楔块式

如图 6.23(c)所示为螺钉拉杆楔块式,拉杆楔块通过螺母压紧刀片和刀垫。该结构所占空间小,结构紧凑,可增加铣刀齿数,有利于提高切削效果。

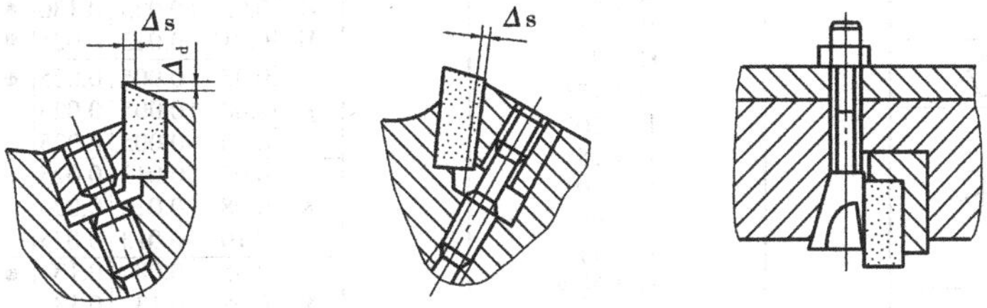

(a)螺钉楔块前压式　(b)螺钉楔块后压式　(c)螺钉拉杆楔块式

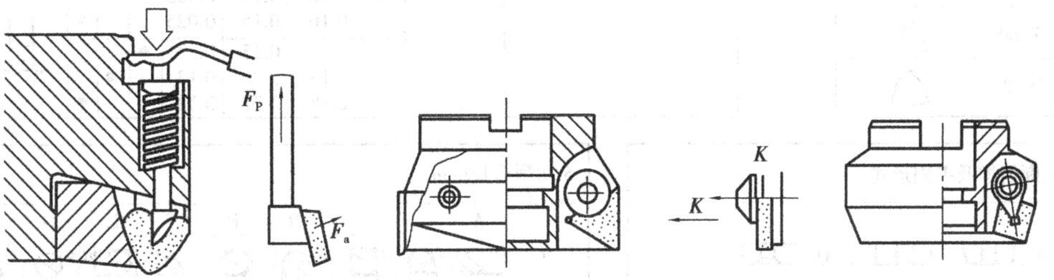

(d)弹簧拉杆楔块式　(e)蘑菇头螺钉上压式　(f)螺钉压板上压式

图 6.23　可转位刀片的夹紧方式

如图 6.23(d)所示为弹簧拉杆楔块式,刀片的固定靠弹簧力的作用。更换刀片时,只需用卸刀工具压下弹簧,刀片即可松开,因此更换刀片非常容易,主要用于细齿可转位面铣刀。

3)上压式

刀片通过蘑菇头螺钉(见图 6.23(e))或通过螺钉压板(见图 6.23(f))夹紧在刀体上。它具有结构简单、紧凑,零件少,易制造等优点,故小直径面铣刀应用较多。

6.5.2　可转位铣刀刀片的 ISO 代码

可转位铣刀刀片的 ISO 代码与可转位车刀刀片类似,如图 6.24 所示。其主要区别在于第 7 位代码:铣刀刀片用两个字母分别表示主偏角 κ_r 和修光刃法向后角 α_n,而车刀刀片则表示刀尖圆弧半径 r_ε。

S	D	H	T	12
1	2	3	4	5

1.刀片形状

A 85° B 82° K 55°	
H 120°	
L 90°	
O 135°	
P 108°	
C 80° D 55° E 75° M 86° V 33°	
R-	
S 90°	
T 60°	
W 80°	

2.刀片后角

	α
A	3°
B	5°
C	7°
D	15°
E	20°
F	25°
G	30°
N	0°
P	11°
O	特殊

3.公差(包括刀片的厚度，内切圆公差)

	d/mm (±)	m/mm (±)	s/mm (±)	d=6.35/9.525	d=12.7	d=15.8/19.05
A	0.025	0.005	0.025	●	●	●
C	0.025	0.013	0.025	●	●	●
E	0.025	0.025	0.025	●	●	●
F	0.013	0.005	0.025	●	●	●
G	0.025	0.025	0.130	●	●	●
H	0.013	0.013	0.025	●	●	●
J	0.05	0.005	0.025	●		
	0.08	0.005	0.025		●	
	0.10	0.005	0.025			●
K	0.05	0.013	0.025	●		
	0.08	0.013	0.025		●	
	0.10	0.013	0.025			●
M	0.05	0.08	0.13	●		
	0.08	0.13	0.13		●	
	0.10	0.15	0.13			●
N	0.05	0.08	0.025	●		
	0.08	0.13	0.025		●	
	0.10	0.15	0.025			●
U	0.08	0.13	0.13	●		
	0.13	0.20	0.13		●	
	0.18	0.27	0.13			●

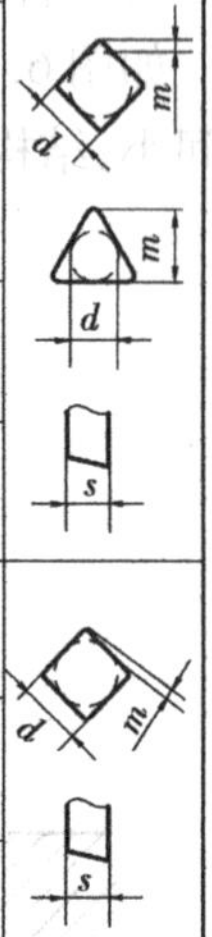

4.断屑槽及夹固形式

A	Q
F	R
G	T
M	W
N	O特殊设计

5.切削刃长/mm

d	A	C	S	R	H	T	L	O	W
5.56	—	05	05	—	—	09	08	—	03
6.0	—	—	—	06	—	—	—	—	—
6.35	—	06	06	—	03	11	10	02	04
6.65	10	—	—	—	—	—	—	—	—
7.94	—	07	07	—	—	—	—	—	—
8.0	—	—	—	08	—	—	—	—	—
9.0	—	—	—	—	—	—	12	—	—
9.525	—	09	09	—	05	16	15	04	06
10.0	—	—	—	10	—	—	—	—	—
12.0	—	—	—	12	—	—	—	—	—
12.7	—	12	12	—	07	22	20	05	08
15.875	—	15	15	—	09	27	—	06	10
16.0	—	—	—	16	—	—	—	—	—
16.74	—	16	16	—	—	—	—	—	—
19.05	—	19	19	—	11	33	—	07	13
20.0	—	—	—	20	—	—	—	—	—

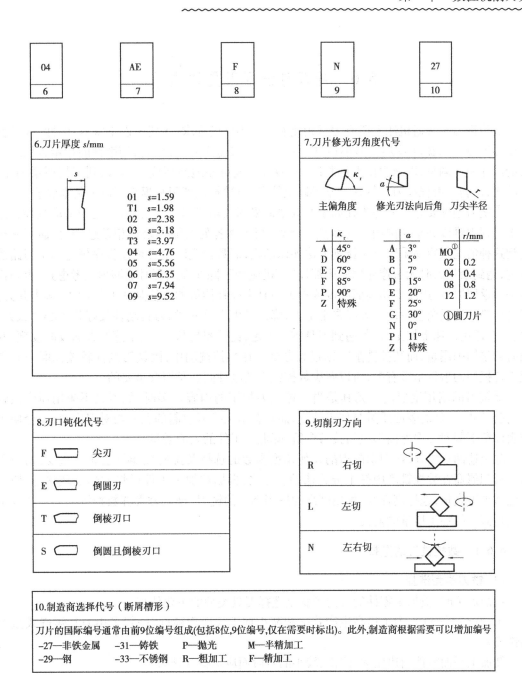

04	AE	F	N	27
6	7	8	9	10

6.刀片厚度 s/mm

01	s=1.59
T1	s=1.98
02	s=2.38
03	s=3.18
T3	s=3.97
04	s=4.76
05	s=5.56
06	s=6.35
07	s=7.94
09	s=9.52

7.刀片修光刃角度代号

主偏角度

	κ_r
A	45°
D	60°
E	75°
F	85°
P	90°
Z	特殊

修光刃法向后角

	α
A	3°
B	5°
C	7°
D	15°
E	20°
F	25°
G	30°
N	0°
P	11°
Z	特殊

刀尖半径

	r/mm
MO①	
02	0.2
04	0.4
08	0.8
12	1.2

①圆刀片

8.刃口钝化代号

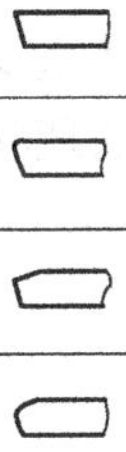

F	尖刃
E	倒圆刃
T	倒棱刃口
S	倒圆且倒棱刃口

9.切削刃方向

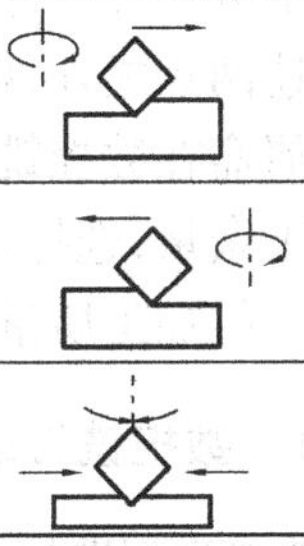

R	右切
L	左切
N	左右切

10.制造商选择代号（断屑槽形）

刀片的国际编号通常由前9位编号组成(包括8位,9位编号,仅在需要时标出)。此外,制造商根据需要可以增加编号

-27—非铁金属	-31—铸铁	P—抛光	M—半精加工
-29—钢	-33—不锈钢	R—粗加工	F—精加工

图 6.24 可转位铣刀刀片的 ISO 代码

6.6 铣刀与铣削用量的选择

数控铣刀与普通机床上所有刀具相比有很多不同的要求，主要有以下特点：刚性好（尤其是粗加工刀具），振动及热变形小；互换性好，便于快速换刀；寿命高，切削性能稳定，可靠；刀具的尺寸便于调整，以减少换刀调整时间，刀具应能可靠地断屑或卷屑，以利于切屑系列化，标准化，以利于编程和刀具管理。基于以上特点，对数控铣削刃具提出了以下基本要求：

①铣刀刚性要好。一是为提高生产效率而采用大切削用量的需要；二是为适应数控铣床加工过程中难以调整切削用量的特点。例如，当工件各处的加工余量相差悬殊时，通用铣床遇到这种情况很容易采取分层铣削方法加以解决，而数控铣削就必须按程序规定的走刀路线前进，遇到余量大时无法像通用铣床那样"随机应变"，除非在编程时能够预先考虑到，否则铣刀必须返回原点，用改变切削面高度或加大刀具半径补偿值的方法从头开始加工，多走几刀。但这样势必造成余量少的地方经常走空刀，降低了生产效率，如刀具刚性较好就不必这么办。再者，在通用铣床上加工时，若遇到刀具刚性不足，比较容易从振动、手感等方面及时发现，并及时调整切削用量，而数控铣削时则很难办到。在数控铣削中，因铣刀刚性较差而断刀并造成工件损伤的事例是常有的，所以解决数控铣刀的刚性问题是至关重要的。

②铣刀的耐用度要高。尤其是当一把铣刀加工的内容很多时，如刀具不耐用而磨损较快，就会影响工件的表面质量与加工精度，而且会增加换刀引起的调刀与对刀次数，也会使工作表面留下因对刀误差而形成的接刀台阶，降低了工件的表面质量。

除上述两点之外，铣刀切削刃的几何角度参数的选择及排屑性能等也非常重要，切屑黏刀形成积屑瘤在数控铣削中是十分忌讳的。总之，根据被加工工件材料的热处理状态、切削性能及加工余量，选择刚性好、耐用度高的适当类型的铣刀，是充分发挥数控铣床的生产效率和获得满意的加工质量的前提。

6.6.1 数控铣刀的选择

(1)铣刀类型选择

铣削加工时，被加工零件的几何形状是选择刀具类型的主要依据。

①铣较大平面时，为了提高生产效率和减小加工表面粗糙度，一般采用刀片镶嵌式盘形面铣刀。

②加工平面零件周边轮廓、凹槽、较小的台阶面应选择立铣刀。

③加工空间曲面、模具型腔或凸模成形表面等多选用模具铣刀。

④加工封闭的键槽选用键槽铣刀。

⑤加工变斜角零件的变斜角面选用鼓形铣刀。

⑥加工立体型面和变斜角轮廓外形常采用球头铣刀、鼓形刀；加工各种直的或圆弧形的凹槽、斜角面、特殊孔等应选用成形铣刀。

⑦孔加工时，可采用钻头、镗刀等孔加工刀具。

(2)铣刀主要参数的选择

选择铣刀时，应根据不同的加工材料和加工精度要求，选择不同参数的铣刀进行加工。

数控铣床上使用最多的是可转位面铣刀和立铣刀，下面重点介绍面铣刀和立铣刀参数的选择。

1）面铣刀主要参数的选择

标准可转位面铣刀直径为 $\phi16\sim\phi630$ mm，应根据侧吃刀量选择适当的铣刀直径，尽量包容整个加工宽度，以提高加工精度和效率。粗铣时，铣刀直径要小些，因为粗铣切削力大，选小直径铣刀可减小切削扭矩。精铣时，铣刀直径要大些，尽量包容工件整个加工宽度，以提高加工精度和效率，并减小相邻两次进给之间的接刀痕。一般情况下，面铣刀直径 $d_0=(1.4\sim1.6)a_e$ mm。

可转位面铣刀有粗齿、中齿和密齿3种。粗齿铣刀容屑空间较大，常用于粗铣钢件；粗铣带断续表面的铸件和在平稳条件下铣削钢件时，可选用中齿铣刀；密齿铣刀的每齿进给量较小，主要用于加工薄壁铸件。

面铣刀前角的选择原则与车刀基本相同，只是由于铣削时有冲击，故前角数值一般比车刀略小，尤其是硬质合金面铣刀，前角数值减小得更多。铣削强度和硬度都高的材料可选用负前角。前角的数值主要根据工件材料和刀具材料选择，其具体数值如表6.3所示。

表6.3　面铣刀的前角数值

刀具材料＼工件材料	钢	铸铁	黄铜、青铜	铝合金
高速钢	10°～20°	5°～15°	10°	25°～30°
硬质合金	－15°～15°	－5°～5°	4°～6°	15°

铣刀的磨损主要发生在后刀面上，因此适当加大后角，可减少铣刀磨损，常取 $\alpha_o=5°\sim12°$。工件材料软时取大值，工件材料硬时取小值；粗齿铣刀取小值，细齿铣刀取大值。

铣削时冲击力大，为了保护刀尖，硬质合金面铣刀的刃倾角常取 $\lambda_s=-5°\sim15°$。只有在铣削低强度材料时，取 $\lambda_s=5°$。

主偏角 κ_r 在45°～90°范围内选取，铣削铸铁常用45°，铣削一般钢材常用75°，铣削带凸肩的平面或薄壁零件时要用90°。

2）立铣刀主要参数的选择

立铣刀主切削刃的前角在法剖面内测量，后角在端剖面内测量，前、后角都为正值，分别根据工件材料和铣刀直径选取，其具体数值可分别如表6.4和表6.5所示。

表6.4　立铣刀前角数值

工件材料		前　角
钢	$R_m<0.589$ GPa	20°
	0.589 GPa $<R_m<0.981$ GPa	15°
	$R_m>0.981$ GPa	10°
铸铁	≤150HBW	15°
	＞150HBW	10°

表 6.5 立铣刀后角数值

铣刀直径 d_o/mm	后角
≤10	25°
10~20	20°
>20	16°

立铣刀的尺寸参数(见图 6.25),推荐按下述经验数据选取:

①刀具半径 R 应小于零件内轮廓面的最小曲率半径 ρ,一般取 $R=(0.8\sim0.9)\rho$。

②零件的加工高度 $H\leqslant(1/6\sim1/4)R$,以保证刀具具有足够的刚度。

③对不通孔(深槽),选取 $L=H+(5\sim10)$ mm(L 为刀具切削部分长度,H 为零件高度)。

④加工外形及通槽时,选取 $L=H+r+(5\sim10)$ mm(r 为端刃圆角半径)。

⑤粗加工内轮廓面时(见图 6.26),铣刀最大直径 $D_{粗}$ 可计算为

$$D_{粗}=\frac{2\left(\delta\sin\dfrac{\phi}{2}-\delta_1\right)}{1-\sin\dfrac{\phi}{2}}+D \tag{6.11}$$

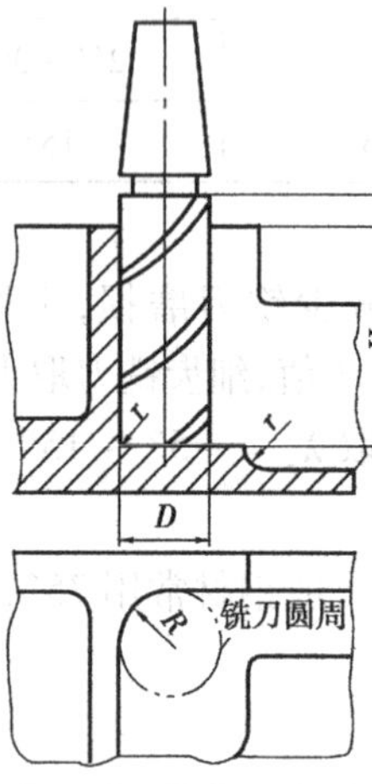

图 6.25 立铣刀尺寸参数

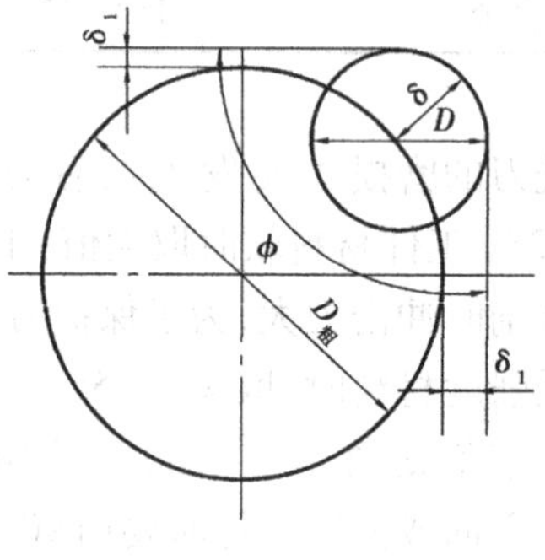

图 6.26 粗加工立铣刀直径计算

式中 D——轮廓的最小凹圆角直径,mm;

δ——圆角邻边夹角等分线上的精加工余量,mm;

δ_1——精加工余量,mm;

ϕ——圆角两邻边的夹角,(°)。

⑥加工肋时,刀具直径为 $D=(5\sim10)b$mm(b 为肋的厚度)。

6.6.2 铣削用量的选择

数控铣削加工的切削用量包括切削速度、进给速度、背吃刀量及侧吃刀量。铣削用量的

选择原则与车削相似，从刀具耐用度出发，在保证铣削加工表面质量和工艺系统刚度允许的前提下，首先应选用大的 a_p 和 a_e；其次选用较大的每齿进给量 f_z，最后根据铣刀的合理使用寿命确定铣削速度。

具体如下：

(1)铣削深度 a_p 和铣削宽度 a_e 的选择

背吃刀量或侧吃刀量的选取主要由加工余量和对表面质量的要求来确定。

端铣刀铣削深度的选择：当加工余量小于或等于 8 mm，且工艺系统刚度较大时，留出半精铣余量 0.5 ~2 mm 以后，尽量一次走刀去除余量；当余量大于 8 mm 时，可分两次走刀。铣削宽度 a_e 与端铣刀直径 d_0 应保持关系为

$$d_0 = (1.1 \sim 1.6) a_e \quad \text{mm} \tag{6.12}$$

圆柱铣刀铣削深度 a_p 应小于铣刀长度，铣削宽度 a_e 的选择与端铣刀铣削深度 a_p 的选择相同。

(2)进给运动参数的选择

进给量与进给速度是数控铣床加工切削用量中的重要参数，根据零件的表面粗糙度、加工精度要求、刀具及工件材料等因素，参考切削用量手册选取；或通过选取每齿进给量 f_z，再根据公式 $v_f = fn = f_z zn$（z 为铣刀齿数）计算。

每齿进给量 f_z 的选取主要依据工件材料的力学性能、刀具材料、工件表面粗糙度等因素。工件材料强度和硬度越高，f_z 越小；反之，则越大。硬质合金铣刀的每齿进给量高于同类高速钢铣刀。工件表面粗糙度要求越高，f_z 就越小。每齿进给量的确定可参考表 6.6 选取。工件刚性差或刀具强度低时，f_z 应取较小值。

表 6.6 铣刀每齿进给量 f_z

工件材料	f_z/mm			
	粗铣		精铣	
	高速钢铣刀	硬质合金铣刀	高速钢铣刀	硬质合金铣刀
钢	0.10 ~0.15	0.10 ~0.25	0.02 ~0.05	0.10 ~0.15
铸铁	0.12 ~0.20	0.15 ~0.30		

(3)铣削速度的确定

铣削速度可用下式计算，也可查切削用量手册确定，即

$$v_c = \frac{C_v d_0^{q_v}}{T^m a_p^{x_v} f_z^{y_v} a_e^{u_v} Z^{P_v} 60^{1-m}} \tag{6.13}$$

式中 v_c——铣削速度，m/s；

T——铣刀使用寿命，s，如表 6.7 所示；

C_v——常数；

$m, x_v, y_v, u_v, P_v, q_v$——与工件材料、刀具材料和铣刀种类有关的指数。

当使用 YT15 硬质合金端铣刀铣削中碳钢时，式(6.13)可写为

$$v_c = \frac{332 d_0^{0.2}}{T^{0.2} a_p^{0.1} f_z^{0.4} a_e^{0.2} 60^{0.8}} \quad \text{m/s} \tag{6.14}$$

当使用 YG6 硬质合金端铣刀铣削铸铁时,式(6.3)可写为

$$v_c = \frac{445 d_0^{0.2}}{T^{0.32} a_p^{0.15} f_z^{0.35} a_e^{0.2} 60^{0.68}} \quad \text{m/s} \tag{6.15}$$

表 6.7 铣刀使用寿命的平均值/min

<table>
<tr><th rowspan="2">名　称</th><th colspan="12">铣刀直径 d_0/mm</th></tr>
<tr><th>小于25</th><th>25～40</th><th>40～60</th><th>60～75</th><th>75～90</th><th>90～110</th><th>110～150</th><th>150～200</th><th>200～225</th><th>225～250</th><th>250～300</th><th>300～400</th></tr>
<tr><td>端铣刀</td><td>—</td><td>120</td><td colspan="5">180</td><td colspan="3">240</td><td>300</td><td>420</td></tr>
<tr><td>镶齿圆柱铣刀</td><td colspan="4">—</td><td colspan="3">180</td><td colspan="5">—</td></tr>
<tr><td>细齿圆柱铣刀</td><td colspan="2">—</td><td>120</td><td>180</td><td colspan="8">—</td></tr>
<tr><td>盘铣刀</td><td colspan="4">—</td><td colspan="2">120</td><td>150</td><td>180</td><td>240</td><td colspan="3">—</td></tr>
<tr><td>立铣刀</td><td>60</td><td>90</td><td>120</td><td colspan="9">—</td></tr>
<tr><td>槽铣刀
锯片铣刀</td><td colspan="3">—</td><td>60</td><td>75</td><td>120</td><td>150</td><td>180</td><td colspan="4">—</td></tr>
<tr><td>成形铣刀
角度铣刀</td><td>—</td><td colspan="3">120</td><td>180</td><td colspan="7">—</td></tr>
</table>

思考题

1 试述常用铣刀的主要种类,各种铣刀的结构特点及使用场合。怎样选择其主要参数?

2. 绘图说明圆柱铣刀和面铣刀的静止参考系和几何角度。

3. 何谓铣削用量四要素?它们与车削用量要素有何区别?如何选择铣削用量四要素?

4. 与车削相比,铣削切削层参数有何特点?

5. 何谓顺铣与逆铣?各有什么优缺点?如何应用?

6. 端铣法有几种铣削方式?各应用于何种场合?

7. 与其他加工方法相比,铣削有何特点?

第7章 拉刀

7.1 拉刀的结构

拉刀是一种大批量生产的高精度、高效率的多齿刀具。拉削利用只有主运动、没有进给运动的拉床，依靠拉刀的结构变化，加工出各种形状的通孔，通槽，以及内、外表面。

7.1.1 概述

拉刀拉削时作等速直线运动。拉削过程(见图7.1)是靠拉刀的后一个(或一组)刀齿高于前一个(或一组)刀齿，一层一层地切除余量，以获得较高的精度和较好的表面质量。

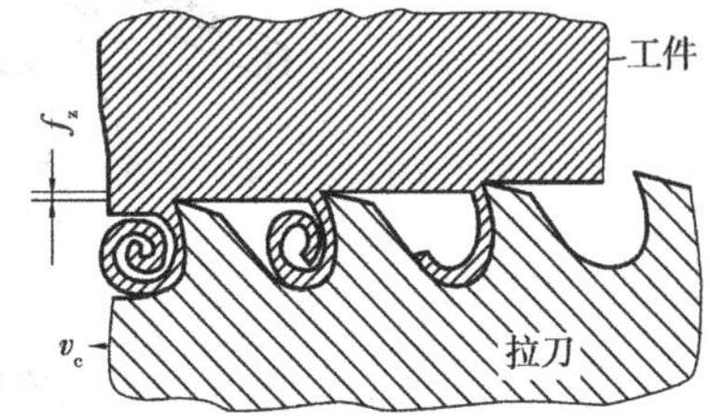

图7.1 拉削原理

拉削加工方法的特点是生产效率高、加工精度与表面质量高、拉刀使用寿命长、拉床结构简单、封闭式容屑、加工范围广以及拉削力大等。

制造拉刀一般选用高速钢，常用的牌号有 W6Mo5Cr4V2，W18Cr4V 等。制造镶齿拉刀刀片有硬质合金 YG8，YG6，YG6X，YW1，YW2 等各种牌号。

7.1.2 拉刀种类与用途

拉刀的种类很多，可按不同方法分类。按拉刀结构，可分为整体拉刀和组合拉刀。前者主要用于中小型高速钢拉刀，后者用于大尺寸和硬质合金拉刀，这样可节省贵重的刀具材料和便于更换不能继续工作的刀齿。按加工表面，可分为内拉刀和外拉刀。按受力方式，可分为拉刀和推刀。

(1)内拉刀

内拉刀用于加工内表面，如图7.2和图7.3所示。

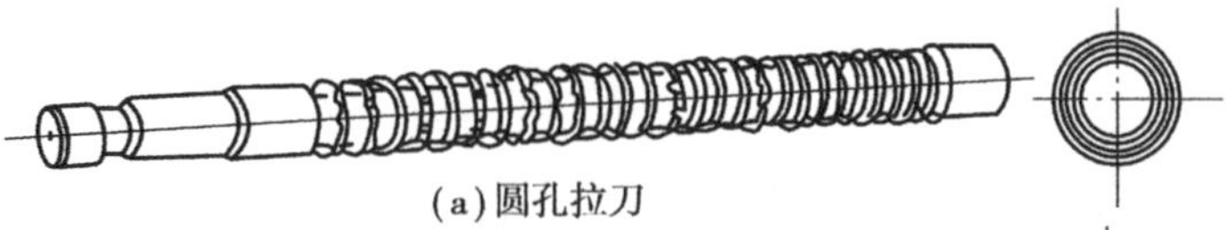

(a)圆孔拉刀

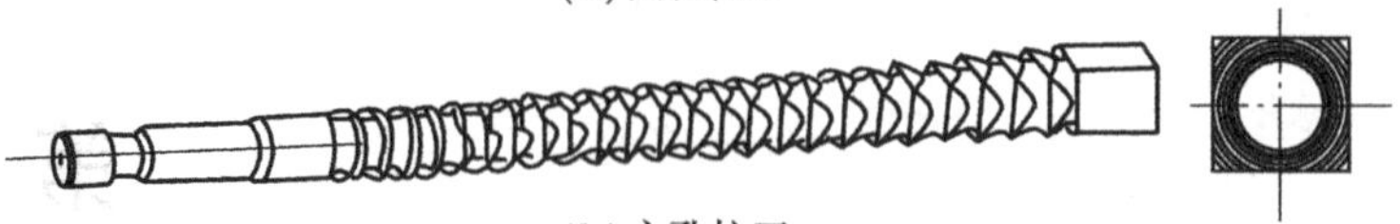

(b)方孔拉刀

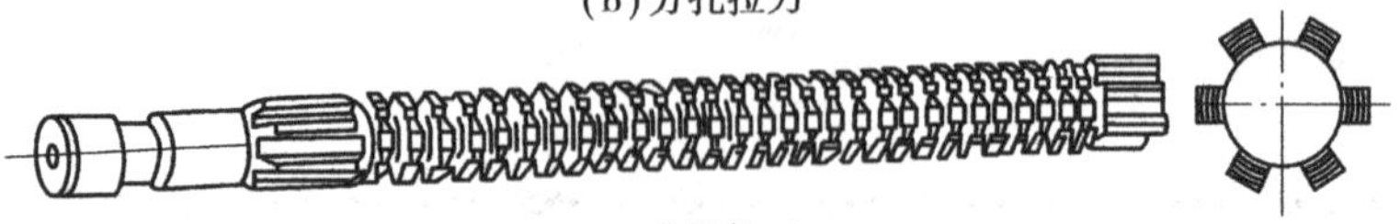

(c)花键拉刀

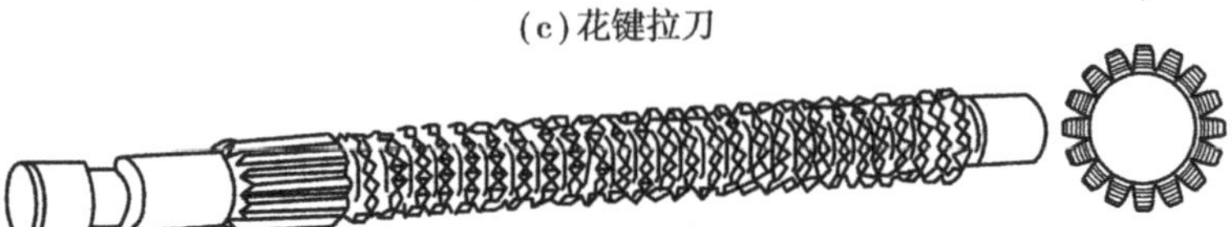

(d)渐开线拉刀

图7.2　各种内拉刀

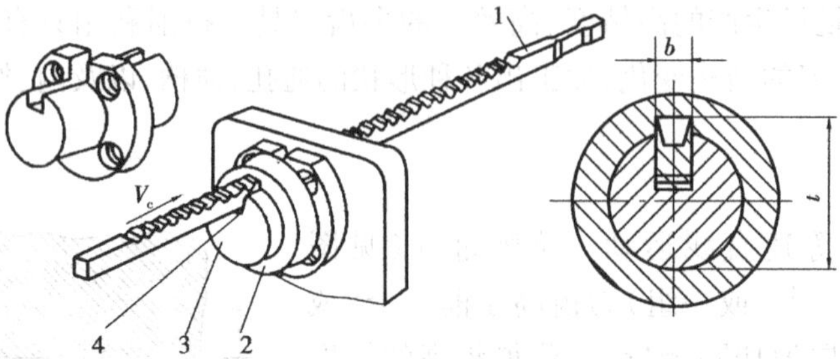

图7.3　键槽拉削

1—键槽拉刀;2—工件;3—心轴;4—垫片

内拉刀加工工件的预制孔通常呈圆形,经各齿拉削,逐渐加工出所需内表面形状。键槽拉刀拉削时,为保证键槽在孔中位置的精度,将工件套在导向心轴上定位,拉刀与心轴槽配合并在槽中移动。槽底面上可放垫片,用于调节所拉键槽深度和补偿拉刀重磨后刀齿高度的变化量。

(2)**外拉刀**

外拉刀用于加工工件外表面,如图7.4—图7.6所示。

大部分外拉刀采用组合式结构。其刀体结构主要取决于拉床形式,为便于刀齿的制造,一般做成长度不大的刀块。

为了提高生产效率,也可以采用拉刀固定不动,被加工工件装在链式传动带的随行夹具上做连续运动而进行拉削(见图7.5)。

生产中有时还采用回转拉刀,如图7.6所示为加工直齿锥齿轮齿槽的圆拉刀盘。

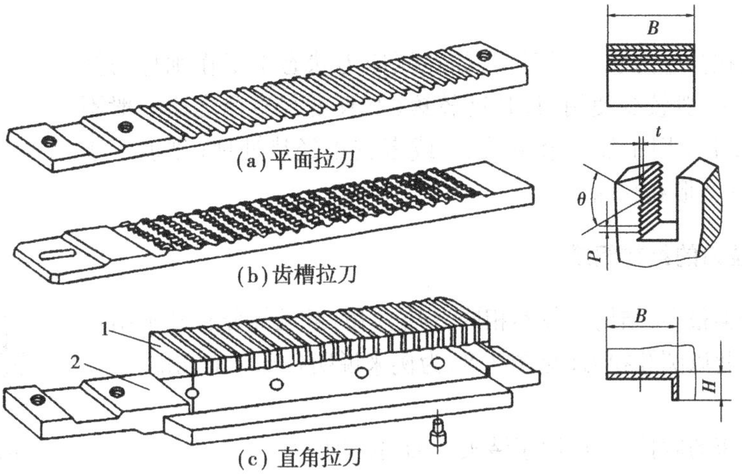

图7.4 外拉刀

1—刀齿;2—刀体

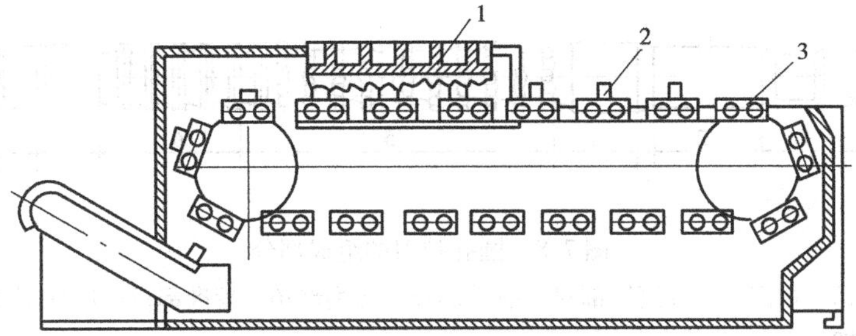

图7.5 链式传送带连续拉削

1—拉刀;2—工件;3—链式传送带

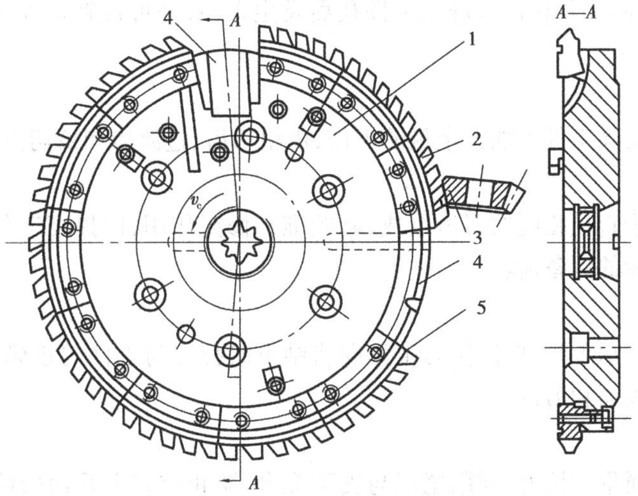

图7.6 直齿锥齿轮拉刀盘

1—刀体;2—精切齿组;3—工件;4—装料、倒角位置;5—粗切齿组

(3)**推刀**

拉刀一般在拉应力状态下工作,如在压应力状态下工作则称为推刀(见图7.7),一般较少使用,且长度较短(其长度与直径之比一般不超过12~15),主要用于加工余量较少,或者校正经热处理(硬度小于45HRC)工件的变形和孔缩。

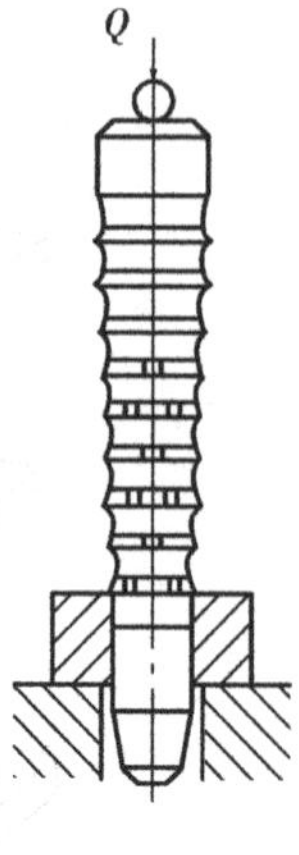

图7.7　推刀

7.1.3　拉刀的结构组成

拉刀的种类很多,结构也各不相同,但它们的组成部分和基本结构是相似的。在此以圆孔拉刀(见图7.8)为例来说明各部分的功能。

(1)**柄部**

拉刀与机床的联接部分,用于装夹拉刀、传动拉力。

(2)**颈部**

柄部与过渡锥之间的联接部分,其长度与机床结构有关。也可供打拉刀标记。

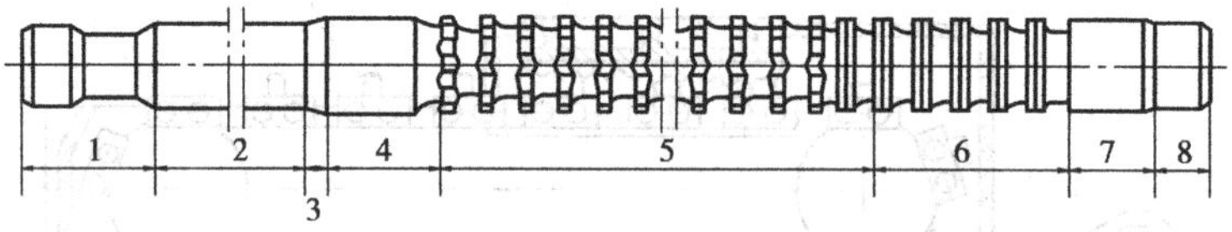

图7.8　圆孔拉刀的组成部分

1—柄部;2—颈部;3—过渡锥部;4—前导部;5—切削部;6—校准部;7—后导部;8—尾部

(3)**过渡锥部**

过渡锥部可使拉刀便于进入工件孔中,起对准中心的作用。

(4)**前导部**

前导部用于导向,防止拉刀进入工件孔后发生歪斜,并可检查拉前预制孔尺寸是否符合要求。

(5)**切削部**

切削部担负切除工件上加工余量的工作,由粗切齿、过渡齿和精切齿组成。

(6)**校准部**

校准部由几个直径相同的刀齿组成,起校准和修光作用,以提高工件加工精度和表面质量。它也是精切齿的后备齿。

(7)**后导部**

后导部用于支承工件,保证拉刀工作即将结束时拉刀与工件的正确位置,以防止工件下垂而损坏已加工表面和刀齿。

(8)**尾部**

尾部用于长而重的拉刀,利用尾部与支架配合,防止拉刀下垂而影响加工质量和损坏刀齿,并可减轻装卸拉刀的劳动强度。

7.2 拉削图形

拉削图形是指拉刀从工件上切除拉削余量的顺序和方式,也就是每个刀齿切除的金属层截面的图形,也称拉削方式。它直接决定刀齿负荷分配和加工表面的形成过程。拉削图形影响拉刀结构、拉刀长度、拉削力、拉刀磨损和拉刀使用寿命,也影响拉削表面质量、生产效率和制造成本。因此,设计拉刀时,应首先确定合理的拉削图形。

拉削图形可分为分层式、分块式和综合式3种。

7.2.1 分层式

分层式拉削是一层层地切去拉削余量。根据加工表面形成过程的不同,可分为成形式和渐成式两种。

(1)成形式

成形式(见图7.9)也称同廓式。此种拉刀刀齿的廓形与被加工表面的最终形状一样,最终尺寸则由拉刀最后一个切削齿决定。

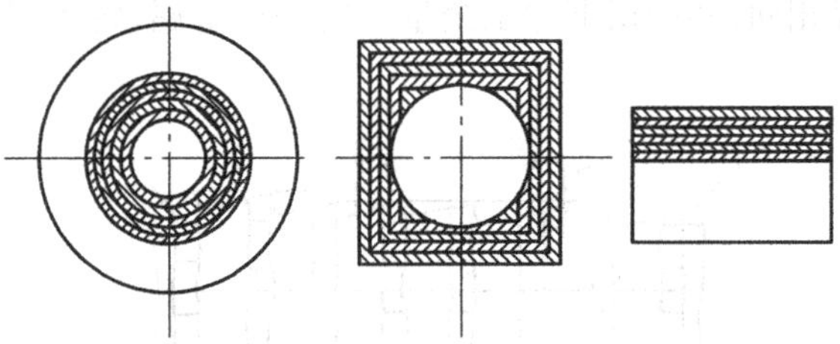

图7.9 成形式拉削图形

采用成形式拉削,每个刀齿都切除一层金属,切削厚度小,切削宽度大,单位拉削力大,在拉削面积相同情况下拉削力大。当拉削余量一定时,所需刀齿数多,拉刀长度长。拉刀过长会给制造带来一定困难,使拉削效率降低。但刀齿负荷小,磨损小,使用寿命长。为了避免出现环状切屑并便于清除,需要在切削齿上磨出分屑槽(见图7.10(a))。但分屑槽与切削刃交接尖角处切削条件差,加剧拉刀磨损,分屑槽也会使切屑出现加强筋(见图7.10(b)),增加切屑卷曲的困难,需要的容屑空间更大。

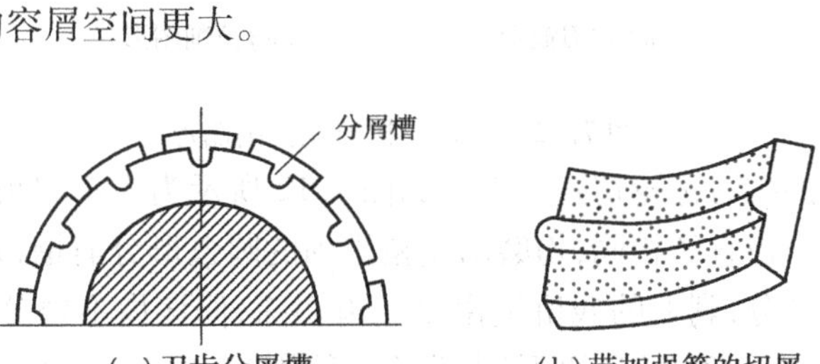

图7.10 成形式刀齿的分屑槽与带加强筋的切屑

采用成形式拉削圆孔、平面等形状简单表面时,由于刀齿廓形简单、制造容易、加工表面粗糙度值小,因而应用较广。当工件形状复杂时,需采用渐成式拉削。

(2)渐成式

渐成式(见图7.11)拉削的刀齿廓形与工件最终形状不同,工件最终形状和尺寸由各刀齿的副切削刃切出的表面连接而成。因此,刀齿可制成圆弧和直线等简单形状,拉刀制造容易。缺点是在工件已加工表面可能出现副切削刃的交接痕迹,工件表面质量较差。键槽、花键槽及多边孔常采用渐成式拉削。

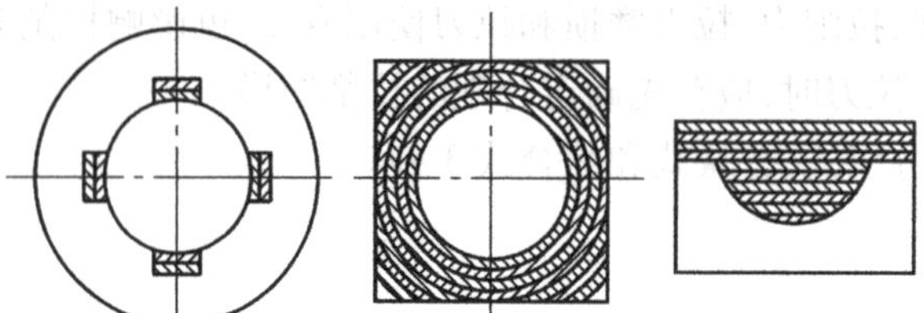

图7.11　渐成式拉削图形

7.2.2　分块式

按分块式(见图7.12)拉削图形设计的拉刀,其切削部分由若干齿组组成,每个齿组中有2~3个刀齿。它们直径相同,共同切下加工余量中的一层金属,每个刀齿仅仅切除该层金属的一部分。

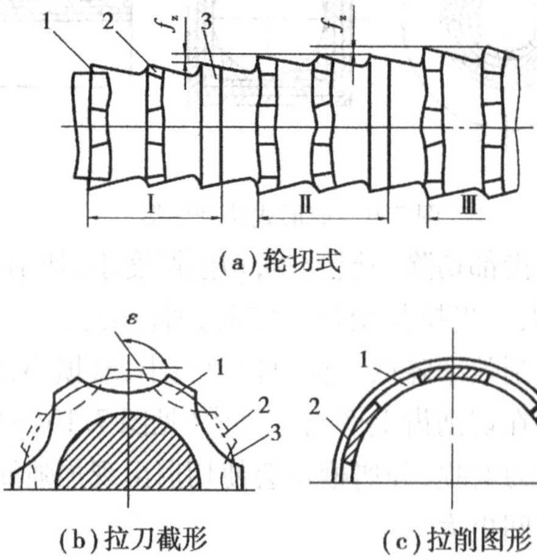

(a)轮切式

(b)拉刀截形　　(c)拉削图形

图7.12　轮切式拉刀及拉削图形

采用分块式拉削的拉刀称轮切式拉刀。如图7.12所示为3个刀齿为一组的圆孔拉刀的外形。其第一齿与第二齿直径相同,均磨出交错排列的圆弧形分屑槽,切削刃相互错开,各切除同一层金属中的一部分,剩下的残留量由第三齿切除,但该齿不磨分屑槽。为避免切削刃与前两齿切成的工件表面摩擦及切下圆环形的整圈切屑,其直径应较前刀齿小0.02~0.05 mm。

分块式拉削主要优点是每一个刀齿参加工作长度较小,因此,在保持相同的切削力的情况下,允许的切削厚度比分层式拉削大得多。在同一拉削量下,所用的刀齿总数减少,拉刀长度大大缩短,生产率提高。由于采用圆弧形分屑槽,切屑不存在加强筋,利于容屑。圆弧形分屑槽能够较容易地磨出较大的槽底后角和侧刃后角,故有利于减轻刀具磨损,提高刀具使用寿命。分块式拉削的主要缺点是加工表面质量不如成形式好。

7.2.3 综合式

综合式(见图7.13)拉削集中了分块式拉削和成形式拉削各自的优点,粗切齿采用不分组的轮切式拉削,精切齿采用成形式拉削,既保持较高的生产效率,又能获得较好的表面质量。

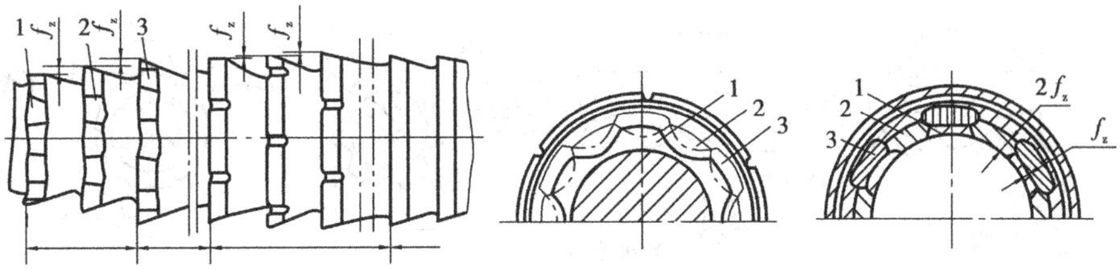

(a)综合式拉刀　(b)拉刀截形　(c)拉削图形

图7.13 综合式拉刀及拉削图形

综合式圆孔拉刀的粗切齿齿升量较大,磨圆弧形分屑槽,前后刀齿分屑槽交错排列。第一个刀齿分块切除圆周上金属层的一半,第二个刀齿比前一个刀齿高出一个齿升量,该刀齿除了切除第二层金属的一半外,还要切去前一个刀齿留下的金属层,第二个刀齿留下的金属层由第三个刀齿切除,如此交错下去切除。粗切齿采用这种拉削方式,除第一个刀齿外,其余粗切齿实际切削厚度都是$2f_z$,粗切齿切除80%以上的加工余量。精切齿齿升量较小,采用成形式拉削,保证了加工表面粗糙度值小。在粗切齿与精切齿之间有过渡齿,齿形与粗切齿相同。

7.3 圆孔拉刀设计

拉刀设计的主要内容有工作部分和非工作部分结构参数设计;拉刀强度和拉床拉力校验;绘制拉刀工作图等。如图7.14所示为综合式圆孔拉刀设计工作图。

7.3.1 工作部分设计

工作部分是拉刀的主要部分,它直接关系到拉削质量、生产率以及拉刀的制造成本。

(1)确定拉削图形

目前我国圆孔拉刀多采用综合式拉削,并已列为专业工具厂的产品。

(2)确定拉削余量A

拉削余量A是拉刀各刀齿应切除金属层厚度的总和。应在保证去除前道工序造成的加工误差和表面破坏层的前提下,尽量减小拉削余量,缩短拉刀长度。

拉削余量A可按下列任一种方法来确定:

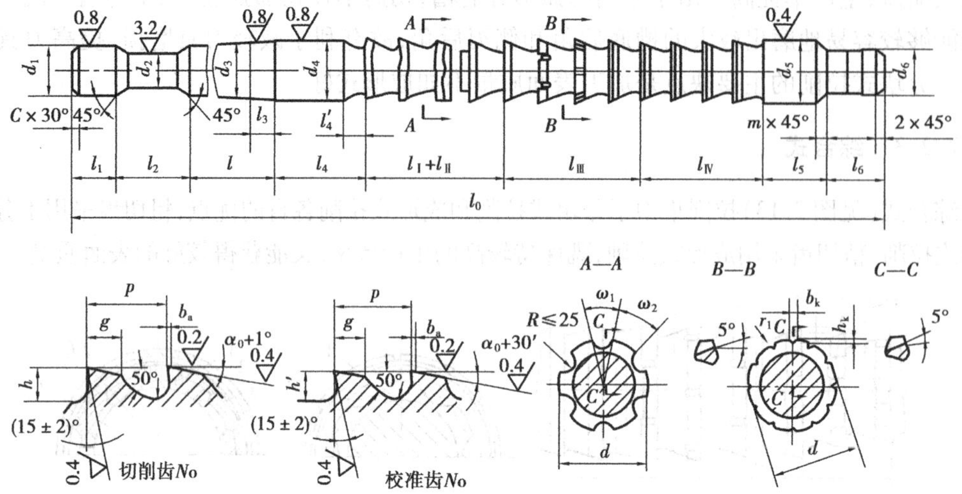

图7.14 综合式圆孔拉刀工作图

①按经验公式计算：

当拉前孔为钻孔或扩孔时

$$A = 0.005d_m + (0.1 \sim 0.2)\sqrt{L} \quad \text{mm} \tag{7.1}$$

当拉前孔为镗孔或粗铰孔时

$$A = 0.005d_m + (0.05 \sim 0.1)\sqrt{L} \quad \text{mm} \tag{7.2}$$

②已知拉前孔径 d_w 和拉后孔径 d_m 时，也可计算为

$$A = d_{m\,max} - d_{w\,min} \tag{7.3}$$

式中 $d_{m\,max}$——拉后孔最大直径，mm；

$d_{w\,min}$——拉前孔最小直径，mm；

L——拉削长度，mm。

(3)**确定齿升量 f_z**

圆孔拉刀的齿升量 f_z 是指相邻两个刀齿(或两组刀齿)的半径差。齿升量越大，切削齿数就越小，拉刀长度越短，拉削生产率越高，刀齿成本相对较低。但齿升量过大，拉刀会因强度不够而降低使用寿命，而且拉削表面质量也不易保证。

齿升量 f_z 应根据工件材质和拉刀的类型确定。拉刀的粗切齿、精切齿和过渡齿的齿升量各不相同。粗切齿齿升量最大，一般不超过 0.15 mm，每个刀齿的齿升量相等，切除整个拉削余量的 80%；为保证切削过程的平稳和提高加工表面质量，并使拉削负荷逐渐减小，齿升量从粗切齿经过过渡齿递减至精切齿。过渡齿的齿升量为粗切齿的 2/5 ~ 3/5，精切齿齿升量最小，一般取 0.005 ~0.025 mm。

确定齿升量的原则是在保证加工表面质量、容屑空间和拉刀强度足够的条件下，尽量选取较大值。圆孔拉刀齿升量可参考表 7.1 选取。

表7.1　圆孔拉刀齿升量f_z/mm

拉刀种类	工件材料			
	钢	铸铁	铝	铜
分层式圆孔拉力	0.015～0.03	0.03～0.08	0.02～0.05	0.05～0.10
综合式圆孔拉力	0.03～0.08	—	—	—

(4)**确定齿距p**

切削部的齿距p过大，同时工作齿数z_e减少，拉削平稳性降低，且增加了拉刀长度，不仅制造成本高，而且降低了生产效率。反之，容屑空间小，切屑容易堵塞；同时工作齿数z_e增加，拉削平稳性增加，但拉削力增大，可能导致拉刀被拉断。为保证拉削平稳和拉刀强度，应选择同时工作齿数z_e为3～8个。

粗齿的齿距p可计算为

$$p = (1.25 \sim 1.9)\sqrt{L} \quad \text{mm} \tag{7.4}$$

式中，系数1.25～1.5用于分层式拉削的拉刀，1.45～1.9用于分块式拉削。

齿距p确定后，同时工作齿数z_e可计算为

$$z_e = \frac{L}{p} + 1(\text{略去小数}) \tag{7.5}$$

计算后对工作齿数进行圆整，且z_e不能小于2。

过渡齿齿距取与粗切齿相同；精切齿齿距选取时，当齿距$p \leqslant 10$ mm时，选择的齿距与粗齿相同，当$p > 10$ mm时，为粗切齿齿距的0.7倍。当拉刀总长度允许时，为了制造方便，也可制成都相等的齿距。为提高拉削表面质量，避免拉削过程中的周期性振动，拉刀也可制成不等齿距。

(5)**确定容屑槽形状和尺寸**

容屑槽是形成刀齿的前刀面和容纳切屑的环状或螺旋状沟槽。拉刀属于封闭式切削，切下的切屑全部容纳在容屑槽内。如果容屑槽没有足够的空间，切削将挤塞其中，影响加工表面质量，甚至损坏拉刀。因此，容屑槽的形状和尺寸应能较宽敞地容纳切屑，并能使切屑卷曲成较紧密的圆卷形状，并保证拉刀的强度和重磨次数。常用的容屑槽形式及容屑槽尺寸，如图7.15及表7.2所示。

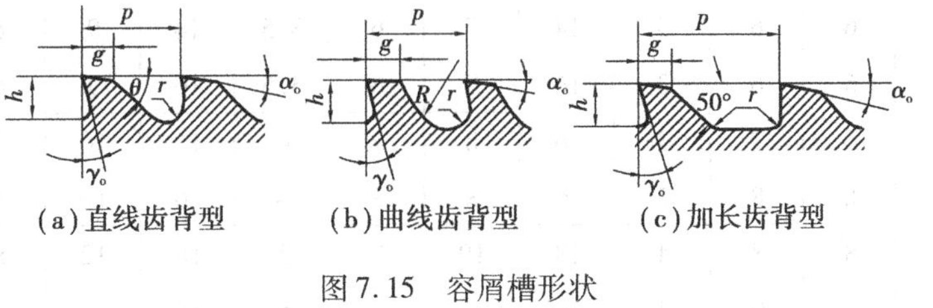

图7.15　容屑槽形状

1)直线齿背型

这种槽形由两段直线(齿背和前刀面)与槽底圆弧r圆滑连接，容屑空间较小，适用于用同廓式拉削方式的拉刀加工脆性材料和普通钢材。

2)曲线齿背型

这种槽形由两段圆弧 R, r 和前刀面组成,容屑空间较大,便于切屑卷曲。深槽或齿距较小或拉削韧性材料时采用。

3)加长齿背型

这种槽形底部由两段圆弧 r 和一段直线组成。此槽有足够的容屑空间,适用于加工深孔或孔内有空刀槽的工件。当齿距 $p>16$ mm 时可选用。

表 7.2　拉刀容屑槽尺寸

粗切齿齿距 p	浅　槽				基本槽				深　槽			
	h	g	r	R	h	g	r	R	h	g	r	R
4	1.5	1.5	0.8	2.5	—	—	—	—	—	—	—	—
1.5	1.5	1.8	0.8	2.5	2	1.5	1	2.5	—	—	—	—
5	1.5	1.5	0.8	3.5	2	1.5	1	3.5	—	—	—	—
5.5	1.5	2	0.8	3.5	2	2	1	3.5	—	—	—	—
6	1.5	2	0.8	3.5	2	2	1	4	2.5	2	1.3	4
7	2	2.5	1	4	2.5	2.5	1.3	4	3	2.5	1.5	5
8	2	3	1	5	2.5	3	1.3	5	3	3	1.5	5
9	2.5	3	1.3	5	3.5	3	1.8	5	4	3	2	7
10	3	3	1.5	7	4	3	2	7	4.5	3	2.3	7
11	3	4	1.5	7	4	4	2	7	4.5	4	2.3	7
12	3	4	1.5	8	4	4	2	8	5	4	2.5	8
13	3.5	4	1.8	8	4	4	2	8	5	4	2.5	8
14	4	4	2	10	5	4	2.5	10	6	4	3	10
15	4	5	2	10	5	5	2.5	10	6	5	3	10
16	5	5	2.5	12	6	5	3	12	7	5	3.5	12
17	5	5	2.5	12	6	5	3	12	7	5	3.5	12
18	6	6	3	12	7	6	3.5	12	8	6	4	12
19	6	6	3	12	7	6	3.5	12	8	6	4	12
20	6	6	3	14	7	6	3.5	12	9	6	4.5	14
21	6	6	3	14	7	6	3.5	14	9	6	4.5	14
22	6	6	3	16	7	6	3.5	16	9	6	4.5	16
24	6	7	3	16	8	7	4	16	10	7	5	16
25	6	8	3	16	8	8	4	16	10	8	5	16
26	8	8	4	18	10	8	5	18	12	8	6	18
28	8	9	4	18	10	9	5	18	12	9	6	18
30	8	10	4	18	10	10	5	18	12	10	6	18
32	9	10	4.5	22	12	10	6	22	14	10	7	22

容屑槽尺寸应满足容屑条件。由于切屑在容屑槽内卷曲和填充不可能很紧密,为保证容屑,容屑槽的有效容积 V_p 必须大于切屑所占体积 V_D,即

$$V_p > V_D$$

或

$$K = \frac{V_p}{V_D} > 1 \tag{7.6}$$

式中 V_p——容屑槽的有效容积;

V_D——切屑体积;

K——容屑系数。

由于切屑在宽度方向变形很小,故容屑系数可用容屑槽和切屑的纵向截面面积比来表示(见图7.16),即

$$K = \frac{A_p}{A_D} = \frac{\frac{\pi h^2}{4}}{h_D L} = \frac{\pi h^2}{4h_D L} \tag{7.7}$$

式中 A_p——容屑槽纵向截面面积,mm^2;

A_D——切屑纵向截面面积,mm^2;

h_D——切削厚度,mm。

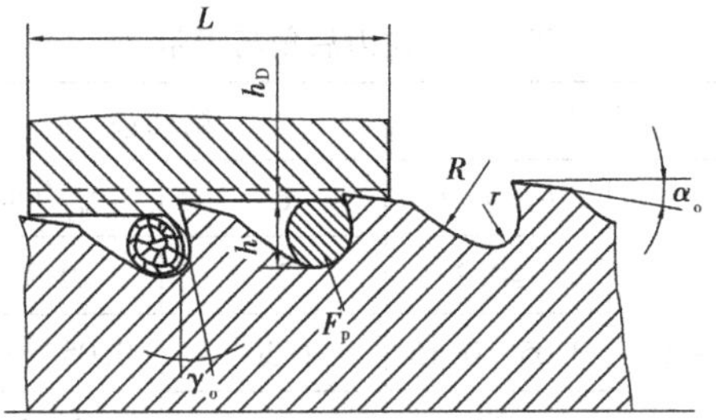

图7.16 容屑槽容屑情况

综合式拉削 $h_D = 2f_z$,其他 $h_D = f_z$。

当许用容屑系数[K]和切削厚度 h_D 已知时,容屑槽深度 h 可计算为

$$h \leqslant \sqrt{[K]h_D L} \quad \text{mm} \tag{7.8}$$

设计拉刀时,许用容屑系数[K]的大小与工件材料性质、切削层截形和拉刀磨损有关。对于带状切屑,当卷曲疏松、空隙较大时,[K]值选大些;脆性材料形成崩碎切屑时,因为较容易充满容屑槽,[K]值可选小些。式(7.8)中的[K]值可从拉刀设计资料中查表选取。

(6)选择几何参数

拉刀的几何参数主要是指其前角 γ_o、后角 α_o 和倒棱宽度 b_a。一般为了提高表面质量和刀具使用寿命,拉刀前角 γ_o 应适当大些,根据加工材料的性能选取,加工塑性材料时,前角选大值;加工脆性材料时,前角选小值(见表7.3)。拉刀后角 α_o 根据切削原理中后角的选择原则,应取较大后角。由于内拉刀重磨前刀面,如后角取很大,刀齿直径就会减小得很快,拉刀使用寿命会显著下降。因此,后角一般选得较小(见表7.4)。为了便于测量刀齿直径和起支撑作用,重磨后又能保持直径不变,在校准齿上作有倒棱。倒棱宽度不宜过大,否则刀齿磨损严重,降低加工表面质量。刃带宽度如表7.4所示。

表 7.3 拉刀前角

工件材料		前角 γ_o	精切齿与校准齿倒棱前角 γ_{o1}	倒棱宽度 b_{r1}/mm
钢	≤197HBS	16°~18°	5°	0.5~1.0
	198~229HBS	15°		
	>229HBS	10°~12°		
铸铁	≤180HBS	8°~10°	-5°	
	>180HBS	5°		
可锻铸铁		10°	5°	0.5~1.0
铜、铝及镁合金,巴氏合金		20°	20°	
青铜,(铝)黄铜		5°	-10°	
一般黄铜		10°	-10°	
不锈铜,耐热奥氏体铜		20°		

表 7.4 拉刀后角与刃带

拉刀类型	粗切齿		精切齿		校准齿	
	α_o	b_{a_1}/mm	α_o	b_{a_1}/mm	α_o	b_{a_1}/mm
圆拉刀	2°30′~4°	≤0.2	2°	0.3	1°	0.3~0.8
花键拉刀		0.05~0.15	1°30′	0.05~0.2		0.5~0.7
键槽拉刀		0.3	2°	0.3~0.5	2°	0.6~1.0
拉削耐热合金的内拉刀	3°~5°	0~0.05	取稍大于校准齿后角值	取稍大于粗切齿刃带宽值	2°~3°	—
拉削钛合金的内拉刀	5°~7°	0~0.05			2°~3°	—

(7)分屑槽

分屑槽的作用在于减小切屑宽度,降低切屑卷曲阻力,便于切屑的卷曲、容纳和清除。拉刀的分屑槽,前后刀齿上应交错磨出。分层式拉刀采用角度形分屑槽(见图 7.17)。分块式拉刀采用圆弧形分屑槽(见图 7.18)。综合式圆拉刀粗切齿、过渡齿采用圆弧形分屑槽,精切齿采用角度形分屑槽。

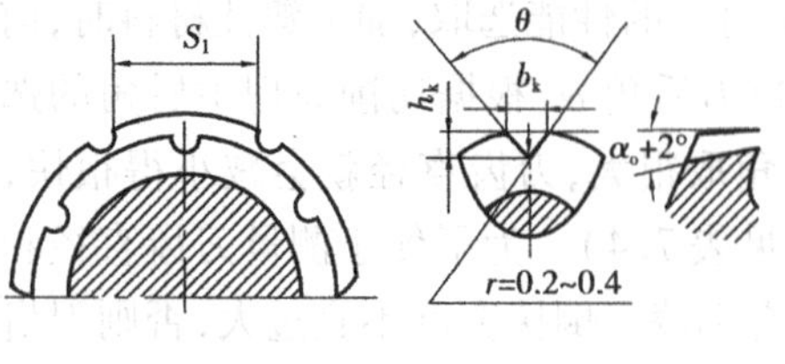

图 7.17 角度形分屑槽

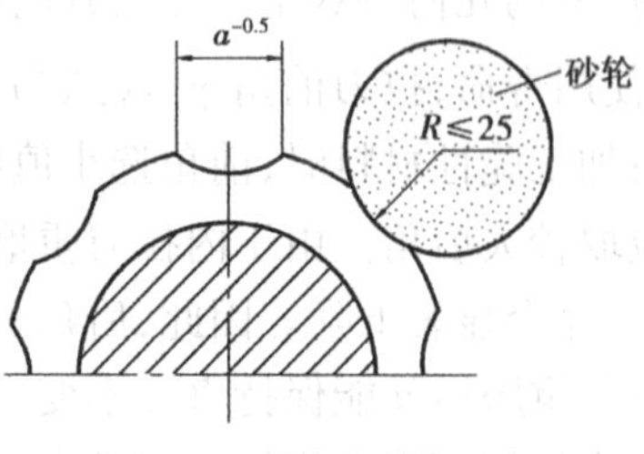

图 7.18 圆弧形分屑槽

设计分屑槽时应需要注意以下问题:

①分屑槽的深度 h_k 必须大于齿升量,否则不起分屑作用。角度形分屑槽 $\theta=90°$,槽宽 $b_k \leqslant 1.5$ mm,深度 $h_k \leqslant 1/2b_k$。圆弧形分屑槽的刃宽略大于槽宽。

②为使分屑槽两侧刃上也具有足够的后角,槽底右角一般不应小于5°,常取为 $\alpha_o+2°$。

③分屑槽槽数 n_k 应保证切屑宽度不太大,使切屑平直易卷曲。为便于测量刀齿直径,槽数 n_k 应取偶数。

④在拉刀最后一个精切齿上不做分屑槽。拉削铸铁等脆性材料时,切屑呈崩碎状,也不必做分屑槽。

分屑槽槽数和尺寸的具体数值可参考有关资料选取。

(8)**确定拉刀齿数和直径**

1)拉刀齿数

根据已选定的拉削余量 A 和齿升量 f_z,可按式(7.9)估算切削齿数 z(包括粗切齿、过渡齿和精切齿的齿数),即

$$z=\frac{A}{2f_z}+(3\sim5) \tag{7.9}$$

估算齿数的目的是为了估算拉刀长度。如拉刀长度超过要求,需要设计成两把或3把一套的成套拉刀。

拉刀切削齿的确切齿数要通过刀齿直径的排表来确定,该表一般排列于工作图的左下侧。过渡齿齿数、精切齿齿数和校准齿齿数可参考表7.5选取。

表7.5 圆孔拉刀过渡齿、精切齿和校准齿齿数

加工孔精度	粗切齿齿升量 f_z/mm	过渡齿齿数	粗切齿齿数	校准齿齿数
IT8—IT7	0.06~0.15	3~5	4~7	5~7
	>0.15~0.3	5~7		
	>0.3	6~8		
IT10—IT9	~0.2	2~3	2~5	4~5
	>0.2	3~5		

2)刀齿直径 d_0

为避免拉削余量不均或工件材料内含有杂质而承受偶然负荷,圆孔拉刀的第一个粗切齿通常没有齿升量。其余粗切齿直径为前一刀齿直径加上2倍齿升量,最后一个精切齿的直径等于校准齿的直径。过渡齿齿升量逐步减少,直到接近精切齿齿升量,其直径等于前一刀齿直径加上2倍实际齿升量。切削齿的直径应保证一定的制造公差,一般取 −0.002 ~ 0.008 mm。

拉刀切削齿直径的排表方法是先确定第一个粗切齿直径和最后一个精切齿直径,再分别按向后和向前的顺序逐齿确定其他切削齿直径。

校准齿无齿升量,各齿直径均相同。为了使拉刀有较高的寿命,取校准齿直径等于工件拉后孔允许的最大直径 $D_{m\max}$。考虑到拉削后孔径可能产生扩张或收缩,校准齿直径 d_{0g} 应

取为

$$d_{0g} = D_{m\max} \pm \Delta \quad \text{mm} \tag{7.10}$$

式中 Δ——拉削后孔径扩张量或收缩量,mm。

收缩时,取"+";扩张时,取"-"。一般取 $\Delta = 0.003 \sim 0.015$ mm,也可通过试验确定。

7.3.2 拉刀其他部分设计

(1)柄部

选择拉刀柄部时,要保证快速装夹和承受最大拉力。头部直径至少要比拉削前的孔径小0.5 mm,并要选择标准值。头部的基本尺寸可查阅相关手册。

(2)颈部及过渡锥

颈部直径可与柄部相同或略小于柄部直径,颈部长度与拉床型号有关(见图7.19)。

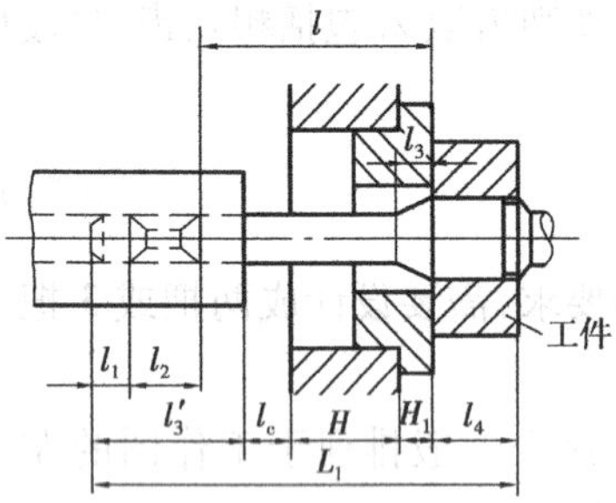

图7.19 拉刀的颈部长度

颈部与过渡锥总长 l 可由下式计算为

$$l = H_1 + H + l_c + (l_3' - l_1 - l_2) \quad \text{mm} \tag{7.11}$$

常用拉床L6110,L6120,L6140有关尺寸如下:

H——拉床床壁厚度,分别为60,80,100 mm;

H_1——花盘厚度,分别为30,40,50 mm;

l_c——卡盘与床壁间隙,分别为5,10,15 mm;

l_3',l_1,l_2——分别取为20,30,40 mm;

l——分别取为125,175,225 mm。

过渡锥 l_3 可根据拉刀直径取为10~20 mm。

拉刀工作图上通常不标注 l 值,而标注柄部顶端到第一刀齿长度 L_1,由图7.19可得

$$L_1 = l_1 + l_2 + l + l_4 \quad \text{mm} \tag{7.12}$$

式中 l_1,l_2——柄部尺寸,mm;

l_4——前导部长度,mm。

(3)前导部与后导部及尾部

前导部长度 l_4 一般可取与拉削长度 L 相等,工件长径比 $L/D > 1.5$ 时,可取 $l_4 = 0.75L$。前导部的直径 $d_{04} = d_{m\max}$,公差按f8查得。

后导部长度可取工件长度的1/2~2/3,但不大于20 mm。当孔内有空刀槽时,后导部的长度应大于工件空刀槽一端拉削长度与空刀槽长度之和。其直径等于或略小于拉削后工件孔的最小直径,公差取f7。

尾部长度一般取为拉后孔径的0.5~0.7倍,直径 d_{06} 等于护送托架衬套孔径。

(4)拉刀总长度 L_0

拉刀总长度受到拉床允许的最大行程、拉刀刚度、拉刀生产工艺水平、热处理设备等因素的限制,一般不超过表7.6所规定的数值。否则,需修改设计或改为两把以上的成套拉刀。

表7.6 圆孔拉刀允许长度/mm

拉刀直径 d_0	12~15	>15~20	>20~25	>25~30	>30~50	>50
拉刀总长度 L_0	600	800	1 000	1 200	1 300	1 600

7.3.3 拉刀强度及拉床拉力校验

(1)拉削力

拉削时,虽然拉刀每个刀齿的切削厚度很薄,但由于同时参加工作的切削刃总长度很长,因此拉削力很大。

综合式圆孔拉刀的最大拉削力 F_{max} 可计算为

$$F_{max} = F_c' \pi \frac{d_0}{2} z_e \qquad N \tag{7.13}$$

式中 F_c'——切削刃单位长度拉削力,N/mm,可由有关资料查得。

对综合式圆孔拉刀应按 $h_D = 2f_z$ 查出 F_c'。

(2)拉刀强度校验

拉刀工作时,主要承受拉应力,可按式(7.14)校验,即

$$\sigma = \frac{F_{max}}{A_{min}} \leqslant [\sigma] \tag{7.14}$$

式中 A_{min}——拉刀危险截面面积,mm^2;

$[\sigma]$——拉刀材料的许用应力,MPa。

拉刀危险截面可能是柄部或第一个切削齿的容屑槽底部截面处。高速钢许用应力 $[\sigma] = 343 \sim 392$ MPa,40Cr 的许用应力 $[\sigma] = 245$ MPa。

(3)拉床拉力校验

拉刀工作时的最大拉削力一定要小于拉床的实际拉力,即

$$F_{max} \leqslant K_m F_m \tag{7.15}$$

式中 F_m——拉床额定拉力,N;

K_m——拉床状态系数,新拉床 $K_m = 0.9$,状态较好的旧拉床 $K_m = 0.8$,状态不好的旧拉床 $K_m = 0.5 \sim 0.7$。

7.3.4 综合式圆孔拉刀设计举例

已知:工件直径 $\phi 50^{+0.025}_{0}$ mm,长度 30 ~ 50 mm,材料 45 钢,220 ~ 250HBS,σ_b = 0.75 GPa。工件图如图 7.20 所示。

拉床为 L6140 型不良状态的旧拉床,采用 10% 极压乳化液,拉削后孔的收缩量为 0.01 mm。

设计步骤如下:

(1)拉刀材料

拉刀材料为 W18Cr4V。

(2)拉削方式

拉削方式为综合式。

(3)几何参数

按表 7.3,取前角 $\gamma_o = 15°$,精切齿与校准齿前刀面倒棱,$b_{\gamma 1} = 0.5 \sim 1$ mm,$\gamma_{o1} = 5°$。按表 7.4,取粗切齿后角 $\alpha_o = 3°$,倒棱宽 $b_{\alpha 1} \leqslant 0.2$ mm,精切齿后角 $\alpha_o = 2°$,$b_{\alpha 1} = 0.3$ mm,校

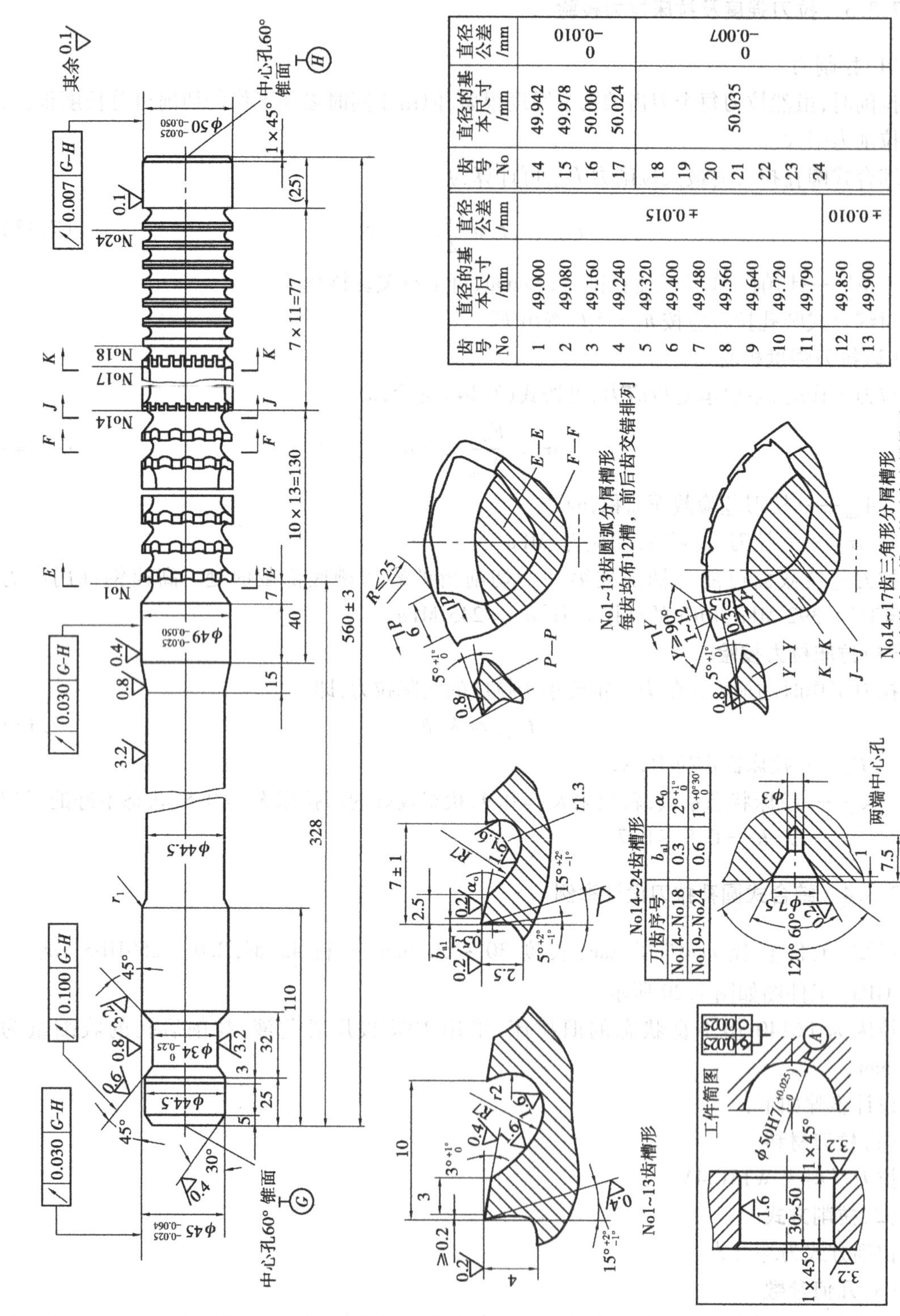

齿号 No	直径的基本尺寸 /mm	直径公差 /mm	齿号 No	直径的基本尺寸 /mm	直径公差 /mm
1	49.000	±0.015	14	49.942	$^{0}_{-0.010}$
2	49.080		15	49.978	
3	49.160		16	50.006	
4	49.240		17	50.024	
5	49.320		18	50.035	$^{0}_{-0.007}$
6	49.400		19		
7	49.480		20		
8	49.560		21		
9	49.640		22		
10	49.720		23		
11	49.790		24		
12	49.850	±0.010			
13	49.900				

刀齿序号	b_{a1}	α_0
No14~No18	0.3	$2^{\circ}{}^{+1^{\circ}}_{0}$
No19~No24	0.6	$1^{\circ}{}^{+0^{\circ}30'}_{0}$

图 7.20　综合式圆孔拉刀及工作图

准齿 $\alpha_o = 1°$, $b_{\alpha1} = 0.6$ mm。

(4)**校准齿直径(以角标x表示校准齿的参数)**

校准齿直径可计算为

$$d_{0x} = d_{m\,max} + \delta$$

式中 δ——伸缩量,取 $\delta = 0.01$ mm。

因此 $$d_{0x} = 50.025\text{ mm} + 0.01\text{ mm} = 50.035\text{ mm}$$

(5)**拉削余量**

当预制孔采用钻削加工时,A的初值为

$$A = 0.005d_m + (0.1 \sim 0.2)\sqrt{L}\text{ mm} = 0.005 \times 50\text{ mm} + 0.1 \times \sqrt{50}\text{ mm} = 0.96\text{ mm}$$

采用 $\phi49$ 钻头,最小孔径为 $d_{w\,mim} = 49$, 拉削余量为

$$A = d_{0x} - d_{w\,min} = 50.035\text{ mm} - 49\text{ mm} = 1.035\text{ mm}$$

(6)**齿升量**

按表7.2,取粗切齿齿升量为 $f_z = 0.04$ mm。

(7)**齿距** p

按式(7.4),粗切齿与过渡齿齿距为

$$p = (1.25 \sim 1.9)\sqrt{L} = 1.5 \times \sqrt{50}\text{ mm} \approx 10\text{ mm}$$

取精切齿与校准齿齿距(用角标j表示精切齿的参数)

$$P_j = P_x = 0.7p = 7\text{ mm}$$

(8)**校验同时工作齿数**

按式(7.5),同时工作齿数为

$$z_{e\,max} = \frac{L_{max}}{p} + 1 = \frac{50}{10} + 1 = 6$$

$$z_{e\,min} = \frac{L_{max}}{p} = \frac{30}{10} = 3$$

满足 $3 \leqslant z_e \leqslant 8$ 的校验条件。

(9)**容屑槽**

①容屑槽形状及尺寸采用曲线齿背型。按表7.2基本槽形,粗切齿与过渡齿取 $h = 4$ mm, $g = 3$ mm, $r = 2$ mm, $R = 7$ mm, 精切齿与校准齿取 $h = 2.5$ mm, $g = 2.5$ mm, $r = 1.3$ mm, $R = 4$ mm,如图7.20所示。

②校验容屑条件:

$$h \geqslant 1.13\sqrt{[K]h_D L} = 1.13\sqrt{[K] \times 2f_z L}$$

查资料可取容屑系数 $K = 2.7$,工件最大长度 $L = 50$ mm,齿升量 $f_z = 0.04$ mm, 则

$$1.13\sqrt{2.7 \times 0.08 \times 50} = 3.71$$

而容屑槽深 $h = 4$ mm,故 $h \geqslant 1.13\sqrt{[K] \times 2f_z \mathrm{L}}$, 校验合格。

(10)**分屑槽**

综合式拉刀粗切齿与过渡齿用弧形分屑槽,精切齿用三角形分屑槽。

查资料可知,当拉刀最小直径 $d_{0\,min} = 49$ mm 时,弧形分屑槽数 $n_k = 12$。槽宽为

$$a = d_{0\min}\sin\frac{90^\circ}{n_k} - (0.3 \sim 0.7)$$

$$= 49\sin\frac{90^\circ}{12} - (0.3 \sim 0.7)$$

$$\approx 6\ \text{mm}$$

当拉刀直径 $d_0 = 50$ mm，三角形分屑槽数为

$$n_k = \left(\frac{1}{7} \sim \frac{1}{6}\right)\pi d_0 \approx 24$$

槽宽 $b = 1 \sim 1.2$ mm，槽深 $h' = 0.5$ mm。

前后齿分屑槽应交错排列。校准齿及最后一个精切齿不做分屑槽。

(11)拉刀齿数和直径

取过渡齿与精切齿齿升量为 0.035，0.030，0.025，0.020，0.015，0.010，0.005 mm。后 4 齿齿升量小于粗切齿齿升量的 1/2 为精切齿，而前 3 个齿为过渡齿。

过渡齿与精切齿切除的余量为

$$A_g + A_j = 2 \times (0.035 + 0.030 + 0.025 + 0.020 + 0.015 + 0.010 + 0.005)\text{mm} = 0.28\ \text{mm}$$

则粗切齿齿数 z_c 为(第一个粗切齿齿升量为零)

$$z_c = \frac{A - (A_g + A_j)}{2f_z} + 1 = \frac{1.035 - 0.28}{2 \times 0.04} + 1 = 10$$

粗切齿、过渡齿及精切齿共切除余量为 $(10-1) \times 2 \times 0.04$ mm + 0.28 mm = 1.0 mm，剩余 0.035 mm 的余量，需增加一个精切齿，调整各精切齿齿升量。各齿直径列于图 7.20 的尺寸表中。共有粗切齿、过渡齿、精切齿、校准齿齿数为 10 + 3 + 5 + 6 = 24 个。

(12)前柄部形状和尺寸

查表选用Ⅱ型-A 式无周向定位面的圆柱形前柄，取 $d_1 = 45$ mm，最小断面处的直径为 $d_2 = 34$ mm。

(13)前导部与后导部

取前导部的直径与长度为

$$l_4 = L = \frac{30 + 50}{2}\ \text{mm} = 40\ \text{mm}$$

$$d_{04} = d_{w\min} = 49\ \text{mm}$$

后导部的直径与长度为

$$l_5 = (0.5 \sim 0.7)L = 25\ \text{mm}$$

$$d_{05} = d_{m\min} = 50.028\ \text{mm}$$

前柄端面至第一齿的距离为

$$L_1' = l_1' + m + B_s + A + l_4$$

查表可知，前柄伸入夹头长度 $l_1' = 110$ mm，m 取 20 mm，$B_s = 100$ mm，$A = 50$ mm，前导部 $l_4 = 40$ mm，则

$$L_1' = 110\ \text{mm} + 20\ \text{mm} + 100\ \text{mm} + 50\ \text{mm} + 40\ \text{mm} = 320\ \text{mm}$$

过渡锥长度取为 15 mm，拉刀直径较小，不设后柄部。

(14)计算和校验拉刀总长

粗切齿与过渡齿的长度为

$$l_6 = p \times (3 + 10) = 10 \times (3 + 10)\text{mm} = 130\text{ mm}$$

精切齿与校准齿的长度为

$$l_7 = p_j \times (5 + 6) = 7 \times (5 + 6)\text{mm} = 77\text{ mm}$$

总长为

$$L = L_1' + l_6 + l_7 + l_5 = 320\text{ mm} + 130\text{ mm} + 77\text{ mm} + 25\text{ mm} = 552\text{ mm}$$

最后取 $L = 560$ mm, L_1' 改为 328 mm。查表 7.6,当拉刀直径为 50 mm 时,允许长度为 1 500 mm,总长校验合格。

(15)校验拉刀强度与拉床载荷

根据式(7.13)可知

$$F_{max} = F_c'\pi\frac{d_0}{2}z_e = 275 \times \frac{50\pi}{2} \times 6 \times 1.27 \times 1.15 \times 1.13 \times 1 \times 1 \times 10^{-3}\text{kN} = 214\text{ kN}$$

柄部最小断面处为危险断面,直径为 ϕ34 mm,面积为

$$A_{min} = \frac{\pi \times 34^2}{4} = 908\text{ mm}^2$$

拉应力为

$$\sigma = \frac{F_{max}}{A_{min}} = \frac{214}{908}\text{GPa} = 0.24\text{ GPa}$$

查表可知 $[\sigma] = 0.35$ GPa,则 $[\sigma] > \sigma$,校验合格。

根据式(7.15)拉床允许的拉力为

$$F_{max} \leqslant K_m F_m = 0.60 \times 400\text{ kN} = 240\text{ kN}$$

由上述可知,拉削力 $F_{max} = 214$ kN,则拉床载荷校验合格。

(16)制订技术条件

①拉刀材料:W18Cr4V。

②拉刀热处理硬度:刀齿及后导部 63 ~66HRC;前导部 60 ~66HRC;前柄部 40 ~52HRC;允许进行表面强化处理。

③No18 ~24 齿外圆直径尺寸的一致性为 0.005 mm,且不允许有正锥度。

④No1 ~16 齿外圆表面对 G-H 基准轴线的径向圆跳动公差 0.030 mm。

⑤No16 ~24 齿外圆表面对 G-H 基准轴线的径向圆跳动公差 0.007 mm。

⑥拉刀各部径向跳动应在同一方向。

⑦拉刀表面不得有裂纹、碰伤、锈迹等影响使用性能的缺陷。

⑧拉刀切削刃应锋利,不得有毛刺、崩刃和磨削烧伤。

⑨拉刀容屑槽表面应磨光,且不得有凹凸不平等影响卷屑效果的缺陷。

⑩在拉刀颈部打印:厂标,ϕ50H7,$\gamma = 15°$, L30 ~50,制造年月,产品编号。

思考题

1. 试述拉削的特点和圆孔拉刀的结构组成。

2. 什么是拉削图形？比较成形式、渐成式、分块式与综合式拉削的特点。

3. 拉刀齿升量与每齿进给量有何区别？齿升量的选择原则是什么？它们对拉削过程有何影响？

4. 为什么在设计拉刀时要考虑容屑系数？容屑系数受哪些因素影响？

5. 拉刀齿距应如何确定？拉刀同时工作齿数对拉削过程有什么影响？

6. 圆孔拉刀前角如何确定？为什么后角值取得很小？

7. 试述拉刀分屑槽的类型和作用。为什么分屑槽槽底后角取得比拉刀后角大？

8. 圆孔拉刀校准齿直径和公差应如何确定？

9. 如果拉刀强度不够应采取什么措施？

10. 怎样重磨圆孔拉刀？重磨时应注意什么问题？

11. 试述综合式圆孔拉刀粗切齿、过渡齿、精切齿和校准齿的用途。

第8章 螺纹刀具

8.1 螺纹刀具的种类

螺纹的种类很多，可采用不同的加工方法和螺纹刀具来加工螺纹。按加工方法不同，螺纹刀具可分为切线法和滚压加工法两大类。

8.1.1 切削螺纹刀具

(1)**螺纹车刀**

螺纹车刀是一种具有螺纹廓形的成形车刀，可用于各种内、外螺纹的加工。螺纹车刀的结构和普通的成形车刀相同，较为简单。齿形制造容易，加工精度较高，通用性好，可用于切削精密丝杆等。但它工作时需多次走刀才能切出完整的螺纹廓形，故生产率较低，常应用于中、小批量及单件螺纹的加工。

(2)**螺纹梳刀**

螺纹梳刀相当于一排多齿螺纹车刀，刀齿由切削部分和校准部分组成(见图8.1)。切削部分做成切削锥，刀齿高度依次增大，以使切削载荷分布在几个刀齿上。校准部分齿形完整，起校准修光作用。

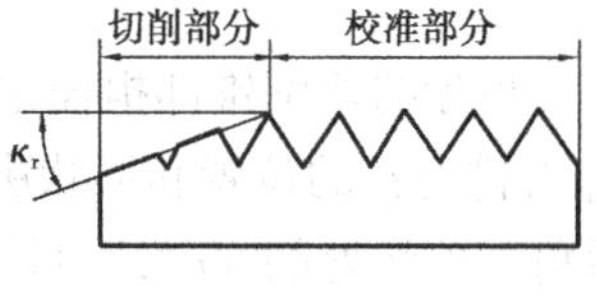

图8.1 螺纹梳刀的刀齿

螺纹梳刀加工螺纹时，梳刀沿螺纹轴向进给，一次走刀就能切出全部螺纹，生产效率比螺纹车刀高。螺纹梳刀的结构形式与成形车刀相同，也有平体、棱体和圆体3种，如图8.2所示。

(3)**丝锥**

丝锥是加工各种内螺纹用的标准刀具之一。它本质上是一个带有纵向容屑槽的螺栓。容屑槽形成切削刃，锥形部分 l_1 为切削部分，后面 l_0 为校准部分，如图8.3所示。丝锥结构简单，使用方便，既可手用，也可在机床上使用，特别在中、小尺寸的螺纹加工中应用广泛。

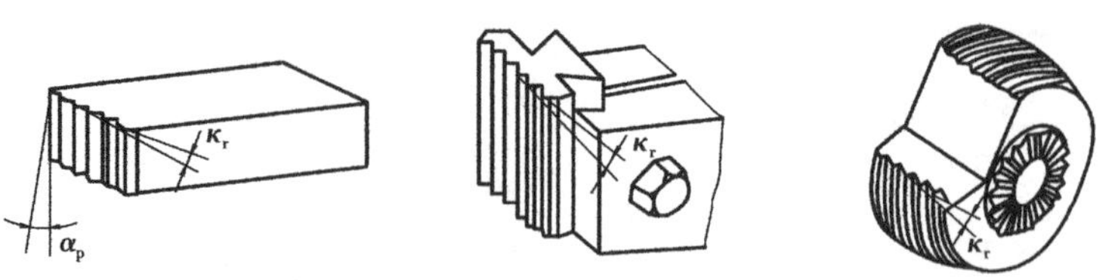

(a)平体螺纹梳刀　(b)棱体螺纹梳刀　(c)圆体螺纹梳刀

图 8.2　螺纹梳刀的结构形式

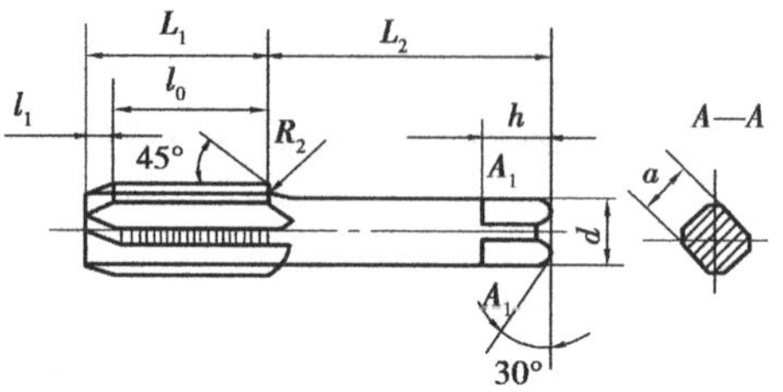

图 8.3　手用丝锥

l_0—校准部分;l_1—切削部分;L_1—工作部分;L_2—柄部

(4)**板牙**

板牙是加工中、小尺寸外螺纹的标准刀具。它可以看成是沿轴向等分开有排屑孔的螺母,在螺母的两端做有切削锥,以便于切入,板牙结构如图 8.4 所示。

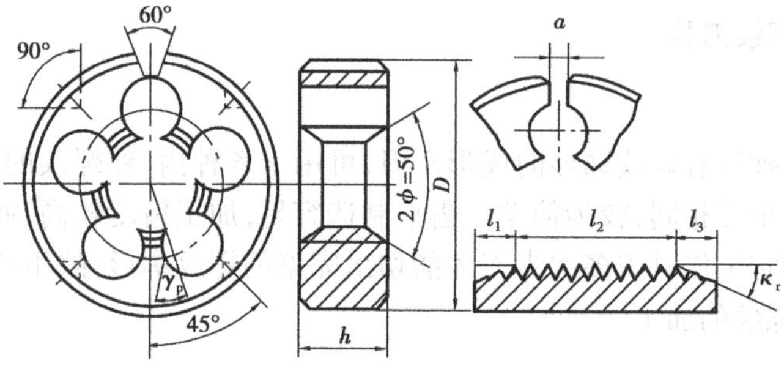

图 8.4　板牙结构

板牙的切削锥部担任主要的切削工作,中间校准部有完整螺纹用于校准和导向。其前角 γ_p 由排屑孔的位置和形状决定,切削锥部后角 α_p 由铲磨得到,校准部齿形是完整的,但不磨后角。外缘处的 60 °缺口槽是在板牙磨损后将其磨穿,以借助两侧的两个 90°的沉头锥孔来调整板牙尺寸。另外两个 90°的沉头锥孔是用来夹持板牙的。板牙的螺纹表面是内表面,难于磨削,热处理产生的变形等缺陷无法消除,因而它仅用于加工精度 h8—h6 和表面质量要求不高的螺纹。

(5)**螺纹铣刀**

螺纹铣刀是用铣削方式加工内、外螺纹的刀具。按结构的不同,可分为盘形螺纹铣刀、梳形螺纹铣刀和高速铣削(螺纹)刀盘等。

1)盘形螺纹铣刀

盘形螺纹铣刀用于铣切螺距较大、长度较长的螺纹,如单头或多头的梯形螺纹和蜗杆等

(见图 8.5(a))。加工时,铣刀轴线相对工件轴线倾斜一个工件螺纹升角 λ。铣刀回转的同时沿工件轴向移动,工件则慢速转动,二者配合形成螺旋运动。盘形螺纹铣刀是加工成形螺旋槽表面的成形铣刀,按螺旋槽表面加工原理工作,铣刀廓形应是曲线。但由于曲线刃制造困难,生产中通常将铣刀廓形做成直线,因而加工的螺纹廓形将产生误差。因此,盘形螺纹铣刀主要用于加工精度不高的螺纹或作为精密螺纹的粗加工。

2)梳形螺纹铣刀

梳形螺纹铣刀刀齿呈环状,铣刀工作部分长度比工件螺纹长度稍长(见图 8.5(b))。加工时,铣刀轴线与工件轴线平行,铣刀快速回转作切削运动,工件缓慢转动的同时还沿轴向移动,铣刀切入工件后,工件回转一周,铣刀相对工件轴向移动一个导程。梳形螺纹铣刀生产效率较高,用于专用螺纹铣床上加工一般精度、螺纹短而螺距不大的三角形内、外圆柱以及圆锥螺纹。

3)高速铣削(螺纹)刀盘

高速铣削刀盘加工螺纹的方法又称旋风铣(见图 8.5(c)),利用装在回转刀盘上的几把硬质合金切刀进行高速铣削各种内、外螺纹。旋风铣螺纹是在改装的车床或专用机床上进行的,多用于成批生成中大螺距螺杆和丝杠加工,其特点是切削平稳、生产效率高、刀具使用寿命长,但加工精度不高,一般为 7 ~8 级,表面粗糙度 R_a 为 0.8 μm。

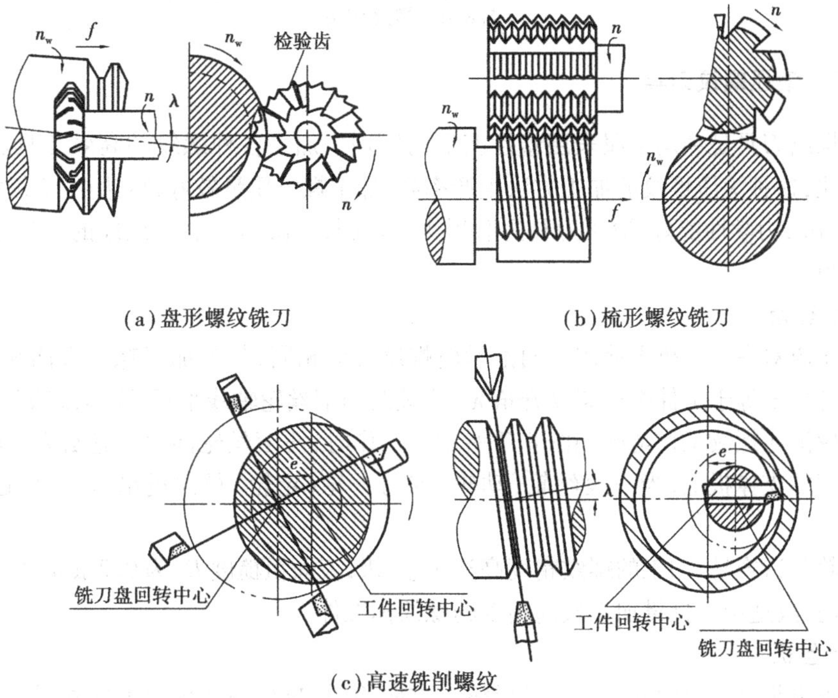

图 8.5　螺纹铣刀

(6)螺纹切头

螺纹切头是一种高生产率、高精度的螺纹刀具(见图 8.6)。它有切削外螺纹用的自动板牙切头和切削内螺纹用的自动开合丝锥两种。

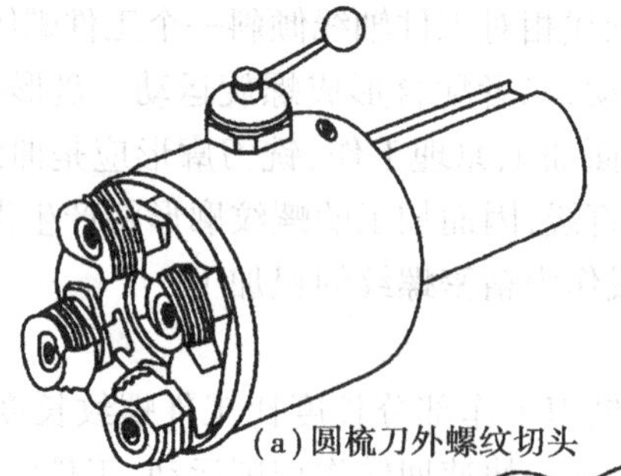

(a)圆梳刀外螺纹切头

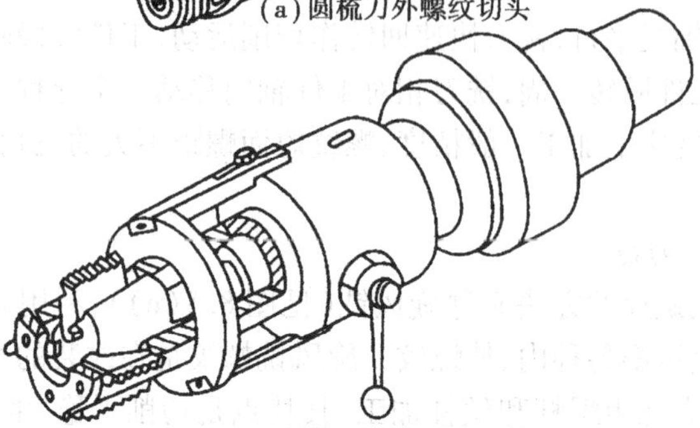

(b)平梳刀径向开合丝锥

图8.6 螺纹切头

8.1.2 滚压螺纹刀具

滚压螺纹刀具是利用金属表层塑性变形的原理来加工各种螺纹的高效工具。与切削螺纹刀具相比,这种滚压螺纹的加工方法生产率高,加工螺纹质量较好,可达4~7级精度,R_a为0.8~0.2 μm;力学性能好,滚压刀具的磨损小,寿命长。滚压法加工螺纹的刀具主要有滚丝轮和搓丝板。

(1)滚丝轮

滚丝轮成对在滚丝机上使用。两滚丝轮螺纹方向相同,与被加工螺纹方向相反;滚丝轮中径螺纹升角τ等于工件中径螺纹升角λ。安装时两滚丝轮轴线平行,而齿纹错开半个螺距。

滚丝轮滚压螺纹工作情况如图8.7所示。工作时,两滚丝轮同时等速旋转,工件放在两滚丝轮之间的支撑板上,当一滚丝轮(动轮)向另一轮(定轮)径向进给时,工件逐渐被压出螺纹。

滚丝轮制造容易,加工的螺纹精度高达4~5级,表面粗糙度R_a为0.2 μm,生产效率也比切削加工高,故适用于批量加工较高精度的螺纹标准件。

(2)搓丝板

搓丝板也是成对使用的。两搓丝板螺纹方向相同,与被加工螺纹方向相反,斜角等于工件中径螺纹升角。两板必须严格平行,齿纹应错开半个螺距。搓丝板工作情况如图8.8所示。静板固定在机床工作台上,动板则与机床滑块一起沿工件切向运动。当工件进入两块搓丝板之间,立即被夹住,使之滚动,搓丝板上凸起的螺纹逐渐压入工件而形成螺纹。

搓丝板与滚丝轮相比,生产效率高,但加工精度较低。由于搓丝行程的限制,故只用于加工直径小于24 mm的螺纹。

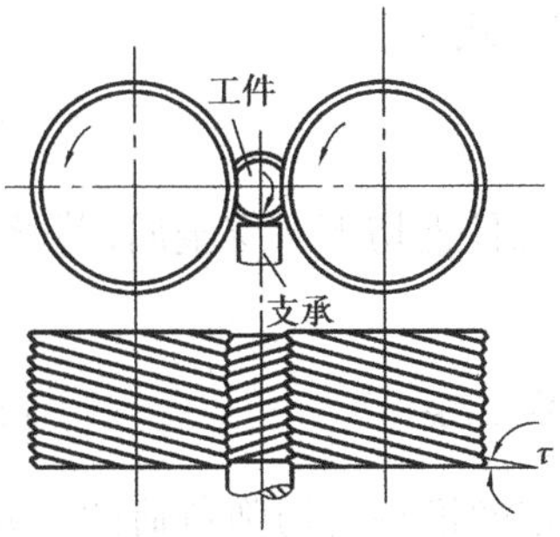

图8.7　滚压螺纹

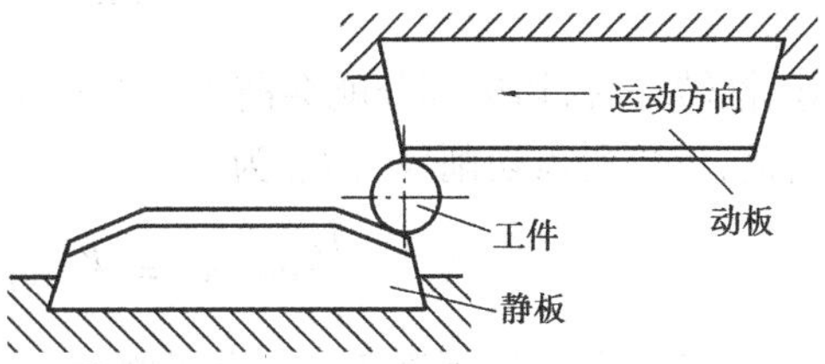

图8.8　搓丝

8.2　丝　锥

丝锥是使用最广泛的内螺纹标准刀具之一。对于中小尺寸的螺孔而言,丝锥甚至是唯一的加工刀具。丝锥的种类很多,按用途和结构不同,主要有手用丝锥、机用丝锥、螺母丝锥、拉削丝锥、梯形螺纹丝锥、管螺纹丝锥及锥螺纹丝锥等。

(1)**丝锥的结构**

丝锥的主体结构是相同的,都由工作部分和柄部两部分组成。如图8.9所示为常用丝锥结构。

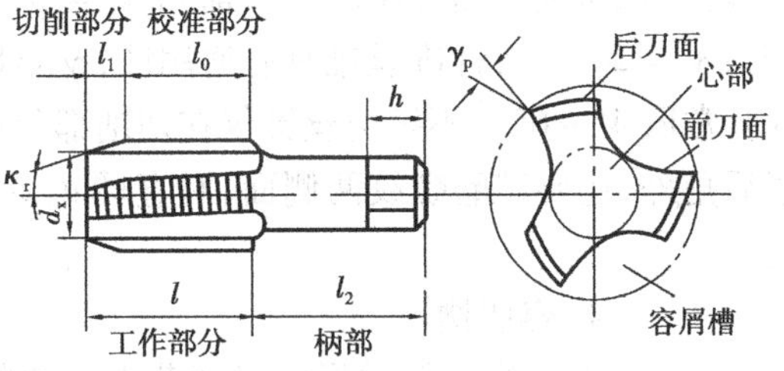

图8.9　丝锥结构

工作部分由切削部分 l_1 和校准部分 l_0 组成。切削部分担负螺纹的切削工作;校准部分用以校准螺纹廓形,并在丝锥前进时起导向作用;柄部用来夹持丝锥并传递攻丝扭矩。

1)切削部分

丝锥切削部分是切削锥,切削锥上的刀齿齿形不完整,后一刀齿比前一刀齿高,逐齿排列,使切削负荷分布在几个刀齿上。如图8.10所示为丝锥切削时的情况。

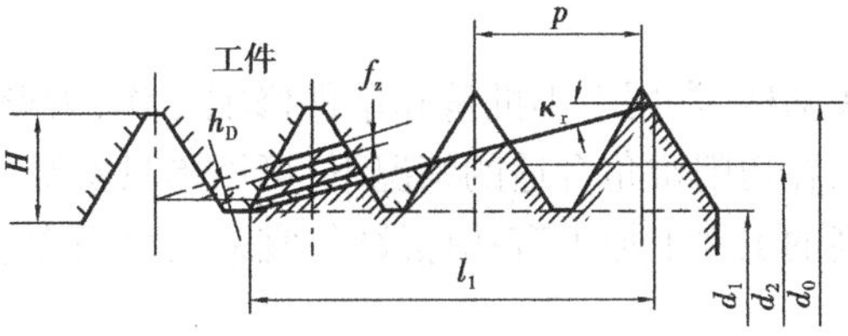

图8.10　丝锥切削部分及切削情况

当螺纹高度 H 确定后，切削锥角 κ_r 与切削锥长度 l_1 的关系式为

$$\tan \kappa_r = \frac{H}{l_1} \tag{8.1}$$

当丝锥转一转，切削部分就会前进一个螺距，每个刀齿从工件上切下一层金属，若丝锥有 z 个容屑槽，丝锥每齿切削厚度 h_D 为

$$h_D = \frac{f_Z}{z}\cos \kappa_r = \frac{p}{z}\tan \kappa_r \cos \kappa_r = \frac{p}{z}\sin \kappa_r \tag{8.2}$$

由式(8.2)可知，切削锥角 κ_r、容屑槽数 z 和螺距 p 是确定丝锥每齿切削负荷的三要素。对于同一规格丝锥，螺距 p 是常数，容屑槽数 z 受丝锥结构尺寸限制，一般也是确定值。因此，丝锥每个刀齿的切削厚度主要取决于切削锥角 κ_r 的大小。锥角 κ_r 小，切削锥长度 l_1 增加，每齿切削厚度 h_D 减小，即刀齿切削负荷减小；锥角 κ_r 大，切削锥长度 l_1 减小，每齿切削厚度 h_D 增加，螺纹加工表面粗糙度值增加，但单位切削力可减小。

一般应使每齿切削厚度 h_D 不小于丝锥切削刃钝圆半径 r_n。加工钢件时取 $h_D = 0.02 \sim 0.05$ mm，加工铸铁时 $h_D = 0.04 \sim 0.07$ mm。

2)校准部分

校准部分刀齿有完整齿形。为了减小切削时的摩擦，校准部分外径和中径应做出倒锥。铲磨丝锥的倒锥量在 100 mm 长度上为 0.05 ~0.12 mm，不铲磨丝锥为 0.12 ~0.20 mm。

3)前角 γ_p 与后角 α_p

丝锥的前角和后角都在端平面内标注和测量。切削部分和校准部分的前角相同。前角大小根据被加工材料的性能选择，如加工钢材时，可取前角 $\gamma_p = 5° \sim 13°$；加工铝合金时，$\gamma_p = 12° \sim 14°$；加工铸铁时，$\gamma_p = 2° \sim 4°$；标准丝锥具有通用性，$\gamma_p = 8° \sim 10°$。

后角 α_p 是铲磨出来的，常取 4° ~6°。不铲磨丝锥仅在切削部分铲磨出齿顶后角；磨齿丝锥除在切削部分齿顶铲磨后角外，还要铲磨螺纹两侧面；对直径 $d_0 > 10$ mm，$p > 1.5$ mm 的丝锥，校准齿侧面也要铲磨。

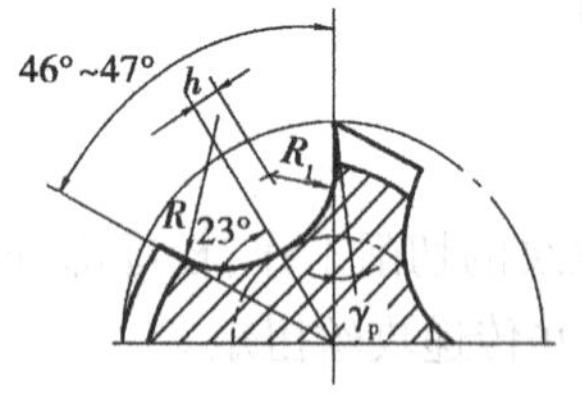

图 8.11　常用丝锥容屑槽槽形

4)容屑槽

丝锥容屑槽槽形应保证获得合适的前角，容屑空间大且使切削卷曲排出顺利；还应在丝锥倒旋时，刃背不会刮伤已加工表面。如图 8.11 所示为常用丝锥容屑槽形。容屑槽槽数 z 就是每一圈螺纹上的刀齿数。槽数少，则容屑空间大，切屑不易堵塞，刀齿强度也高，且每齿切削厚度大，单位切削力和扭矩减小。生产中，常用三槽或四槽，大直径丝锥用六槽。

(2)典型丝锥简介

1)手用丝锥

手用丝锥刀柄为方头圆柄，常用于小批量和单件修配工作，齿形不铲磨(见图 8.12)。对于中、小规格的通孔丝锥，在切削锥角合适的情况下，可用单只丝锥一次加工完成。当螺纹直径较大和在材料强度较高的工件上加工盲孔螺纹时，宜采用由两支或 3 支组成的丝锥组依次进行切削。

由于手用丝锥切削速度很低，故常用优质碳素工具钢 T12 或合金工具钢 9SiCr 制造。

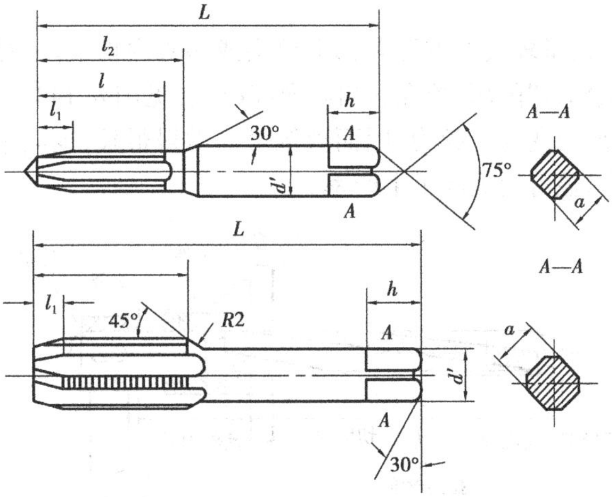

图 8.12　手用丝锥

2)机用丝锥

机用丝锥是用于机床上加工螺纹的丝锥。柄部除有方头外,还有一环形槽以防止丝锥从夹头中脱落。机用丝锥的螺纹齿形经铲磨。因机床传动扭矩大、导向性好,故常用单支丝锥加工。当螺纹直径较大或工件材料加工性差或加工盲孔时,需用成组丝锥。由于切削速度高,故多用高速钢制造。

3)螺母丝锥

螺母丝锥是指专用于机床上加工螺母的丝锥。它有直柄和弯柄之分,其加工情况如图 8.13 所示。长柄螺母丝锥加工完的螺母可套在柄上,待螺母穿满后,停机将螺母取下。弯柄螺母丝锥用于专用攻丝机上。工作时,由自动上料机构将螺母毛坯送到旋转的丝锥切削锥端部,加工好的螺母依次沿丝锥弯柄移动,最后从柄部落下。

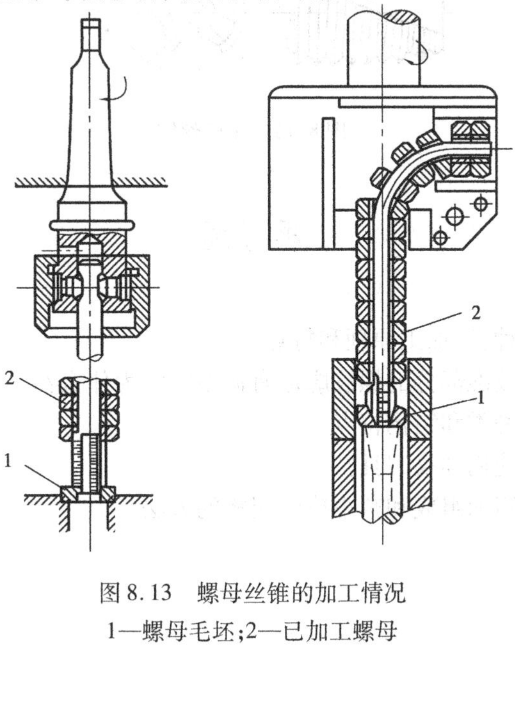

图 8.13　螺母丝锥的加工情况

1—螺母毛坯;2—已加工螺母

4)拉削丝锥

拉削丝锥用来加工余量较大的方形和梯形单头或多头内螺纹。拉削丝锥兼有拉刀和丝锥的结构,由前导部、颈部、切削部、校准部和后导部组成(见图8.14)。拉削丝锥工作时改变了轴向受力状态,由受压力变为受拉力,因而丝锥可以做得很长,也能平稳工作,在一次走刀中即能将螺纹加工完毕,显著地提高了生产率。

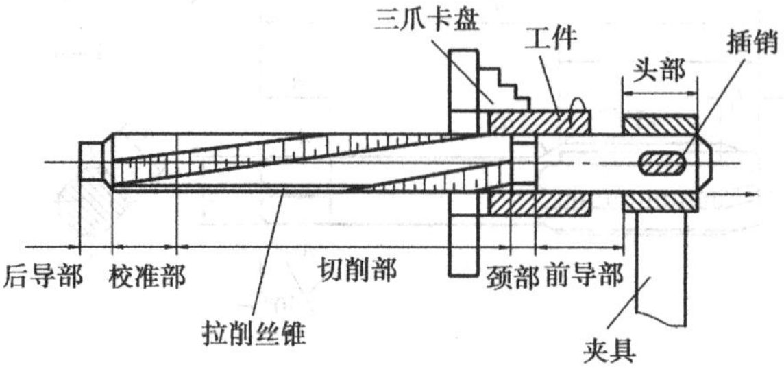

图8.14　拉削丝锥结构

5)短槽丝锥

短槽丝锥的轴向不开通槽,只在前端开有短槽(见图8.15)。丝锥上的短槽与轴线倾斜8°~15°,槽底向前倾斜6°~15°。因槽不开通,故丝锥强度高。其切削部分用来切削,校准部分用来挤压。它适用于加工铜、铝、不锈钢等韧性材料。

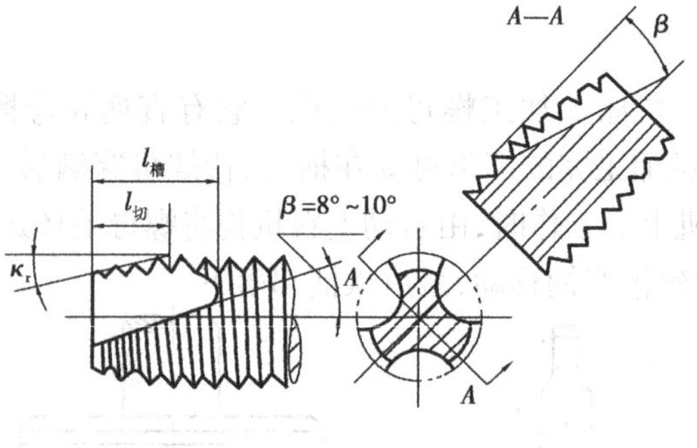

图8.15　短槽丝锥

思考题

1.试述螺纹铣刀的种类、加工原理和特点。

2.丝锥切削部分与校准部分的螺纹廓形有何不同?为什么?

3.试述螺纹刀具的种类和结构特点。

4.如何正确选择和使用螺纹刀具?

5.试述丝锥攻丝扭矩的组成和减小攻丝扭矩的方法。

第9章 齿轮刀具

齿轮刀具是指切削各种齿轮、蜗轮、链轮和花键等齿廓形状的刀具。由于现代工业需用齿轮的种类很多,其生产批量和质量的要求以及加工方法又各不相同,故所用齿轮刀具的种类也很多,其中包括齿轮滚刀、插齿刀和剃齿刀等。本章主要讲述齿轮滚刀、蜗轮滚刀、插齿刀、剃齿刀及非渐开线齿轮刀具的工作原理、类型与结构参数的确定和合理使用。

9.1 齿轮刀具的主要类型

齿轮的种类很多,加工要求又各有不同,因此,齿轮刀具的品种极其繁多。它通常按加工齿轮的品种和加工原理来分类。

9.1.1 按被加工齿轮的类型分类

①加工渐开线圆柱齿轮的刀具。如齿轮铣刀、插齿刀、梳齿刀、齿轮滚刀及剃齿刀等。

②加工蜗轮的刀具。如蜗轮滚刀、飞刀和蜗轮剃齿刀等。

③加工锥齿轮的刀具。如加工直齿锥齿轮的成对刨刀和成对铣刀,加工弧齿和摆线齿锥齿轮的铣刀盘等。

④加工非渐开线齿形工件的刀具。如花键滚刀、圆弧齿轮滚刀、棘轮滚刀、花键插齿刀及展成车刀等。

9.1.2 按加工原理分类

(1)成形齿轮刀具

这类刀具的切削刃廓形与被加工的直齿齿轮端剖面内的槽形相同。这类刀具中有盘形齿轮铣刀、指形齿轮铣刀、齿轮拉刀、插齿刀盘等。用盘形或指形齿轮铣刀加工斜齿齿轮时,工件齿槽任何剖面中的形状都不与刀具的廓形相同,工件的齿形是由刀具的切削刃在相对于工件运动过程中包络而成的,这种加工方法称为无瞬心包络法。但由于这些刀具的结构和成形齿轮刀具相同,故也将它们归纳在成形齿轮刀具中。

1)盘形齿轮铣刀

如图9.1(a)所示为一把盘形齿轮铣刀,可加工直齿与斜齿轮。工作时,铣刀旋转并沿齿槽方向进给,铣完一个齿后进行分度,再铣第二个齿。盘形齿轮铣刀加工精度不高,效率也较低,适合单件小批量生产或修配工作。

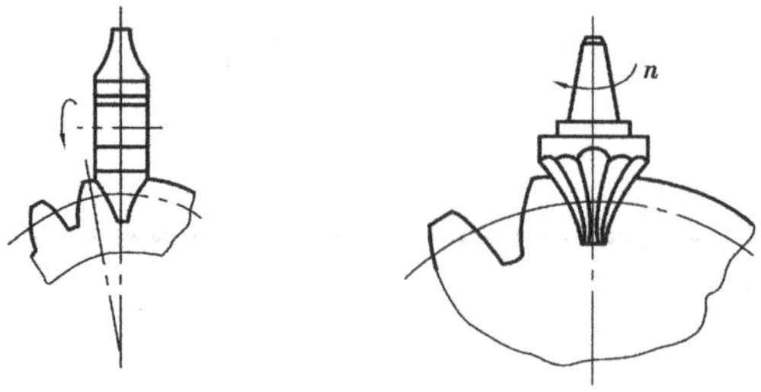

(a)盘形齿轮铣刀　　(b)指形齿轮铣刀

图9.1　成形齿轮刀具

2)指形齿轮铣刀

如图9.1(b)所示为一把指形齿轮铣刀。工作时,铣刀旋转并进给,工件分度。这种铣刀适合于加工大模数的直齿、斜齿轮,并能加工人字齿轮。

(2)展成齿轮刀具

这类刀具切削刃的廓形不同于被切齿轮任何剖面的槽形,切齿时除主运动外,还需有刀具与齿坯的相对啮合运动,称展成运动。工件齿形是由刀具齿形在展成运动中的若干包络切削形成的。用这类刀具加工齿轮时,刀具本身好像也是一个齿轮,它和被加工的齿轮各自按啮合关系要求的速比转动,而由刀具齿形包络出齿轮的齿形。这类刀具有齿轮滚刀、插齿刀、梳齿刀、剃齿刀、加工非渐开线齿形的各种滚刀、蜗轮刀具及锥齿轮刀具等。展成齿轮刀具的一个基本特点是通用性比成形齿轮刀具好,也就是说,用同一把展成齿轮刀具,可加工模数和齿形角相同而齿数不同的齿轮,也可用标准刀具加工不同变位系数的变位齿轮,因此刀具通用性较广。通过机床传动链的配置实现连续分度,加工精度与生产率较高。在成批加工齿轮时被广泛使用。较典型的展成切齿刀具如图9.2所示。

如图9.2(a)所示为齿轮滚刀的工作情况。滚刀相当于一个开有容屑槽的、有切削刃的蜗杆状的螺旋齿轮。滚刀与齿坯啮合的传动比由滚刀的头数和齿坯的齿数所决定,在展成滚切过程中切出齿轮齿形。滚齿可对直齿或斜齿轮进行粗加工或半精加工。

如图9.2(b)所示为插齿刀的工作情况。插齿刀相当于一个有前后角的齿轮。插齿刀与齿坯啮合的传动比由插齿刀的齿数和齿坯的齿数所决定,在展成滚切过程中切出齿轮齿形。

如图9.2(c)所示为剃齿刀的工作情况。剃齿刀相当于齿侧面开有容屑槽形成切削刃的螺旋齿轮。剃齿时剃齿刀带动齿坯滚转,相当于一对螺旋齿轮的啮合运动。在一定啮合压力下剃齿刀与齿坯沿齿面的滑动将切除齿侧的余量,完成剃齿工作。剃齿刀一般用于齿轮的精加工。

如图9.2(d)所示为弧齿锥齿轮铣刀盘的工作情况。这种铣刀盘是专用于铣切螺旋锥齿的刀具。例如,加工汽车后桥传动齿轮就必须使用这类刀具。铣刀盘高速旋转是主运动,刀盘上刀齿回转的轨迹相当于假设平顶齿轮的一个刀齿，这个平顶齿轮由机床摇台带动与齿坯作展成啮合运动，切出被切齿坯的一个齿槽，然后齿坯退回分齿，摇台反向旋转复位，再展成切削第二个齿槽，依次完成弧齿锥齿轮的铣切工作。

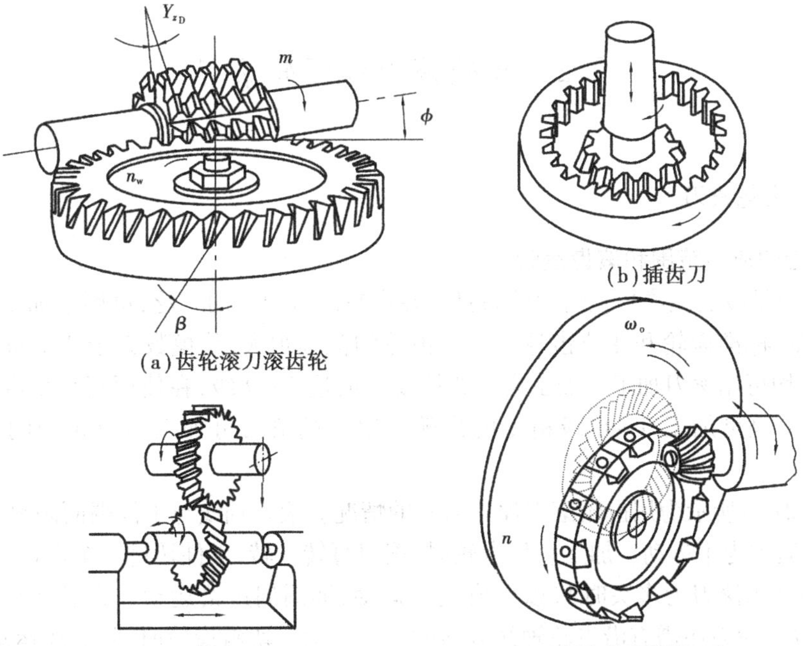

(a)齿轮滚刀滚齿轮　(b)插齿刀　(c)剃齿刀　(d)弧齿锥齿轮铣刀盘

图9.2　展成法切齿

9.1.3　齿轮刀具的选用

根据不同的生产要求和条件，选用合适的齿轮刀具是很重要的。在以上所说的各类齿轮刀具中，以加工渐开线圆柱齿轮的刀具应用最广泛。而在这类刀具中，又以齿轮滚刀最为常用，因为它的加工效率较高，也能保证一般齿轮的精度要求，而且它既能加工外啮合的直齿齿轮，也能加工外啮合的斜齿齿轮。

插齿刀的优越性主要在于既可加工外啮合齿轮，也能加工内啮合齿轮，还能加工有台阶的齿轮如双联齿轮、三联齿轮和人字齿轮等。但因其切削方式是插削，所以加工直齿齿轮需用直齿插齿刀，而加工斜齿齿轮需用斜齿插齿刀。插齿刀特别能加工内齿轮及无空刀槽的人字齿轮，故在齿轮加工中应用很广。

经过滚齿和插齿的齿轮，如果需要进一步提高加工精度和降低表面粗糙度，可用剃齿刀来进行精加工。

孔径小的内齿轮或渐开线花键孔，用拉刀来拉削是唯一的加工方法，这不但能保证高效率和高精度，而且能得到光洁的齿面。

对于精度要求不高的单件或小批量齿轮，采用盘形齿轮铣刀加工是比较方便和经济合算的。对于模数和直径特别大的齿轮，用指形齿轮铣刀加工，可以起到“蚂蚁啃骨头”的作用。

在锥齿轮刀具中，成对刨刀是多年来加工直齿锥齿轮的基本刀具，由于其加工效率不高，现已被成对盘铣刀代替，在生产批量较大的情况下，还可采用效率更高的拉铣刀盘来加工。收缩齿的弧齿锥齿轮和准双曲线齿轮，一般是用弧齿锥齿轮铣刀盘加工，而等高齿和摆线齿的锥齿轮，则需用摆线齿锥齿轮铣刀盘（俗称奥里康铣刀盘）来加工。

9.2 齿轮滚刀和蜗轮滚刀

9.2.1 齿轮滚刀

（1）滚齿的应用范围和滚齿运动

齿轮滚刀是按展成法加工齿轮的刀具。在齿轮制造中应用广泛，可用来加工外啮合的直齿轮、斜齿轮、标准齿轮和变位齿轮。加工齿轮的范围很大，从模数大于 0.1 mm 到小于 40 mm 的齿轮，均可用滚刀加工。加工齿轮的精度一般达 7 ~ 9 级，在使用超高精度滚刀和严格的工艺条件下也可加工 5 ~ 6 级精度的齿轮。用一把滚刀可加工模数相同的任意齿数的齿轮。

如图 9.2（a）所示为用齿轮滚刀加工齿轮的情况。滚刀轴线与工件端面倾斜一个角度 ϕ，滚刀的旋转运动为主运动。加工直齿齿轮时，滚刀每转一转，工件转过一个齿（当滚刀为单头时）或数个齿（当滚刀为多头时），以形成展成运动，即圆周进给运动。为了能在齿轮的全齿宽上切出牙齿，滚刀还需有沿齿轮轴线方向的进给运动。切斜齿轮时，除上述运动外，还需给工件一个附加的转动。

（2）齿轮滚刀的基本蜗杆

齿轮滚刀一般是指加工渐开线齿轮用的滚刀，它是按螺旋齿轮啮合原理加工齿轮的，由于被它加工的齿轮是渐开线齿轮，因此，它本身也应具有渐开线齿轮的几何特性。齿轮滚刀外貌不像齿轮，实际上它是仅有一个齿（或两三个齿）且齿很长而螺旋角又很大（一般为 80°以上，接近 90°）的斜齿圆柱齿轮。因为它的齿很长而螺旋角又很大，可绕滚刀轴线转好几圈，因此从外貌上看，它很像一根蜗杆，如图 9.3 所示。

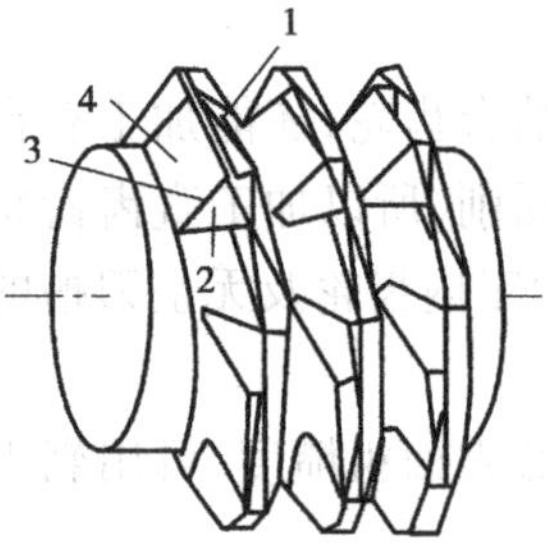

图 9.3 齿轮滚刀的基本蜗杆

1—顶后面；2—刀前面；3—切削刃；4—侧后刀面

为了使这个蜗杆能起切削作用，须沿其长度方向开出很多容屑槽（直槽或螺旋槽），因此把蜗杆上的螺纹割成许多较短的刀齿，并产生了前刀面 2 和切削刃 3，每个刀齿有一个顶刃和两个侧刃。为了使刀齿有后角，还要用铲齿方法铲出侧后刀面 4 和顶后刀面 1，但是各个刀齿的切削刃必须位于这个相当于斜齿圆柱齿轮蜗杆的螺纹表面上，因此这个蜗杆就称为滚刀的基本蜗杆。基本蜗杆的螺纹通常做成右螺旋的，有时也做成左螺旋的。

基本蜗杆的螺纹表面若是渐开螺旋面，则称为渐开线基本蜗杆，而这样的滚刀称为渐开线滚刀。用这种滚刀可切出理论上完全理想的渐开线齿形。但这种滚刀制造困难。生产中很少采用，而是采用易于制造的近似齿形滚刀，如阿基米德滚刀和法向直廓滚刀，它们的基本蜗杆螺纹表面是阿基米德螺旋面和法向直廓螺旋面。这两种螺纹表面在端剖面中的截形不是渐开线,而是阿基米德螺旋线和延长渐开线。当滚刀的分圆柱导程角较小时,这些蜗杆与渐开线蜗杆非常近似,所以用近似齿形滚刀切出的齿轮齿形虽然理论上不是渐开线,但误差是很小的。既然齿轮滚刀的基本蜗杆相当于斜齿圆柱齿轮,所以斜齿圆柱齿轮各个基本参数的定义和计算公式也适用于滚刀的基本蜗杆。但因滚刀的螺旋角较大,所以常用导程角来计算,这样比较方便。基本蜗杆的主要参数如下:

滚刀基本蜗杆的分圆柱导程角为

$$\sin \lambda_0 = \frac{m_n z_0}{d_0} \tag{9.1}$$

式中　m_n ——滚刀基本蜗杆的法向模数,它等于被加工齿轮的法向模数;

z_0 ——滚刀基本蜗杆螺纹头数;

d_0 ——滚刀的分圆柱直径。

滚刀基本蜗杆的法向分圆齿距为

$$P_{n0} = \pi m_n \tag{9.2}$$

如图9.4所示为基本蜗杆螺纹在分圆柱面上的截形展开图。由图可得基本蜗杆的轴向齿距为

$$P_{x0} = \frac{P_{n0}}{\cos \lambda_0} = \frac{\pi m_n}{\cos \lambda_0} \tag{9.3}$$

当 $z_0 > 1$ 时,基本蜗杆的导程为

$$P_{x0} = P_{x0} z_0 = \pi d_0 \tan \lambda_0 \tag{9.4}$$

(3)**齿轮滚刀的结构**

1)齿轮滚刀的结构形式

①整体式滚刀

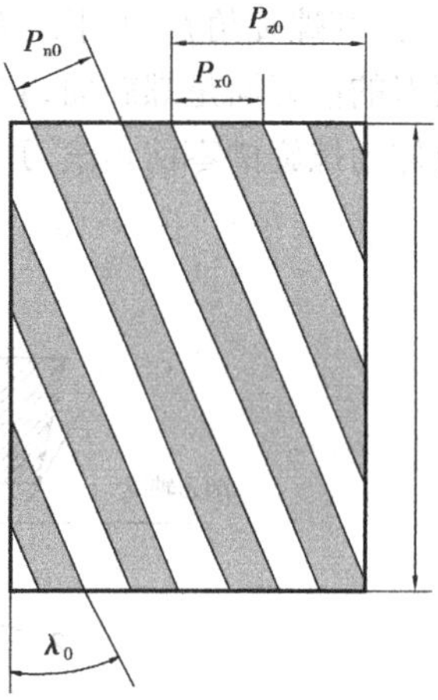

图9.4　基本蜗杆的分圆柱面展开图

中小模数的齿轮滚刀往往做成整体式,如图9.5所示。在齿轮加工中,整体高速钢滚刀用得较多。整体硬质合金滚刀由于制造困难、韧性较差和价格昂贵,故只制成模数较小的滚刀,用于加工仪表齿轮。

切削齿轮时,滚刀安装在滚齿机的心轴上,以内孔定位,并以螺母压紧滚刀的端面。滚刀孔内有平行于轴线的键槽,工作时用键传递扭矩。工具厂制造的标准齿轮滚刀是单头的(滚刀上的螺纹头数等于1,即 $z_0 = 1$),而且旋向是右旋的。

为了便于制造、重磨和检查滚刀齿形,齿轮滚刀的容屑槽一般做成直槽,前刀面是通过滚刀轴线的一个平面,顶刃前角是0°,这样的滚刀称为直槽零前角滚刀。如图9.6(a)所示为右螺旋的直槽零前角滚刀的刀齿在滚刀分圆柱面上的截形展开图。前刀面1与侧后刀面2和2′的交点位于左、右两侧刃上。倾斜的直线 C 和 e 表示滚刀基本蜗杆螺纹表面与分圆柱面的截线展开图。由于滚刀切削时其基本蜗杆螺纹表面与被加工齿轮的齿面啮合,故刀齿的切削平面就与基本蜗杆螺纹表面相切。这样,前刀面的截线 ab 与直线 c 和 e 的垂线之间的夹角,就是侧刃在分圆柱面上的前角。由图9.6(a)可知,刀齿左、右两侧刃的这种前角绝对值相等而正负号相反,它们的绝对值等于滚刀基本蜗杆的分圆柱导程角 λ_0。设侧刃的轴向齿形

角为 α_{x0}，则侧刃的法前角 γ_n 可用表示为

$$\tan\gamma_n = \pm\tan\lambda_0\cos\alpha_{x0} \tag{9.5}$$

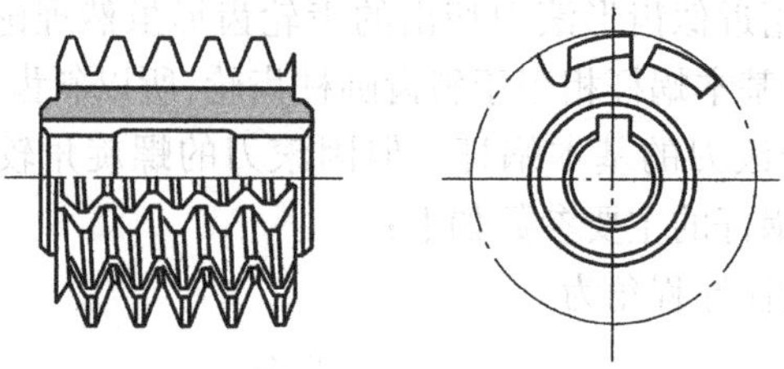

图 9.5　整体式齿轮滚刀

对于右螺旋直槽零前角滚刀来说，右侧刃的法前角为正值，左侧刃的法前角为负值，因而两侧刃的切削条件不同，磨损情况也不同。当滚刀的导程角 λ 不大时，左侧刃负前角也较小，影响不大。但当 $\lambda>5°$ 时，就不宜采用直槽，而应采用螺旋槽；对于右螺旋滚刀，容屑槽做成左螺旋，其螺旋角 β_k 等于滚刀的导程角 λ_0，即 $\beta_k=\lambda_0$（见图 9.6（b））。容屑槽做成螺旋槽时，滚刀的前刀面是螺旋面，它在滚刀端剖面中的截线是直线，当此直线通过滚刀轴线时，则此滚刀称为螺旋槽零前角滚刀。用这样的滚刀加工齿轮时，其左右两侧刃的前角都等于零。

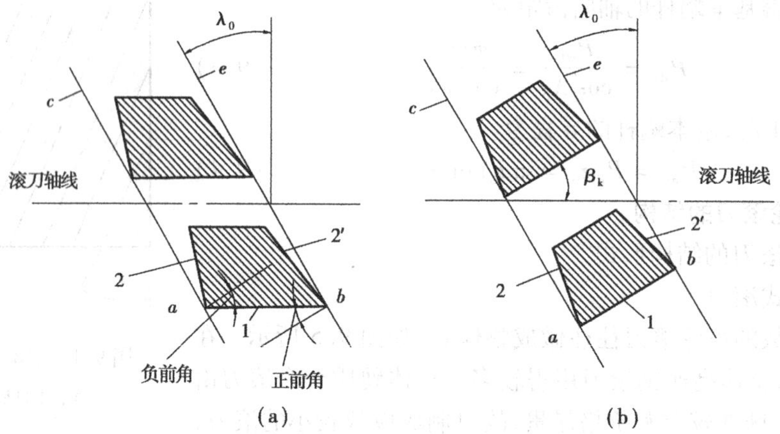

图 9.6　直槽和螺旋槽滚刀的侧刃前角

②镶齿式滚刀

模数大于 10 mm 的齿轮滚刀经常做成镶齿式的，如图 9.7 所示为用机械装夹法固定高速

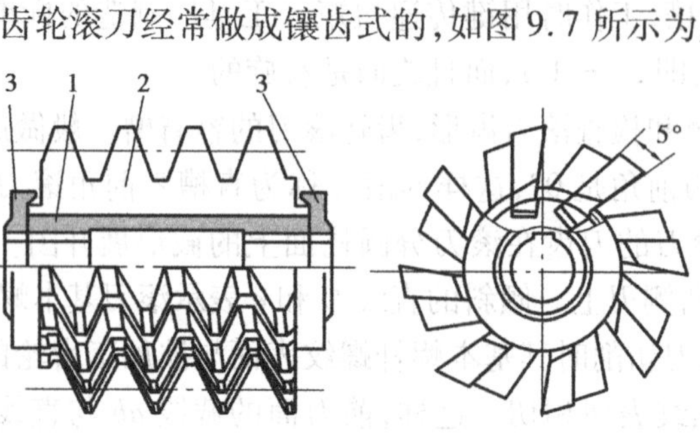

图 9.7　热套的镶齿式滚刀

1—刀体；2—刀条；3—套环

钢刀条的滚刀。在刀体1上开出平行于滚刀轴线的直槽，槽的一面有$5_{-15'}^{\ 0}$的斜面，刀条2的底部有$5_{\ 0}^{+15'}$斜面。在热处理后，刀槽与刀条的接触面均需磨过，然后把刀条沿半径方向压入刀槽内，并在滚刀的两头磨出刀条和刀体共有的两个圆柱形凸肩，再把套环3加热到300 ℃后，套到凸肩上去。套环冷却后，孔径减小，因而紧紧地把刀条压在刀体上。当滚刀的模数大于22 mm时，还要用螺钉把套环紧压在刀体的端面上。

如图9.8所示为在刀体上焊有硬质合金刀片的顶刃前角为-30°的刮削滚刀，用来加工（刮削）淬火以后的齿轮，它可纠正齿轮淬火后的变形误差，并能降低齿面的表面粗糙度。

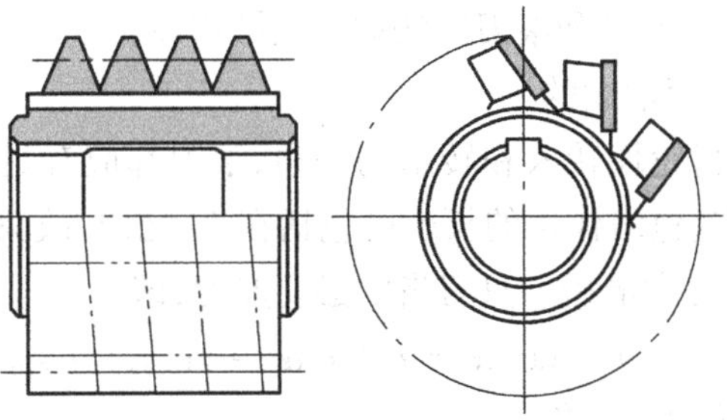

图9.8　加工硬齿面的硬质合金滚刀

2）齿轮滚刀的直径

齿轮滚刀的直径大小是可自由选定的，但直径大些会有下列优点：

①当分度圆柱直径较大时，分度圆柱导程角λ_0就较小，这样能减少近似齿形滚刀的齿形误差。

②滚齿时，在轴向进给量相同的情况下，能减小齿轮齿面上的轴向波纹度。

③能使刀齿的数目增多，从而减轻每个刀齿的切削负担，并有利于传出切削热和降低切削温度。

④能使滚刀的孔径加大，因而可采用较粗的心轴，提高心轴刚性，并能用较大的切削用量进行滚齿。

但是如果滚刀的直径过大，也有下列缺点：

①不但浪费高速钢，而且滚刀的制造、刃磨和安装都不方便。

②会使滚齿机刀架内部的传动零件受到较大的扭矩，切削时容易发生冲击振动，影响加工精度。

③会增加滚齿时的切入长度和切入时间，影响生产效率。滚刀的外径一般为

$$d_a \geqslant 2 \times \left(t_1' - \frac{D}{2} + \delta + H_K\right) \tag{9.6}$$

式中　t_1'——键槽尺寸，即键槽底面到对面孔壁的距离；

D——滚刀孔的直径，$D \approx (0.20 \sim 0.45)d_a$；

δ——滚刀刀体的壁厚，$\delta \geqslant (0.25 \sim 0.30)D$；

H_K——容屑槽深度。

3）齿轮滚刀的长度L

齿轮滚刀的长度，无论对滚刀的设计者还是滚刀的使用者来说，都是应该重视的一个问

题。滚刀的长度应能满足以下3项要求：

①滚刀端头的刀齿不可负荷过重。

②滚刀必须完整地包络出被加工齿轮的齿形。

③为了使滚刀整个长度上的刀齿磨损均匀、减少滚刀的重磨次数、增加每两次重磨之间的使用寿命，滚刀还应有充分的“窜刀”长度。根据第①项要求，在滚齿时，应考虑滚刀开始碰到齿轮坯是在齿轮坯转入一边的上端面外圆 E 点处（见图9.9），故这一边的最小长度应为

$$L_1 \approx \sqrt{(2r_a - h)h} + s_{n0} \tag{9.7}$$

式中　r_a, s_{n0}——齿轮顶圆半径和滚刀的法向分度圆齿厚。

显然，L_1 是随 r_a 增大而增大的。

根据第②项要求，在齿轮坯转入和转出的每边，滚刀都应有足够包络齿轮齿形所需的长度。在转入的一边，滚刀起包络作用的长度已包括在 L_1 之内，故只需考虑在转出的一边滚刀起包络作用的长度 L_2，并考虑最后一只刀齿的必要厚度，即

$$L_2 = a + s_{n0} + h_a \tan\alpha = r(\tan\alpha_a - \tan\alpha) + s_{n0} + h_a \tan\alpha \tag{9.8}$$

式中　α——被加工齿轮的齿形角；

α_a——被加工齿轮的齿顶圆压力角；

r——齿轮的分圆半径。

L_2 是考虑齿轮牙齿左侧面齿顶最后切成的情形，若考虑右侧面齿根处最后切成的情形，则在齿轮坯转出的一边必须起包络作用的长度为

$$L_2' = b + h_a \tan\alpha = \frac{h_f}{\sin\alpha\cos\alpha} + h_a \tan\alpha \tag{9.9}$$

但因在一般情况下，$L_2 > L_2'$，满足上述前两项要求的滚刀最小长度应为 $L = L_1 + L_2$。按这样计算得到的长度，还应考虑下列因素而加以修正。由于滚刀的刀齿是按螺旋线排列的，因此在滚刀的两头有几个不完整的（残缺的）齿，计算长度时，不应该把它们计算在最小长度之内。加工齿轮时，滚刀轴线与工件端面倾斜一定角度，因而滚刀的长度必须相应地增长。但因 λ_0 一般不超过6°~7°，这项修正的影响不超过0.6%，可不予考虑。当加工斜齿齿轮时，滚刀轴线与工件端面的夹角往往比较大，此时必须考虑增加滚刀的长度，或在滚刀的端部做出切削锥部。

4）滚刀的切削锥部

当被加工的齿轮直径较大时，按上述要求的滚刀长度也较大。假如滚刀的长度不够，例如，图9.9中在保证前述第②项要求（即滚刀应完整地包络出齿轮的齿形）的前提下，滚刀右端的第1个刀齿不能落在齿轮坯外圆以外，则当滚刀沿工件轴向进给时，第一个刀齿的负荷必然很重，原因如下：

如图9.10（a）所示为滚刀长度足够时的切削图形，曲线1,2,3,4,…分别表示各个刀齿切削时相对于工件的运动轨迹。第1,2,3,4,…个刀齿各切去面积 $a,b,c,d,\cdots$，如果滚刀长度不够，假设缺少原来的第1,2两个刀齿，则实际切削齿槽的第一个刀齿将是刀齿1′，（它相当于原来的第3个刀齿），它应切去曲线3以上的全部面积 $(a+b+c)$；实际切削齿槽的第二个刀齿将是刀齿2′（它相当于原来的第4个刀齿），它应切去面积 d；其余类推。显然，刀齿1′的负

荷是很重的，这就是它断裂的主要原因。在此情况下，为了减轻刀齿1′的负荷，应在滚刀的右端做出切削锥部（见图9.11），它使滚刀右端部的一些刀齿的齿顶高减小，而刀齿1′的齿顶高减小得最多。这样刀齿1′只切去面积A（见图9.10(b)），而它把原来较大的负荷分给后边的几个刀齿共同负担了。圆柱部分的刀齿（除这部分的第一个刀齿外）不改变原来的负荷。在切直齿齿轮时，滚刀的切削锥部位于齿轮坯转入的一边，长度等于滚刀的两个轴向齿距，锥角 $2\phi_k = 18° \sim 30°$。切削螺旋角较大的齿轮时，滚刀的轴线倾斜得比较厉害。这时，即使齿轮直径不很大，但要求的滚刀长度还是较大的，很可能因滚刀长度不够而使第一个刀齿过载，这也就是有必要做出切削锥部的原因。当滚刀的螺旋方向与齿轮的螺旋方向不同时，切削锥部位于齿轮坯转入的一边；反之，当螺旋方向相同时，则位于齿轮坯转出的一边。当齿轮的螺旋角大于20°时，就应当在滚刀上做出切削锥部。为了使滚刀轴线的安装倾斜角不太大，滚刀的螺旋方向应与被加工齿轮的螺旋方向相同。这样，切削锥部总是做在齿轮坯转出的一边。必须注意，将现成的标准齿轮滚刀改磨为有切削锥部的滚刀时，必须验算剩下的圆柱部分是否还有足够的长度来包络齿轮的完整齿形。

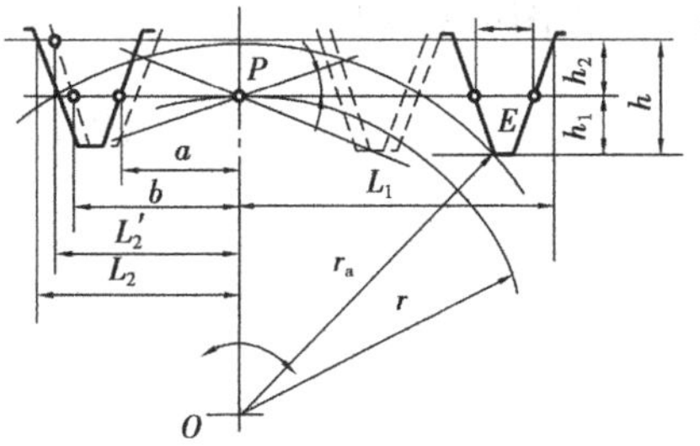

图9.9　滚刀的最小长度

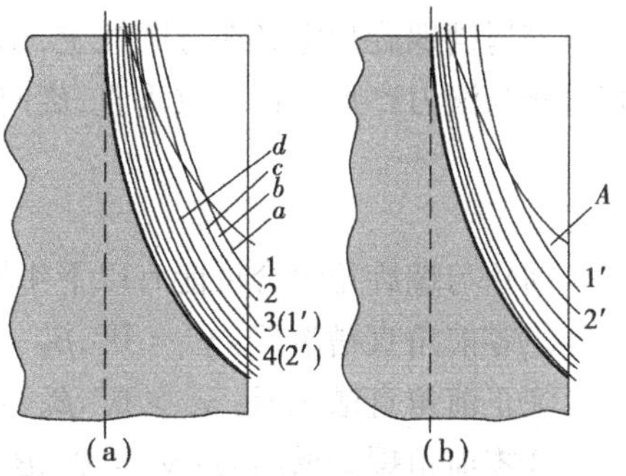

图9.10　滚刀长度对齿形的影响

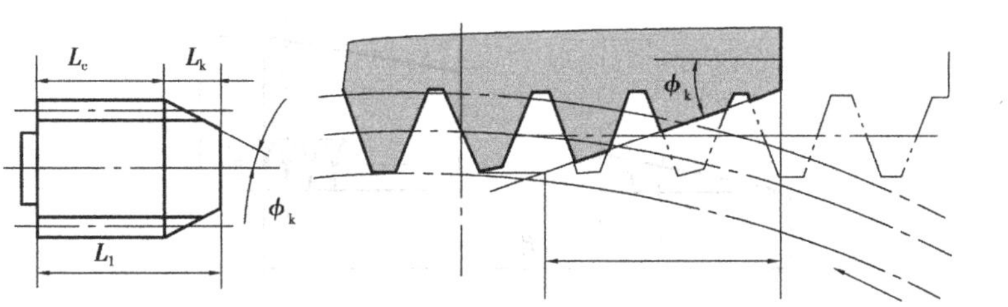

图9.11　有切削锥部的滚刀

（4）**滚刀的切削参数**

1）滚刀前刀面结构与选择

滚刀前刀面的一般形式是由直母线形成的螺旋面。它的特征由前角、容屑槽螺旋角决定。前角定义在假定工作平面顶刃处，用符号 γ_{fa} 标注，分圆前角用 γ_f 标注，如图9.12所示。由图9.12可知，得

$$\sin \gamma_{fa} = \frac{2e}{d_a} \tag{9.10}$$

$$\sin \gamma_f = \frac{2e}{d_0} \tag{9.11}$$

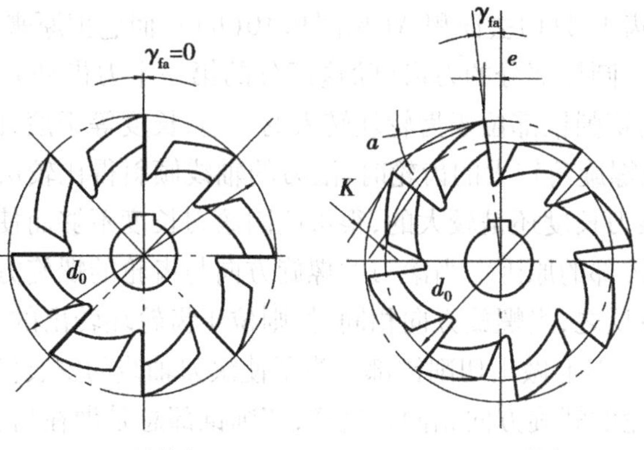

(a)零前角　　(b)正前角

图9.12　滚刀的前角

容屑槽螺旋角定义在分圆柱上,用符号 β_k 标注。常取 $\beta_k = \gamma_{z0}$(γ_{z0}为分圆螺旋升角),即容屑槽与滚刀产形蜗杆螺纹垂直,旋向相反,如图9.13所示。由图可知,得

$$\tan \beta_k = \frac{\pi d_0}{P_k} \tag{9.12}$$

前角与螺旋角组合可能有以下4种形式:

①零前角直槽滚刀:$\gamma_f = 0°,\beta_k = 0°$。

②正前角直槽滚刀:$\gamma_f > 0°,\beta_k = 0°$。

③零前角螺旋槽滚刀:$\gamma_f = 0°,\beta_k \neq 0°$。

④正前角螺旋槽滚刀:$\gamma_f > 0°,\beta_k \neq 0°$。

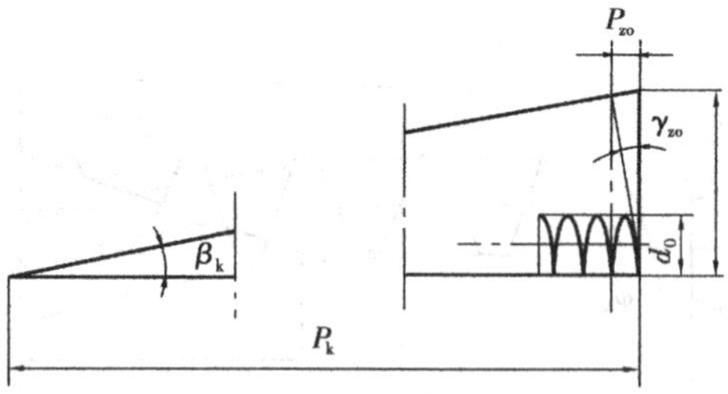

图9.13　滚刀的容屑导程

零前角直槽滚刀的优点是制造、刃磨、检验方便,产形蜗杆与渐开线蜗杆近似,造形误差最小。正前角滚刀可以改善切削条件,提高切齿精度与滚齿效率。由前角引起的齿形误差,可通过修正产形蜗杆的原始齿形角得到一定的消除。一般精滚刀取 $\gamma_f = 9°$,粗滚刀可适当增加到12°~15°。如图9.14所示,直槽滚刀左右侧切削刃的工作前角不等,一侧大于零,另一侧小于零。顶刃具有刃斜角,其大小相当于螺旋升角,有利于提高切齿的平稳性。螺旋槽滚刀 $\beta_k = -\gamma_{zo}$,可使两侧切削刃的工作前角相等,均为零。

根据以上分析,为权衡加工精度、效率和滚刀成本,4种前刀面结构的适用范围如下:

①前角直槽滚刀:模数1~10 mm标准齿轮滚刀。

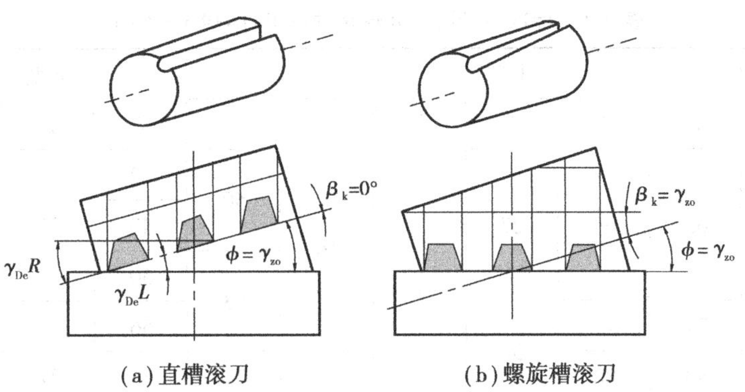

图9.14　滚刀侧刃工作前角

②正前角直槽滚刀:齿轮专业工厂使用的滚刀。

③零前角螺旋槽滚刀:$\gamma_{zo}>5°$的多头、大模数滚刀及蜗轮滚刀。

④正前角螺旋槽滚刀很少使用。

2)滚刀后刀面结构参数

后面包括齿顶铲面及左、右侧铲面,它们都是阿基米德螺旋面。由于阿基米德蜗杆轴向剖面具有直线齿形(见图9.15),当采用同一铲削量 K 分别对齿顶及侧刃进行铲削(磨),就相当于齿侧用铲削量 K_z 进行轴向铲齿。铲齿后齿形角、齿顶、齿根宽度不变,重磨前刀面后相当于有了位移量的变化,不影响滚刀产形蜗杆与齿坯的正确啮合。从滚刀后面的结构可知,齿轮滚刀实质上是一个变位螺旋齿轮。重磨前刀面后,产形蜗杆变位系数减少、节圆减小,但齿形角、模数不变。因此,切齿时只要调节与齿坯啮合的中心距,就仍能加工出合乎要求的渐开线齿轮。一般齿轮滚刀顶刃后角取10°~12°,按此计算并选择铲削量的齿轮,铲磨后两侧刃正交平面后角约为4°。

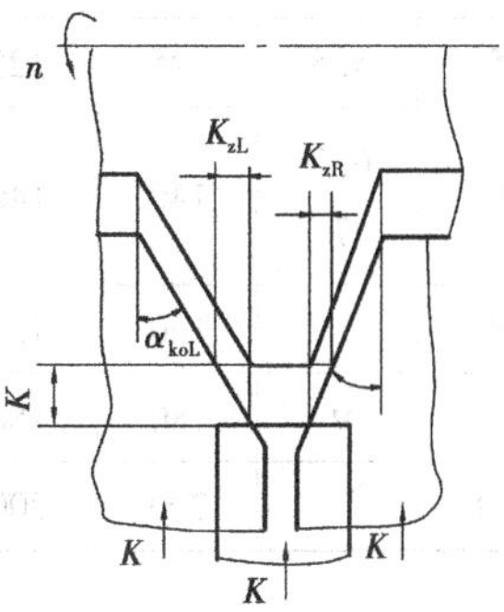

图9.15　滚刀后刀面的铲削量

(5)齿轮滚刀的外形尺寸

如图9.16所示,滚刀的外形尺寸包括外径 d_a、孔径 D、全长 L、凸台直径 d_1、宽度 l_1 等。如表9.1所示,列出了部分标准齿轮滚刀的外形尺寸。

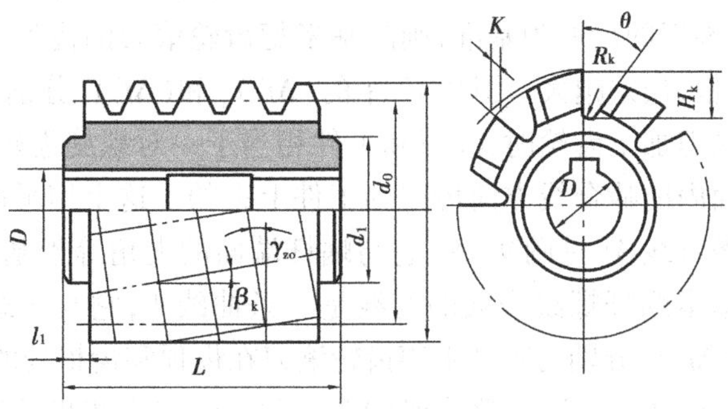

图9.16　阿基米德齿轮滚刀的外形尺寸

表 9.1　标准齿轮滚刀外形尺寸(GB/T 6083—2001)

<table>
<tr><th colspan="2">模数系列</th><th colspan="5">Ⅰ型</th><th colspan="5">Ⅱ型</th></tr>
<tr><th>1</th><th>2</th><th>d_a</th><th>L</th><th>D</th><th>l_1</th><th>z_k</th><th>d_a</th><th>L</th><th>D</th><th>l_1</th><th>z_k</th></tr>
<tr><td>1</td><td rowspan="3">—</td><td rowspan="3">63</td><td rowspan="3">63</td><td rowspan="3">27</td><td rowspan="6">5</td><td rowspan="4">16</td><td rowspan="2">50</td><td>32</td><td rowspan="3">22</td><td rowspan="6">5</td><td rowspan="6">12</td></tr>
<tr><td>1.25</td><td>40</td></tr>
<tr><td>1.5</td><td rowspan="2">63</td><td>50</td></tr>
<tr><td>2</td><td>1.75</td><td>71</td><td>71</td><td rowspan="2">32</td><td>56</td><td rowspan="3">27</td></tr>
<tr><td>2.5</td><td>2.25</td><td>80</td><td>80</td><td rowspan="2">14</td><td>71</td><td>63</td></tr>
<tr><td rowspan="4">3</td><td>2.75</td><td>90</td><td>90</td><td></td><td>80</td><td>71</td></tr>
<tr><td>3.25</td><td rowspan="3">100</td><td rowspan="3">100</td><td rowspan="4">40</td><td rowspan="10"></td><td rowspan="4"></td><td rowspan="3">90</td><td>80</td><td rowspan="3">32</td><td rowspan="10"></td><td rowspan="10">10</td></tr>
<tr><td>3.5</td><td rowspan="2">90</td></tr>
<tr><td>3.75</td></tr>
<tr><td>4</td><td>4.5</td><td>112</td><td>112</td><td>100</td><td>100</td><td rowspan="6">40</td></tr>
<tr><td>5</td><td>5.5</td><td>125</td><td>125</td><td rowspan="3">50</td><td rowspan="6">12</td><td>112</td><td>112</td></tr>
<tr><td rowspan="2">6</td><td rowspan="2">6.5
7</td><td rowspan="2">140</td><td rowspan="2">140</td><td>118</td><td>118</td></tr>
<tr><td>118</td><td>125</td></tr>
<tr><td>8</td><td></td><td>160</td><td>160</td><td rowspan="3">60</td><td>125</td><td>132</td></tr>
<tr><td></td><td>9</td><td>180</td><td>180</td><td>140</td><td>150</td></tr>
<tr><td>10</td><td></td><td>200</td><td>200</td><td>150</td><td>170</td><td>50</td></tr>
</table>

(6)阿基米德齿轮滚刀的齿形误差

生产中普遍使用的齿轮滚刀是阿基米德齿轮滚刀。但是它与渐开线滚刀相比,其齿形是有误差的。这个误差就是由于其基本蜗杆是阿基米德蜗杆,而不是渐开线蜗杆。当这两种蜗杆的模数、螺纹头数、分圆柱直径、法向齿形角、导程、齿厚和齿高等都分别相同时,那么唯一不同的就是齿形。以轴向齿形来说,渐开线蜗杆的轴向齿形是曲线(见图 9.17 所示的虚线),而阿基米德蜗杆的轴向齿形是直线(见图 9.17 所示的实线)。这两种齿形相切于分圆柱面上。因此,若以渐开线滚刀的齿形为基准,则阿基米德齿轮滚刀的齿形在分圆柱面上的误差为零,但越到齿顶和齿根,误差越大。图 9.17 中的$(\Delta f_x)_a$和$(\Delta f_x)_i$分别为齿顶和齿根处的最大轴向齿形误差。用滚刀加工齿轮时,滚刀和工件相当于一对螺旋齿轮啮合,滚刀的齿形误差是沿其基圆柱切平面内的啮合线方向传递到工件上去的。这个切平面与渐开线基本蜗杆螺纹表面的交线是一条直线 A(见图 9.18)它与蜗杆端面的夹角等于基圆柱导程角 λ_0;而这个切平面与阿基米德基本蜗杆螺纹表面的交线是一条曲线 B,它与直线 A 在分圆柱面上相切。图中的$(\Delta f_x)_a$和$(\Delta f_x)_i$分别为阿基米德齿轮滚刀在齿顶和齿根处的最大法向齿形误差。由计算可知,$(\Delta f_x)_a$大于$(\Delta f_x)_i$,故通常就把$(\Delta f_x)_i$称为阿基米德齿轮滚刀的齿形误差。由计算可知,阿基米德齿轮滚刀基本蜗杆的分圆柱导程角 λ 越小,则其齿形误差越小,如图 9.19

所示的曲线。因此,精加工用的阿基米德齿轮滚刀通常做成较大的分圆柱直径,目的就是使其导程角较小,从而减少滚刀的齿形误差。由图9.17和图9.18可知,阿基米德蜗杆的螺纹在齿顶和齿根处都比渐开线蜗杆的螺纹宽一些,故用阿基米德齿轮滚刀切出的齿轮齿形与正确的渐开线齿轮齿形相比,在齿顶和齿根处就窄一些,这就使得齿轮的齿顶部分以及齿根部分得到轻微的修形,因而对于高速重载齿轮能减轻啮合时的干涉和噪声。

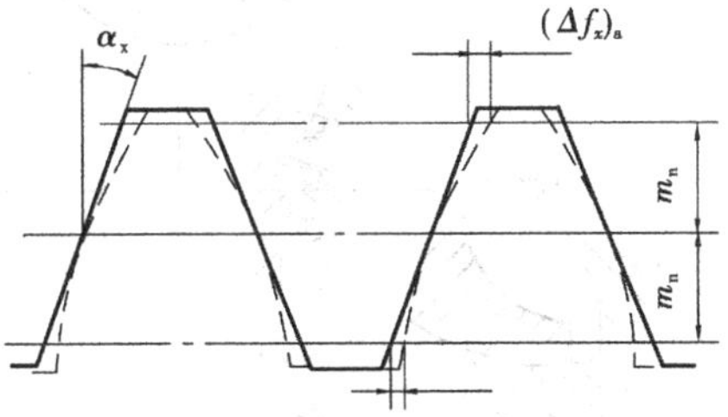

图9.17　两种轴向齿形的比较

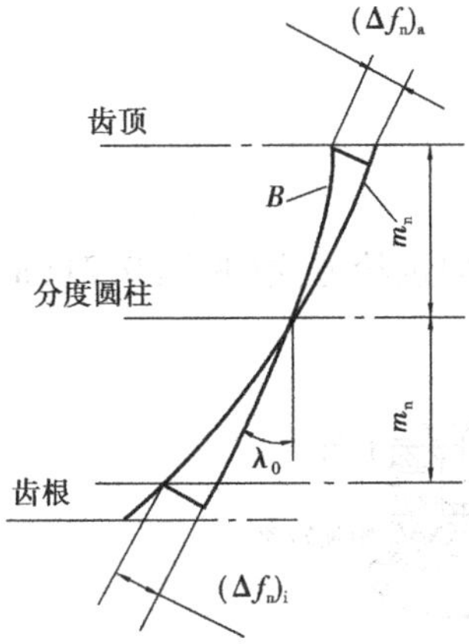

图9.18　阿基米德齿轮滚刀的齿形误差

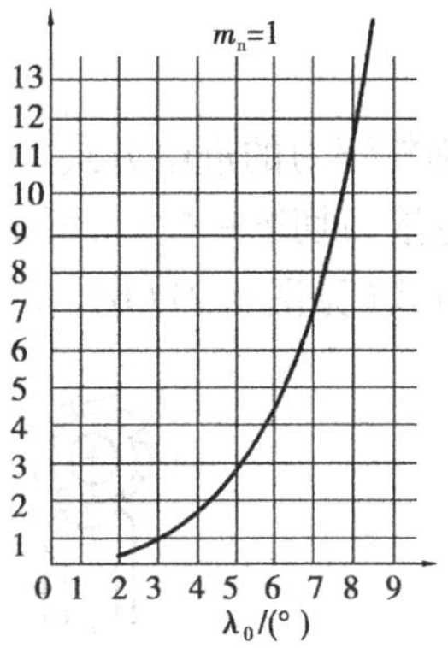

图9.19　齿形误差与导程角的关系

9.2.2　蜗轮滚刀

(1)蜗轮滚刀的工作原理和进给方式

1)蜗轮滚刀的工作原理

传统的蜗轮滚刀的工作原理是以滚刀模拟蜗杆与蜗轮的啮合过程,蜗轮滚刀就相当于原蜗杆,只是在其上做出切削刃,这些切削刃应分布在原蜗杆的螺旋面上,这个蜗杆称为蜗轮滚刀的基本蜗杆。

根据这一原理,蜗轮滚刀的基本尺寸,如模数、齿形角、螺旋升角(导程角)、螺旋方向、齿距、分度圆直径等都应与蜗杆相同。滚刀与蜗轮的轴交角及中心距也应等于原蜗杆与蜗轮的轴交角与中心距。滚刀切蜗轮时的传动比也应与原蜗杆与蜗轮的传动比相同。因此,蜗轮滚刀必须根据原蜗杆的几何形状制造,是专用刀具。

如图9.20所示,阿基米德蜗杆与蜗轮啮合时,通过中心的剖面 $O—O$ 相当于齿条与齿轮啮合。离中心的 $A—A$,$B—B$ 剖面均为非渐开线的共轭齿廓啮合。各剖面中的啮合点连成一条空间曲线,就是蜗杆与蜗轮啮合的接触线。由于蜗杆与蜗轮啮合呈曲线接触,故滚刀工作时不允许有沿蜗轮轴向的移动,也就是加工时只允许采用沿蜗轮的径向或切向进给。

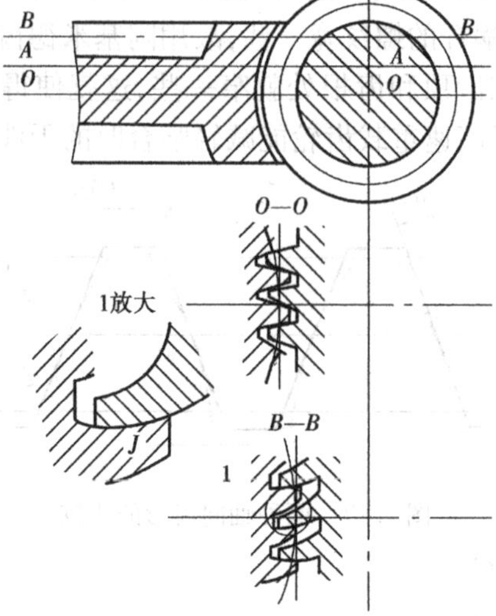

图9.20　蜗杆副啮合情况

2)蜗轮滚刀的进给方式

蜗轮滚刀切削蜗轮时,可采用两种不同的进给方式:径向进给方式(见图9.21(a))和切向进给方式(见图9.21(b))。

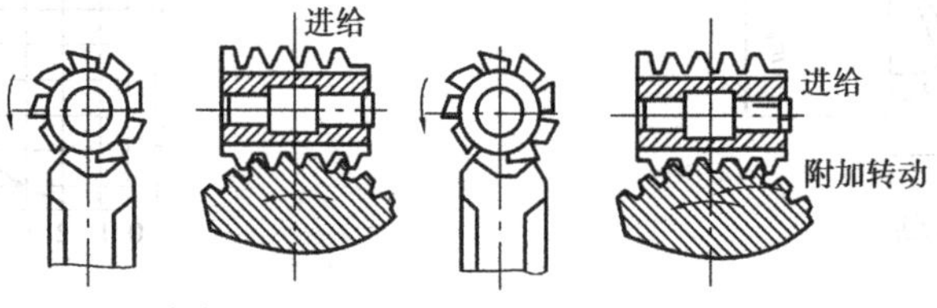

图9.21　蜗轮滚刀的进给

用径向进给方式时,滚刀每转一周,蜗轮转过的齿数应等于滚刀的头数,这样就形成了展成运动。在此同时,滚刀沿着蜗轮半径方向进给,逐渐切入蜗轮材料,直到规定的中心距为止,滚刀再把工件切几圈,包络出蜗轮的完整齿形。用径向进给切蜗轮时,滚刀每个刀齿都是在相对于蜗轮轴线的一定位置切出齿形上一定的部位。

用切向进给方式时,必须把滚刀和蜗轮的中心距调整到等于规定的中心距,而滚刀沿自己的轴线方向逐渐切入蜗轮。在此同时,需有如下的展成运动:当滚刀每转一圈,蜗轮除了要转过与滚刀头数相等的齿数外,还需有附加的转动。为了减轻第一个切入刀齿的负荷,切向进给的蜗轮滚刀必须在前端制作有切削锥部,锥角 $\phi_k = 11° \sim 13°$。切削锥部的位置,可按下述原则确定,即面对滚刀的前刀面,左螺旋滚刀的切削锥部在左端(见图9.22(a)),右螺旋滚刀的切削锥部在右端(见图9.22(b))。用切向进给方式加工蜗轮可得到较光洁的加工表面,这是因为在切向进给时,包络蜗轮齿形的切线数目不仅与滚刀的刀齿数目有关,而且还与滚刀沿轴线方向的进给量大小有关。当滚刀切向进给时,每个刀齿在蜗轮上的造形点是不断改变位置的,切向进给量越小,包络蜗轮齿形的切线数目就越多,因而得到的齿面就越光洁。此外,因切向进给滚刀有切削锥部,各刀齿的切削负荷比较均匀,因而滚刀的耐用度也较高。但是切向进给方式的生产效率较低,而且需要机床专用附件——切向刀架,同时传动链也较长,使得齿面精度有所降低,因此,加工精密蜗轮时一般还是采用径向进给方式。

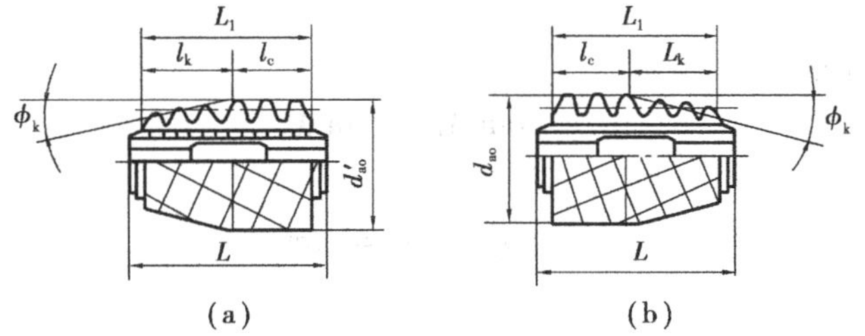

图9.22　蜗轮滚刀的切削锥

(2)**蜗轮滚刀的结构**

从结构上来说,直径较大的蜗轮滚刀是在刀体内做出孔和轴向键槽,以孔定位套装在心轴上加工蜗轮:直径较小时则在滚刀的端面上做出端面键槽,如图9.23(a)所示。对于直径很小的蜗轮滚刀,考虑到强度和刚度问题,就不能在刀体内做出孔,此时必须将滚刀做成连柄式,即滚刀与心轴连成一个整体,即滚刀与心轴连成一个整体,如图9.23(b)所示。

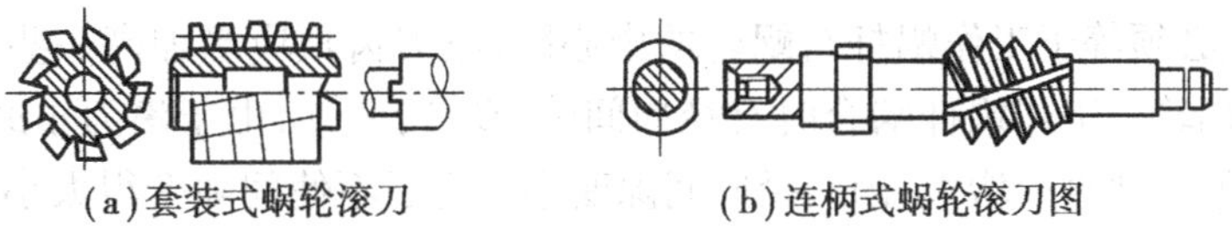

图9.23　套装式和连柄式蜗轮滚刀

蜗轮滚刀在外观上与齿轮滚刀很相似,但其工作方式和设计原理却与齿轮滚刀有很大的差别。蜗轮滚刀切削蜗轮时,模拟着"工作蜗杆"(即与被加工蜗轮相啮合的蜗杆)与蜗轮的啮合过程,即滚刀与蜗轮的轴交角应等于工作蜗杆与蜗轮的轴交角;滚刀与蜗轮的中心距(当滚刀切出蜗轮全部齿形时的中心距)应等于工作蜗杆与蜗轮的啮合中心距;滚刀的轴线也应与工作蜗杆的轴线一样位于蜗轮的中心平面内。从设计原理来说,齿轮滚刀的基本蜗杆形式可自由选择,它可采用渐开线蜗杆,也可采用阿基米德蜗杆或法向直廓蜗杆,其直径的大小、螺纹头数的多少、螺旋方向是左是右等,理论上也都可自由选择。但蜗轮滚刀却没有这些自由。由于它模拟着工作蜗杆的作用,故它的基本几何参数必须与工作蜗杆相同,只有个别参数(如外径等),可稍作变动。因此,如果说齿轮滚刀是加工相同模数和齿形角的所有齿轮的通用刀具,那么蜗轮滚刀则是仅能加工一种蜗轮的专用刀具。

由于工作蜗杆的直径往往较小、螺纹头数较多,因而导程角较大,那么蜗轮滚刀也必须是这样,因此,为了使蜗轮滚刀的刀齿两侧刃有相同的切削角度(都是0°),蜗轮滚刀的容屑槽大多做成螺旋槽。

(3)**阿基米德蜗轮滚刀的设计计算**

1)基本参数和尺寸

如前所述,蜗轮滚刀的基本蜗杆必须符合工作蜗杆,不但蜗杆的类型要相同,而且它们的主要尺寸也应相同,阿基米德型的工作蜗杆是以轴向模数 m 和轴向齿形角 α_x 表示的,故阿基米德蜗轮滚刀也是以这两个参数来表示。此外,这种滚刀的下列一些参数也与工作蜗杆相同:

螺纹头数为

$$z_0 = z_1 \tag{9.13}$$

分圆柱导程角为

$$\tan \lambda_0 = \tan \lambda_1 \tag{9.14}$$

轴向齿距为

$$p_{x0} = p_x = \pi m \tag{9.15}$$

法向齿距为

$$p_{n0} = \pi m \cos \lambda_0 \tag{9.16}$$

螺纹的导程为

$$p_{z0} = p_{x0} z_1 = \pi m z_1 \tag{9.17}$$

分圆柱直径为

$$d_0 = d_1 = qm \tag{9.18}$$

除此以外,蜗轮滚刀的螺旋方向也与工作蜗杆的相同。

但是,蜗轮滚刀的外径和分圆法向齿厚是不同于工作蜗杆的,这是因为精切蜗轮时,滚刀与蜗轮的中心距必须等于工作蜗杆与蜗轮的中心距,滚刀齿顶应当加高一些,以便对蜗轮齿根切深一些,使蜗轮与工作蜗杆啮合时有径向间隙(C_{21});此外,由于滚刀重磨后其外径会减小,这就使蜗轮的根圆直径增大,因而径向间隙变小。为了不使间隙变得太小,设计滚刀时应预先把滚刀半径再加大一些(半径加大 0.1 mm),所以新滚刀的外径应为

$$d_{a0} = d_{a1} + 2(c_{21} + 0.1\ \text{mm}) \tag{9.19}$$

式中 d_{a0}——工作蜗杆的外径。

滚刀重磨到最后时,允许的最小外径为

$$d_{a0\min} = d_{a1} + C_{21} \tag{9.20}$$

这样新滚刀的齿顶高为

$$h_{a0} = \frac{d_{a0} - d_0}{2} \tag{9.21}$$

全齿高为

$$h_0 = \frac{d_{a0} - d_{f0}}{2} \tag{9.22}$$

式中 d_{f0}——滚刀的根圆直径,它等于工作蜗杆的根圆柱直径。

滚刀重磨后,分圆柱齿 d_{f0} 厚随之减小,在中心距不改变的条件下,这将使蜗轮的齿厚增大,因而侧向间隙减小,因此设计时也须将新滚刀的分圆柱法向齿厚预先加大 Δs_{n0},则新滚刀的分圆柱法向齿厚为

$$s_{n0} = \frac{\pi m}{2} \cos \lambda_0 + \Delta s_{n0} \tag{9.23}$$

式中 Δs_{n0}——按照蜗轮副的保证侧隙类别及蜗轮精度选取的最小减薄量 Δs_{ms} 数值的 1/2。

2)蜗轮滚刀的铲削量

滚刀的后角是由径向铲齿获得的。对于螺旋槽和直槽的滚刀,为了使其端削面内能铲出顶刃后角 α_p,则铲削量应为

$$k = \frac{\pi d_{a0}}{z_k}\tan \alpha_p \tag{9.24}$$

滚齿时,考虑滚刀顶刃工作后角(α'_p)在顶后刀面的螺纹方向较为合理,而 α'_p 与 α_p 的关系为

$$\tan \alpha_p \approx \tan \alpha'_p \cos \lambda_0 \tag{9.25}$$

代入式(9.24),则径向铲削量为

$$k = \frac{\pi d_{a0}}{z_k}\tan \alpha'_p \cos \lambda_0 \tag{9.26}$$

通常取 $\alpha_p = 10° \sim 12°$。

3)蜗轮滚刀的长度

径向进给滚刀的切削部分长度为

$$L_1 = l_1 + \pi m \tag{9.27}$$

式中 l_1——蜗杆螺纹部分的长度。

切向进给滚刀的切削部分长度为

$$L_1 = l_k + l_c \tag{9.28}$$

式中 l_k——滚刀切削锥部的长度, $l_k = (4.5 \sim 5)\pi m$;

l_c——滚刀圆柱部分的长度, $l_c = 2\pi m$。

套装滚刀的两端还需做有轴台,其作用与齿轮滚刀的轴台相同。

连柄滚刀的锥柄尺寸及支承轴的直径按滚齿机的装夹部分尺寸决定。为了装夹可靠,锥柄内做有拉紧用的内螺纹,并在锥柄大端铣出扁体,用以插入主轴孔中传递扭矩。滚刀切削部分与刀柄之间以及与支承轴之间都做有颈部,其半径应小于滚刀槽底的半径,以便铣刀铣容屑槽时能自由通过。颈部长度根据工件的最大直径决定,必须保证当滚刀切到蜗轮的全齿高时,蜗轮轮缘与滚齿机刀架左右支架之间仍留有一定的间隙。连柄滚刀的总长度是切削部分、刀柄、支承轴及两段颈部长度的总和。当决定切向进给的连柄滚刀的总长度时,还需考虑切向切入的长度。

4)圆周齿数的选择

设计蜗轮滚刀时,如何选择其圆周齿数(即容屑槽数)是一个相当重要的问题,选得是否恰当,对于被加工的蜗轮齿形精度和表面质量以及滚刀刀齿的切削负荷都有很大的影响。这是由于蜗轮滚刀的直径一般较小,z_k 不可能多;又因蜗轮 qOz 往往是多头的,在包络蜗轮齿形的区域内,每个头上的刀齿数目是较少的,而用径向进给切削蜗轮时,滚刀上每个刀齿都是在一个固定的铅垂面内切削蜗轮(当轴交角为90°时)。由于这些原因,包络蜗轮的切削刃数目就相当少,齿形上的棱面高度就较大,因而齿形精度和表面质量就较差。

①径向进给蜗轮滚刀的圆周齿数 z_k

蜗轮滚刀的螺纹头数 z_0 应当等于工作蜗杆的螺纹头数 z_1。由于这一原因,在设计蜗轮副时,就应注意,当 $z_1 \geq 2$ 时,蜗轮的齿数 z_2 如果不是 z_1 的整数倍,或 z_2 与 z_1 没有公因数,则蜗轮

滚刀每条螺纹上的刀齿都能切削蜗轮的每个齿槽，因而包络蜗轮齿形的切削刃数目就增多了。在 z_2 不是 z_1 的整数倍或 z_2 与 z_1 没有公因数的前提下，圆周齿数 z_k 不应与螺纹头数 z_0 有公因数。例如，当 $z_0=2$ 时，可取 $z_k=7$（或9，11，…），而不可取 $z_k=8$（或10，12，…）。这是因为当 $z_k=7$（或9，11，…）时，（见图9.24(a)），第Ⅰ头上的刀齿 $a,b,c,d,\cdots$ 分别与第Ⅱ头上的刀齿 $a',b',c',d',\cdots$ 左右错开了，故包络齿形的切削刃数目增加了1倍。而当 $z_0=2$，$z_k=8$（或10，12，…）时（见图9.24(b)），第Ⅰ头上的刀齿 $a,b,c,d,\cdots$ 分别与第Ⅱ头上的刀齿 $a',b',c',d',\cdots$ 是在滚刀的同一个端剖面内，故 a 和 a'，b 和 b'，c 和 c' …是在蜗轮齿形的相同位置切削，不能使包络齿形的切削刃数目有所增加。当 z_2 不是 z_1 的整数倍但 z_2 与 z_1 有公因数时，按上述原则确定圆周齿数，也能使包络齿形的切削刃数目增加一些。当 z_2 是 z_1 的整数倍时，按上述原则确定圆周齿数，就不可能增加包络齿形的切削刃数目，此时，唯一的办法就是尽可能地增加滚刀的圆周齿数。

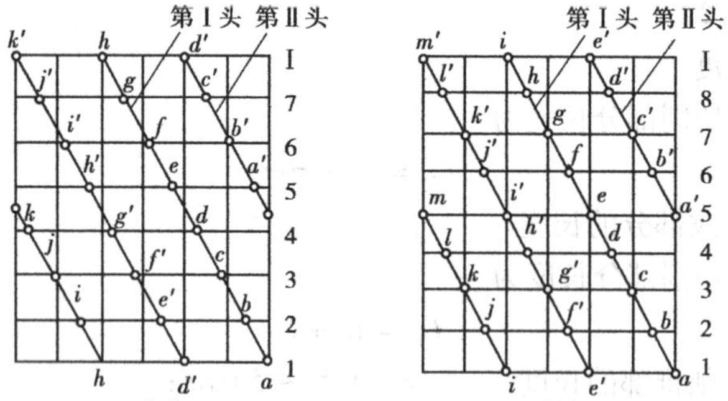

(a)　　(b)

图9.24　径向进给蜗轮滚刀圆周齿数的选择

②切向进给蜗轮滚刀的圆周齿数 z_k

用切向进给蜗轮滚刀切削时，包络蜗轮齿形的切削刃数目与切向进给量的大小有关，进给量越小，包络齿形的切削刃数目越多，齿面加工质量越高。圆周齿数主要是考虑刀齿的切削负荷而定。确定的原则是当蜗轮副的传动比 z_2/z_1 为分数时，圆周齿数 z_k 值应为滚刀头数 $\begin{cases} x = r\varepsilon + x_1 \\ y = y_1 \end{cases}$ 的整数倍，或者有公因数；当传动比是整数时，z_k 值可以任意选择。

9.2.3　蜗轮飞刀

由于蜗轮滚刀是专用刀具，当制造蜗轮的数量很少时，用蜗轮滚刀往往不够经济，此时可用蜗轮飞刀（简称飞刀）来代替蜗轮滚刀。蜗轮飞刀需经专门设计刃磨齿形，安装在刀轴上，如图9.25所示。飞刀只能有非常小的进刀量，切削效率较低，但结构简单，制造容易，刀具成本低。因而较适宜于在修配工作中或在单件小批生产中加工蜗轮。

(1)蜗轮飞刀的工作原理

所谓飞刀，就是在刀杆2上装一把刀头1来代替蜗轮滚刀的一个刀齿（见图9.25），故飞刀可看作是单齿的蜗轮滚刀。

用飞刀加工蜗轮，需在具有切向刀架的滚齿机上进行。加工时，飞刀每转一转，蜗轮转过的齿数等于工作蜗杆的头数，这就是分齿运动。为了切出蜗轮的正确齿形，用飞刀加工蜗轮时还必须有展成运动。即刀杆沿本身轴线移动 Δl,蜗轮要相应地转过附加的角度$\Delta l/r_2$(rad),其中 r_2 为蜗轮的分圆半径。

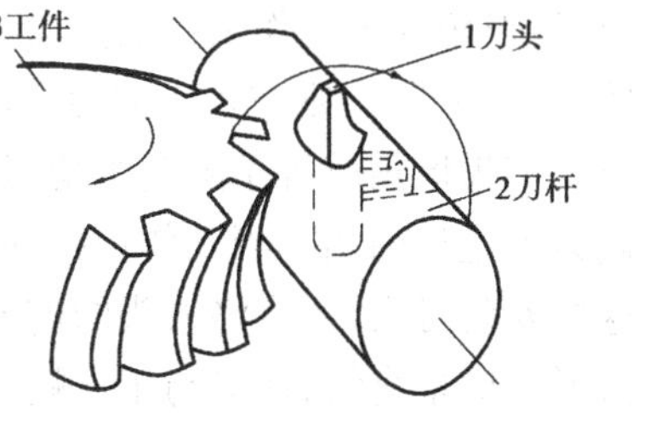

图 9.25　飞刀加工蜗轮

如果蜗杆的螺纹头数 z_1 和蜗轮的齿数 z_2 没有公因数,用一个刀头就可在一次加工中切出蜗轮。如果 z_1 和 z_2 有公因数,用一把刀就不能在一次加工中切出蜗轮的所有齿槽。而是间隔地加工出蜗轮上的齿槽。此时需要分几次加工。每次要用分度方法使蜗轮转过一个齿,再加工蜗轮上的其他齿槽。也可在飞刀刀杆上装上 z_1 个刀齿(z_1 为蜗杆头数),一次切出整个蜗轮。若飞刀制造精确,使用得当,加工出来的蜗轮精度不低于滚刀加工的精度。

(2)飞刀刀杆与刀头的结构

1)飞刀刀杆的结构

飞刀刀头装入刀杆后,应装卡牢固,不能在切削时发生转动或移动,安装位置应精确。飞刀的径向尺寸应能调整。

如图 9.26 所示为一种中小模数飞刀刀杆。飞刀刀头装在刀杆 1 的圆孔中。用螺母 3 通过压紧套筒 2 压紧。当所切蜗轮的螺旋角不同时,可转动刀头使用适合于蜗轮的螺旋角。这种刀杆结构简单,调整方便,但夹固的牢固性较差。如图 9.27 所示为另一种常用的飞刀刀杆。飞刀刀头靠拉杆的斜面夹紧刀头。这种结构夹紧力大,不易松动。

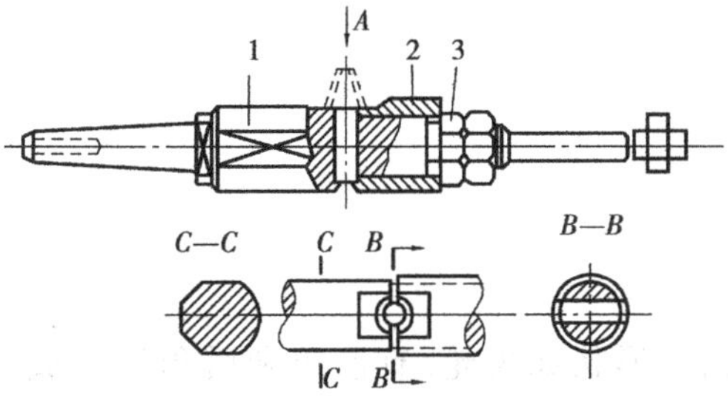

图 9.26　中小模数飞刀刀杆

1—刀杆;2—压紧套筒;3—螺母

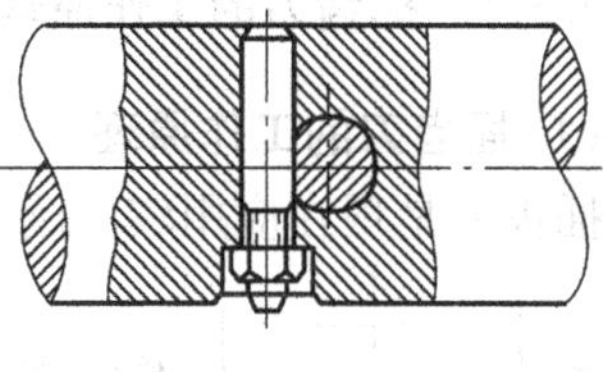

图 9.27　刀头的夹紧

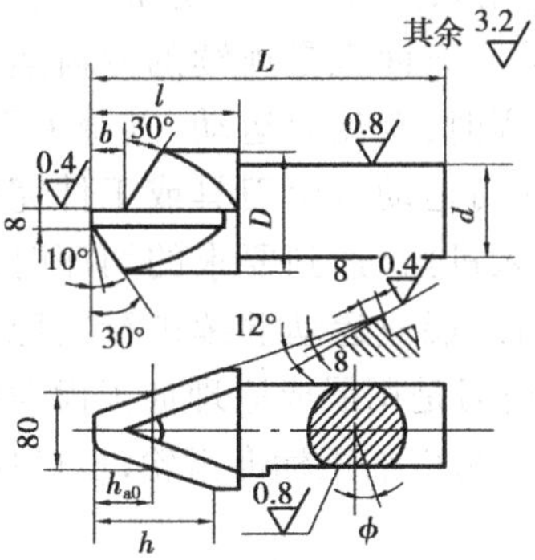

图 9.28　中等模数的飞刀刀头

2)刀头结构

如图 9.28 所示为一种中模数飞刀刀头的结构。飞刀刀头一般做成圆柄式,其前角一般为零度,前刀面须通过轴心线,顶刃与侧刃后角可取为 8° ~ 12°,重磨时重磨后刀面。刀头柄部有一斜平面,应用如图 9.27 所示的刀杆,由拉杆压紧在刀杆上。

(3)刀头的安装位置与飞刀齿形

与蜗轮滚刀一样,飞刀的两侧刀刃应在基本蜗杆的螺纹表面上。故加工不同类型的蜗轮时,刀头的安装位置及其齿形也有所不同。加工法向直廓型蜗轮时,应将飞刀的前刀面安装在工作蜗杆的法向剖面中,如图 9.29 所示。这时,飞刀的齿形为简单的直线齿形，齿形角等于工作蜗杆的法向齿形角。加工阿基米德型蜗轮时，如果工作蜗杆的螺旋升角较小（$\lambda_1 < 7°$），则应将飞刀刀头的前刀面安装在刀杆的轴向剖面内。此时飞刀切削刃为直线形。其齿形角就等于阿基米德蜗杆的轴向齿形角。但这时左、右侧切削刃的前角不等，有一侧刃上是负前角。当工作蜗杆的螺旋升角 $\lambda_1 < 7°$时，为了改善切削刃的工作条件，就不宜再这样安装刀头，而应将刀头的前刀面置于蜗杆的法向剖面中，如图 9.30 所示。但这时飞刀的齿形不应是直线，而应与工作蜗杆法向剖面的齿形相同。

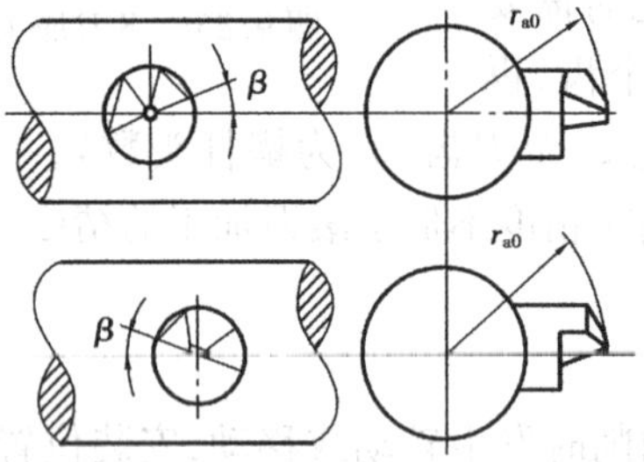

图9.29　飞刀刀头的安装

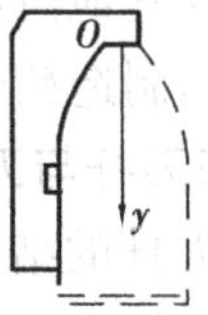

图9.30　飞刀的齿形样板及其坐标系

9.3　插齿刀

9.3.1　插齿刀的工作原理、类型和应用

（1）插齿刀的工作原理

插齿刀是现在应用较广泛的齿轮刀具之一。

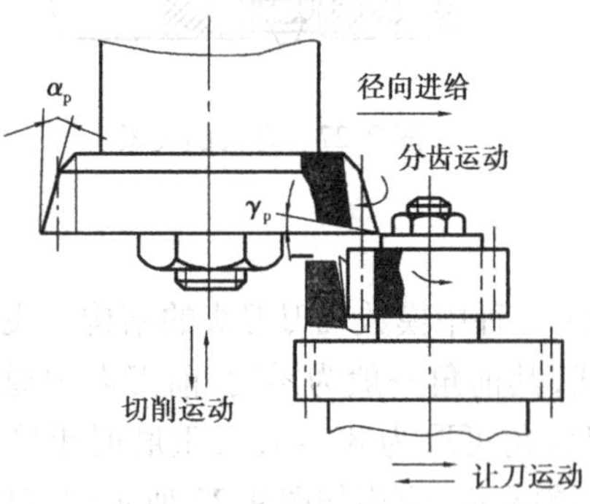

图9.31　插齿刀的工作原理

插齿刀形状如齿轮，有前角和后角以形成切削刃，用展成原理来插制齿轮。插齿时，插齿刀本身有往复的切削运动（见图9.31）；插齿刀和被切齿轮有配合的展成运动（圆周进给），这种运动一方面包络形成齿轮的渐开线齿廓，另一方面也是连续的分齿运动；插齿刀每次后退空行程时，有让刀运动，以避免刀具和加工齿面的摩擦，让刀运动可由刀具或工件完成；开始切削时有径向切入进给，达到要求的切深时，径向进给停止，圆周进给的展成运动继续进行，直到齿轮切完为止。因为插齿刀是用展成原理加工齿轮的，所以同一插齿刀可加工模数和齿形角相同而齿数不同的齿轮。可以加工标准齿轮，也可加工变位齿轮。

（2）插齿刀的类型

标准直齿插齿刀分为 3 种形式，如图 9.32 所示。

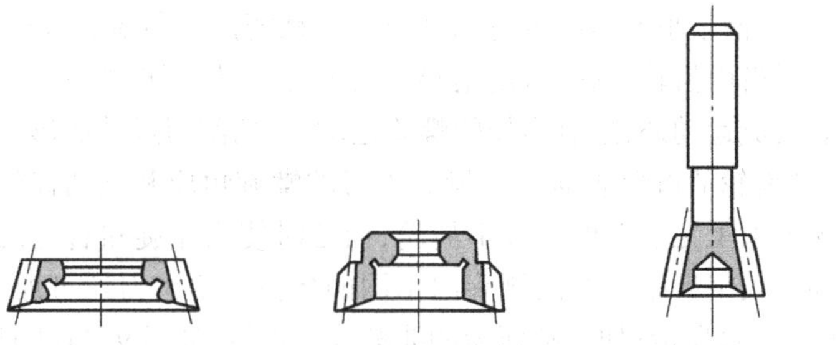

(a)盘形直齿插齿刀 (b)碗形直齿插齿刀 (c)锥柄直齿插齿刀

图9.32 插齿刀的3种形式

1)盘形直齿插齿刀

盘形直齿插齿刀主要用于加工外齿轮和大直径的内齿轮。直齿盘形插齿刀的公称分度圆直径 d_0 有6种,即 ϕ63 mm,ϕ75 mm,ϕ100 mm,ϕ125 mm,ϕ160 mm,ϕ200 mm。不同规范的插齿机应选用不同分圆直径的插齿刀。其中前4种插齿刀的精度有AA,A,B3级,后两种的精度有A,B两级,如图9.32 (a)所示。

2)碗形直齿插齿刀

碗形直齿插齿刀与盘形插齿刀的区别在于其刀体凹孔较深,以便容纳紧固螺母,避免在加工有台阶的齿轮时,螺母碰到工件,主要用于加工多联齿轮和某些内齿轮。碗形直齿插齿刀的公称分度圆直径 d_0 有4种,即 ϕ50 mm,ϕ75 mm,ϕ100 mm,ϕ125 mm。前两种主要用于加工内齿轮,后两种主要用于加工外齿轮。d_0 = 50 mm 的插齿刀精度有A,B两级,后3种插齿刀的精度有AA,A,B3级,如图9.32(b)所示。

3)锥柄直齿插齿刀

锥柄直齿插齿刀的公称分度圆直径有两种,即 ϕ25 mm 和 ϕ38 mm。因 d_0 较小,不能做成套装式,故做成带有锥柄的整体结构形式。这种插齿刀主要用于加工内齿轮,在刀具标准中只规定有A,B两种精度等级,如图9.32 (c)所示。

我国的小模数直齿插齿刀尚无统一标准,常用的有盘形直齿插齿刀 ϕ63 mm(m = 0.3 ~ 1 mm)和锥柄直齿插齿刀 ϕ25 mm(m = 0.3 ~ 1 mm)。

斜齿插齿刀我国也尚无统一标准。常用的斜齿盘形插齿刀公称分圆直径 ϕ100 mm(m = 1 ~ 7 mm),螺旋角 β 有15°和23°两种。

斜齿锥柄插齿刀用于加工斜齿内齿轮,公称分度圆直径 ϕ38 mm(m = 1 ~ 4 mm),螺旋角 β 有15°和23°两种。

人字齿轮插齿刀用于加工无空刀槽的人字齿轮。常用的公称分度圆直径有3种:ϕ100 mm(m = 1 ~ 6 mm)、ϕ150 mm(m = 2 ~ 12 mm)和 ϕ180 mm(m = 5 ~ 21 mm)。这种插齿刀的螺旋角常制成30°。

插齿刀制成3种精度等级,在合适的工艺条件下,AA级用于加工6级、A级用于加工7级、B级用于加工8级精度的齿轮。

除上述的标准插齿刀外,还可根据生产需要制造专用插齿刀,如增大前角的粗插齿刀,加工修缘齿轮的修缘插齿刀,加工剃前齿轮的剃前插齿刀等。

(3)插齿刀的应用

插齿刀可以加工很多种不同形式的齿轮。直齿插齿刀可加工多种圆柱齿轮(普通的直齿外齿轮、内齿轮和空刀槽很小的多联齿轮)，还可加工精密齿轮和扇形齿轮等。插齿刀可用于加工斜齿外齿轮和斜齿内齿轮，这时可使用斜齿插齿刀，工作原理如图 9.33 所示。加工时除有上下切削运动和展成运动外，还有附加的螺旋运动，使切削刃运动而形成的轨迹表面(称为产形表面)相当于斜齿轮的齿形表面。斜齿插齿刀的螺旋角应和被切齿轮相等，螺旋方向相反。斜齿插齿刀还可加工无空刀槽的人字齿轮，加工时使用左旋和右旋两把斜齿插齿刀，在专用机床上分别加工人字齿轮左右两侧旋向不同的牙齿。插齿刀还可加工带锥度的外齿轮和内齿轮，如图 9.34 (a)所示；加工端面齿的非渐开线齿轮，如图 9.34(b)所示。

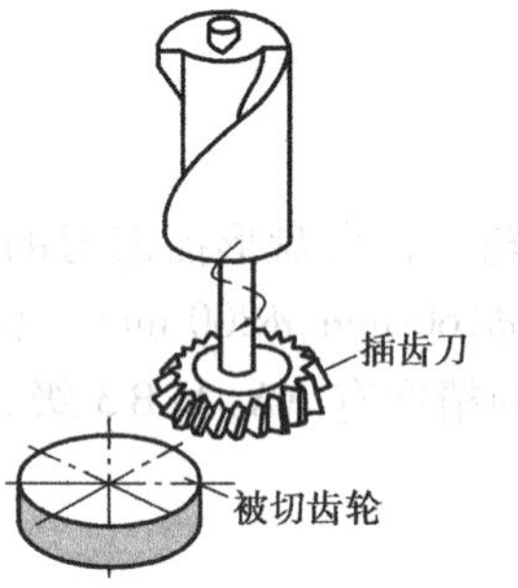

图 9.33　斜齿插齿刀工作原理

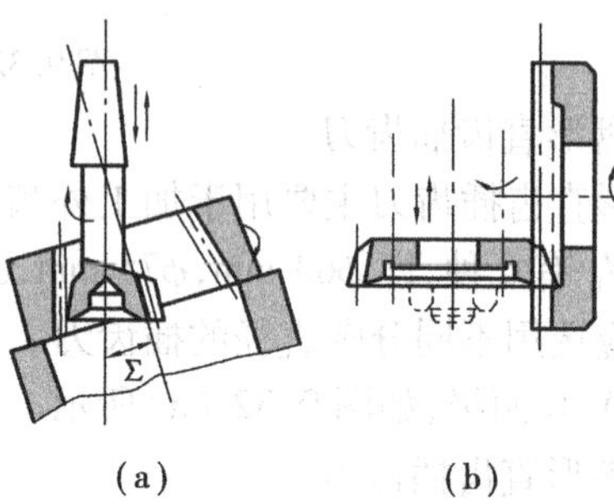

图 9.34　插齿刀加工特殊齿轮示意图

近年来，插齿的另一发展趋势是加大圆周进给量。根据最近对插齿切削过程的研究，插齿刀的主要磨损在刀齿切出刃的齿角处。该处切下的切屑过薄不易排出，产生剧烈挤压摩擦，引起刀具磨损。适当增加插齿时的圆周进给量，有利于切出刃的齿角处切屑的排出，可使刀具的使用寿命(以加工齿轮数计)增加。如图 9.35 所示为插齿切削速度、圆周进给量和刀具使用寿命(加工齿槽数)的关系曲线。可看到适当提高插齿圆周进给量，不仅可提高插齿效率，而且可提高刀具使用寿命。直齿插齿刀的主要规格与应用范围如表 9.2 所示。

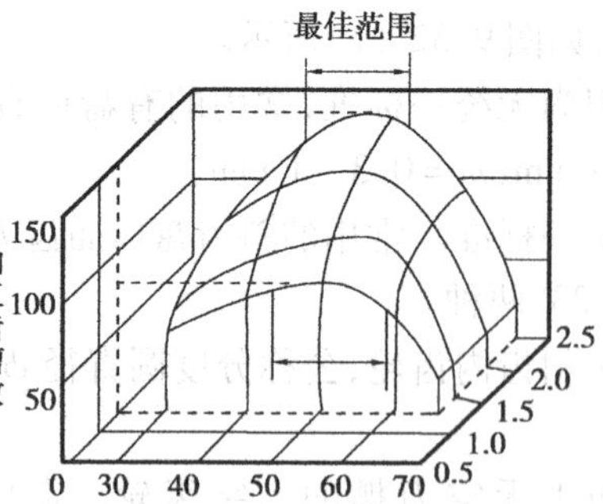

图 9.35　插齿切削速度、圆周进给量
和刀具使用寿命的关系曲线

表9.2　直齿插齿刀的类型、规格与用途/mm

序号	类型	简　图	应用范围	规格		d_1 或莫氏锥度
				d_0	m	
1	盘形直齿插齿刀	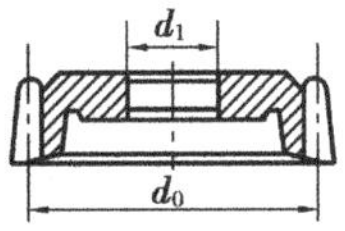	加工普通直齿外齿轮和大直径内齿轮	$\phi63$	0.3 ~ 1	31.743
				$\phi75$	1 ~ 4	
				$\phi100$	1 ~ 6	
				$\phi125$	4 ~ 8	
				$\phi160$	6 ~ 10	88.90
				$\phi200$	6 ~ 12	101.60
2	碗形直齿插齿刀	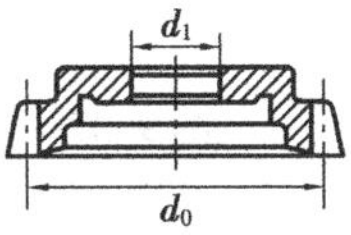	加工塔形双联直齿轮	$\phi50$	1 ~ 3.5	20
				$\phi75$	1 ~ 4	31.743
				$\phi100$	1 ~ 6	
				$\phi125$	4 ~ 8	
3	锥柄直齿插齿刀	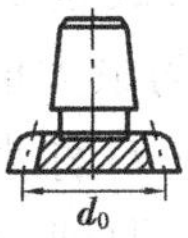	加工直齿内齿轮	$\phi25$	0.3 ~ 1	Morse No.2
				$\phi25$	1 ~ 2.75	
				$\phi38$	1 ~ 3.75	Morse No.3

9.3.2　插齿刀的前、后刀面及前角、后角

(1)插齿刀的齿面形状

直齿插齿刀的切削刃在插齿刀前端面上的投影应当是渐开线，这样当插齿刀沿其轴线方向往复运动时，切削刃的运动轨迹就像一个直齿渐开线齿轮的齿面，这个假想的齿轮称为产形齿轮。根据齿轮啮合的基本条件，这个产形齿轮的模数 m 和齿形角应等于被加工齿轮的模数和齿形角。因此，插齿刀及其产形齿轮的基圆直径可计算为

$$d_{b0} = mz_0\cos\alpha$$

插齿刀的每个刀齿都有3个切削刃(见图9.36)，一个顶刃和两个侧刃。假设把插齿刀的前刀面做成垂直于插齿刀轴线的一个平面(见图9.37)，则刀齿的顶刃将是产形齿轮的顶圆柱面与前刀面的交线(圆弧)，其前角将为零度，而两个侧刃将是产形齿轮的齿面(渐开柱面)与前刀面的交线(渐开线)。

插齿刀有顶刃后角 α_p 和侧刃后角 α_c。为得到顶刃后角 α_p，插齿刀顶刃后刀面磨成圆锥面，圆锥面轴线与插齿刀的轴线重合，则此锥面底角的余角(α_p)就是顶刃的后角。为得到侧刃后角 α_c，直齿插齿刀的两侧齿面应磨成螺旋角数值相等、方向相反的螺旋面。右侧后刀面做成左旋的渐开螺旋面，左侧后刀面做成右旋的渐开螺旋面。这样重磨前刀面以后，刀齿的顶圆直径和分度圆齿厚虽然都减小了，但两个侧刃的齿形仍然是渐开线。

重磨前刀面以后，顶刃向插齿刀轴线移近了。为了保持刀齿的高度不变，齿根圆也应同

样地向插齿刀轴线靠近。

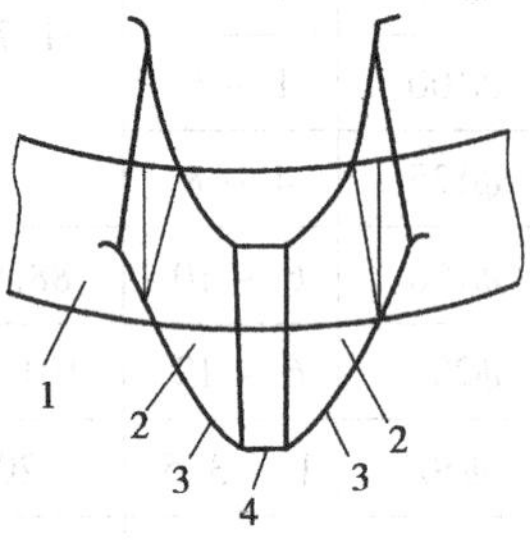

图 9.36　插齿刀的切削刃及后刀面

1—分度圆柱面;2—侧后刀面;

3—侧刃;4—顶刃

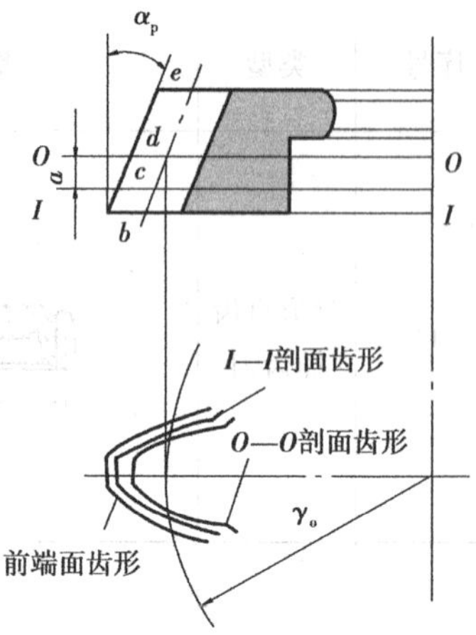

图 9.37　插齿刀的刀齿在端剖面中的齿形

由上述可知,插齿刀的每个端剖面中的齿形可看成是变位系数不同的变位齿轮的齿形,如图 9.37 所示。在新插齿刀的前端面上,变位系数为最大值,且常为正值。随着插齿刀的重磨,变位系数逐渐减小,变位系数等于零的端剖面 $O—O$ 称为插齿刀的原始剖面,在此剖面以后的各个端剖面中,变位系数为负值。根据变位齿轮原理,不同变位量的齿轮齿形仍是同一基圆的渐开线,故插齿刀重磨后必须保持齿形不变,仍为同一基圆的渐开线。这就要求插齿刀刀齿的两个侧表面,是两侧切削刃分别绕刀具轴线作螺旋运动而形成的螺旋面。这螺旋面的端截形是渐开线,因此插齿刀的侧齿面是渐开螺旋面。渐开螺旋面就是斜齿齿轮的齿面,可以用磨斜齿齿轮的办法磨削,即可以用平磨轮,按展成原理磨出理论上正确的插齿刀齿形,不仅制造容易、精度高,并且检测方便。

如图 9.38 所示为插齿刀在其分度圆柱面上的截形展开图,图中的梯形表示刀齿在分圆柱面上的截形。由于侧后刀面做成螺旋面,它在分圆柱面上的截线是螺旋线,因此,在展开图中的这些截线就成为了直线,即梯形的两个斜边。为了使两侧刃有相同的后角,两个侧后刀面的分度圆柱螺旋角 β_0 应相等,故梯形的两个斜边是对称的。

令 χ_0 为与原始剖面相距 a 的任意端剖面 $I—I$ 的变位系数,则此剖面内分度圆的齿厚为

$$s_0' = s_0 + 2\chi_0 m \tan\alpha \tag{9.29}$$

式中　χ_0 ——直齿插齿刀原始剖面中的分度圆齿厚;

m ——直齿插齿刀的模数:

α——直齿插齿刀的齿形角。

又因侧后刀面的分度圆柱螺旋角为 β_0,故由图 9.38 可知,得

$$s_0' = s_0 + 2a\tan\beta_0 \tag{9.30}$$

由式(9.29)和式(9.30)可得

$$\chi_0 = \frac{a\tan\beta_0}{m\tan\alpha} \tag{9.31}$$

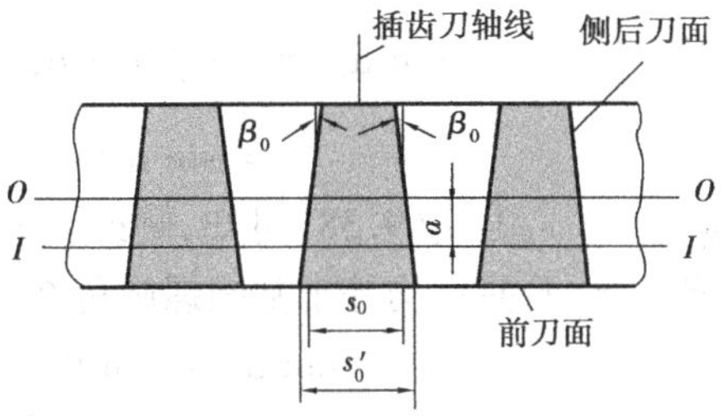

图9.38　插齿刀分度圆柱面的截形展开图

因β_0, m, α都是常数,故任意端剖面中的变位系数χ_0就与该剖面到原始剖面的距离a成正比,即$\chi_0 \propto a$。因而可用倾斜直线$bcde$(见图9.37)表示插齿刀各个端剖面中的齿形逐渐变位的情况。设插齿刀的顶刃后角为α_p,则$\tan \alpha_p = \dfrac{\chi_0 m}{a}$代入式(9.31),可得

$$\tan \beta_0 = \tan \alpha \tan \alpha_p \tag{9.32}$$

插齿刀任意端剖面中的齿形尺寸如下:

齿顶高(相对于分度圆柱面)为

$$h_{ao} = (h_{a0}^* + \chi_0)m \tag{9.33}$$

齿根高(相对于分度圆柱面)为

$$h_{fo} = (h_{f0}^* - \chi_0)m \tag{9.34}$$

顶圆半径为

$$r_{a0} = \left(\frac{z_0}{2} + h_{a0}^* + \chi_0\right)m \tag{9.35}$$

根圆半径为

$$r_{f0} = \left(\frac{z_0}{2} - h_{f0}^* + \chi_0\right)m \tag{9.36}$$

式中　h_{a0}^*, h_{f0}^*——插齿刀的齿顶高系数和齿根高系数,它们的数值通常是相同的,为1.25(当$m \leqslant 4$, $\alpha = 20°$)或1.30(当$m > 4$, $\alpha = 20°$)。

(2)**插齿刀的后角和前角**

1)插齿刀的顶刃后角α_p和侧刃后角α_c

标准直齿插齿刀采用顶刃后角$\alpha_p = 6°$。插齿刀的侧刃后角α_c在侧刃主剖面中测量(见图9.39)。插齿刀的齿形表面为渐开螺旋面,主剖面P_0和它的基圆相切。侧刃上任意点y在M—M剖面中的后角即是该点侧齿面的螺旋角β_y,根据螺旋面的规律及式(9.32),任意半径r_y处的螺旋角β_y为

$$\tan \beta_y = \frac{r_y}{r} \tan \alpha \tan \alpha_p \tag{9.37}$$

式中　r_y——分度圆半径。

主剖面p_0和M—M剖面相交成α_y角$\left(\cos \alpha_y = \dfrac{r_{b0}}{r_y}\right)$,故$y$点的侧后角$\alpha_{cy}$有以下关系式,即

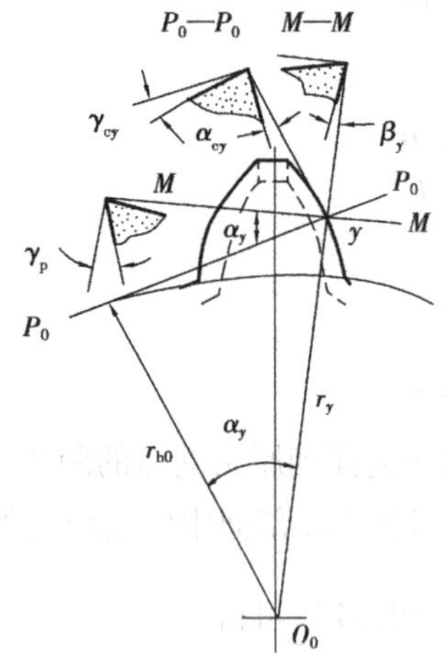

图 9.39 插齿刀的后角和前角

$$\tan \alpha_{cy} = \tan \beta_y \cos \alpha_y = \frac{r_y}{r} \tan \alpha \tan \alpha_p \frac{r_{b0}}{r}$$

$$= \sin \alpha \tan \alpha_p = \tan \beta_{b0} \qquad (9.38)$$

由式(9.38)可知,侧刃后角 α_c 在切削刃各点均相等(和 r_y 无关),均等于基圆螺旋角 β_{b0},即

$$\tan \alpha_c = \tan \beta_{b0} = \sin \alpha \tan \alpha_p \qquad (9.39)$$

齿形角 $\alpha = 20°$,顶刃后角 $\alpha_p = 6°$ 的插齿刀,用式(9.39)计算得侧刃后角 $\alpha_c = 2°3'32''$,这样的后角是偏小的。试验证明,适当增大后角可提高插齿刀的耐用度,例如,将顶刃后角 α_p 增加到9°,约可提高1倍的耐用度。但顶刃后角不宜增加过多,否则将使插齿刀可重磨次数显著减少,导致插齿刀的寿命降低,这样反而不经济。

对齿形角 $\alpha = 14°30'$ 和 15°的插齿刀,采用 $\alpha_p = 7°30'$,这时侧刃后角 $\alpha_c = 1°54'$ 和 $1°57'$。

2)插齿刀的顶刃前角 γ_p 和侧刃前角 γ_c

标准直齿插齿刀采用顶刃前角 $\gamma_p = 5°$。侧刃前角 γ_c 在主剖面 P_0 中测量,由于主剖面 P_0 和基圆相切,故侧刃上任意点 y 处的前角 γ_{cy} 可计算为

$$\tan \gamma_{cy} = \tan \gamma_p \sin \alpha_y \qquad (9.40)$$

式中

$$\cos \alpha_y = \frac{r_b}{r_y}$$

从式(9.40)可知,侧刃各点处的前角是不等的,接近齿顶处前角较大,接近齿根处前角较小。例如,$m = 2.5$,$z_0 = 30$,$\gamma_p = 5°$ 的插齿刀,齿顶处 $\gamma_c = 2°3'6''$,齿根处 $\gamma_c = 0°13'$,很显然侧刃前角过小。但增大前角将增加齿形误差,故仅在粗加工时允许增大前角。

9.3.3 外啮合直齿插齿刀的设计和计算

(1)插齿刀最大变位系数的确定

插齿刀实质上是不同端剖面变位系数不同的变位齿轮,并以新插齿刀前端面的变位系数为最大,表示为 $\chi_{0\max}$。

设计插齿刀时,首先要解决的问题是确定插齿刀的最大变位系数。最大变位系数 $\chi_{0\max}$ 对插齿刀有两方面的影响:一方面当 $\chi_{0\max}$ 较大时,插齿刀的总使用寿命增长,并且侧刃的工作部分离基圆也较远。因而工作部分的齿形曲率半径较大,这可提高被加工齿轮的表面质量;同时,被加工齿轮也不容易发生根切和顶切。另一方面若 $\chi_{0\max}$ 过大时,会发生两种不良现象:

①插齿刀的齿顶会变尖,降低插齿刀的耐用度。

②插齿刀加工出来的齿轮啮合时,会出现过渡曲线干涉。

因此设计插齿刀时,要采用最大允许的变位系数 $\chi_{0\max}$。它是按下述两个限制条件确定的。

1)插齿刀齿顶变尖的限制

这个限制条件是为了保证插齿刀的顶刃有足够的宽度。在变位系数为 χ_0 的端剖面中,插

齿刀的齿顶宽度 $S_{\alpha0}$ 可用下式计算，即

$$S_{\alpha0} = r_{\alpha0}\left[\frac{\pi + 4\chi_0 \tan\alpha}{z_0} + 2(\mathrm{inv}\alpha - \mathrm{inv}\alpha_{a0})\right] \tag{9.41}$$

式中　r_{a0}——插齿刀顶圆半径；

α_{a0}——插齿刀顶圆压力角。

顶圆压力角可计算为

$$\cos\alpha_0 = \frac{r_{b0}}{r_{a0}} = \frac{z_0\cos\alpha}{z_0 + z(h_{a0}^* + \chi_0)} \tag{9.42}$$

由式(9.41)和式(9.42)的演算结果可知，当 χ_0 增大时，$S_{\alpha0}$ 总是减小。由此可知，χ_0 增大到一定程度顶刃变尖。为保证顶刃有足够的机械强度，必须给它一个最小允许的 $S_{\alpha0\min}$，这就要求插齿刀的最大变位系数不能超过一个限度 $\chi_{0\max}$。

根据长期的使用经验，插齿刀允许的最小齿顶宽度可用下列经验公式确定为

$$S_{\alpha0\min} = -0.010\,7\,m^2 + 0.2643\,m + 0.3381 \quad \text{mm} \tag{9.43}$$

式中　m——插齿刀模数。

根据式(9.43)绘制的曲线如图9.40所示。

设计插刀时，从图9.40中查出允许的最小齿顶宽度 $S_{\alpha0\min}$，将此值代入式(9.41)中的 $S_{\alpha0}$，同时将式(9.42)中的 α_{a0} 也代入式(9.41)中，然后由式(9.41)解出 χ_0，它就是最大允许的 $\chi_{0\max}$。式(9.41)中的 r_{b0} 可表达为

$$r_{b0} = m\left(\frac{z_0}{2} + h_{a0}^* + x_0\right)$$

利用计算机由式(9.41)求解 χ_0 十分容易。

求解 χ_0 的另一种方法是计算和图解相结合的方法，即用3个不同的变位系数 χ_{01}，χ_{02}，χ_{03} 代入式(9.41)和(9.42)，求出3个不同的顶刃宽度 $S_{\alpha01}$，$S_{\alpha02}$，$S_{\alpha03}$，以 χ_0 为横坐标，并以 $\Delta = S_{\alpha0\min} - S_{\alpha0i}(i = 1,2,3)$ 为纵坐标，作出曲线(见图9.41)，曲线与横轴的交点坐标就是 $\chi_{0\max}$。

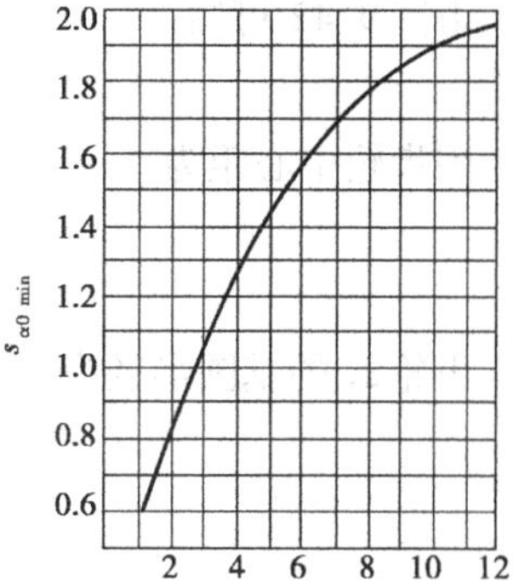

图9.40　插齿刀顶刃的最小允许宽度

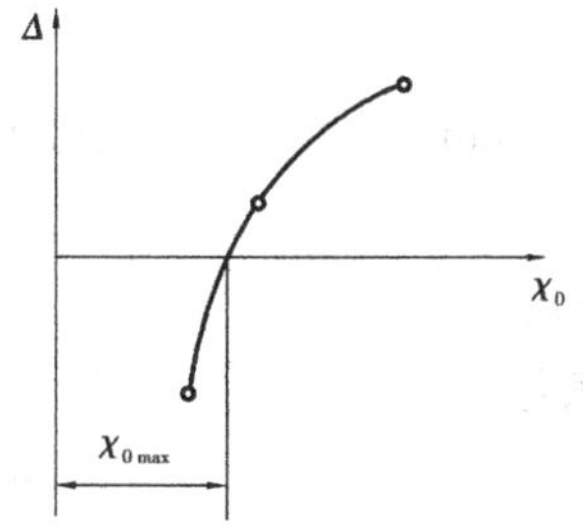

图9.41　$\chi_{0\max}$ 的图解法计算

2）齿轮过渡曲线干涉的限制

由于变位系数过大，会使插齿刀切出的齿轮在啮合时有时会发生过渡曲线干涉，上面根据齿顶变尖限制求得的 $\chi_{0\max}$ 是否可用，还须经过齿轮副啮合时有无过渡曲线干涉的检验做最后决定。

如图9.42(a)所示，用插齿刀切出的齿轮 z_1 齿廓上仅 F 点以上是渐开线，F 点以下是过渡曲线。F 点的位置可用该点的渐开线曲率半径 ρ_{10} 表示。ρ_{10} 值将因插齿刀参数和齿轮参数变化而变化。

当插好的齿轮 z_1 与另一齿轮 z_2 啮合时(见图9.42(b))，如不发生过渡曲线干涉，要求齿廓上 F' 点以上为渐开线。如果 F' 点在 F 点之上，则齿轮啮合区全部为渐开线，不产生过渡曲

线干涉，否则将产生干涉而不能正常啮合。F'的位置也可用F'点处渐开线曲率半径ρ_{12}表示。

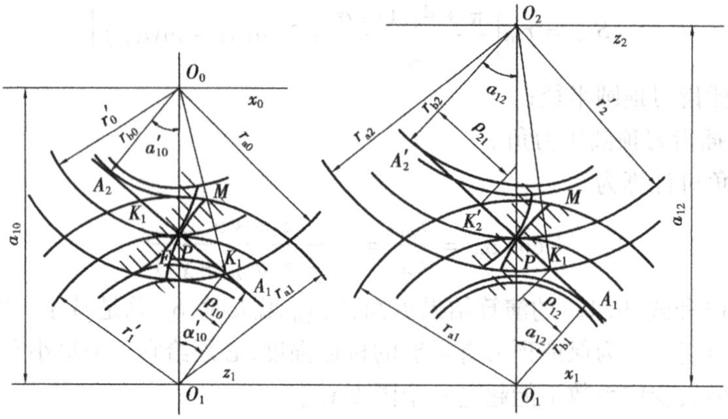

(a)插齿刀切齿轮时啮令情况　　(b)齿轮副啮令情况

图9.42　插制轮齿过渡曲线干涉的校验

图9.42中，要使齿轮z_2不和小齿轮z_1的过渡曲线发生干涉，则应有

$$\rho_{12} \geqslant \rho_{10} \tag{9.44}$$

由图9.42可知

$$\rho_{12} = a_{12}\sin\alpha_{12} - r_{b2}\tan\alpha_{a2}$$

因齿轮中心距为

$$a_{12} = \frac{m(z_1 + z_2)\cos\alpha}{2\cos\alpha_{12}}$$

齿轮z_2的基圆半径为

$$r_{b2} = \frac{mz_2}{2}\cos\alpha$$

故
$$\rho_{12} = \frac{m\cos\alpha}{2}[(z_1 + z_2)\tan\alpha_{12}] - z_2\tan\alpha_{a2}$$

同理，可得
$$\rho_{10} = \frac{m\cos\alpha}{2}[(z_1 + z_2)\tan\alpha_{10}] - z_0\tan\alpha_{a0}$$

将ρ_{12}和ρ_{10}的值代入式(9.44)，化简后得

$$(z_1 + z_2)\tan\alpha_{12} - z_2\tan\alpha_{a2} \geqslant (z_1 + z_0)\tan\alpha_{10} - z_0\tan\alpha_{a0} \tag{9.45}$$

式中　α_{a2}，α_{a0}——大齿轮z_2和插齿刀的顶圆渐开线压力角；

α_{12}，α_{10}——大小齿轮啮合时及插齿刀切小齿轮z_1时的啮合角。

同理可知，若小齿轮z_1不和大齿轮z_2的过渡曲线干涉，需要满足

$$\rho_{21} \geqslant \rho_{20} \tag{9.46}$$

$$(z_1 + z_2)\tan\alpha_{12} - z_1\tan\alpha_{a1} \geqslant (z_2 + z_0)\tan\alpha_{a0} - z_0\tan\alpha_{a0} \tag{9.47}$$

式中　α_{a1}——小齿轮z_1的顶圆渐开线压力角；

α_{20}——插齿刀切大齿轮z_2时的啮合角。

根据计算，当插齿刀的变位系数χ_0增加时，ρ_{10}和ρ_{20}均随之增加，式(9.45)和式(9.47)不易满足，即过渡曲线干涉的危险性增加。极限情况下，式(9.45)和式(9.47)两边相等，这时

的χ_0是不发生过渡曲线干涉允许的插齿刀最大变位系数$\chi_{0\max}$。

用同一把插齿刀加工一对标准齿轮(即变位系数$\chi_1=\chi_2=0$的齿轮)时,如果小齿轮的过渡曲线不与大齿轮的齿角发生干涉,则大齿轮的过渡曲线就更不会与小齿轮的齿角发生干涉。因此,同一把插齿刀加工标准齿轮时,只需检验小齿轮的过渡曲线。

在式(9.45)和式(9.47)中,用插齿刀加工变位齿轮时,大小齿轮过渡曲线的干涉都要校验。其中,α_{10},α_{20}和α_{a0}是插齿刀变位系数χ_0的函数,其他数值都是常数。α_{10},α_{20}和α_{a0}可分别为

$$\mathrm{inv}\alpha_{10}=\frac{2(\chi_1+\chi_0)}{(z_1+z_0)}\tan\alpha+\mathrm{inv}\alpha \tag{9.48}$$

$$\mathrm{inv}\alpha_{20}=\frac{2(\chi_2+\chi_0)}{(z_2+z_0)}\tan\alpha+\mathrm{inv}\alpha \tag{9.49}$$

$$\cos\alpha_{a0}=\frac{z_0\cos\alpha}{z_0+2(h_{a0}^*+\chi_0)} \tag{9.50}$$

把由上面齿顶变尖限制求得的变位系数$(\chi_0)_{\max}$代替式(9.48)、式(9.49)和式(9.50)中的χ_0,求得α_{10},α_{20}和α_{a0},然后把它们代入式(9.45)和式(9.47)。如此两式能满足,则$(\chi_0)_{\max}$就可取为新插齿刀前端面的变位系数。如果不满足此两式,就应把$(\chi_0)_{\max}$减小些,再继续计算,直到满足一式而另一式刚好处于极限情况(即式两边相等)为止。

(2)外啮合直齿插齿刀的设计计算

插齿刀的设计计算有以下3种情况:

①设计通用的标准插齿刀,在此情况下,一般不知所切齿轮的参数,故只考虑加工常用的齿轮,即其齿数大致在17~120范围内的标准齿轮副。

②设计加工某几对齿轮副通用的插齿刀。

③设计专用插齿刀,用于加工一对指定的齿轮。

上述3种情况,第3种情况具有代表性。下面只讨论专用插齿刀的设计计算方法。

1)专用插齿刀的设计计算

设计之前,被加工齿轮副需具备下列数据:模数m、齿形角α、齿顶高系数h^*、齿数z_1和z_2以及变位系数χ_1和χ_2,设计的主要步骤如下:

①选择切削角度。通常取插齿刀顶刃前角$\gamma_p=5°$,顶刃后角$\alpha_p=6°$。

②确定插齿刀的分度圆直径及齿数。根据所用插齿刀的规范,决定插齿刀的公称分度圆直径d_0'(其标准值见本章9.3.1小节),则插齿刀齿数为

$$z_0'=\frac{d_0'}{m} \tag{9.51}$$

将计算结果z_0'圆整成z_0(圆整时尽可能取z_0为偶数,以利于测量)。齿数决定后,可计算插齿刀的公称分度圆直径为

$$d_0=mz_0 \tag{9.52}$$

③确定插齿刀的最大变位系数$(\chi_0)_{\max}$。确定方法上面已讲过,不再重复。有了$(\chi_0)_{\max}$即可决定新插齿刀前刀面齿形的端面投影尺寸如下:

顶圆直径为

$$d_{a0} = m\{z_0 + 2[h_{a0}^* + (\chi_0)_{max}]\} \tag{9.53}$$

根圆直径为

$$d_{f0} = m\{z_0 - 2[h_{f0}^* + (\chi_0)_{max}]\} \tag{9.54}$$

分度圆齿厚为

$$S_0' = S_0 + 2m(\chi_0)_{max}\tan\alpha \tag{9.55}$$

对于标准插齿刀,式(9.55)中

$$S_0 = \frac{\pi m}{2} \tag{9.56}$$

采用按式(9.56)计算 S_0 的插齿刀加工齿轮时,为使齿轮的齿厚减薄些,以获得啮合时所必需的侧向间隙,S_0 可计算为

$$S_0 = \frac{\pi m}{2} + \Delta S_0 \tag{9.57}$$

式中　ΔS_0——齿轮的齿厚减薄量,按模数选取。

对于修缘插齿刀,为了保证齿轮的修缘量不改变,必须按式(9.57)计算 S_0。

对于粗加工用的插齿刀,应取

$$S_0 = \frac{\pi m}{2} - \Delta' S_0 \tag{9.58}$$

式中,$\Delta' S_0$ 按齿轮工艺要求的精加工余量决定。

齿顶高为

$$h_{a0} = m[h_{a0}^* + (\chi_0)_{max}] \tag{9.59}$$

新插齿刀前端面到原始剖面的距离为

$$l = \frac{m(\chi_0)_{max}}{\tan\alpha_p} \tag{9.60}$$

④插齿刀厚度(见图9.34)。插齿刀厚度可计算为

$$B = t + w \tag{9.61}$$

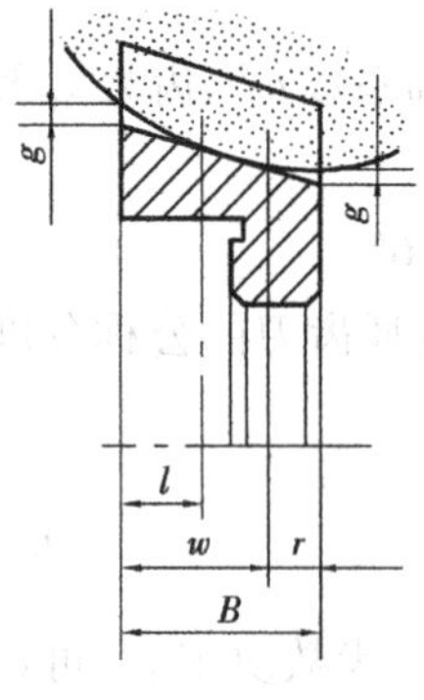

图9.43　插齿刀的厚度

式中　t——插齿刀重磨到最后需留下的厚度;

w——插齿刀重磨层的厚度。

为了保证刀齿使用到最后时还有足够的强度,厚度 t 不应小于如表9.3所示中的推荐值。

重磨层厚度 w 越大,插齿刀的重磨次数越多。但因精磨插齿刀齿形砂轮不沿插齿刀轴线移动,故插齿刀的槽底呈圆弧形。如果厚度 w 取得过大,会使两端的齿形根部磨不出渐开线。为了保证磨出插齿刀的有效齿形高度,应使如图9.43所示中的 g 值小于 c_m^*(间隙系数),为此厚度 w 就要受到限制。同时,由于插齿刀前端面的变位系数 $(\chi_0)_{max}$ 已是定值,如果 w 取得过大,则重磨层末端处的变位系数 $(\chi_0)_{min}$ 将很小,这不但会使被加工齿轮产生根切和顶切现象,而且还会使插齿刀的刀齿本身在磨齿形时受到根切。总之,插齿刀的厚度 B 不要大于如表9.3所示中的推荐值。

表9.3 插齿刀的总厚度 B 及重磨留下的最小厚度 t/mm

模数	分度圆直径	B	t
1.0~1.5	75	17	4
1.75~2.75		20	5
3.0~4.5		22	6.5
1.0~1.5	100	20	4
1.75~2.75		24	4.5
2.75~3.25		24	5.5
3.5~4.0		26	5.5
4.5~5.0		26	6.5
5.5~6.0		26	7.5

⑤插齿刀的最小变位系数 $(\chi_0)_{\min}$。为了使插齿刀使用充分,希望将插齿刀重磨到刀齿强度所允许的最小厚度 t。随着插齿刀的重磨,它的变位系数 χ_0 逐渐减小。当重磨到厚度 t 时,变位系数为最小,此时

$$(\chi_0)_{\min} = \frac{(l - w)\tan \alpha_p}{m} = \frac{(l - B + t)\tan \alpha_p}{m} \tag{9.62}$$

插齿刀能否采用这个最小变位系数,还需检验被切齿轮是否发生根切和顶切,方可确定。

2)按最小变位系数 $(\chi_0)_{\min}$ 检验根切

用插齿刀加工齿轮时,如果插齿刀的变位系数太小,它的齿角可能切入工件的渐开线齿形内部,因而产生根切现象。这是因为有效啮合线端点 K_1(见图9.42)超出了理论啮合线端点 A_1。不产生根切的极限情况为 K_1 点和 A_1 点重合。因此,齿轮 z_1 不被根切的条件为

$$\rho_{10} \geqslant 0 \tag{9.63}$$

或

$$(z_1 + z_2)\tan \alpha_{10} - z_0 \tan \alpha_{a0} \geqslant 0 \tag{9.64}$$

同理,齿轮 z_2 不被根切的条件为

$$\rho_{20} \geqslant 0 \tag{9.65}$$

或

$$(z_2 + z_0)\tan \alpha_{20} - z_0 \tan \alpha_{a0} \geqslant 0 \tag{9.66}$$

由式(9.48)、式(9.49)、式(9.50)已知 α_{10},α_{20} 和 α_{a0} 都是变位系数 χ_0 的函数。因此,用式(9.62)求得的 $(\chi_0)_{\min}$ 代替式(9.48)、式(9.49)、式(9.50)中的 χ_0,求得 α_{10},α_{20} 和 α_{a0},然后将它们代入式(9.64)和式(9.66)。如果两式都满足,表示两个齿轮都不被根切;若有一个式子不满足,就表示这一个齿轮将被根切。此时,应适当减小厚度 B,使 $(\chi_0)_{\min}$ 增大些,使这个齿根正好不被根切。

根切现象易发生在被加工齿轮的齿数少且变位系数小时。当被加工齿轮参数已定的情况下,插齿刀的齿数越多或变位系数越小,越容易发生根切。

3)按最小变位系数 $(\chi_0)_{\min}$ 校验第一类顶切

用插齿刀加工齿轮时,如果插齿刀的变位系数太小,插齿时有效啮合线端点 K_2 超出了理

论啮合线端点 A_2（见图9.42(a)）。这表明齿轮齿角将进入插齿刀的齿根内，但因插齿刀是由淬硬的高速钢制成，故插齿刀的齿根将切去齿轮的齿角，称这种现象为第一类顶切。不产生这种顶切的极限情况是 K_2 点与 A_2 点重合，即齿轮在 z_1 不产生第一类顶切的条件为

$$\alpha_{10}\sin\alpha_{10} - r_{b1}\tan\alpha_{a1} \geqslant 0$$

或

$$(z_1 + z_0)\tan\alpha_{10} - z_1\tan\alpha_{a1} \geqslant 0 \tag{9.67}$$

同理，加工齿轮 z_2 不发生顶切的条件为

$$(z_2 + z_0)\tan\alpha_{20} - z_2\tan\alpha_{a2} \geqslant 0 \tag{9.68}$$

如前所述，α_{10} 和 α_{20} 都是 χ_0 的函数，故将经过根切检验而通过的 $(\chi_0)_{\min}$ 代入式(9.48)、式(9.49)，求得 α_{10} 和 α_{20}，然后把它们代入式(9.67)、式(9.68)，如果都满足，表示齿轮不发生第一类顶切，否则将有第一类顶切发生。此时，应适当减小插齿刀厚度 B 而使 $(\chi_0)_{\min}$ 增大些，使齿轮正好不发生第一类顶切。

当其他条件相同时，若齿轮的齿数越多，插内刀的齿数越小或 χ_0 越小，则齿轮越容易发生第一类顶切。

4）按最小变位系数 $(\chi_0)_{\min}$ 校验第二类顶切

当齿轮齿顶与插齿刀根圆之间的间隙小于零时，插齿刀切削齿轮时，其根圆将切去齿轮齿顶，而产生第二类顶切。

插齿时，插齿刀根圆和齿轮顶圆间的间隙为

$$c_{10} = a_{10} - r_{a1} - r_{fo}$$

或

$$c_{10}^* = \frac{z_1 + z_0}{2}\left(\frac{\cos\alpha}{\cos\alpha_{10}} - 1\right) - (\chi_1 + \chi_0) + h_{fo}^* - h$$

不发生第二类顶切的条件是 $c_{10}^* \geqslant 0$，即

$$\frac{z_1 + z_0}{2}\left(\frac{\cos\alpha}{\cos\alpha_{10}} - 1\right) - (\chi_1 + \chi_0) + h_{fo}^* - h \geqslant 0 \tag{9.69}$$

式(9.69)是齿轮 z_1 不发生第二类顶切的条件。齿轮 z_2 不发生第二类顶切的条件为

$$\frac{z_2 + z_0}{2}\left(\frac{\cos\alpha}{\cos\alpha_{20}} - 1\right) - (\chi_2 + \chi_0) + h_{fo}^* - h \geqslant 0 \tag{9.70}$$

把上面经过第一类顶切检验而通过的 $(\chi_0)_{\min}$ 代替式(9.48)和式(9.49)中的 χ_0，求出 α_{10}，α_{20}，然后代入式(9.69)和式(9.70)，如果两式都满足，表示齿轮 z_1 和 z_2 都不发生第二类顶切。如果有一个式子不满足，还需适当增大 $(\chi_0)_{\min}$，以使这个齿轮不发生第二类顶切。

综上所述，插齿刀的最小变位系数 $(\chi_0)_{\min}$ 要经过3次检验才能最后确定。

最后，在插齿刀的工作图中，还需注明修正后的插齿刀侧后刀面的齿形角 α_0、基圆直径 $(d_{b0})_c$ 和基圆柱螺旋角 $(\beta_{b0})_c$，并根据刀具标准选取插齿刀的其他结构尺寸和决定插齿刀的技术条件。

9.4　剃齿刀

9.4.1　剃齿刀的类型及应用

剃齿刀是一种加工外啮合和内啮合直齿、斜齿渐开线圆柱齿轮的精加工刀具。剃齿时，剃齿刀的切削刃从工件齿面上剃下很薄的一层金属，可有效地提高被剃齿轮的精度及齿面质量，剃齿后精度可达6～7级，较剃齿前提高约一级。因剃齿刀的耐用度和生产率较高，所用的机床简单，调整方便，因此生产中不少齿轮是用剃齿刀来精加工的。

剃齿刀按其结构，分为以下3种：

①盘形剃齿刀（见图9.44（a））。生产中使用的主要是这种剃齿刀，本节介绍这种剃齿刀。

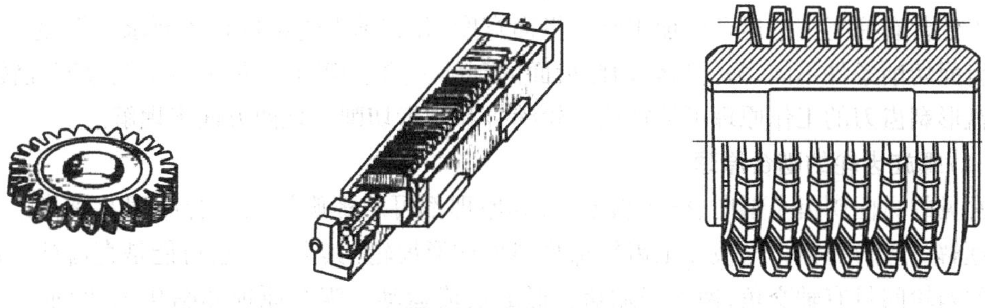

(a)盘形剃齿刀　(b)齿条形剃齿刀　(c)蜗轮剃齿刀

图9.44　剃齿刀的3种类型

②齿条形剃齿刀（见图9.44（b））。用于加工圆柱外齿轮，因刀具复杂，现已极少采用。

③蜗轮剃齿刀（见图9.44（c））。用于蜗轮的精加工。刀具的主要尺寸（除外径稍增大外）应等于与被切蜗轮共轭的蜗杆的尺寸。剃齿刀的螺纹表面开有小槽以形成切削刃，但在一端保留螺纹表面不开刃沟，用于刀具的检验。

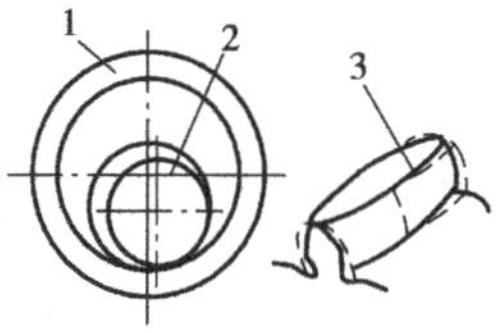

图9.45　内齿轮的剃齿
1—内齿轮；2—剃齿刀；
3—剃齿刀刀齿

盘形剃齿刀可用于内齿轮的精加工，如图9.45所示为内齿轮剃齿的示意图。因剃齿刀和内齿轮的轴线交错成一定角度，故剃齿刀刀齿必须制成鼓形才能和内齿轮啮合。大直径的齿轮有时也用剃齿刀进行精加工。一般是在大型滚齿机上滚齿后，齿轮不取下，在刀梁处换上剃齿刀，脱开传动链，由齿轮带动剃齿刀转动进行剃齿，这样加工可不需要大型齿轮精加工机床。

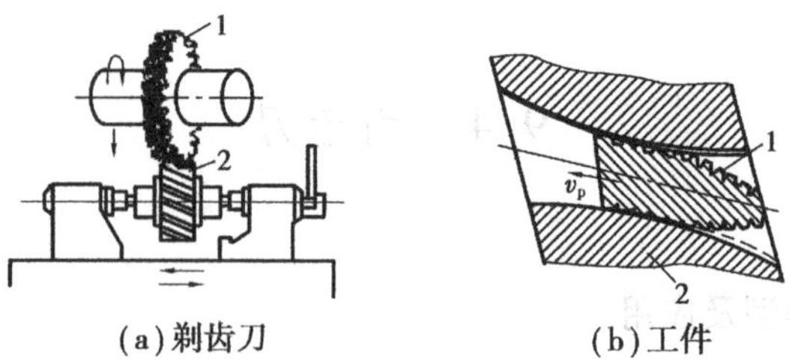

图9.46 剃齿工作情况

9.4.2 剃齿刀的工作原理

盘形剃齿刀是一个变位的渐开线斜齿圆柱齿轮，它的工作情况如图9.46所示。加工时，剃齿刀和齿轮轴线交错成一角度Σ，做螺旋齿轮啮合，如图9.46（a）所示。剃齿刀装在机床主轴上，工件装在工作台上，由剃齿刀带动旋转，它们之间没有强制的传动链联系。螺旋齿轮啮合时，齿面有相对滑移，剃齿刀即靠此齿面相对滑移加工齿轮齿面，如图9.46(b)所示。剃齿时工作台有往复进给运动以加工整个齿面宽度，并有垂直进给以切入要求的深度。剃齿刀两侧齿面切削条件不同，为使齿轮两侧齿面的剃削去除量相同，剃齿刀应定期改变旋转方向。

盘形剃齿刀的工作原理可从螺旋齿轮啮合和剃齿切削机理两方面来理解。

(1)螺旋齿轮的啮合原理

常见的纵向剃齿及斜向、横向剃齿法，其原理都可从螺旋齿轮啮合原理及剃齿的切削原理来理解。盘形剃齿刀与被加工齿轮都是斜齿柱形齿轮(其中之一也可能是直齿柱形齿轮)。它们的两轮间具有轴交角，做无间隙啮合形成展成运动。啮合原理如图9.47所示。平面V_1和V_0是通过啮合节点P并分别与齿轮和剃齿刀的基圆柱相切的平面。V_1和V_0两平面的交线KPM就是这对螺旋齿轮的啮合线，故啮合线通过啮合节点并和齿轮基圆柱、剃齿刀基圆柱

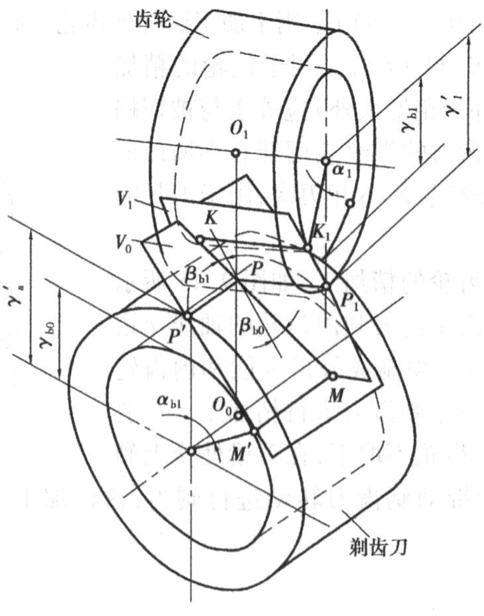

图9.47 螺旋齿轮啮合原理

相切,并垂直于刀具和齿轮两啮合齿面的渐开螺旋面。啮合线 KPM 的长度 L 为

$$L = \overline{KP} + \overline{PM} = \frac{\overline{K_1P_1}}{\cos\beta_{b1}} + \frac{\overline{M'P'}}{\cos\beta_{b0}} = \frac{\sqrt{r_1'^2 - r_{b1}^2}}{\cos\beta_{b1}} + \frac{\sqrt{r'^2_0 - r_{b0}^2}}{\cos\beta_{b0}} \tag{9.71}$$

式中 r_0',r_1'——剃齿刀和齿轮的节圆半径;

r_{b0},r_{b1}——剃齿刀和齿轮的基圆半径;

β_{b0},β_{b1}——剃齿刀和齿轮的基圆螺旋角。

把啮合线 KPM 按圆弧方向投影在刀具的齿形面上,就得到齿面的接触痕迹,如图9.48所示。经分析计算,剃齿刀齿面接触点轨迹曲线只与剃齿刀本身参数有关,与被剃齿轮的参数无关。直齿剃齿刀齿面接触点轨迹与端平面平行,与齿面刃沟方向一致,切削条件较好,如图9.48 (a)所示。斜向剃齿刀的齿面接触点轨迹是斜向曲线,同一牙齿两侧面的接触点轨迹与斜向是相反的,如图9.48 (b)所示。斜向剃齿刀剃齿时切削是不连续的,切削条件较差。

图9.47中的 KPM 为螺旋齿轮啮合时的理论啮合线,受顶圆柱的限制,有效啮合线将小于理论啮合线。如图9.49所示为被剃齿轮要求的有效渐开线齿廓起点 F 和终点 B。F 点和 B 点位置是用该点渐开线曲率半径 $\rho_{1\min}$ 和 $\rho_{1\max}$ 表示(端面中数值)。用剃齿刀加工齿轮时,要求有效渐开线起点 F' 低于 F 点。

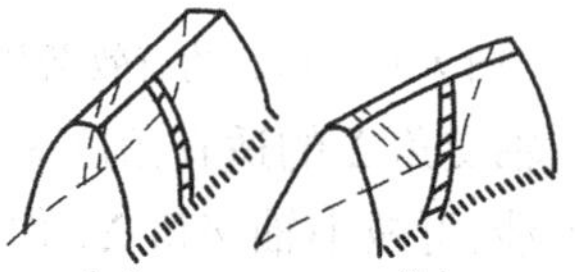
(a) (b)

图9.48 剃齿时接触点轨迹

将图9.47中的啮合线 KPM 抽出做成如图9.50所示,这是在通过啮合线 KPM 和剃齿刀与齿轮轴线间的最短距离 O_1O_0 的平面中观察得到的。剃齿时的有效啮合线是 $F'PB'$,加工出齿轮渐开线起点为 F',终点为 B'',点 F' 和 B'' 位置将由刀具齿形在啮合线 KPM 方向的渐开线曲率半径 $(\rho_{0\max})_n$ 和 $(\rho_{0\min})_n$ 决定。为使 F' 点低于 F 点和剃齿刀齿形高度符合要求,规定在渐开线曲率半径上有 Δl 的超越量。将符合要求的剃齿刀齿形渐开线起点和终点曲率半径换算成端面值 $\rho_{0\min}$ 和 $\rho_{0\max}$,则有

$$\rho_{0\min} = (\rho_{0\min})_n\cos\beta_{b0} = L\cos\beta_{b0} - (\rho_{1\max} + \Delta l)\frac{\cos\beta_{b0}}{\cos\beta_{b1}} \tag{9.72}$$

$$\rho_{0\max} = (\rho_{0\max})_n\cos\beta_{b0} = L\cos\beta_{b0} - (\rho_{1\min} - \Delta l)\frac{\cos\beta_{b0}}{\cos\beta_{b1}} \tag{9.73}$$

剃齿刀的根圆半径 r_{f0} 必须小于下式计算值,即

$$r_{f0} = \sqrt{\rho_{0\min}^2 + r_{b0}^2} \tag{9.74}$$

剃齿刀的顶圆半径 r_{a0} 必须大于下式计算值,即

$$r_{a0} = \sqrt{\rho_{0\max}^2 + r_{b0}^2} \tag{9.75}$$

(2)剃齿时的轴交角 Σ

剃齿刀和工件的轴交角 Σ 是影响切削性能的一项重要因素,它直接影响到刀刃的切削性、加工表面质量、剃削工件的齿形精度和刀具耐用度。因此,要保证轴交角 Σ 在适宜的范围内。

增大轴交角 Σ,可增大齿面相对滑移速度,增大切削力,但会使剃齿时接触区宽度变小,纵向进给力增大,使剃齿时易发生振动,降低工件表面质量及工件精度。

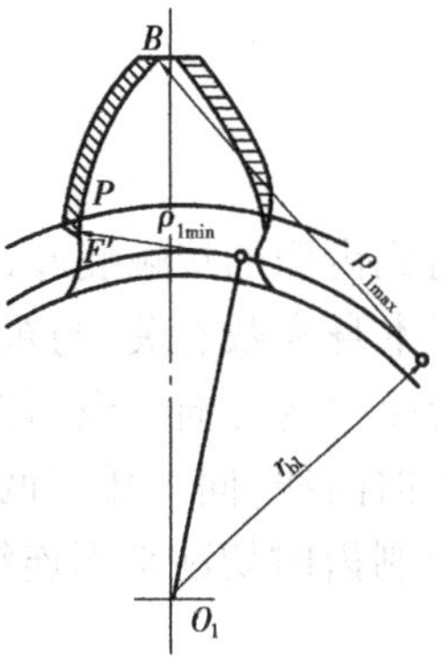

图 9.49　齿轮的有效渐开线齿廓

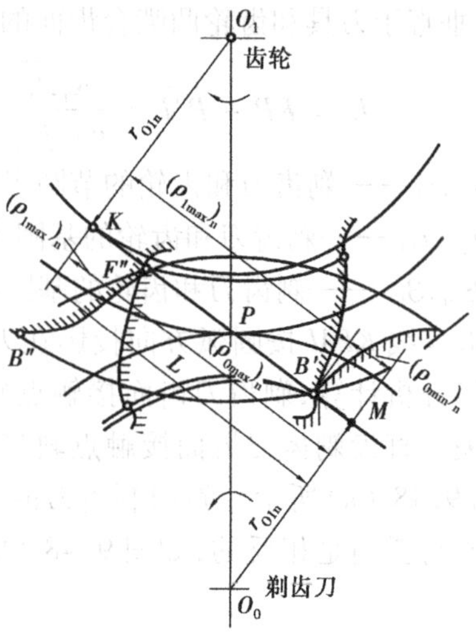

图 9.50　剃齿时的有效啮合线

轴交角 Σ 的适宜角度为 10° ~20°,常选 15°。在加工带台阶齿轮时,为了避免剃齿刀与台阶干涉,可减小轴交角 Σ,但不应小于 5°,剃削内齿轮时,为了减小剃齿刀的齿形及齿形修形量,Σ 也应选较小值,一般选 8° ~10°。

9.4.3　剃齿刀主要结构参数的确定

剃齿刀有标准剃齿刀和专用剃齿刃两大类。标准剃齿刀的尺寸、规格、系列均已标准化,工具厂根据标准生产,市场上有现货供应,价格便宜。标准剃齿刃是万能型刀具,能适应大部分齿轮的需要,但使用之前必须经过验算是否适用于被剃齿轮,它多用于小批生产或单件生产。当被剃齿轮产量大时,则根据被剃齿轮的尺寸设计专用剃齿刀。专用剃齿刀可使切削性能更好,寿命更长,加工出的齿轮质量更好。下面介绍专用剃齿刀的设计:

(1)剃齿刀的齿数

剃齿刀齿数增加可使剃齿刀的重叠系数增加,提高剃齿精度,提高剃齿刀寿命。因此,当剃齿机允许的刀具最大直径为 d'_{a0} 时,剃齿刀允许的最多齿数可计算为

$$Z = \frac{d'_{a0}}{m_1} - 3 \tag{9.76}$$

实际采用的剃齿刀齿数还应考虑剃齿刀模数、剃齿加工精度等问题,当剃齿刀和被剃齿轮的齿数互为质数时,可避免剃齿刀的误差转移到齿轮上。如表 9.4 所示列出盘形剃齿刀的常用齿数,可参考选用。

(2)剃齿刀的直径

闭式剃齿刀用钝后重磨其齿形表面,因此剃齿刀相当于变位齿轮,新剃齿刀变位量最大,重磨后变位量逐渐减小,如图 9.51 所示。标准剃齿刀的新刀变位量用分度圆齿厚增量 Δs 表示,这是一个重要参数,它将决定齿面刃磨量相对于标准齿形的位置,也将决定旧刀的最小变位量。

表9.4　盘形剃齿刀的齿数

模数 m_n /mm	公称分度圆直径/mm		模数 m_n /mm	公称分度圆直径/mm	
	63	85		180	240
	剃齿刀齿数			剃齿刀齿数	
0.2	318	—	1.25	115	
0.25	249	—	1.5	115	
0.3	212	292	1.75	100	
0.4	159	212	2.0	83	115
0.5	124	172	2.25	73	103
0.6	104	146	2.5	67	91
0.8	82	106	3.0	53	73
1	62	86	3.25	53	67
1.25	—	67	3.5	47	61
1.5	—	58	3.75	43	61
			4.0	41	53
			4.5	37	51
			5.0	31	43
			5.5	29	41
			6.0	27	37
			6.5	—	35
			7.0	—	31
			8.0	—	27

目前,国内外都广泛采用负变位剃齿刀,这将使剃齿刀的旧刀齿根圆直径变小。对齿根圆直径有一极限量,因剃齿刀齿面必须保证全齿高上均为渐开线,所以剃齿刀的根圆直径 d_{a0} 必须大于剃齿刀的基圆直径 d_{b0},设计专用剃齿刀时,建议采用的根圆直径为

$$d_{a0} \geqslant d_{b0} + 1 \tag{9.77}$$

标准剃齿刀的工作齿高 h'_0 可取被剃齿轮工作齿高 h' 的1.1倍,即

$$h'_0 = 1.1h' = 2.2m_n \tag{9.78}$$

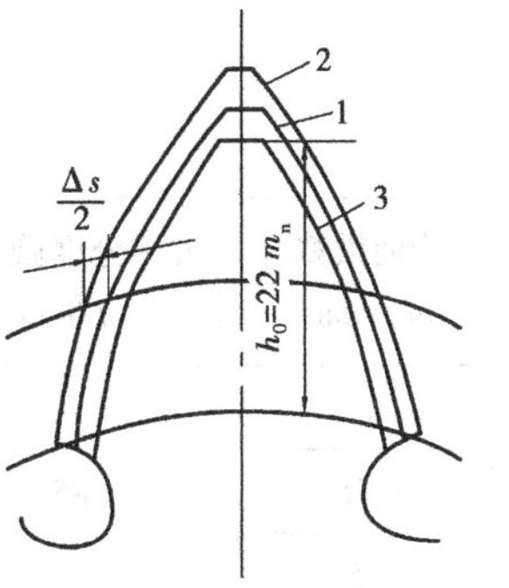

图9.51　剃齿刀的刃磨余量

由于剃齿刀要保证新刀及旧刀均能正常工作,因此,它的全齿高应是剃齿刀的工作齿高再加上刃磨时顶圆的磨去量,即

$$h_0 = 2.2m_n + \frac{\Delta s}{2}\cos 20° \tag{9.79}$$

式中　h_0——新刀全齿高；

$\frac{\Delta s}{2}$——剃齿刀每侧刃磨量。

为了保证剃齿时齿形不出现中凹，应调整剃齿刀外圆直径，直到重叠系数 $\varepsilon \approx 1.95 \sim 2.05$，对个别齿数少的齿轮达不到时，可通过减小被剃齿轮根圆直径来解决。不但新刀、旧刀及磨损后的剃齿刀均应达到此要求。在剃齿刀工作图上，应给出修磨尺寸表，列出齿厚与外径的数值。

（3）剃齿刀的螺旋角

剃齿刀的分度圆螺旋角 β 可计算为

$$\beta = \Sigma \pm \beta_1 \tag{9.80}$$

式中　Σ——剃齿刀与工件的轴交角；

β_1——工件的分度圆螺旋角。

加工直齿齿轮用斜齿剃齿刀（多用右旋），标准的右旋斜齿剃齿刀分度圆螺旋角 $\beta = 15°$，加工斜齿齿轮 β_1 在 15° 左右，可采用直齿剃齿刀。齿轮螺旋角为其他数值时，用式（9.80）计算求出 β，式中正负号的选择应使剃齿刀螺旋角的绝对值较小，这样可得到较好的剃齿效果。

现在标准剃齿刀规定的分度圆螺旋角是 15°，10° 和 5° 这 3 种。

（4）剃齿刀的容屑槽

剃齿刀的容屑槽有开式容屑槽和闭式容屑槽，当模数 $m_n < 2$ mm 时，用开式容屑槽；当模数 $m_n > 2$ mm 时，用闭式容屑槽。容屑槽尺寸已有标准，如表 9.5 和表 9.6 所示。

表 9.5　开式容屑槽的形式和尺寸（CB/T 14333—1993）

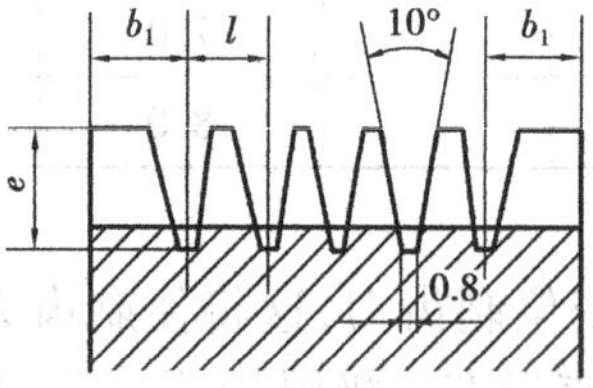

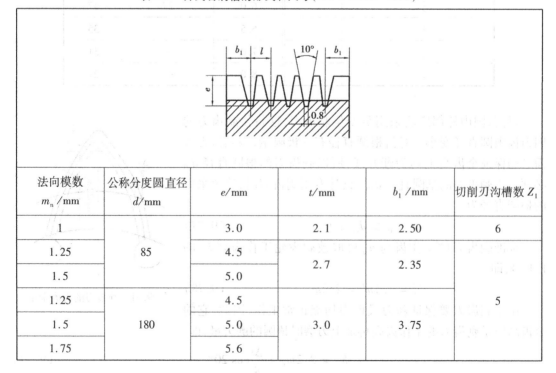

法向模数 m_n/mm	公称分度圆直径 d/mm	e/mm	t/mm	b_1/mm	切削刃沟槽数 Z_1
1	85	3.0	2.1	2.50	6
1.25		4.5	2.7	2.35	5
1.5		5.0			
1.25	180	4.5	3.0	3.75	
1.5		5.0			
1.75		5.6			

表9.6　闭式容屑槽的形式和尺寸(GB/T 14333—1993)

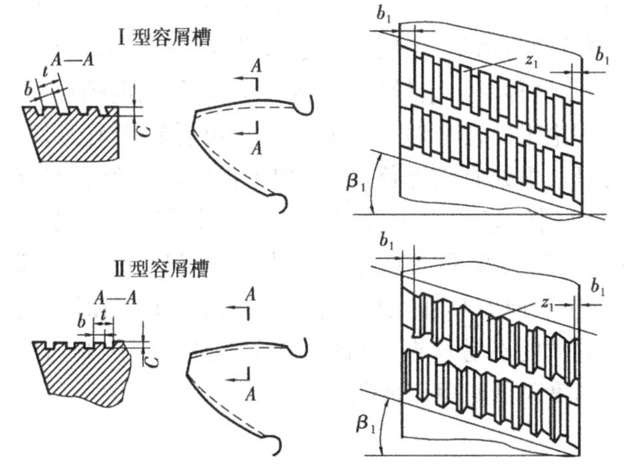

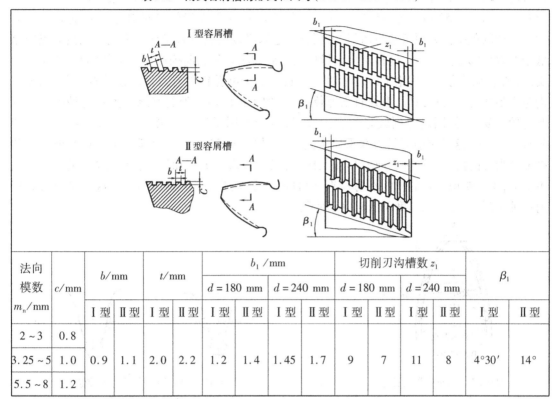

法向模数 m_n/mm	c/mm	b/mm		t/mm		b_1 /mm				切削刃沟槽数 z_1				β_1	
						d = 180 mm		d = 240 mm		d = 180 mm		d = 240 mm			
		Ⅰ型	Ⅱ型	Ⅰ型	Ⅱ型	Ⅰ型	Ⅱ型	Ⅰ型	Ⅱ型	Ⅰ型	Ⅱ型	Ⅰ型	Ⅱ型	Ⅰ型	Ⅱ型
2~3	0.8														
3.25~5	1.0	0.9	1.1	2.0	2.2	1.2	1.4	1.45	1.7	9	7	11	8	4°30′	14°
5.5~8	1.2														

(5)剃齿刀的齿宽

剃齿刀齿宽可计算为

$$B > 2b_{f0} \tag{9.81}$$

式中，$2b_{f0}$ 是指剃齿刀和齿轮啮合时，两轮齿面左右侧接触线在轴线方向的投影的最长距离，实际上剃齿刀的齿宽要比 $2b_{f0}$ 宽得多。这是因为 $2b_{f0}$ 是按匹配啮合的情况得到的，由于调整不一定总是匹配啮合。因此实际齿宽要比 $2b_{f0}$ 大得多。如把 $2b_{f0}$ 作为齿宽，会使剃齿刀刚性不足，而且为了增加剃齿刀寿命，在剃齿刀上接触线磨损后应窜刀使用，即使剃齿刀的节点沿剃齿刀轴线移动1~2个容屑槽宽度。剃齿刀每次刃磨后应能窜刀3次以上。一般剃齿刀的齿宽 B 按标准选取即可，当模数较大时，为了增加窜刀次数，B 应比标准中规定值大5 mm。当 B 值增大后，给剃齿刀的磨削带来困难，砂轮易堵塞，齿向精度也难保证。

(6)剃齿刀的结构尺寸

盘形剃齿刀的主要尺寸已标准化，可查见有关手册。

9.4.4　剃前刀具

(1)理论分析

剃前齿轮精度和剃齿余量对剃齿精度都有很大影响。因此，剃前刀具必须选择较好的余量形式，并且还应具有足够的精度。剃前刀具有剃前滚刀和剃前插齿刀。剃齿时刀具和齿轮是自由传动,故修正齿距误差的能力较弱,因此,选用齿距精度较高的剃前滚刀较用插齿刀更为有利。如图9.52所示为一种较好的剃齿余量形式,余量在齿轮齿面均匀分布,近齿根处有微量沉切以免剃齿刀顶角参与切削,齿顶有一定修缘以免剃齿后齿顶有毛刺。剃齿起点应略低于有效齿廓起点。加工这种剃齿余量形式的剃前滚刀和剃前插齿刀齿形如图9.53所示的实线,图中虚线为加工理论工件齿形时的刀具齿形。可看到剃前刀具齿顶处有凸角,以加工齿轮齿根处的沉切;刀具齿根处有增厚修缘,以加工齿轮齿顶处的修缘。虽然这种剃前刀具制造较为复杂,但因能得到较好的剃齿效果,生产中用得较多。第二种剃齿余量形式如图9.54(a)所示,这种剃前刀具为双重压力角形式,如图9.54 (b)、(c)所示是这种剃前滚刀和剃前插齿刀的齿形。这种剃前刀具加工出的齿轮,有齿根沉切和齿顶修缘,因余量沿齿高是不等的,不仅剃前齿轮的精度不易检查,而且不均余量还会影响剃齿精度。这种剃前刀具较前一种易制造,在齿轮精度稍低时可以使用。

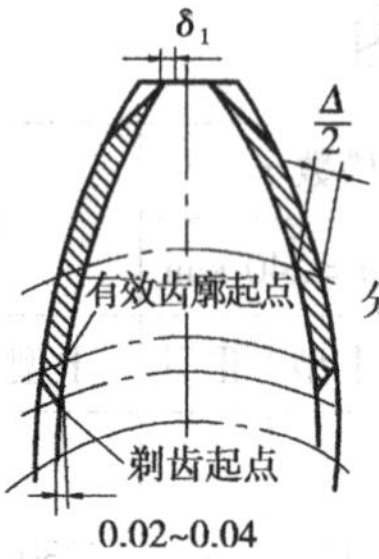

图9.52　均布式剃齿留量

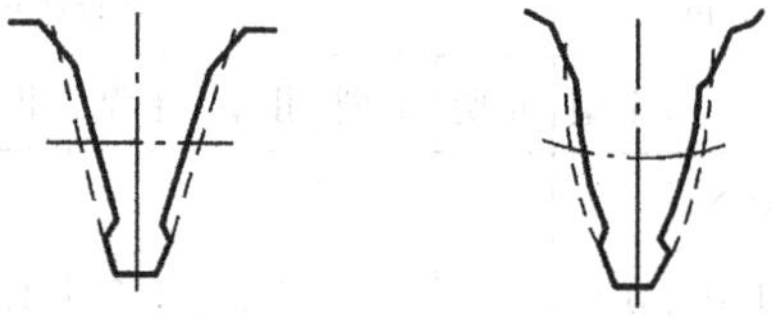

图9.53　加工均布余量的剃前滚刀和剃前插齿刀齿形

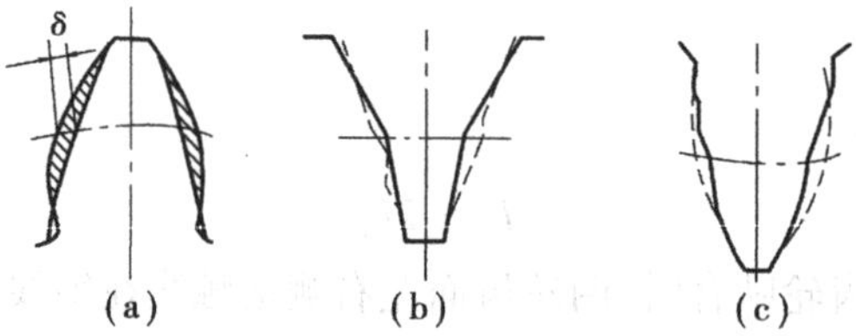

图9.54　双重压力角式剃前滚刀和剃前插齿刀齿形

对于小模数齿轮一般采用如图9.55(a)所示的剃齿余量形式,剃前滚刀和剃前插齿刀齿形如图9.55 (b)、(c)所示。刀具的齿形角较标准值小些,在刀具齿根处有增厚修缘。这种剃齿余量形式基本上能满足小模数齿轮的精度要求。

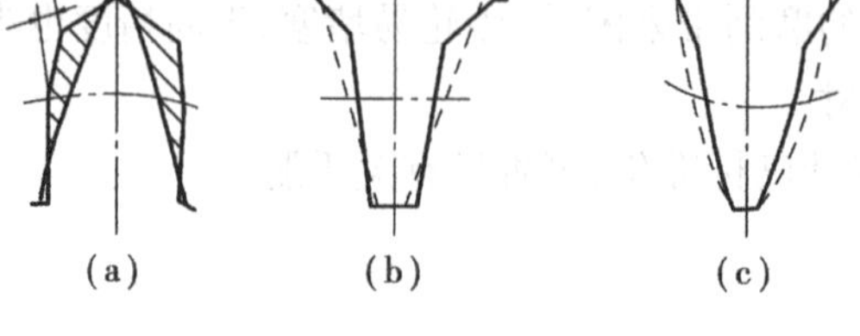

图9.55　小模数剃前滚刀和剃前插齿刀齿形

(2)**剃齿余量的确定**

剃齿余量可以从以下两个不同方向来计算:

①从齿厚方向来计算，即齿厚余量。

②从半径方向来计算，即径向余量。

当齿轮压力角为20°时，齿厚余量Δ_s与径向余量ΔA_r的关系可近似地计算为

$$\Delta A_r = 1.37 \times \Delta_s \tag{9.82}$$

决定剃齿加工余量的原则如下：

①剃齿余量应尽量取得小，太大会使剃齿刀容易磨损、使用寿命缩短、增加剃齿工序劳动量、齿轮在剃后的表面质量低劣。

②必须保证能将剃前齿轮上的各项误差修正到所要求的数值，因此加工余量不能取得太小。

③正常情况下，剃齿加工余量（径向）可根据如表9.7和表9.8所示来选择。

表9.7　模数3 mm以下齿轮的径向剃削余量/mm

模　数	加工余量
<1	0.015~0.040
1.5~1.7	0.025~0.050
1.75~2.5	0.040~0.060
2.5~3	0.050~0.090

表9.8　模数3~10 mm齿轮的径向剃削余量/mm

剃前齿轮的加工方法	模　数	加工余量		
		$z<50$	$z=50\sim100$	$z>100$
用滚刀精滚	3~5	0.08	0.10	0.12
	5~8	0.10	0.12	0.15
	8~10	0.12	0.15	0.18
用插齿刀精插	3~5	0.10	0.12	0.15
	5~8	0.12	0.15	0.18
	8~10	0.15	0.18	0.20

9.5　非渐开线齿轮刀具

现代生产中有许多非渐开线齿形的工件，如花键轴、链轮、圆弧齿轮、摆线齿轮、棘轮、成形内孔、多边形轴、凸轮和手柄等（见图9.56）。这些工件可用成形法、展成法或成形滚切法加工。除成形法所用的刀具外，均称为非渐开线齿形刀具，包括非渐开线滚刀、非渐开线插齿刀和展成车刀。其中，前两种用得较多。

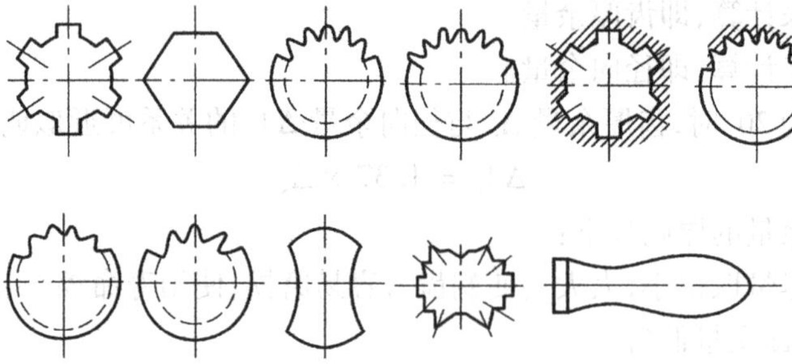

图 9.56　非渐开线齿形刀具可加工的工件举例

9.5.1　非渐开线齿形刀具的种类与工作原理

(1)非渐开线滚刀

用非渐开线滚刀加工的优点是连续切削,生产效率较高,刀具的齿距误差不影响工件的齿距误差,可加工长轴件等,故滚刀常用来加工花键轴和其他长工件。

按其工作原理又可把非渐开线滚刀分为展成滚刀和成形滚刀。

1)展成滚刀

展成滚刀是按展成原理加工工件的,与齿轮滚刀加工渐开线齿轮类似。花键滚刀是常用的一种展成滚刀(见图 9.57)。

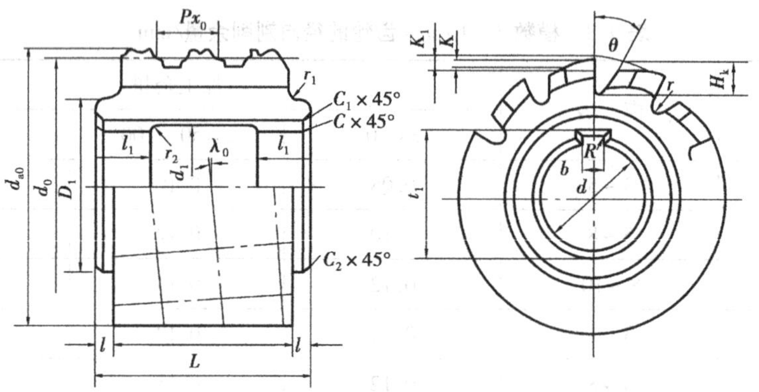

图 9.57　花键滚刀

2)成形滚刀

成形滚刀是按成形滚切原理加工工件的,用它加工时工件上不会产生过渡曲线,因此,齿底不允许有过渡曲线的工件常用此滚刀加工,棘轮滚刀就是典型一例,如图 9.58 所示就是棘轮滚刀的工作原理。加工棘轮时,滚刀每转一转,工件转过一个齿。滚刀上只有一个精切齿,使工件成形,其余皆为粗切齿。切削过程中,滚刀齿形和工件齿形无啮合关系,各刀齿依次切入齿槽。粗切齿的作用是顺次切去齿槽中的金属,为精切创造条件,当精切齿转到切削位置时,工件也转到成形位置,由精切齿最后切成齿槽。可见,这种滚刀要求精确对准精切齿与工件的相对位置,故也称定装滚刀,此外,滚刀还有沿工件轴线方向的进给运动。

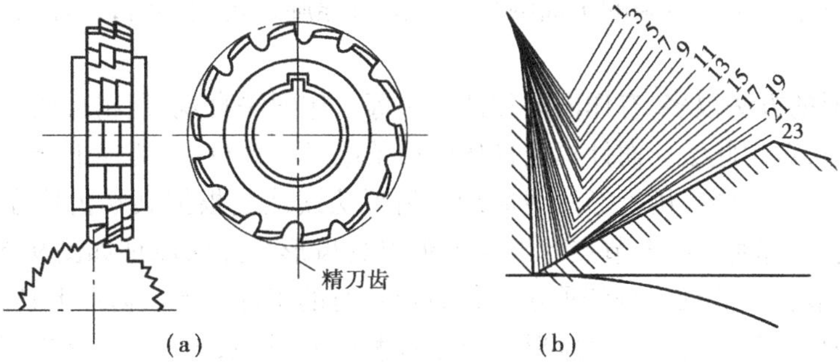

图9.58　棘轮滚刀工作原理

(2)**非渐开线插齿刀**

非渐开线插齿刀也是按展成原理工作的。加工时,刀具和工件好像是一对啮合的非渐开线齿轮,在插齿机上和一般插齿刀一样加工工件。如图9.59(a)、(b)所示给出了花键插齿刀加工带凸肩花键轴和花键插齿刀加工内孔花键的原理图。如图9.59(c)所示为插齿刀加工凸轮的情况。非渐开线插齿刀齿形的制造问题近年来得到解决,故应用渐多。

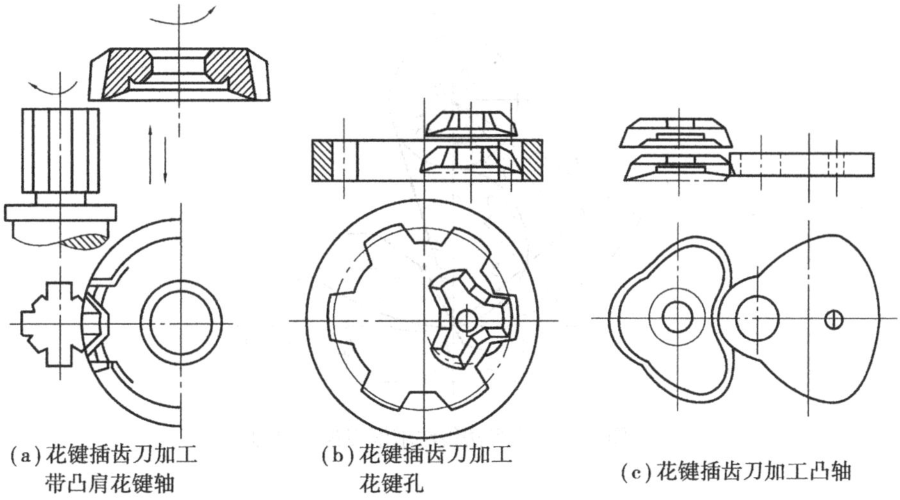

图9.59　非渐开线插齿刀工作原理

(3)**展成车刀**

展成车刀是另一类展成刀具。由于切削刃形较复杂,制造较困难,且需专用机床,故生产中较少应用。

9.5.2　展成滚刀齿形的设计原理

很多非渐开线齿形的工件都可用展成滚刀来加工,如圆弧齿轮用圆弧齿轮滚刀、摆线齿轮用摆线齿轮滚刀、链轮用链轮滚刀、花键轴用花键滚刀。这些滚刀通常是在滚齿机上或花键铣床上按展成原理加工工件,滚刀和工件相当于一对空间交轴啮合的齿轮副,滚刀的基本蜗杆应该是能与所切工件正确啮合的蜗杆。只要求出基本蜗杆的形状,即可确定滚刀。实际生产中,通常是以能与工件啮合的齿条齿形作为滚刀基本蜗杆的法向齿形,即把滚刀与工件的关系近似看成是齿轮与齿条的平面啮合。当滚刀螺旋升角较小时,设计出的齿形精度是足够的。

求齿条齿形的方法很多,有作图法和计算法等。作图法直观,但精度较低,当齿形复杂而精度要求不高时,可用此法。而计算法自从应用了电子计算机,也变得十分简便省时了。

作图法求齿形,主要应用齿形法线原理。齿形法线法是根据共啮齿形在任意啮合位置,其接触点的公法线都通过啮合节点的规律来求刀具齿形。此法原理如图9.60所示。设Px_0为齿条节线,与节圆r'相切。虚线所示为任意位置时的工件齿形。齿形上必有一点B的法线通过啮合节点P,与之共轭的滚刀齿形应与工件相切在该点,该点一定在啮合线上。令上述齿形转回到原始位置(即工件齿形通过点P的位置),根据瞬心线(节圆与节线)纯滚动原理,当节圆转过$\widehat{lP}$弧长时,齿条上的点B一定平移到$\widehat{10'}$位置,即$Bl'_0 = Pl_0 = \widehat{Pl}$,则曲线$\widehat{Pl'_0}$就是切$B1$段齿形的刀具齿条的齿形。

无论用哪种方法求齿条齿形,工件上节圆半径的选择都是一个很重要的问题,节圆半径取得太小,会使工件齿顶处切不出完整齿形;节圆半径取得太大,又会在工件齿根处留下较高的过渡曲线。

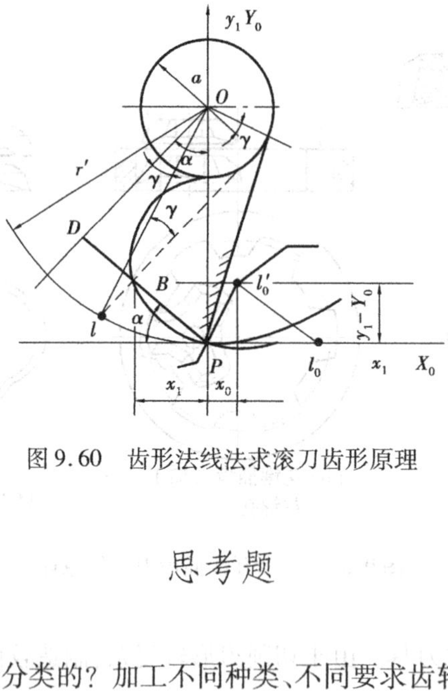

图9.60　齿形法线法求滚刀齿形原理

思考题

1. 齿轮刀具是如何进行分类的？加工不同种类、不同要求齿轮时,如何选择齿轮刀具？
2. 简要说明滚齿加工的原理。滚齿时需要哪些运动？
3. 什么是滚刀的基本蜗杆？加工渐开线齿轮的滚刀的基本蜗杆常用哪一种？为什么？
4. 齿轮滚刀的前角与螺旋角有几种组合方式？零前角、直槽滚刀的优点是什么？
5. 滚刀的前后角是如何形成的？
6. 齿轮滚刀有哪些主要结构参数？如何选择？
7. 蜗轮滚刀在工作原理、结构方面与齿轮滚刀有什么区别？
8. 什么情况下用蜗轮飞刀？它在工作原理、结构方面与蜗轮滚刀有什么区别？
9. 插齿时需要哪些运动？为什么说插齿刀的本质是变位齿轮？

10. 直齿插齿刀前、后刀面是什么性质的表面？为什么？

11. 插齿刀有哪些主要结构参数？如何选择？

12. 当选择插齿刀来加工齿轮时，为什么要根据被切齿轮的参数进行验算？应验算哪些项目？

13. 剃齿刀的结构与剃齿刀的工作原理如何？剃前刀具的齿形特点如何？

14. 非渐开线齿形刀具有哪几类？试述各自的工作原理。

第 10 章 数控工具系统

10.1 概　述

很多数控设备,特别是加工中心加工内容的多样性,使其配备的刀具和装夹工具的种类也很多,并且要求刀具更换迅速。因此,刀、辅具的标准化和系列化十分重要。把通用性较强的刀具和配套装夹工具系列化、标准化,就成为通常所说的工具系统,它是刀具与机床的接口。除了刀具本身外,还包括实现刀具快更换所必需的定位、装夹、抓拿及刀具保护等机构。采用工具系统进行加工,虽然工具成本高些,但它能可靠地保证加工质量,最大限度地提高加工质量和生产率,使加工中心的效能得到充分的发挥。

数控机床工具系统分为镗铣类数控工具系统和车床类数控工具系统。它们主要由两部分组成:一是刀具部分,二是工具柄部(刀柄)、接杆(接柄)和夹头等装夹工具部分。20 世纪 70 年代,工具系统以整体结构为主;80 年代初,开发出了模块式结构的工具系统(分车削、镗铣两大类);80 年代末,开发出了通用模块式结构(车、铣、钻等万能接口)的工具系统。模块式工具系统将工具的柄部和工作部分分割开来,制成各种系统化的模块,然后经过不同规格的中间模块,组成各种不同用途、不同规格的工具。目前,世界上模块式工具系统有数十种结构,其区别主要在于模块之间的定位方式和锁紧方式不同。

数控机床工具系统除具备普通工具的特性外,主要有以下要求:

①精度要求。较高的换刀精度和定位精度。

②耐用度要求。提高生产率,需要使用高的切削速度,因此刀具耐用度要求较高。

③刚度要求。数控加工常常大进给量,高速强力切削,要求工具系统具有高刚性。

④断屑、卷屑和排屑要求。自动加工,刀具断屑、排屑性能要好。

⑤装卸调整要求。工具系统的装卸、调整要方便。

⑥标准化、系列化和通用化。此“三化”便于刀具在转塔及刀库上的安装,简化机械手的结构和动作,还能降低刀具制造成本,减少刀具数量,扩展刀具的适用范围,有利于数控编程和工具管理。

10.1.1　对数控刀具的要求

以数控机床为主的柔性自动化加工是按预先编好的程序指令自动地进行加工，应适应加工品种多、批量小的要求，刀具除应具备普通机床用刀具应有的性能外，还应满足下列要求：

①刀具切削性能应稳定可靠，避免刀具过早地损坏，而造成频繁地停车。由于刀具和工件材料性能分散，以及刀具制造工艺和工作条件控制不严，有相当一部分刀具的切削性能远低于平均性能，使刀具切削性能稳定性和可靠性差。因此，必须严格控制刀具材料的质量，严格贯彻刀具制造工艺，特别是热处理和刃磨工序。严格检查刀具质量，确保刀具切削性能稳定可靠。

②刀具应有较高的寿命。应采用切削性能好、耐磨性能高的涂层刀片并合理地选择切削用量。

③保证可靠地断屑、卷屑和排屑。加工时，应不产生紊乱的带状切屑，缠绕在刀具、工件上；不易断屑的刀具应保证切屑顺利地卷曲和排出；避免形成细碎的切屑；精加工时切屑不划伤已加工表面；切屑流出时不妨碍切削液浇注。为了确保可靠地断屑、卷屑和排屑，可采用以下措施：合理选用可转位刀片的断屑槽槽形；合理地调整切削用量；在刀体中设置切削液通道，将切削液直接输送至切削区，有助于清除切屑；利用高压切削液强迫断屑。

④能快速地换刀或自动换刀。

⑤能迅速、精确地调整刀具尺寸。

⑥必须从数控加工特点出发来制订数控刀具的标准化、系列化和通用化结构体系。数控工具系统应是一种模块式、层次化可分级更换、组合的体系。

⑦对于刀具及其工具系统的信息，应建立完整的数据库及其管理系统。

⑧应有完善的刀具组装、预调、编码标识与识别系统。

⑨应建立切削数据库，以便合理利用机床与刀具。

10.1.2　数控刀具的更换和预调

(1)刀具快换或自动更换

1)刀片转位或更换刀片

为了减少换刀时间，数控机床加工时一般都使用可转位刀具。刀具磨损后只需将刀片转位或更换新刀片就可继续切削。它的换刀精度决定于刀片精度和定位精度。目前中等精度刀片适用于粗加工，精密级刀片适用于半精加工。在精加工时，仍需要尺寸调整。

2)更换刀片模块

生产中正在推广使用模块式车削类工具系统，它有能完成车、镗、切断、攻螺纹和检测等刀头模块。刀头模块通过中心拉杆来实现快速夹紧或松开。在拉紧时，能使拉紧产生微小弹性变形而获得很高的精度和刚度，其径向、轴向精度分别为 ±2 μm 和 ±5 μm，自动换刀时间为 2 s。

3)更换刀夹

刀具与刀夹一起从数控车床上取下。刀片转位或更换后，在调刀仪上进行调刀。它的特点是可使用较低精度的刀片和刀杆，但刀夹精度要求较高。

4)手动更换刀柄

在数控铣床上，需连续对工件进行钻、铰、镗、铣、攻螺纹等加工。此时，将各种刀具分别装在刀柄上,并在调刀仪上调整相应尺寸。加工时,根据加工顺序连续手动更换刀柄。调刀时的安装基准和刀具在机床上的安装基准一致,均为7:24 锥柄,可减少安装误差。

5)自动换刀

在加工中心的刀库中,存储着加工所需的刀具,加工时,通过指令使机床和刀库的运动相互配合来实现自动换刀,也可通过机械手实现自动换刀。在生产批量大的柔性制造系统(FMS)中,为了提高生产率,还可采用更换机床主轴箱来自动换刀。

(2)数控刀具尺寸预调

为了确保刀具快换后不经试切就可获得合格的工件尺寸,数控刀具都在机外预先调整到预定的尺寸。

1)数控刀具尺寸的预调方法

刀具的轴向和径向尺寸的调整方法可根据刀具结构及其所配置的工具系统,采用如表10.1 所示的各种方法。

表 10.1　刀具尺寸调整方法

刀具尺寸调整方法		示　例
轴向位置	用调节螺母	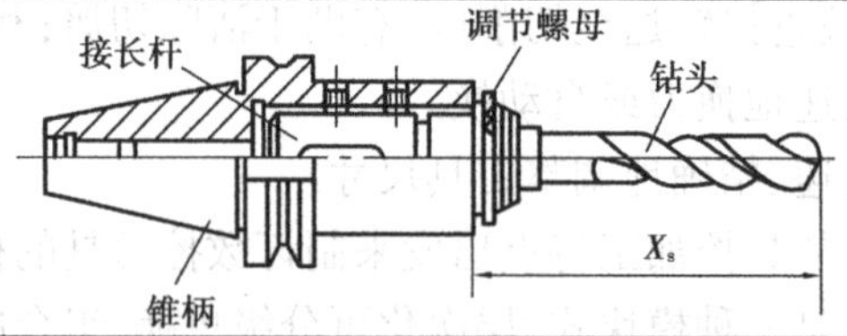
	用调节螺钉	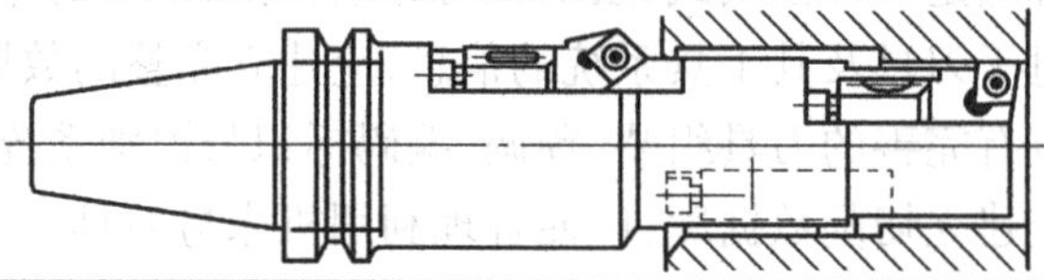
径向位置	倾斜微调	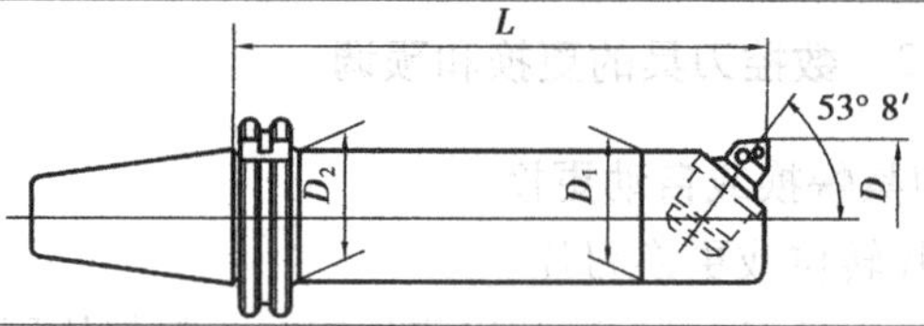
	径向调整	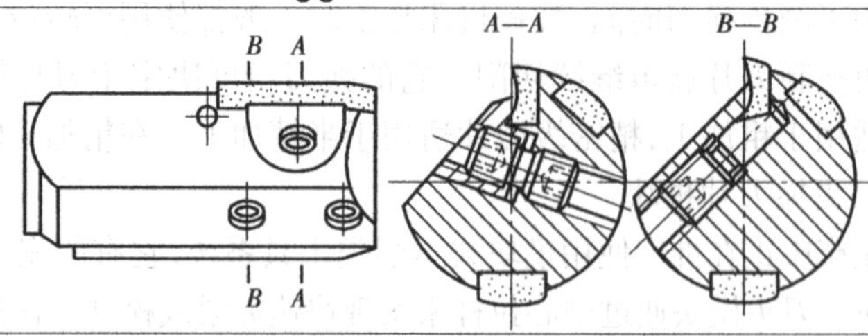
	螺杆滑块式	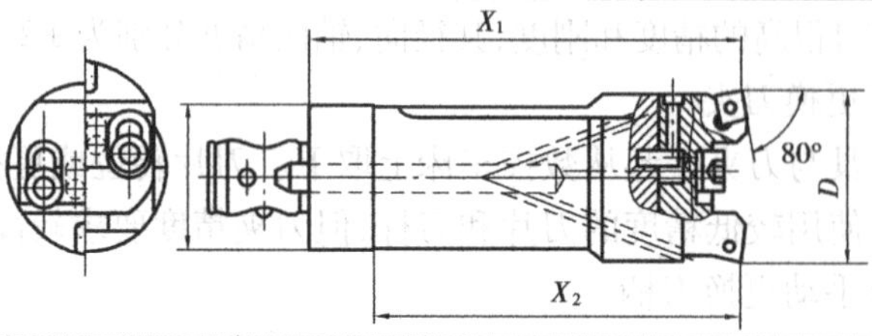

续表

刀具尺寸调整方法	示 例
径向、轴向调整均可	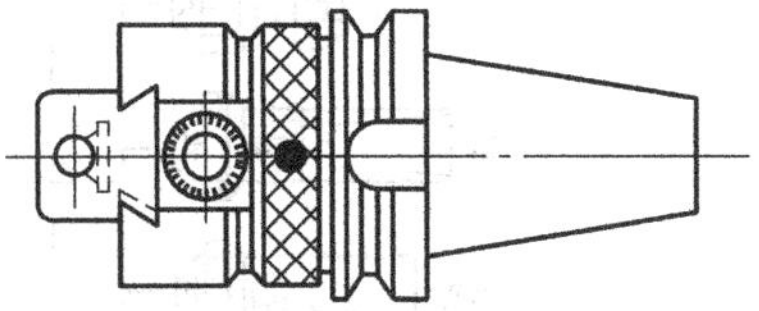

2)数控刀具尺寸预调仪

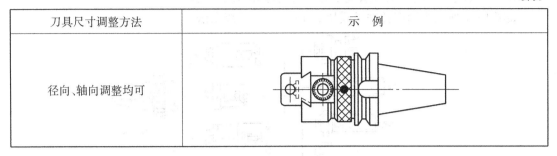

数控刀具尺寸预调包括轴向和径向尺寸、角度等的调整和测量。以前用通用量具和夹具组成的预调装置来预调,其精度差又费时,目前已被性能完善的专用预调仪所取代。专用预调仪具有以下特点:

①能对静止和回转的刀具自动检测。

②对长度、角度和半径尺寸的测量精度高。分辨率为0.5 μm;重复精度为±2 μm,分度台定位精度为±0.01°。

③能确定回转型刀具的偏心和跳动误差。

④能自动对焦,可实现自动标定循环。

⑤配有刀具信息编码的集成读数头。

10.2 镗铣类数控工具系统

镗铣类数控工具系统是镗铣床主轴到刀具之间的各种联接刀柄的总称。其主要作用是联接主轴与刀具,使刀具达到所要求的位置与精度,传递切削所需扭矩及保证刀具的快速更换。不仅如此,有时工具系统中某些工具还要适应刀具切削中的特殊要求(如丝锥的扭矩保护及前后浮动等)。工作时,刀柄按工艺顺序先后装在主轴上,随主轴一起旋转,工件固定在工作台上做进给运动。

镗铣类数控工具系统按结构,则又可分为整体式结构(TSG 工具系统)和模块式结构(TMG 工具系统)两大类。

10.2.1 TMG 工具系统

模块式工具系统就是把工具的柄部和工作部分分割开来,制成各种系列化的模块,然后经过不同规格的中间模块,组成一套套不同用途、不同规格的模块式工具。目前,世界上出现的各种模块式工具系统之间的区别主要在于模块联接的定心方式和锁紧方式不同。然而,不管哪种模块式工具系统都是由下述3个部分组成:

①主柄模块。模块式工具系统中直接与机床主轴相联接的工具模块。

②中间模块。模块式工具系统中为了加长工具轴向尺寸和变换联接直径的工具模块。

③工作模块。模块式工具系统中为了装夹各种切削刀具的模块。

如图 10.1 所示为国产镗铣类模块式 TMG 工具系统图谱。

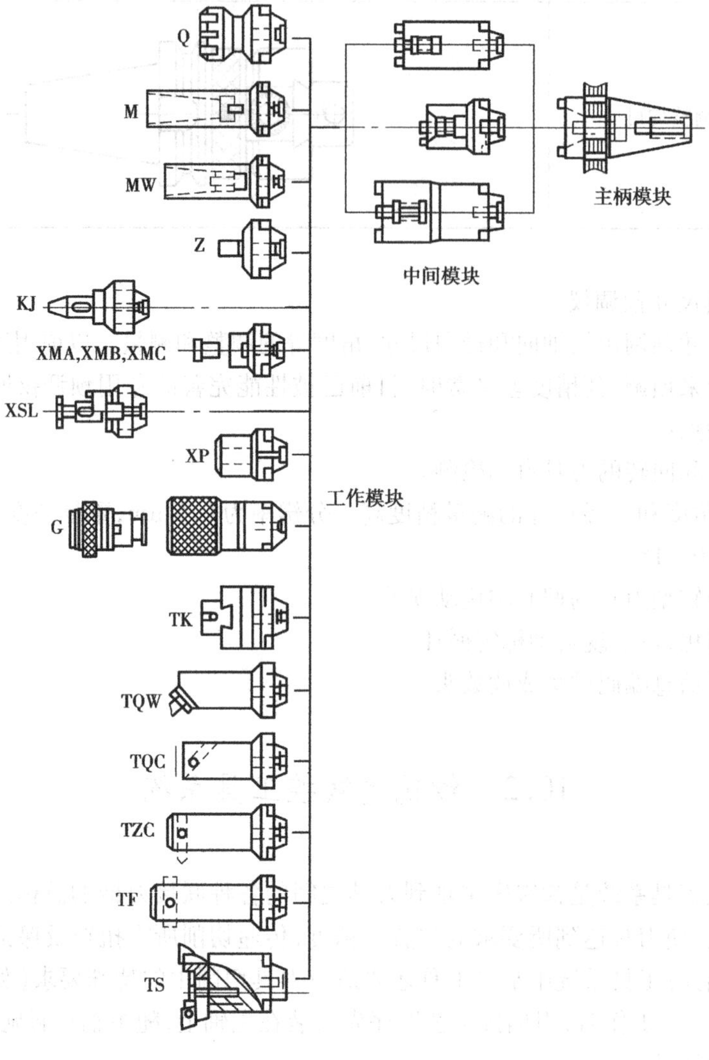

图 10.1　TMG 工具系统

(1)TMG 数控工具系统的类型及其特点

国内镗铣类模块式工具系统可用其汉语“镗铣类”“模块式”“工具系统”这 3 个词组的大写拼音字头 TMG 来表示,为了区别各种结构不同的模块式工具系统,在 TMG 之后加上两位数字,以表示结构的特征。

前面的一位数字(即十位数字)表示模块联接的定心方式:1—短圆锥定心;2—单圆柱面定心;3—双键定心;4—端齿啮合定心;5—双圆柱面定心。

后面的一位数字(即个位数字)表示模块联接的锁紧方式:0—中心螺钉拉紧;1—径向销钉锁紧;2—径向楔块锁紧;3—径向双头螺栓锁紧;4—径向单侧螺钉锁紧;5—径向两螺钉垂直方向锁紧;6—螺纹联接锁紧。

(2)国内常见的镗铣类模块式工具系统

国内常见的镗铣类模块式工具系统有 TMG10,TMG21 和 TMG28 等。

1)TMG10 模块式工具系统

采用短锥定心,轴向用中心螺钉拉紧,主要用于工具组合后不经常拆卸或加工件具有一定批量的情况。

2)TMG21 模块式工具系统

采用单圆柱面定心,径向销钉锁紧,它的一部分为孔,而另一部分为轴,两者插入联接构成一个刚性刀柄,一端和机床主轴联接,另一端则安装上各种可转位刀具便构成了一个先进的工具系统,主要用于重型机械、机床等各种行业。

3)TMG28 模块式工具系统

我国开发的新型工具系统,采用单圆柱面定心,模块接口锁紧方式采用与前述 0~6 不同的径向锁紧方式(用数字“8”表示)。

TMG28 工具系统互换性好,联接的重复精度高,模块组装、拆卸方便,模块之间的联接牢固可靠,结合刚性好,达到国外模块式工具的水平。它主要适用于高效切削刀具(如可转位浅孔钻、扩孔钻和双刃镗刀等)。该模块接口如图 10.2 所示,在模块接口凹端部分,装有锁紧螺钉和固定销两个零件;在模块接口凸端部分,装有锁紧滑销、限位螺钉和端键等零件,限位螺钉的作用是防止锁紧滑销脱落和转动;模块前端有一段鼓形的引导部分,以便于组装。由于靠单圆柱面定心,因此,圆柱配合间隙非常小。

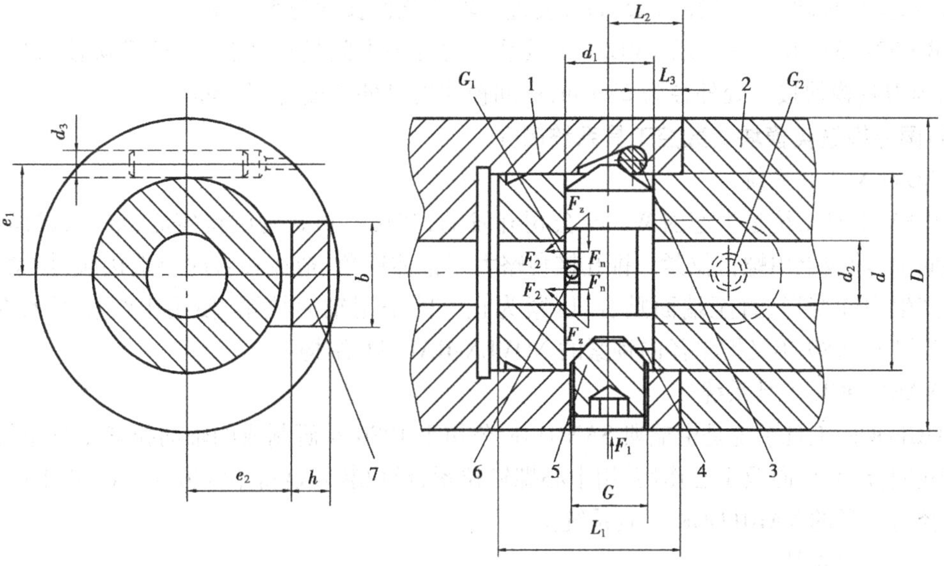

图 10.2　TMG28 模块接口结构示意

1—模块接口凹端;2—模块接口凸端;3—固定销;

4—锁紧滑销;5—锁紧螺钉;6—限位螺钉;7—端键

(3)TMG 模块型号的表示方法

为了便于书写和订货,也为了区别各种不同结构接口,TMG 模块型号的表达内容依顺序应为模块接口形式、模块所属种类、用途或有关特征参数。具体表示方法如下:

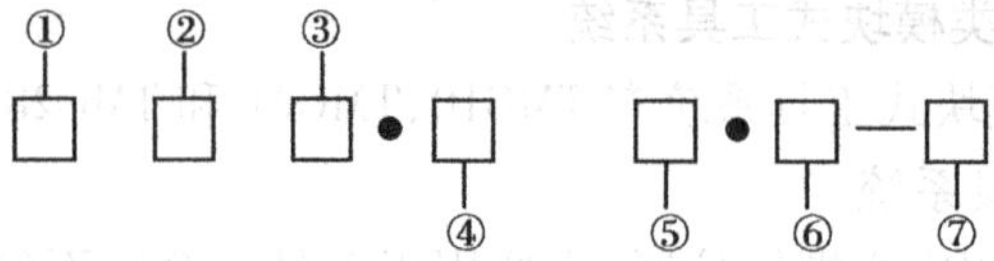

①模块联接的定心方式。即 TMG 类型代号的十位数字(0 ~5)。

②模块联接的锁紧方式。即 TMG 类型代号的个位数字(一般为 0 ~6,TMG28 锁紧方式代号为8)。

③模块所属种类。模块类别标志,一共有 5 种:A—表示主柄模块;AH—表示带冷却环的主柄模块;B—表示中间模块;C—表示普通工具模块;CD—表示带刀具的工作模块。

④柄部形式代号。表示锥柄形式,如 JT,BT 和 ST 等。

⑤锥度规格。表示柄部尺寸(锥度号)。

⑥模块接口处直径。表示主柄模块和刀具模块接口处外径。

⑦装在主轴上悬伸长度。是指主柄圆锥大端直径至前端面的距离或者是中间模块前端到其与主柄模块接口处的距离。

TMG 模块型号示例:

28A · ISOJT50 · 80—70——表示 TMG28 工具系统的主柄模块,主柄柄部符合 ISO 标准,规格为 50 号 7:24 锥度,主柄模块接口外径为 80 mm,装在主轴上悬伸长度为 70 mm。

21A · JT40 · 25—50——表示 TMG21 工具系统的主柄模块,锥柄形式为 JT,规格为 40 号 7:24 锥度,主柄模块接口外径为 25 mm,装置主轴上悬伸长度为 50 mm。

21B · 32/25—40——表示 TMG21 工具系统的变径中间模块,它与主柄模块接口处外径 32 mm,与刀具模块接口处外径为 25 mm,中间模块的悬伸长度为 40 mm。

(4)国外镗铣类模块式数控工具系统简介

1)NOVEX 工具系统

NOVEX 工具系统是由德国 Walter 公司开发的,其接口形式为圆锥定心,锥孔、锥体与所在模块同轴,轴线上用螺钉拉紧。锥孔锥角略大于锥体锥角,造成接合时小端接触,拉紧后接触区会产生弹性变形,直至端面贴合,压紧为止。因采用轴向拉紧,使用中组装不太方便。Walter 公司于 1989 年又推出径向锁紧的 NOVEX-RADIAL 结构。

2)VARILOCK 工具系统

VARILOCK 工具系统是由瑞典 SANDVIK 公司于 1980 年研制成的轴向拉紧工具系统,它是双圆柱配合,起导向及定心作用,用中心螺钉拉紧,模块装卸显得不太方便。1988 年该公司研制成径向锁紧的 VARILOCK 工具系统。

3)ABS 工具系统

ABS 工具系统是由德国 KOMET 公司开发的,其接口形式为两模块之间有一段圆柱配合,起定心作用。靠螺钉与夹紧销轴线之间的偏心,达到轴向压紧的目的。

KOMET 公司于 1990 年又将 ABS 工具系统做了少许改动,申请了新的专利。其核心内容是改进了配合孔壁厚,以增加径向夹紧销轴向受力时孔的弹性,从而增加配合部位的轴与孔的公差带宽度。这样,夹紧后套筒在滑动轴线的横向,由于弹性变形局部直径变小而压向配合轴所对应的区域。

4) WIDAFLEX UTS(美国称 KM)工具系统

WIDAFLEX UTS 工具系统是由德国 KRUPP 公司与美国 KENNAMETAL 公司合作开发的一种新的工具系统,其接口是用圆锥定心(锥角 5°43′),采用端面压紧来保证轴向定位精度和加大刚度。

5) MC 工具系统

MC 工具系统是由德国 HERTEL 公司于 1989 年开发的,其接口的定心方式与 ABS 相同,夹紧方式相仿,把锥面、锥孔接触改为可转位钢球与夹紧销斜面的面接触。为了弥补轴向夹紧分力小的弱点,接触的环行端面上做出 Hirth 齿(Hertel 公司 FTS 系统的成熟技术)。

6) CAPTO 工具系统

CAPTO 工具系统是由瑞典 SANDVIK 公司于 1990 年开发的,定心采用弧面的三棱锥,夹紧是从三棱锥内部拉紧,使端面紧密贴合。这种接口刚性好,传递扭矩大。但制造时设备要求高,必须用许多数控机床才能实现。据介绍,这种工具系统可用于车削,也可用于镗铣加工,是一种万能型的工具系统。

(5)镗铣类模块式数控工具系统的选用

尽管模块式工具系统有适用性强、通用性好、便于生产、使用和保管等许多优点,但是,并不是说整体式工具系统将全部被取代,也不是说都改用模块式组合刀柄就最合理。正确的做法是根据具体加工情况来确定用哪种结构。另外,精镗孔往往要求长长短短许多镗杆,应优先考虑选用模块式结构,而在镗削箱体外廓平面时,以选用整体式刀柄为最佳。对于已拥有多台数控镗铣床、加工中心的厂家,尤其是这些机床要求使用不同标准、不同规格的工具柄部时,选用模块式工具系统将更经济。因为除了主柄模块外,其余模块可以互相通用,这样就减少了工具储备,提高了工具的利用率。至于选用哪种模块式工具系统,应考虑以下 3 个方面:

①模块接口的联接精度、刚度能满足使用要求。因为有些工具系统模块联接精度很好,结构又简单,使用很方便。例如,Rotaflex 工具系统用于精加工(如坐标镗床用)效果挺好,但对既要粗加工又要精加工时,就不是最佳选择,在刚性和拆卸方面都会出现问题。

②专利产品在未取得生产许可也未与外商合作生产的情况下,是不能仿制成商品销售的。因此,除非是使用厂多年来一直采用某一国外结构,需要补充购买相同结构的模块式工具外,刚开始选用模块式工具的厂家最好选用国内独立开发的新型模块式工具为宜,因为经检测国内独立开发的新型模块接口,在联接精度、动刚度、使用方便性等方面均已达到较高水平。

③模块接口在使用时是否需要拆卸。在重型行业应用时,往往只需更换前部工作模块,这时要选用侧紧式,而不能选用中心螺钉拉紧结构。如在机床上使用时,模块之间不需要拆卸,而是作为一个整体在刀库和主轴之间重复装卸使用,中心螺钉拉紧方式的工具系统因其锁紧可靠,结构简单,比较实用。

10.2.2 TSG 工具系统

TSG 工具系统属于整体式结构,是专门为加工中心和镗铣类数控机床配套的工具系统,也可用于普通镗铣床。它的特点是将锥柄和接杆连成一体,不同品种和规格的工作部分都必须带有与机床相连的柄部。其优点是结构简单、整体刚性强、使用方便、工作可靠、更换迅速等。缺点是锥柄的品种和数量较多。如图 10.3 所示为我国的 TSG82 工具系统,选用时一定要按图示进行配置。

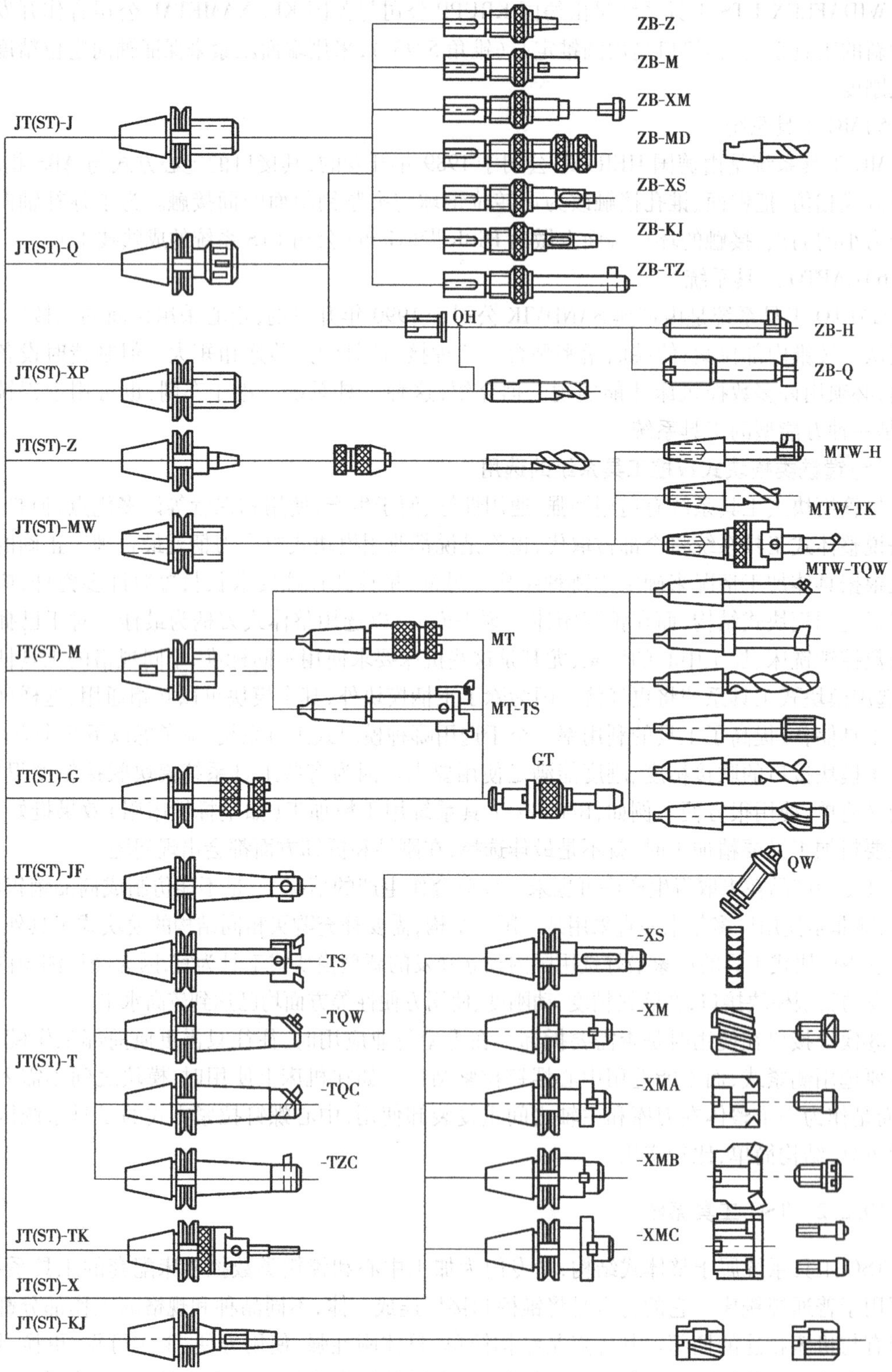

图 10.3　TSG82 工具系统

TSG 工具系统的型号由 5 个部分组成,其表示方法如下:

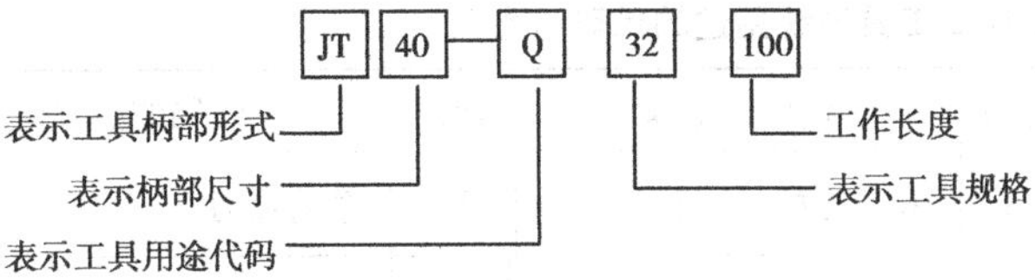

(1)**工具柄部形式**

工具柄部一般采用 7:24 圆锥柄。刀具生产厂家主要提供 5 种标准的自动换刀刀柄:GB 10944—89,ISO 7388/1—A,DIN 69871—A,MAS403BT,ANSI B5.50 和 ANSI B5.50CAT。其中,GB 10944—89,ISO 7388/1—A 和 DIN 69871—A 是等效的。而 ISO 7388/1—B 为中心通孔内冷却型。另外,GB 3887,ISO 2583 和 DIN 2080 标准为手动换刀刀柄,用于数控机床手动换刀。

常用的工具柄部形式有 JT,BT 和 ST3 种,它们可直接与机床主轴联接。JT 表示采用国际标准 ISO 7388 制造的加工中心机床用锥柄柄部(带机械手夹持槽);BT 表示采用日本标准 MAS403 制造的加工中心机床锥柄柄部(带机械手夹持槽);ST 表示按 GB 3837 制造的数控机床用锥柄(无机械手夹持槽)。

镗刀类刀柄自己带有刀头,可用于粗、精镗。有的刀柄则需要接杆或标准刀具,才能组装成一把完整的刀具;KH,ZB,MT 和 MTW 为 4 类接杆,接杆的作用是改变刀具长度。TSG 工具柄部形式如表 10.2 所示。

表 10.2 TSG 工具柄部形式

代 号	工具柄部形式	类 别	标 准	柄部尺寸
JT	加工中心用锥柄,带机械手夹持槽	刀柄	GB 10944—89	ISO 锥度号
XT	一般镗铣床用工具柄部	刀柄	GB 3837	ISO 锥度号
ST	数控机床用锥柄,无机械手夹持槽	刀柄	GB 3837.3—83	ISO 锥度号
MT	带扁尾莫氏圆锥工具柄	接杆	GB 1443—85	莫氏锥度号
MW	不带扁尾莫氏圆锥工具柄	接杆	GB 1443—85	莫氏锥度号
XH	7:24 锥度的锥柄接杆	接杆	JB/QB 5010—83	莫氏锥度号
ZB	直柄工具柄	接杆	GB 6131—85	直径尺寸

(2)**柄部尺寸**

柄部形式代号后面的数字为柄部尺寸。对锥柄表示相应的 ISO 锥度号,对圆柱柄表示直径。

7:24 锥柄的锥度号有 25,30,40,45,50 和 60 等。如 50 和 40 分别代表大端直径为 ϕ69.85 mm和 ϕ44.45 mm 的 7:24 锥度。大规格 50,60 号锥柄适用于重型切削机床,小规格 25,30 号锥柄适用于高速轻切削机床。

(3)**工具用途代码**

用代码表示工具的用途,如 XP 表示装削平型铣刀刀柄。TSG82 工具系统用途的代码和意义如表 10.3 所示。

表 10.3　TSG82 工具系统用途的代码和意义

代码	代码的意义	代码	代码的意义	代码	代码的意义
J	装接长刀杆用锥柄	KJ	用于装扩、铰刀	TF	浮动镗刀
Q	弹簧夹头	BS	倍速夹头	TK	可调镗刀
KH	7:24 锥柄快换夹头	H	倒锪端面铣刀	X	用于装铣削刀具
Z(J)	装钻夹头刀柄(莫氏锥度加 J)	T	镗孔刀具	XS	装三面刃铣刀
MW	装无扁尾莫氏锥柄刀具	TZ	直角镗刀	XM	装套式面铣刀
M	装有扁尾莫氏锥柄刀具	TQW	倾斜式微调镗刀	XDZ	装直角端铣刀
G	攻螺纹夹头	TQC	倾斜式粗镗刀	XD	装端铣刀
C	切内槽工具	TZC	直角形粗镗刀	XP	装削平型直柄刀具

(4)**工具规格**

用途代码后的数字表示工具的工作特性,其含义随工具不同而异,有些工具该数字为其轮廓尺寸 D 或 L;有些工具该数字表示应用范围。

(5)**工作长度**

表示工具的设计工作长度(锥柄大端直径处到端面的距离)。

10.2.3　新型工具系统

(1)**概述**

当代机械加工技术正向着高效、精密、柔性、自动化方向发展,对工具的联接系统提出了更高的要求。国外一些大工具公司竞相推出了各种新型工具系统,以满足加工需要。空心短锥工具系统是一种最新的产品,目前在欧美、日本已迅速推广应用,近几年国内也开始应用。

1)空心短锥工具系统的开发历史

空心短锥工具系统的研究开发始于 20 世纪 80 年代。德国从 1987 年开始,以阿亨(Aachen)大学及一些工具公司为主,开始研究设计 HSK 空心短锥工具系统,于 1991 年取得第一轮成果;随后开始第二轮设计研究,于 1993 年取得第二轮成果,同时定为德国标准 DIN 69893。从开始调研、设计到 DIN 标准颁发,历经 8 年。

1996 年 5 月,在 ISO/TC29/WG33 审议会上,DIN 69893 被提出列为 ISO 标准,于 1997 年 9 月召开的 TC29 会议上作为正式提案,1998 年作为正式的国际标准颁发。

美国肯纳金属(KENNA METAL)公司于 1987 年开发了 KM 工具系统,最早用于车床,1993 年开始用于旋转刀具。瑞典山得维克(SANDVIK Coromant)公司也于 20 世纪 80 年代开发了空心短锥工具系统,先用于车床,以后又用于旋转刀具,1991 年推出 Capto 工具系统。在此期间,欧美有 30 多家公司和大学参与空心短锥工具系统的开发研制工作,受到世界各国的关注。

2)空心短锥工具系统的特点

国外各大工具公司以极大的兴趣,迅速推出自己的新产品。这种新型工具系统与以往的工具系统相比,具有以下显著的特点:

①定位精度高。其径向和轴向重复定位精度一般在 2 μm 以内,并能长期保持高精度。

②静态、动态刚度高。空心短锥刀柄采用了锥度和端面同时定位(过定位),故联接刚度高,传动扭矩大。在同样的径向力作用下,其径向变形仅为 7∶24 锥度(BT)联接的 50%,如图 10.4 所示。

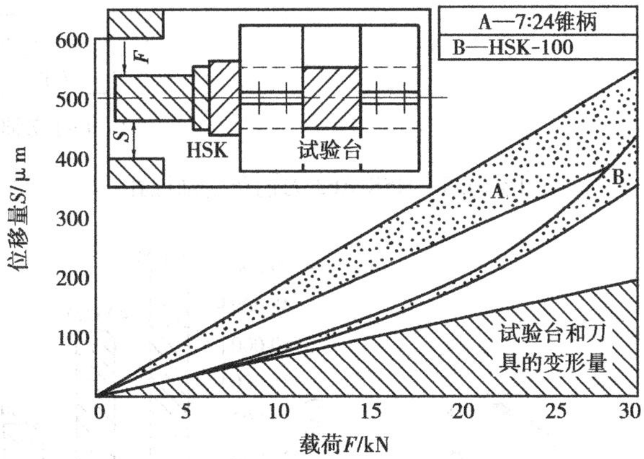

图 10.4 HSK 和 7∶24 锥柄的静态刚度比较

③适合高速加工。空心刀柄高速旋转时,在离心力作用下能够"胀大",与主轴内孔紧密贴合。7∶24 锥孔在离心力作用下产生弹性变形"胀大",而实心的 7∶24 锥柄不能"胀大",与主轴锥孔产生间隙,因而接触不良。

④质量轻、尺寸小、结构紧凑。空心短锥柄与 7∶24 锥柄相比,质量减轻 50%,长度为 7∶24 圆锥的 1/3,可缩短换刀时间。

⑤清除污垢方便。

各国各公司开发的空心短锥工具系统在原理上均采用短圆锥和端面共同定位(过定位),但具体结构却不相同,性能上也有差异。下面介绍几种典型结构的工作原理及其特点。

(2)德国 HSK 工具系统

如前所述,德国的空心短锥系统已列为德国标准 DIN 69893,如图 10.5 所示为 HSK-A63 刀柄及主轴锥孔,这是其中一种规格,锥度为 1∶10,锥体尾部有端面键槽以传递扭矩,锥体内孔有 30°锥面,夹紧机构的夹爪钩在此面以拉紧刀柄。锥体与主轴锥孔有微小过盈,夹紧时薄壁锥体产生弹性变形,使锥体与端面同时靠紧,因而能够牢固地夹紧刀柄。根据不同的工作需要,HSK 系统分为 6 种型号,如图 10.6 所示。每种型号又有多种规格。HSK 刀柄上有供内冷却用的冷却液孔。

DIN 69893 仅对锥柄作了规定,而对与之配套的主轴锥孔没有规定。因为各公司研制的刀柄夹紧系统结构皆不相同,所以主轴锥孔内部结构也就无法统一。夹紧机构可分为自动夹紧和手动夹紧两大类。

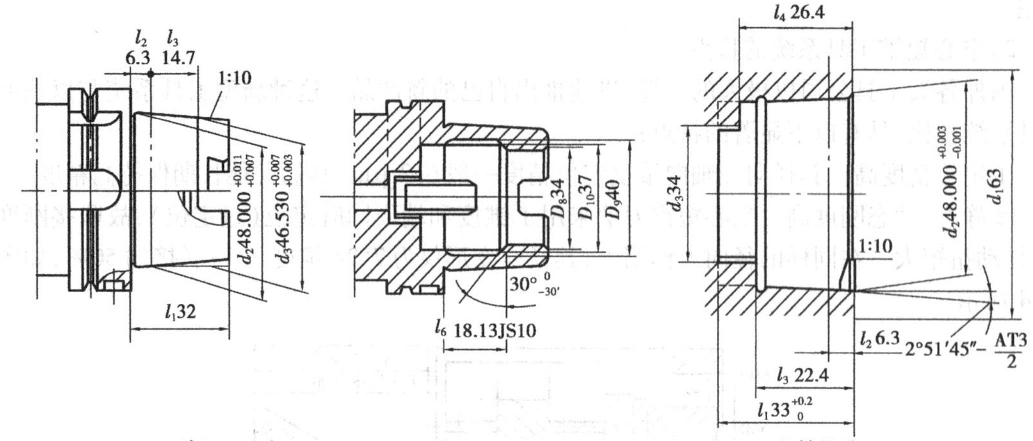

(a)刀柄　　　(b)立轴锥孔

图 10.5　HSK-A63 刀柄及主轴锥孔

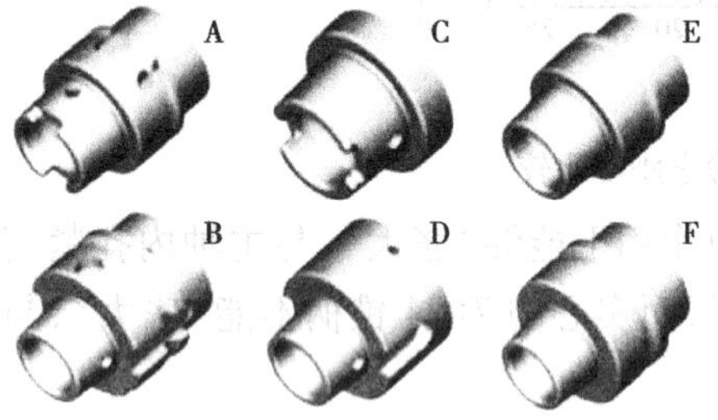

图 10.6　HSK 系统 6 种型号

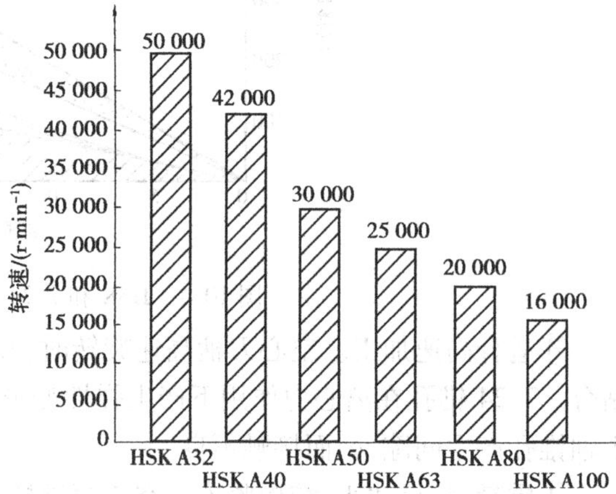

图 10.7　推荐转速图

1)HSK 工具系统的类型

①A 型

法兰上带机械手用 V 形槽和定位用键槽、定向槽、芯片孔;中心处有内冷通道,尾部有传递扭矩的键槽。它可用于自动换刀或手动换刀,适合中等扭矩的一般加工,应用范围最广。

②B 型

相同锥部直径时法兰直径大一号,法兰接触面积增大,在法兰上制有键槽传递较大扭矩,尾部无键槽,其他与 A 型相似。它也可用于自动换刀或手动换刀,适合较大扭矩的一般加工。

③C 型

法兰上无 V 形槽,其他与 A 型相同。它只用于手动换刀的一般加工。

④D 型

相同锥部直径时法兰直径大一号,法兰上无 V 形槽,其他与 B 型相同。用于手动换刀时较大扭矩的一般加工。

⑤E 型

法兰上带 V 形槽,但无其他键槽和开口,尾部也无键槽,完全靠端面和锥面摩擦力传递扭矩。它用于小扭矩、高转速、自动换刀的情况。

⑥F 型

相同锥部直径时法兰直径大一号,传递扭矩较大一些,其余与 E 型相同。它用于大径向力条件下的高速加工,如高速木工机床。

由于刀柄规格不同,其法兰直径和质量也不同,主轴转速越高其消耗的主轴功率越大,因此,应根据使用的转速来确定刀柄的规格。推荐转速如图 10.7 所示。

2) HSK 的工作原理

①德国 GUHRING 公司的工具系统

自动夹紧机构的结构原理如图 10.8 所示。装在主轴内的夹紧装置是靠拉杆的轴向运动来带动的,用油缸及弹簧驱动拉杆往复运动。拉杆向外(向左)移动,处于松开位置。装入刀柄后,拉杆向内(向右)移动,拉杆前端的斜面将夹爪径向推出,夹爪钩在刀柄内孔的 30°锥面上,拉动刀柄向主轴方向移动,使刀柄端面与主轴端面靠紧,完成夹紧动作。松开刀柄时,拉杆向左移动,夹爪离开刀柄锥面,并将刀柄推出,即可卸下刀柄。

在安装刀柄时应注意,因两个键槽的深度不同,安装时应该与主轴孔内相应的端键对应,才能进行夹紧。

刀柄的重复定位精度:径向和轴向均为 0.002 mm(见图 10.9),自动夹紧比手动夹紧精度更高。手动夹紧装置有两种:三爪夹紧装置和两爪夹紧装置。该公司推荐用后者。两爪四点夹紧装置如图 10.10 所示,夹紧装置用螺纹固定在主轴孔内。夹紧刀柄时,将扳手插入主轴上的扳手孔内,旋转双头螺钉,带动两个夹紧楔块(夹爪)径向推出,靠夹爪的斜面顶在刀柄内孔的 30°锥面上,拉紧刀柄。松开时,反向旋转双头螺钉,夹爪退回到夹紧装置内。为了防止锥度自锁,在松开过程中,夹爪退回时,夹爪上有一个小斜面推动卸刀滑块,顶在刀柄内孔的端面上,将刀柄推出,脱离主轴锥孔,即可方便地取下刀柄。在夹紧刀柄时,扳手扭矩及夹紧力如表 10.4 所示。

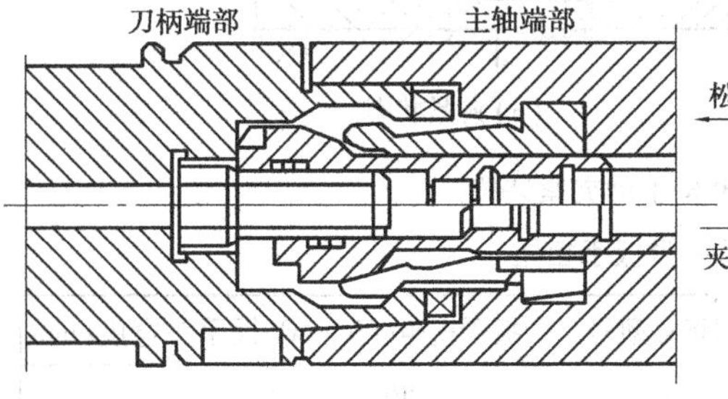

图 10.8　GUHRING 公司的 HSK 自动夹紧机构的结构原理

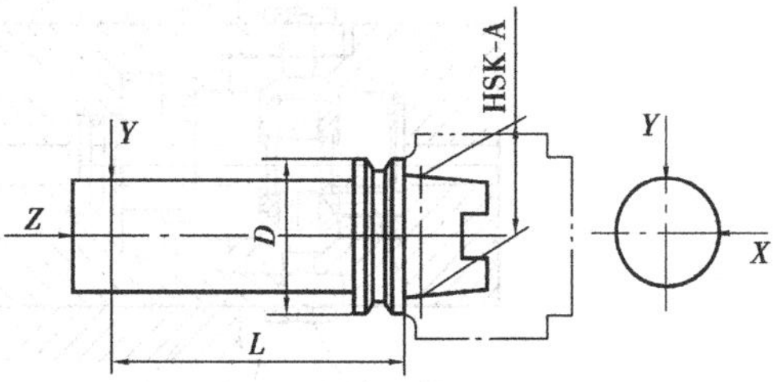

HSK-A	D/mm	L/mm	重复定位精度		
			X向 /mm	Y向 /mm	Z向 /mm
32	32	50	0.002	0.002	0.002
40	40	60	0.002	0.002	0.002
50	50	75	0.002	0.002	0.002
63	63	100	0.002	0.002	0.002
100	100	150	0.002	0.002	0.002

图 10.9　HSK 刀柄重复定位精度

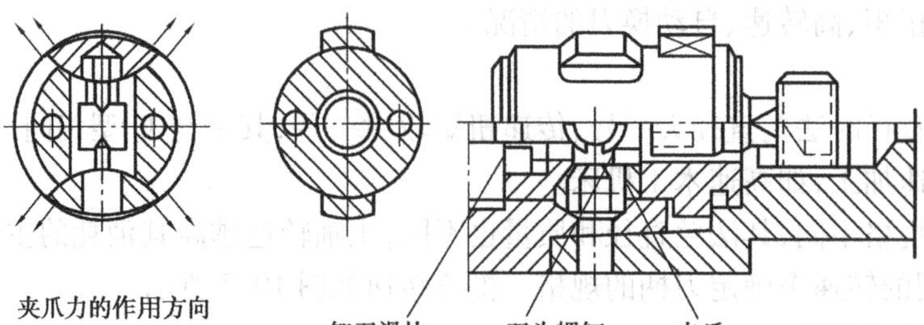

图 10.10　GUHRING 公司两爪四点夹紧装置

表 10.4　GUHRING 公司手动夹紧装置扳手扭矩及夹紧力

HSK 型号	螺钉直径 / mm	最大扭矩 /(N·m)	夹紧力 /kN	HSK 型号	螺钉直径 / mm	最大扭矩 /(N·m)	夹紧力 /kN
25	2.5	1.5	4.5	50	4	14.0	20.0
32	2.5	3.0	7.0	63	5	27.0	28.0
40	3	6.0	12.0	80	6	54.0	40.0

②德国 MAPAL 公司的工具系统

如图 10.11 所示为 MAPAL 公司的手动夹紧装置，其尾部的凸缘插入主轴孔内相应的凹槽中，旋转 90°用弹性销锁住。安装刀柄时，要注意键槽方向。用扳手旋转双头螺钉，夹紧块（夹爪）径向伸出，顶在刀柄内孔的 30°锥面上将刀柄夹紧。为了防止灰尘、切屑进入扳手孔内，应转动主轴外圆上的铜套，将扳手孔罩住。卸刀时，反向旋转螺钉，则可松开。为了防止锥度自锁，在松开时，双头螺栓上的小斜面推动夹紧装置里的滑块向外移动，顶在刀柄内端面上，将刀柄从主轴孔内推出。规定的夹紧扳手扭矩如表 10.5 所示。

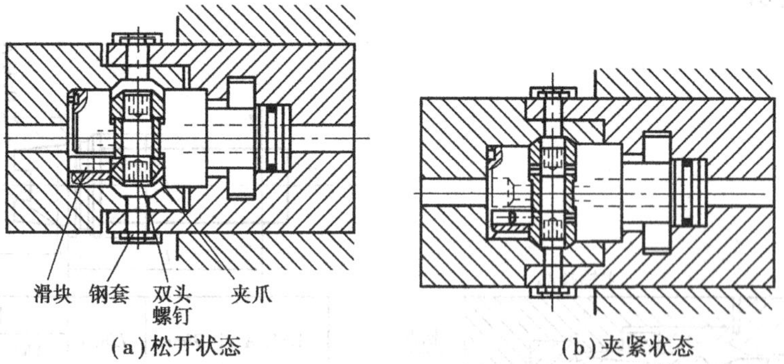

(a)松开状态　　(b)夹紧状态

图 10.11　MAPAL 公司 HSK 手动夹紧装置

表 10.5　MAPAL 公司夹紧扳手扭矩

HSK 型号	扳手扭矩/(N·m)	扳手头宽度/mm	HSK 型号	扳手扭矩/(N·m)	扳手头宽度/mm
32	8	3	63	20	5
40	8	3	80	30	6
50	15	4	100	40	8

在使用中还有一点应注意,双头螺钉的两头均有扳手孔,通常仅用一个孔装卸刀柄,另一个孔做备用。如果一端的扳手孔损坏,可用备用孔卸下刀柄。只要有一个扳手孔损坏,就应更换双头螺钉。若不及时更换,待两个孔都损坏,会给拆卸刀柄带来麻烦。

(3)美国 KENNAMETAL 公司的 KM 工具系统

KM 工具系统刀柄的基本形状与 HSK 相似,锥度为 1∶10,锥体尾端有键槽,用锥度的端面同时定位,如图 10.12 所示。但其夹紧机构不同,如图 10.13 所示为 KM 刀柄的一种夹紧机构。在拉杆上有两个对称的圆弧凹槽,该槽底为两段弧形斜面,夹紧刀柄时,拉杆向右移动,钢球沿凹槽的斜面被推出,卡在刀柄上的锁紧孔斜面上,将刀柄向主轴孔内拉紧,薄壁锥柄产生弹性变形,使刀柄端面与主轴端面贴紧。拉杆向左移动,钢球退回到拉杆的凹槽内,脱离刀柄的锁紧孔,即可松开刀柄。

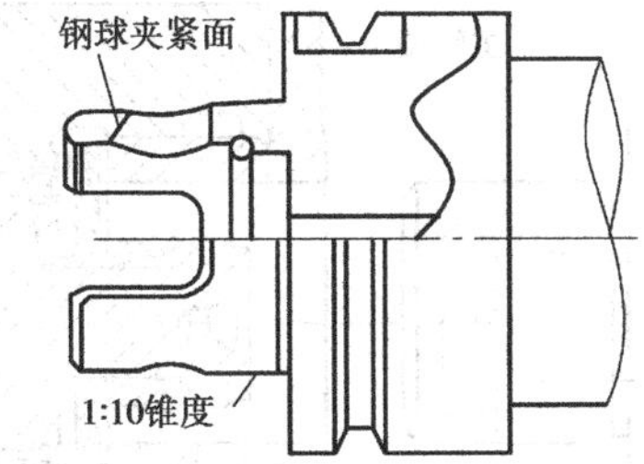

(a)标准压力用

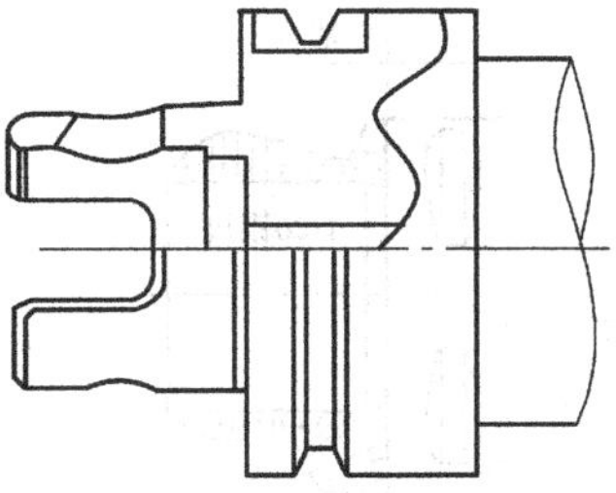

(b)高压用

图 10.12　KM 刀柄形状

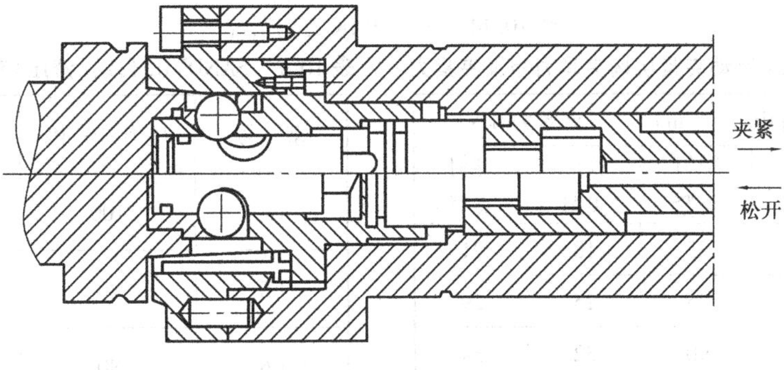

图 10.13　KM 刀柄的一种夹紧机构

根据冷却液压力的大小,在刀柄内部的密封有两种形式:普通压力时,密封圈在圆周密封;高压时,密封圈在端面密封。

KM 系统的特点如下:

①它是一种高精度的中心线性系统,其径向和轴向定位精度均为 ±0.002 5 mm,切削刃高为 ±0.025 mm。

②KM 工具系统适用于极高的主轴转速,这一点是 7∶24 锥柄难以比拟的,因而它的加工精度也比其他工具系统高。

③KM 工具系统是一种采用锥面和端面接触的 1∶10 短锥系统,它可通过简单的操作,快捷地实现自动或手动换刀。短锥接触可保证高的刚性,锁紧极高可保证端面的高精度定位。

④KM 工具系统采用两个钢球夹紧,锁紧力为一般工具系统的 3.5 倍左右,手动锁紧力矩

达 10 ~ 34 N·m。

⑤KM 工具系统带有密封式的内冷系统，带内冷机构的切削单元或带内冷却单元的镗刀可使刀具寿命显著提高。

⑥KM 工具系统快换时间短，仅为 30 s。快换单位不是以往的以刀片为单位，而是一个预测好的切削单元。

(4)瑞典 SANDVIK COROMANT 公司的工具系统

该公司的刀柄与以上几种锥柄不同的是锥柄不是圆锥形，而是三棱锥，其棱为圆弧形，锥度为 1∶20，如图 10.14 所示。这种结构有以下特点：应力分散，分布合理，定心性好，精度高，适合高速旋转，转速为 15 000 ~ 55 000 r/min，小直径取大值。夹紧装置有自动和手动两种，夹紧力分别如表 10.6 和表 10.7 所示。

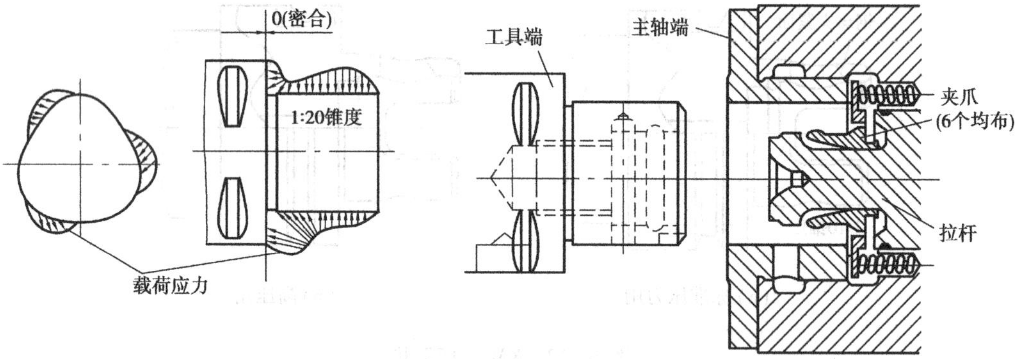

图 10.14　SANDVIK 刀柄系统

表 10.6　SANDVIK 手动夹紧机构夹紧力矩及夹紧力

型　号	夹紧力矩/(N·m)		夹紧力/kN	
	齿形夹紧	螺钉夹紧	齿形夹紧	螺钉夹紧
C3	35	35	18	21
C4	50	45	25	29
C5	70	90	32	34
C6	90	130	37	50
C8	130	160	50	60

表 10.7　SANDVIK 自动(液压)夹紧机构夹紧力

型　号	压力/10^5 Pa	夹紧力/kN
C4	100	35
C5	80	45
C6	80	55
C8	80	80

自动夹紧机构是用油缸和碟形弹簧驱动 6 个夹爪钩住刀柄，原理与前面的刀柄夹紧机构相似，如图 10.15 所示。

国外各大公司的空心短锥工具系统的型号和规格均有自己的系列。德国 HSK 系统用锥体前面的圆柱直径作为主参数，用来表示规格，而不是以锥度直径来表示。为了便于对照比较，如表 10.8 所示列出德国的 HSK、美国 KENNAMETAL 的 KM、日本日研的 NC5 与 BT(7∶24 锥度)刀柄型号规格对照。

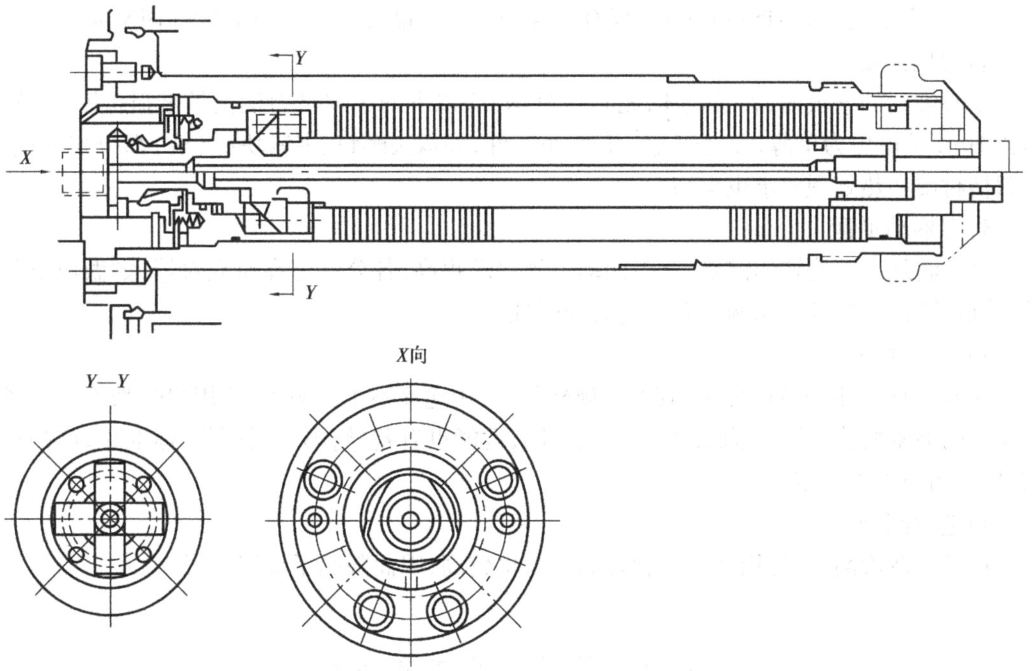

图10.15　SANDVIK工具系统自动夹紧机构

表10.8　HSK、KM、NC5和BT刀柄型号规格对照

HSK(德国)	KM(肯纳)	NC5(日研)	BT	HSK(德国)	KM(肯纳)	NC5(日研)	BT
32(24)	4032(24)			80(60)			45
40(30)	5040(30)			100(75)	10080(64)	NC5-100	50
50(38)		NC5-46	30	125(95)			55
63(48)	6350(40)	NC5-63	40	160(120)			60

注:括号内尺寸为锥柄直径。

(5)**空心短锥工具系统的应用**

如前所述,该工具系统是一种最新的工具系统,国外各大工具公司竞相推出自己的产品并大力宣传。该系统虽有诸多优点,适合高速、高精度加工需要,但也有其局限性,并不能完全取代目前所用的BT(7:24)锥度及ABS(圆柱+端面)等工具系统。

下面对几个具体问题进行分析,以对该工具系统能有进一步的了解。

1)联接精度和刚度

空心短锥工具系统只有在一定使用条件下才能达到高精度和高刚度。从HSK刚度曲线可知,当径向载荷达到一定程度,刀杆与主轴端面产生间隙,刚度明显下降,精度也显著降低,而BT的变形曲线斜率基本不变,故在重载荷下不宜采用该系统。

另外,刀杆太长、太重时,由于短锥锥柄的有效长度 l_6 很短,这种情况下,在装夹刀柄时,容易卡住,使端面不能全面接触,大大降低其工作性能。尤其是长刀杆高速旋转时,会有危险,不应采用这种系统。

本系统对制造精度要求很高,加工难度大,很难全面达到其各项精度指标,瑞典某公司检测了国外 15 个公司的 HSK-A 刀柄,仅有一家公司的产品各项精度完全达到 DIN 标准。

2)刀柄强度

空心锥柄的壁很薄,容易损坏,尤其是 HSK-63 以下的小规格刀柄更易破损折断。KM 刀柄比 HSK 显得更为单薄,强度较差。有些小零件,如双头螺钉、夹紧块(夹爪)都很容易损坏。对刀柄材质和热处理要求也很高。

3)刀柄动平衡

为了满足高速旋转的需要,对刀柄动平衡要求很高,各公司都在研究对策,如做成对称键槽,或取消键槽,但各种结构都有一定的局限性。

4)型号规格

HSK 刀柄已定为德国标准,其型号规格很多,用途又不十分明确,给用户带来不便。各公司所用的夹紧机构不同,主轴锥孔结构也不同,性能也有差异,不能通用化、标准化,产品琳琅满目,但用户难以选定。

5)造价问题

该系统造价高,对使用、维护、管理的要求也较高,因而限制了推广应用。

10.3 数控车削工具系统

数控车床的刀具必须具有稳定的切削性能,能够经受较高的切削速度,能稳定地断屑和卷屑,能快速更换且能保证较高的换刀精度。为达到上述要求,数控车床也应像数控铣床一样,有一套较为完善的工具系统。

数控车床工具系统是车床刀架与刀具之间的联接环节(包括各种装车刀的非动力刀夹及装钻头、铣刀的动力刀柄)的总称。它的作用是使刀具能快速更换和定位以及传递回转刀具所需的回转运动。它通常是固定在回转刀架上,随之做进给运动或分度转位,并从刀架或转塔刀架上获得自动回转所需的动力。

数控车床工具系统主要由两部分组成:一部分是刀具;另一部分是刀夹(夹刀器)。更为完善的工具系统还包括自动换刀装置、刀库、刀具识别装置及刀具自动检测装置。

10.3.1 通用型数控车削工具系统的发展

数控车床的刀架有多种形式,且各公司生产的车床,其刀架结构各不相同,因此,各种数控车床所配的工具系统也各不相同。一般是把系列化、标准化的精化刀具应用到不同的转塔刀架或快换刀架上,以达到快速更换的目的。

(1)圆柱柄的发展

德国工程师协会对快换刀的几种较好的结构进行了研究,制订为标准 VD 13425。其中的圆柱柄结构获得了日益广泛的应用。后来,在这种圆柱柄的基础上制订了德国国家标准 DIN 69880。国际标准化组织 1997 年也把它制订为国际标准 ISO 10889,如图 10.16 所示。目前我国等效采用的国家标准也在制订中。

与 DIN 69880 相比,ISO 10889 有以下特点:

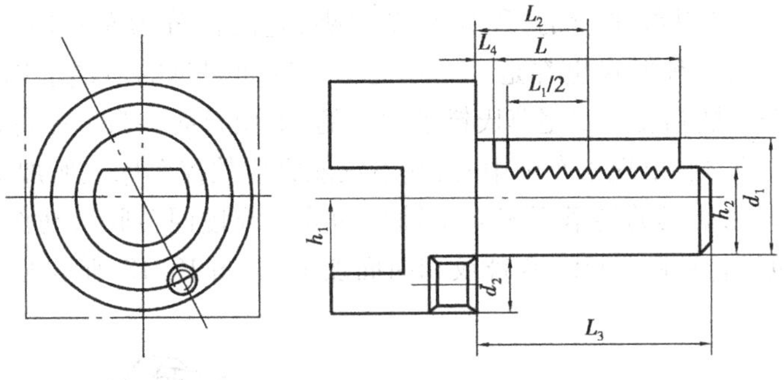

图10.16　ISO 10889工具柄

①ISO 10889增加了 $d_1=16$ mm和 $d_1=25$ mm两种小规格柄部。

②圆柱柄上90°齿形的尺寸及形位公差具体化了(DIN 69880没有)。

③圆柱柄上90°齿形的齿数比DIN 69880有所减少。

④圆柱柄根部空刀形状改了,更便于车削。

⑤圆柱柄根部增加了O形橡胶圈。

⑥配合尺寸 d_2 为16 mm,20 mm和25 mm时,公差为H6;d_2 为30~80 mm时,公差为H5。

圆柱柄的夹紧原理是圆柱柄安装孔(见图10.17)内的齿形夹紧块的定位尺寸 L_3(见图10.16)比圆柱柄上齿形的定位尺寸 L_2(见图10.16)长0.3 mm,压紧时齿形单面接触,从而获得越来越广泛的应用。

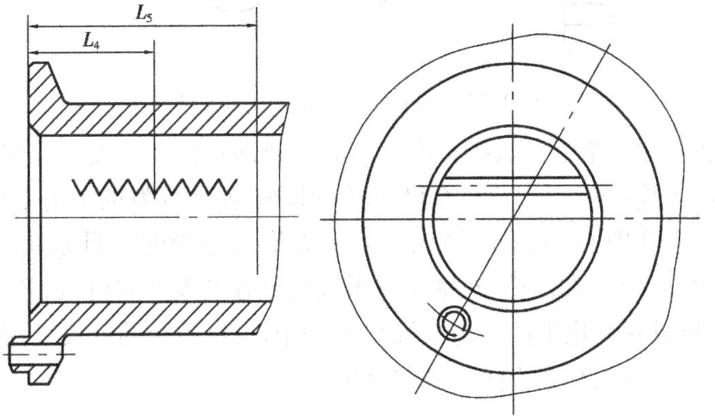

图10.17　ISO 10889工具柄安装孔

目前,许多车床厂和附件厂按上述标准来设计刀架,最近几年进口的数控车床及车削中心,这种圆柱柄刀夹占有相当大的比重。由此可知,数控车床工具系统与刀架的联接形式采用这种圆柱柄会成为一种发展趋势。我国在上海第二机床长、宝鸡机床厂、云南机床厂、北京机床研究所等都有与此相适应的机床产品。

(2)通用型数控车削工具系统的发展

把圆柱柄的前端设计成夹持各种车刀和轴向刀具的工作部分就形成了较为通用的工具系统。工具系统中夹持矩形截面车刀的称为刀夹。车刀与圆柱柄轴线垂直的,称为B型刀夹。它分为左右切、正反切、长型短型共8种(即B1,B2,…,B8型),因刀具尺寸不同而形成一个系列。刀与圆柱柄轴线平行的,称为C型刀夹,它同样分为左右切、正反切共4种(即C1,C2,C3,C4型),每一种形式也都是一个系列。装轴向刀具的习惯上称为刀柄,有装圆柱刀杆的E1和E2型刀柄和装带扁尾莫氏锥柄刀具的F1型刀柄。为了提高数控车床的加工效率,根据工序集中的原则,出现了车削中心,它不仅能完成数控车床上所加工的同轴内外圆表面,而且通过安装动力刀具的转塔刀架与主轴自动分度或慢回转联动动作,还能完成在工件轴向和径向等部位进行钻削、铣削、攻螺纹和曲面加工,如图10.18所示为车削中心上加工的典型零件。

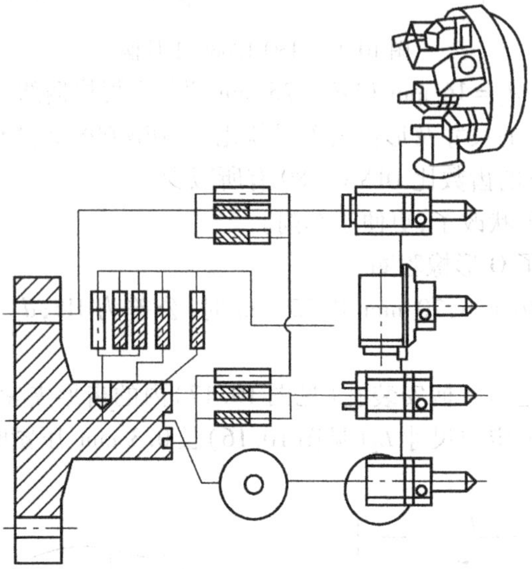

图10.18　车削中心上加工的典型零件

如图10.18所示加工工序在数控车床上不能实现,因此,在开发数控车床用工具系统时,必须与车削中心用工具(带动力刀柄)有机地联系起来,使所开发的车削工具系统既可以用于数控车床也可用于车削中心,绝不应搞成两套装夹形式各异的工具系统。国外已有了符合DIN 69880圆柱柄的产品。在国内,车削工具系统尚处在开发研制阶段,还没有形成较完整的系列及标准,更未形成专业化生产。与主机相比,车削工具系统的开发已滞后,应引起足够的重视。可以预料,这一领域有着广阔的潜在市场。

10.3.2　更换刀具头部的数控车削工具系统的发展

20世纪80年代以来,随着数控车床的发展,西欧一些著名的工具厂相继开发了一些更换刀具头部的车削工具系统。它们的共同优点是换刀时所更换的体积和量都比过去小,这样使刀库、机械手尺寸比较紧凑,允许机床刀库有较大的容量,更适合于多品种、较复杂零件的加工。但是,选用其中哪种工具系统,一般在订购机床时就确定了,而且往往是从工具系统、机械手到刀库,都应采用该工具公司的全套技术和产品(均为专利)。由主机生产厂把这些技术"合成"到机床上。否则,如想在现有的机床上采用这类工具系统是困难的。尤其这些产品在国内未获生产许可的情况下,工具的订购与补充都不太方便。同时,换刀精度由工具系统联接环节的制造精度及刀片制造精度所决定,刀片的制造精度远高于前述通用型车削工具。

(1)BTS **工具系统**

瑞典SANDVIK公司于1980年在芝加哥机床博览会上首先推出的模块式工具系统(Block Tool System),其切削头部有一系列不同的刀具模块,可完成车削、镗削、钻削、切断、攻螺纹以及检测工作。

这种工具的联接部分由拉杆和拉紧T形孔组成。在拉紧过程中,能使拉紧孔产生稍许变形,从而获得很高的定位精度和联接刚度。试验表明,其径向定位精度可达 ±0.002 mm,轴向定位精度可达 ±0.005 mm。

在切削速度为1.67 m/s,进给量为0.73 mm/r,背吃刀量分别为1 mm,5 mm和10 mm的情况下测量系统刚度,其刀尖位置变形情况是 Z 方向 <0.02 mm,Y 和 X 方向 <0.005 mm。这种模块式工具可手动换刀,也可机动换刀。手动换刀需5 s,机动换刀只需2 s。

(2)FTS **工具系统**

德国Hertel公司在20世纪80年代中期也推出了一种更换刀具头部的车削工具系统——FTS工具系统(Flexible Tooling System)。该系统切削头部的定位靠类似分度盘的Hirth端齿,这种端齿是采用无屑加工的方法精压而成,做成成对的圆盘,分别镶装在切削头部及定位部件相对的端面上,从而达到很高的定位和互换精度。每个切削头部的轴线上都安装一个拉钉,并向后拉紧,使切削头部紧紧地靠在Hirth端齿上。切削头部外径上有机械手抓拿槽,可实现自动更换。必要时,还可装上刀具识别编码,借助识别装置进行换刀。

(3)CAPTO **工具系统**

CAPTO工具系统是由瑞典SANDVIK公司1990年开发的,定心采用弧面的三棱锥,夹紧是从三棱锥内部拉紧,使端面紧密贴合。这种夹口刚性好,传递扭矩大,但制造时设备要求高,必须用许多数控机床才能实现。这种工具系统可用于车削,也可用于镗、铣加工,是一种万能型的工具系统。

10.4 刀具管理系统

在数控机床的使用过程中,刀具的管理无疑是影响其效率发挥的重要因素之一。刀具管理是否合理、科学,在很大程度上决定了CAM系统的可靠性和生产效率的高低。刀具管理的目的就是保证及时、准确地为指定的机床提供所需刀具。一个合理有效的全面刀具管理系统必然会对整个系统生产力水平的提高、投资费用的减少起重要作用。

为跟踪国际制造业先进水平,作为自动化领域主题的CIMS得到国内许多企业的重视,引进了一大批先进加工设备,改善了生产条件,在一定程度上提高了生产力和产品质量。但是不少企业在生产过程中忽视了配套软件的完善,其中以刀具的管理显得尤为突出。刀具管理中的种种弊端已严重影响了引进的一流设备的充分高效利用。具体表现如下:

①分散管理,刀具资源不能合理利用。一方面关键数控刀具缺口严重;另一方面,大量数控刀具闲置,大量先进的数控刀具没有发挥其应有的作用。

②缺乏有效的刀具信息管理系统,无法监视刀具库存量,不能预测并及时补充刀具的种类及数量,无法有效地将国内外不同刀具制造商的产品资源加以综合利用以降低机械加工的

成本,无法有效地监测刀具的使用情况等。

③数控切削用量选择不合理,机床效率不能有效发挥,刀具使用寿命低。

10.4.1 刀具管理系统的含义

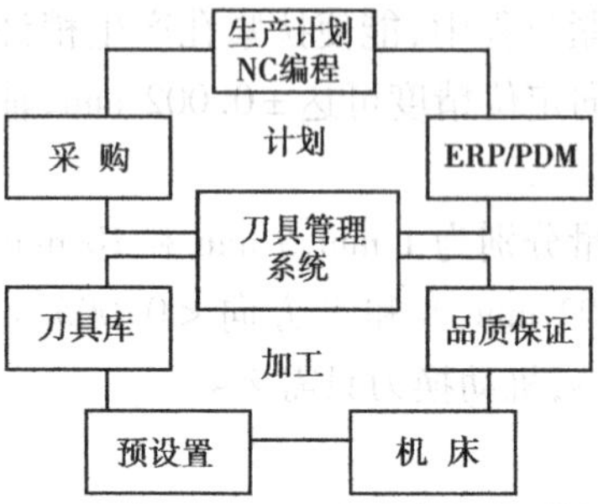

图 10.19 刀具管理系统结构示意图

理想的刀具管理模式应该涵盖刀具规划、采购、物流、调整、刃磨、修理、现场技术支持、加工问题分析和解决、刀具优化和刀具成本控制等多方面内容,有一套完善的体系来运作和控制,以期达到预定的目标,涉及企业管理、质量管理、物流管理、刀具技术、制造工程、信息与数据库技术、财务与成本控制、人力资源管理等多个方面的工作,是一个系统性的问题。

当前的刀具管理系统一般由刀具的加工和计划两大部分组成,包括刀具库存管理、刀具采购、NC 编程参数查询等功能模块。功能结构示意图如图 10.19 所示。

10.4.2 刀具管理的意义

良好的刀具管理可减少初期投资、工作人员、库存资金以及采购管理成本。据 TDM 刀具管理系统的用户的反馈,实施刀具管理系统后,在刀具计划环节上节约费用约 25%;在制造环节因减少设置和停顿时间而节约费用约 10%,因减少刀具调整节约费用约 15%。

以刀具库存管理为例,通过刀具管理系统,用户可管理加工车间、调刀室、刀具库房、维修等刀具流通部门所放刀具的品种、规格、数量等详细信息。不但如此,还可生成刀具成本评估清单和刀具利用情况统计表,以优化刀具使用成本及使用频率。这些信息将有助于设备管理部门实现优化管理,达到降低制造成本的目标。此外,通过条码识别或无线射频识别等技术,还可方便快捷地监测刀具的入库和流出,精确地管理刀具及其参数,大大提高刀具的管理效率。

10.4.3 刀具管理系统的职能

如果把涉及刀具的各种获得纳入整个生产过程,则可将其分解为刀具需求、刀具设计、刀具制造、刀具库存管理、刀具分配管理、刀具准备及供应和刀具使用管理 7 个方面的阶段任务,如图 10.20 所示。

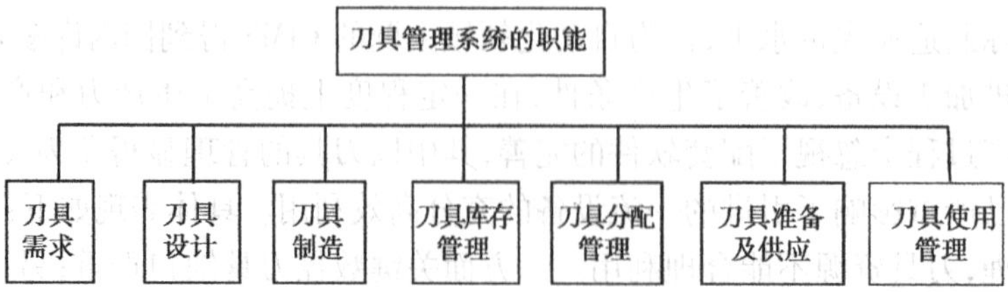

图 10.20 刀具管理系统的职能

（1）**刀具需求**

进行市场调研，了解制造业对刀具的需求状况，如刀具的类型、规格、切削条件等，为刀具制造商进行产品设计开发提供信息。对于刀具使用单位，则应根据被加工零件的具体要求，提出刀具需求计划，进行刀具成本估算。

（2）**刀具设计**

刀具设计是保证刀具管理系统有效实施的重要前提。要注意刀具结构要素的系列化和标准化，包括刀具类型、结构尺寸及附件的系列化设计，尽可能用一种刀具完成尽量多的表面加工，减少刀具品种和换刀次数。尤为重要的是建立一个完整的刀具原始数据库，统一刀具的标识符，对各种刀具规格参数加以确切定义和描述，并制订相应的数据格式，这对保持刀具数据的一致性，限制刀具信息繁殖，减少数据冗余，保证刀具信息流通是十分重要的。

（3）**刀具制造**

采用计算机技术、网络技术辅助刀具的制造，如CAPP，CAM和PDM等技术。

（4）**刀具库存管理**

刀具库存管理包括如刀具的分类、编号、储存、动静态数据等工作，其基本目标是在保证对生产及时供应刀具的前提下，力求库存投资最少。为此，系统必须建立准确和完善的库存报告和记录。它一方面根据现场使用的刀具出错情况及时反馈的信息不断调整库存状态，另一方面根据刀具订货情况及时补充刀具的供货数据。与此同时，还需经常对刀具需求作出统计预测，及时采购和定制各种刀具。要做到库存有准确的记录，建立刀具库存管理数据库是必不可少的。

（5）**刀具分配管理**

首先要根据机床加工任务确定机床所需的刀具使用计划，然后根据剩余寿命计算求得刀具需求量。检查该机床上的相应刀具能否予以调整，做到这点是非常必要的，因为机床刀库的容量是有限的。为了防止可能出现刀具短缺的情况，同时有必要检查刀具的可使用性。

（6）**刀具准备及供应**

刀具的准备包括两个方面：一方面，根据刀具的需求清单，将刀具的各个元件从库存中取出，进行组装。在刀具预调仪上进行尺寸预调后，放在相应的刀架中，准备发送；另一方面，根据刀具卸刀清单，将运送来的刀具拆卸，检查刀具各元件是否可用。如可用，则修复后，放入库存；如不可用，则剔除。

刀具供应包括了在刀具准备及修理期间的输送搬运过程以及将准备好的刀具运往加工设备（包括FMC，FMS，CNC机床）或在使用后将刀具送回维修的输送过程。

（7）**刀具使用管理**

刀具使用管理是指控制系统及时向机床发出更换刀具的指令，机床控制装置接受指令，安排刀具在相应的库位中就位，接收相应的刀具调整数据，满足机床加工的需要。此外还要做好刀库的管理及刀具状态的记录，及时向刀具分配调度模块回报刀具使用的实际状况，排除那些不再使用或需重新返修的刀具，并修改相应的信息，以便下次作业调度时提供确切数据。此模块需要对刀具的工况进行监控，主要监控刀具磨损、破损状态。对刀具磨损应采取补偿、调整等措施；对刀具破损应及时报警，停止工作，进行更换。

10.4.4 典型刀具管理系统介绍

(1)AMS-TMS1.0 刀具管理系统

1)AMS-TMS1.0 功能模块简介

AMS-TMS1.0 是北京市机电研究所开发的先进制造系统(AMS)中刀具管理系统软件的原型,其主题思想是刀具的管理应全面综合考虑,从计划订购、库存管理、在线监控到回收维护等刀具整个寿命周期入手,对刀具进行全面管理。刀具作为制造过程中的切削工具,管理有其自身的特殊性。所谓全面刀具管理,就是按刀具在制造系统中所处不同位置及状态,把刀具的管理有侧重地分为3部分进行,即物资管理、使用管理及技术管理。根据刀具在制造系统中使用过程情况,又可将刀具管理应用软件划分为计划与库存模块、调度模块和数据维护与查询统计模块(见图10.21)。

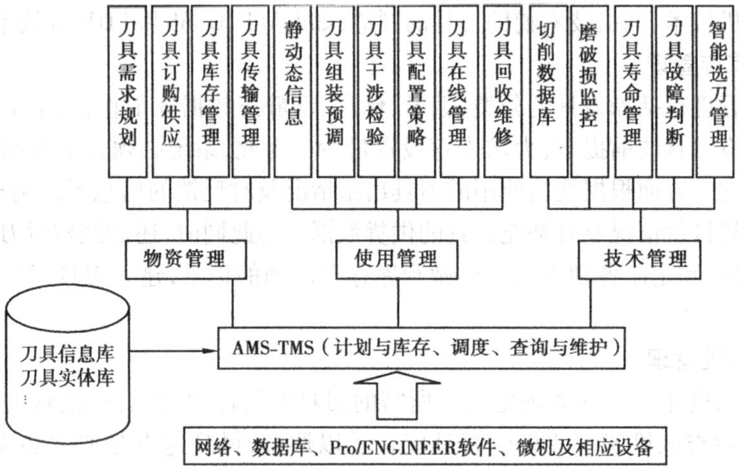

图10.21 AMS-TMS1.0 刀具管理系统功能模块图

①计划与库存模块

作为制造过程中的切削工具,刀具大部分实际仍处在库存或传输过程中。另外,根据生产计划进行需求规划、采购、设计制造乃至供应,无不显示了刀具在相当长的使用周期里作为物资进行管理的必要性和科学性。因此,计划与库存模块是一个基本的功能模块。

②调度模块

由刀具需求计划根据刀具配置策略进行刀具调配,制订刀具装配单,安装后经预调仪预调,将刀具具体直径、长度及刃角等参数导入数据库中供加工时参考使用。已完成任务的及被磨损的刀具回收经检测后,或入库或刃磨更名后入库或作报废处理。

③数据维护与查询统计模块

该模块是对刀具数据库进行查询统计和数据维护的功能模块,它可快捷地对刀具数据库进行维护和改善,保证数据库应用软件的正常实施。

2)AMS-TMS1.0 关键技术

基于计算机网络及数据库技术设计和开发刀具管理应用系统就可实现刀具的计算机管理。AMS-TMS1.0 系统选择面向对象的关系数据库中文 Visual Foxpro 3.0 专业版,在中文

Windows NT 操作平台上，基本实现对刀具的计划管理、调度管理、库存管理以及统计查询与信息维护功能。AMS-TMS1.0 全面刀具管理系统中一些关键技术如下：

①刀具信息编码技术

正确的信息编码是计算机辅助技术的基础，信息的编码应符合唯一性、可扩性、适应性、稳定性、识别性及可操作性原则。为使刀具的标识和分类经济而有效地适应自动化生产的需要，就必须建立一个科学的、完整的切削刀具分类编码系统，以便建立刀具准确可靠的规范和储存保管，减少刀具的库存和投资，提高经济性；有利于刀具的计划供应和储存保管，减少刀具的库存和投资，提高经济性；可改善各部门之间信息的交换和沟通，保证刀具信息的顺利交流。

刀具编码系统发展至今已有很多种，即使国内也有不少编码系统，但它们大都是采用纯数字式编码。虽然这种编码方式简洁，易于计算机存储，但是不够直观。对使用者来说，仅从代码本身看，不具任何意义，造成在识别和使用上差错率较高。

因此，从实际使用情况出发，鉴于刀具的计算机辅助管理属人机交互系统，AMS-TMS1.0 采用信息容量很大的线分类和面分类体系相结合、数字加字母的混合式编码技术。据此对当前比较典型的先进制造系统环境下所用刀具进行分析，将之分为 7 大类。下面以旋转类刀具组件为例，说明这种编码规则。如表 10.9 和表 10.10 所示说明编码各段含义，如图 10.22 所示为以一铣刀举例说明。

表 10.9　整刀编码说明表（除第二代码段即第 2、第 3 位）

码段序号	码段名	码段位数	定义或说明	代　码
1	主柄锥度	1	按照不同标准及锥度大小用一位数字表示，当前北京市机电研究院的加工设备主轴锥度以 BT50 为主，其他型号可按此扩充	0—BT40 1—BT45 2—BT50
2	直　径	3	铣、镗类刀具取 3 位整数表示；钻头、普通螺纹丝锥留有一位小数；锥管、直管螺纹丝锥仍用分数表示	（铣、镗类）125—125.00 mm （螺纹、钻头）125—12.5 mm （锥、直管螺纹）3/4—3/4′
3	刀具旋向	1	刀具旋向分左手刀、右手刀和两方向 3 种	L—左手刀 R—右手刀 N—两方向
4	安装角度/刃长	2	对于面铣刀及倒角铣刀，安装角是十分重要的属性，这两种类型刀第五段代码表示安装角；其他类型刀具本段代码表示它们的刃长	面铣刀、倒角铣刀： 75—刀具安装角 75° 其他类： 18—刀具刃长 18.00 mm
5	姐妹码	1	当前五段代码出现重码时，为了能唯一识别每一把刀具，可用一位姐妹码加以识别区分。姐妹码是一顺序码	用字母 A，B，C 等依次表示，从而能唯一识别每一把刀具

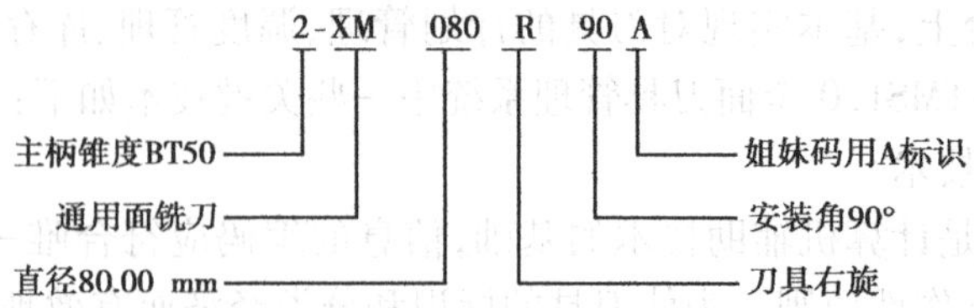

图 10.22 ϕ80-90°通用面铣刀（右手，主柄锥度 BT50）
整刀编码实例说明

表 10.10 整刀第二代码段编码说明表（第 2、第 3 位）

刀具类型	类型代码		定义或说明	刀具类型	类型代码		定义或说明
	第 2 位	第 3 位			第 2 位	第 3 位	
铣　刀	X	M	通用面铣刀	钻头类	Z	Z	中心钻头
		D	通用端铣刀			K	扩孔钻头
		Y	玉米铣刀			J	铰　刀
		Q	球头铣刀	攻丝类	G	M	普通螺纹丝锥
		S	三面刃铣刀			Z	锥管螺纹丝锥
镗刀类	T	R	粗镗刀			G	直管螺纹丝锥
		M	半精镗刀				
		P	精镗刀				

②数据库设计技术

在研制开发刀具管理系统时，建立刀具信息数据库是基础。数据库设计阶段应首先对数据库应用领域进行深入细致的调查和分析，收集用户对数据库信息和处理功能方面的要求，设计出能充分反映用户需求的概念模式。

通过对典型先进制造系统中刀具流动情况分析可知，刀具在库房、机床、刃磨站、装调室及运输小车之间流动而形成刀具物流；其相应刀具信息则是在刀具工作站、机床数控装置以及设计工艺部门之间传输，即刀具信息流。用户对管理系统要求大致可归纳为刀具计划管理功能、调度管理功能、库存管理功能和刀具信息查询统计及维护功能等。按照以上几个功能要求对整个数据库的数据处理过程进行划分，建立多个分过程的实体联系模型（E-R 模型），通过消除其交叉冗余部分，汇总成一个总体 E-R 图模型。对其中各个实体、联系进一步分析，建立对它们进行详细描述的数据字典。至此就完成了数据库概念设计阶段，这是数据库设计中影响全局的、关系到数据库设计开发成功与否的关键环节。

由已有的概念设计，选择适当操作平台及数据系统，便可进行数据库逻辑设计，利用规范化理论将 E-R 图转换成关系数据模型，此后尚需进行物理设计以及最后数据库系统应用软件开发。

③刀具配置策略与图形库的建立

刀具配置策略因生产任务的不同、企业规模情况而有多种选择，如成批刀具交换法；确定制造周期刀具共享法;任务完成刀具迁移法;常驻刀具法;刀具驻留法。以上策略各有优缺点,应根据具体生产环节选择其中一种或两种进行刀具调度。AMS-TMS1.0 采用了任务完成刀具迁移法和常驻刀具法两种方法,将那些通用的刀具常驻机床刀库中,而对于其他一些不常用或专用刀具,一旦完成任务即回收入库,以备它用。这样的刀具调度策略既方便又能充分地利用刀具,适合于一般中小型企业。

以前在设计中往往根据设计人员及工艺人员经验估计刀具干涉碰撞的可能性,等到图纸完成后,按照已编制好的工艺在机床上进行试切削时才能验证设计的优劣以及工艺的好坏,这样往往设计周期长,返修工作量大,代价高昂。随着 CAD/CAM 技术的发展,虚拟现实环节的不断完善,在提供了刀具实体模型的基础上就可在计算机中通过仿真手段来不断完善设计,验证刀具可能的干涉与碰撞。这就要求建立刀具实体图形库,实现加工过程的仿真。AMS-TMS1.0 在 Windows NT 网络平台上,利用 Pro/ENGINEER 应用软件建立了被加工零件和包括机床约束、夹具和刀具的加工环境实体模型,进行了制造加工过程的走刀仿真,并按所生产的 NC 程序完成了机床加工,达到了预期效果。

(2)CCTMS1.0 **刀具管理系统**

CCTMS1.0 是西华大学与四川自贡长征机床厂联合开发的数控车间刀具管理系统软件,该系统硬件的配置和软件设计原理与方法如下:

1)硬件的组成与管理模式

①硬件的组成

如图 10.23 所示,该数控车间由 7 台数控机床构成:ZFG630,CMH63 西班牙产四托盘卧式加工中心,刀库容量分别为 30 把、60 把;CMH85 西班牙产卧式加工中心,刀库容量为 60 把;XHK718 国产立式加工中心,刀库容量为 30 把;TR6340 国产八托盘柔性制造单元,刀库容量为 70 把;SQRA3,FS4000 西班牙铣削加工中心,刀库容量分别为 30 把、40 把。每台机床旁边有缓冲刀库(B1,B2,…,B7),用来存放机床加工下一批零件所需刀具。中央刀库用来存放常用刀具和一些不常使用的特殊刀具。预调室内有预调仪,各种存放刀具、辅具的柜式刀库及架式刀库,它担负着刀具、辅具的库存管理以及刀具的组装、预调和拆卸等工作。刀具的传输采用人工手推车,在车间工艺室内有刀具管理计算机。在这个车间内的刀具和辅具约 1 200把。

②管理模式

刀具的管理由两部分构成:一是刀具实体的管理,二是刀具信息的管理。两者是统一的,并一一对应的整体,信息的管理为实体流动提供依据,使整个系统按预定的方案运转。为此,建立了微机刀具管理数据库和相应的管理软件来管理刀具的信息,它可提供车间工艺室选配和分派刀具,供预调室的库存,刀具的组装、预调、上线、下线的管理,同时还可供供应部门对刀具需求的管理以及工具车间对刀具的制造、修磨等管理之用。

刀具、辅具由供应部门提供后,分别按刀具、辅具的品种规格编码,存放于预调室内的刀库中,并将刀具、辅具的信息(如规格、型号、尺寸、名称、库存位号等)输入数据库。工艺室按所编工艺进行刀具的选配和分派后,将计算机打印的刀具组装卡交预调室,由预调室将刀具和辅具组装并预调到所要求的尺寸,再参照组合刀具使用单在中央刀库中选择所需刀具,并由计算机打印出组装好的刀具信息条装入挂在每把刀具上的信息袋中,用于分派和上线时人

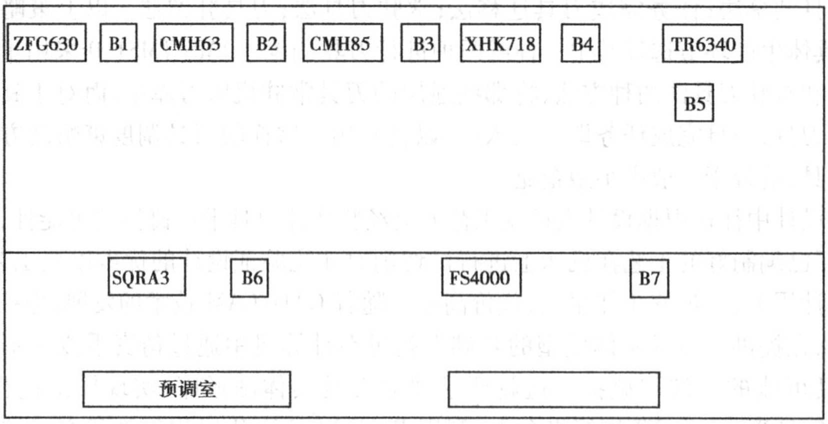

图 10.23　数控车间平面图

工识别刀具，然后由工具手推车按刀具分派表送至每台机床旁的缓冲库内，再由操作者将缓冲库中的刀具按在线刀具使用单，装入机床刀库中。下线的刀具也由工具手推车送回预调室，经检查后，或拆卸、或装入中央刀库，或送磨，或报废，并打印相应的刀具返回单、辅具返回单、组合刀具返回单，刀具送磨单、刀具报废单等。至此完成刀具管理的全部过程。

2）CCTMS1.0 的设计原理与工作方式

CCTMS1.0 是为上述数控车间开发的刀具管理软件，它包括数据库及有关的数据库操作模块。在软件的总体设计之前，为了使计算机能有效地识别每一个刀具和辅具以及组装好的刀具组件，首先应进行代码系统的设计。

①CCTMS1.0 代码系统简介

CCTMS1.0 采用分组码法作为设计代码的方法，然后再按下述步骤进行代码设计：

a. 决定代码的使用范围和对象。

b. 进行代码设计并确定校验方法。

c. 编制代码并进行翻译（制成代码表）。

d. 编制代码的有关文件和说明。

CCTMS1.0 的代码系统使用范围是工艺室选配刀具，预调室刀具和辅具的库存管理以及组装的在线刀具管理。设计对象主要是镗铣类数控机床进行各类加工所用的各种刀具，并对车、磨、齿轮等数控机床刀具均留有扩展码位。辅具主要是针对整体式工具系统（如 TSG82 等）进行设计，同时考虑了模块式工具系统（如 TMG10 等）的扩展方案。

CCTMS1.0 的代码系统由 3 种代码构成，即刀具代码、辅具代码和工艺管理用代码。

a. 刀具代码。由 9 位阿拉伯数字构成，各组码位及含义如表 10.11 所示。

表 10.11　刀具代码

码　位	Ⅰ	Ⅱ	Ⅲ	Ⅳ	Ⅴ	Ⅵ	Ⅶ	Ⅷ	Ⅸ
含义说明	粗分类	细分类		直径整数位			直径小数位		长度系列

例如，012020501——表示锥柄麻花钻，直径 20.5 mm，第 2 长度系列。

b. 辅具代码。它由 5 位阿拉伯数字构成，各组码位及含义如表 10.12 所示。

表 10.12　辅具代码

码　位	Ⅰ	Ⅱ	Ⅲ	Ⅳ	Ⅵ
含　义	刀　柄	接　柄	分　类	规　格	长度系列

例如,10212——表示刀柄为 JT45,无接柄,端面铣刀,规格为 XM22,第 3 长度系列。

c. 工艺管理用代码。用于工艺室按加工零件的要求选择合适的刀具和辅具,再将其接合成组装刀具,并给出选定的刀具直径。代码由 14 位阿拉伯数字组成,结构为辅具码 + 刀具码。

例如,00010010009501——表示刀柄与加工中心机床接口为 JT40,钻夹头刀柄,钻夹头为 JZM6,刀具为直径 9.5 mm,第 2 长度系列的直柄钻头。

由于工艺管理用代码表示组装后用于数控机床加工零件的组装刀具组件,在代码中应具有以下特征:与机床接口的规格与尺寸,辅具的型号规格与组合件数为两件以上时,为了遵循代码设计中的等长原则,这 5 位码的含义均不同于单个的辅具代码,由专门定义的代码表示。并且工艺管理用代码中的 9 ~ 13 位表示工艺选刀时给定直径值(如镗刀,它将不同于刀具代码中的值)。

②主要数据库及各管理模块与功能

A. CCTMS1.0 所使用的主要数据库

a. 刀具库:用于存放刀具数据,其结构如表 10.13 所示。

b. 辅具库:用于存放辅具数据,其结构如表 10.14 所示。

表 10.13　刀具数据库结构

字段	字段名	类型	宽度	小数
1	代码	字符型	9	
2	名称	字符型	24	
3	直径	数字型	6	2
4	长度	数字型	6	2
5	刀具材料	字符型	8	
6	总量	数字型	3	
7	在线量	数字型	3	
8	耐用度	数字型	5	
9	专用刀具号	字符型	10	
10	规范	字符型	4	
11	厂家	字符型	8	
12	价格	数字型	6	2
13	库存位号	字符型	6	

表 10.14　辅具数据库结构

字段	字段名	类型	宽度	小数
1	代码	字符型	5	
2	名称	字符型	24	
3	型号规格	字符型	16	
4	总量	数字型	3	
5	在线量	数字型	3	
6	库存位号	字符型	6	
7	规范	字符型	4	
8	厂家	字符型	8	
9	价格	数字型	6	2
10	购买日期	日期型	8	
11	专用工具号	字符型	10	

c. 选定库:用于存放经过工艺选配组装好的刀具(库结构略)。

d. 刀具手册库:用于存放大量的标准刀具和非标准刀具的基本数据,供选配刀具查阅,并给供应部门提供所需刀具规格尺寸的详细资料(库结构略)。

B. CCTMS1.0 的总体设计模块

按流行的 SD 方法进行设计,共分 3 级,即主控模块、分控模块和执行模块。

a. 主控模块,如图 10.24 所示。主控模块中的后备模块为一单独的执行模块,用它来生成硬盘备份。

b. 分控模块,如图 10.25—图 10.27 所示。

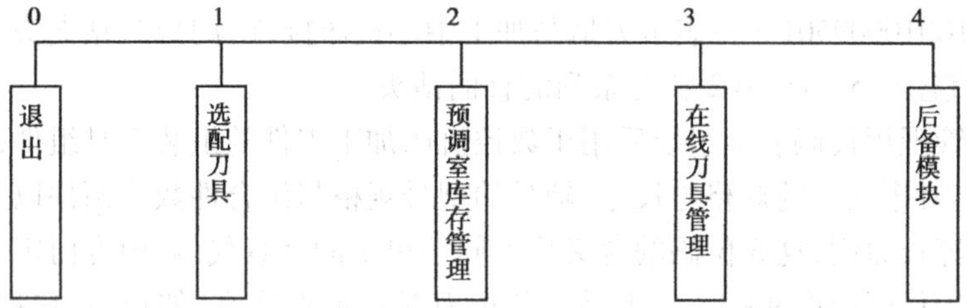

图 10.24　主控模块

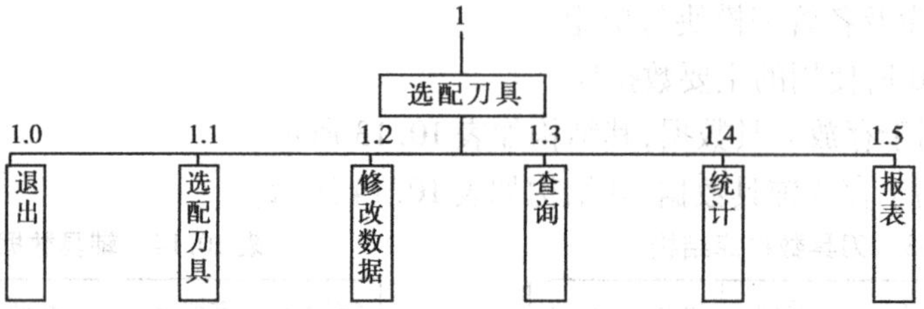

图 10.25　分控模块一

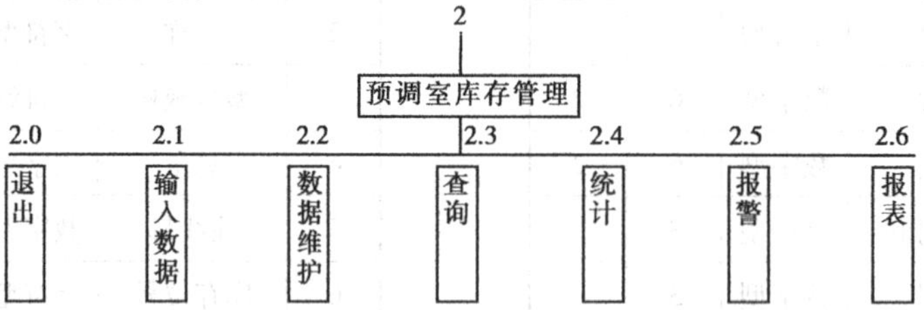

图 10.26　分控模块二

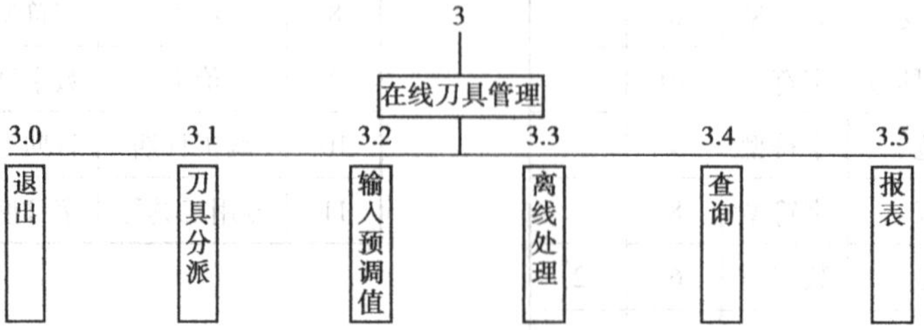

图 10.27　分控模块三

c.执行模块。在分控模块下便是执行模块,它完成某项目具体的作业。限于篇幅,这里将列举几个代表性的执行模块并说明其功能。

在图10.25(1.1)选配刀具的分控模块下,有两个执行模块:单独选配和综合选配。单独选配是按工艺人员的主观意图来选择合适的刀具和与之相配的辅具,构成组装刀具。程序先让操作者查阅刀具库,选择所需刀具,然后在查询辅具库,选择合适的辅具,最后给出组装卡。该模块适合于一些经常使用、工艺人员比较熟悉的刀具的选配。而综合选配则是一种全自动的选刀作业,它只需输入机床主轴接口规格和型号(即刀柄的规格和型号)、刀具类型、直径、长度的上、下限以及组装刀具长度的上、下限后,计算机将自动选择满足给定条件并经过优化处理的刀具和辅具组合,并列出其清单,让工艺人员选择其中之一。

在图10.27(3.1)刀具分派的分控模块下,有两个执行模块:单工序分派和混流分派(多工件多工序分派)。执行单工序分派时,只需输入机床型号、加工的工件号和工序号后,计算机会自动给出所用组装好的刀具清单。混流分派主要用于多托盘的加工中心或柔性制造单元(如TR6340)的多工件多工序的刀具分派。它有两种工作方式:其一是在输入机床型号后,计算机给出满足混流加工条件(工件数≤托盘数,所需刀具总数≤机床刀库容量)的工件组,让工艺人员选择各组的加工顺序,然后打印出组装卡和刀、辅具清单;其二是根据生产作业计划,人工输入要加工的工件组,计算机判断是否满足该机床混流加工条件,若不满足,则需调整作业计划,直到满足混流加工条件为止。

在图10.27(3.3)离线处理的分控模块下,有混流刀具下线处理和单刀下线处理两个执行模块。执行这些模块,将让操作者输入刀具使用时间和离线信号,根据刀具的使用情况选择如下处理方案之一:拆装返回仓库;不拆装返回中央刀库;修磨后返回仓库;达到刀具寿命后报废。

3)CCTMS1.0的工作方式和特点

系统设置两级安全保护,使用者首先必须在系统外设置的注册登记模块中登记注册,以取得注册名和口令。在进入系统前,按提示输入注册名和口令方可进入系统。在一些重要模块(如数据的修改、删除等)前,系统还设置了二级口令保护。

系统与人的交流采用屏显与打印输出,可打印出22种报表。用以指导实体的流动或提供各类信息。

CCTMS1.0是为开发适合我国绝大多数厂家数控制造系统的微机刀具管理的一个尝试,在四川自贡长征机床厂的试运行证明,它具有使用方便,投资少,见效快的优点。它代替了人工选刀和分派,使工作效率大大提高,同时较大地改善了刀具和辅具的库存管理,使数控制造系统高效率的优点得到充分发挥。

10.4.5 国内外刀具管理系统的研究及应用现状

由于刀具管理是一个系统性的问题,涉及研究内容较广,因此以往研究者一般只对其中某一方面的问题做出研究。如荷兰Twente大学的R. M. Boogert等人对刀具描述数据结构做了比较详细的研究,提出刀具的描述需要是数字和图片相结合。世界范围来看,奥地利的刀具咨询管理公司(International Tool Consulting & Management,TCM)最早在1996年开展了系统性较强的刀具管理外包服务,至今刀具管理服务已形成一定的规模。已有一些发展比较成熟的刀具管理系统,比较典型的如 TDM System (Tool Data Management System), KATMS(Kennametal Automated Tool Management Solutions), eTMS(Enterprise Tool Management Software)等。其软件实现、功能模块以及软件开发商如表 10.15 所示。

在刀具管理系统应用方面,国内的李毅、杨晓等从加工费用角度,分析了刀具对生产效率的影响达 20% ~30%;达世亮、张书桥等,从发动机制造业的角度,分析了刀具管理的模式、重要性以及复杂性等。在刀具管理系统平台方面,国内大部分研究也着眼于刀具管理系统的某一方面,如刀具参数数据库、刀具调度、刀具寿命等相关课题。较为系统地研究刀具管理系统的有西北工业大学,对刀具全寿命周期管理进行了研究;河北科技大学也对基于 Web 网络平台的刀具管理系统的模型做了一定的研究;上海交通大学提出了基于 B/S 机构的刀具管理,该系统以一家烟草企业现有刀具库为基础,通过企业内部局域网以及 ERP 和 PDM 的数据接口实现了与 ERP/PDM 的信息集成与整合,从软件实现方面介绍了烟草刀具管理系统。国内比较典型的刀具管理系统软件有 Smart Crib,其功能模块如表 10.15 所示。

表 10.15　国内外典型刀具管理系统软件及相关信息

软件名称(软件提供商)	软件实现	主要功能模块
TMD System(Sandvik)	C/S 结构、支持条码识别、Oracle 数据库、Windows 平台	刀具目录、库存控制、统计、购买、刀具数据管理与企业管理系统的集成等
KATMS(Kennametal)	C/S 机构、Windows 平台、Oracle 数据库	刀具数据管理、采购决策、库存管理、分析报表、加工参数优化、加工成本控制、刀具供应商集成与企业管理系统的集成等
eTMS(Tadcon, 上海诺升机械科技)	C/S 结构和 B/S 结构、支持条码识别、Oracle 等多种数据库、Windows 平台	刀具数据库管理、刀具跟踪、库存控制、报表、采购(需求、合同、报告等)企业管理系统的集成等
Smart Crib(兰光创新)	B/S 结构、支持条码识别、MSSQL 数据库、Windows 平台	系统管理、标准数据维护、刀柄管理、附件管理、组合刀具管理、贵重刀具管理、量具管理、非标刀具设计、库房预警、自动订货功能、报表管理、友情链接

思考题

1. 试述数控机床工具系统的分类及特性。
2. 试述镗铣类模块式数控工具系统的选用原则。
3. 简述国外新型工具系统的发展及各种工具系统的工作原理。
4. 简述数控车削工具系统的发展。
5. 简述 CCTMS1.0 刀具管理系统的原理。

参考文献

[1] 徐宏海,等. 数控机床刀具及其应用[M]. 北京:化学工业出版社,2005.
[2] 陈锡渠,彭晓南. 金属切削原理与刀具[M]. 北京:北京大学出版社,2006.
[3] 邓建新,赵军. 数控刀具材料选用手册[M]. 北京:机械工业出版社,2005.
[4] 娄锐. 数控应用关键技术[M]. 北京:电子工业出版社,2005.
[5] 崔元刚. 数控机床技术应用[M]. 北京:北京理工大学出版社,2006.
[6] 陈朴. 机械制造技术基础[M]. 重庆:重庆大学出版社,2012.
[7] 中国国家标准化管理委员会. GB/T 12204—2010 金属切削 基本术语[S]. 北京:中国标准出版社,2011.
[8] 中国国家标准化管理委员会. GB/T 2484—2006 固结磨具 一般要求[S]. 北京:中国标准出版社,2006.
[9] 中国国家标准化管理委员会. GB/T 2476—1994 普通磨料 代号[S]. 北京:中国标准出版社,1995.
[10] 中国国家标准化管理委员会. GB/T 2480—2008 普通磨料 碳化硅[S]. 北京:中国标准出版社,2008.
[11] 中国国家标准化管理委员会. GB/T 6408—2003 超硬磨料 立方氮化硼[S]. 北京:中国标准出版社,2003.
[12] 中国国家标准化管理委员会. GB/T 23536—2009 超硬磨料 人造金刚石品种[S]. 北京:中国标准出版社,2009.
[13] 中国国家标准化管理委员会. GB/T 2481.1—1998 固结磨具用磨料 粒度组成的检测和标记 第1部分:粗磨粒[S]. 北京:中国标准出版社,1999.
[14] 中国国家标准化管理委员会. GB/T 2481.2—2009 固结磨具用磨料 粒度组成的检测和标记 第2部分:微粉[S]. 北京:中国标准出版社,2009.
[15] 中国国家标准化管理委员会. GB/T 2485—2008 固结磨具 技术条件[S]. 北京:中国标准出版社,2008.
[16] 于骏一,邹青. 机械制造技术基础[M]. 2版. 北京:机械工业出版社,2010.

[17] 中国国家标准化管理委员会. GB/T 9943—2008 高速工具钢[S]. 北京:中国标准出版社,2008.

[18] 中国国家标准化管理委员会. GB/T 18376.1—2008 硬质合金牌号 第1部分:切削工具用硬质合金牌号[S]. 北京:中国标准出版社,2008.

[19] 袁哲俊. 金属切削刀具[M]. 上海:上海科学技术出版社,1993.

[20] 崔永茂,叶伟昌. 金属切削刀具[M]. 北京:机械工业出版社,1991.

[21] 王娜君,陈朔冬. 金属切削刀具课程设计指导书[M]. 哈尔滨:哈尔滨工业大学出版社,2000.

[22] 陆剑中,孙家宁. 金属切削原理与刀具[M].4版. 北京:机械工业出版社,2009.

[23] 周利平,等. 数控装备设计[M]. 重庆:重庆大学出版社,2011.

[24] 乐兑谦. 金属切削刀具[M]. 北京:机械工业出版社,2006.

[25] 赵鸿,于世超. 现代刀具与数控磨削技术[M]. 北京:机械工业出版社,2009.

[26]《机夹可转位刀具》编委会. 机夹可转位刀具[M]. 成都:成都科技大学出版社,1994.

[27] 周利平,吴能章,等. 浅孔钻三维参数化CAD系统开发与研究[J]. 机械设计与制造,2007(10).

[28] 应正建,周利平,等. 浅孔钻钻削过程中的有限元动态仿真[J]. 工具技术,2011(10).

[29] 李艳霞. 镗铣类模块式数控工具系统的发展及选用[J]. 精密机械制造与自动化,2004(3).

[30] 李慧. 基于高速数控机床用新型工具系统特性分析[J]. 机械工程师,2009(10).

[31] 黄贯生,张永强,等. 数控刀具管理系统的建设与发展[J]. 纺织机械,2007(1).

[32] 王晓明,等. 数控车削工具系统的发展[J]. 机械研究与应用,2004(10).

[33] 张雁鸣. KM工具系统原理及特点[J]. 工具技术,1996(4).

[34] 徐宏海. 数控铣削刀具[M]. 北京:化学工业出版社 , 2005.

[35] 罗学科,谢富荣,徐宏海. 数控铣削加工[M]. 北京:化学工业出版社, 2007.

[36] 韩荣第. 金属切削原理与刀具[M]. 哈尔滨:哈尔滨工业大学出版社, 2007.

[37] 陈吉红,胡涛,李民,等. 数控机床现代加工工艺[M]. 武汉:华中科技大学出版社,2009.

[38] 张平亮. 现代数控加工工艺与装备[M]. 北京:清华大学出版社,2008.

[39] 汪荣青,邱建忠. 数控加工工艺[M]. 北京:化学工业出版社,2010.

[40] 庞丽君,尚晓峰. 金属切削原理[M]. 北京:国防工业出版社,2009.

[41] 周晓宏. 数控加工工艺[M]. 北京:机械工业出版社,2011.

[42] 苏建修. 数控加工工艺[M]. 北京:机械工业出版社, 2009.

[43] 袁哲俊,刘华明. 金属切削刀具设计手册[M]. 北京:机械工业出版社, 2008.

[44] 刘杰华,任昭蓉. 金属切削与刀具实用技术[M]. 北京:国防工业出版社, 2005.

[45] 四川省机械工业局. 齿轮刀具设计理论基础[M]. 北京:机械工业出版社, 1983.

[46] 袁哲俊,刘华明. 加工圆柱齿轮和蜗杆副的刀具[M]. 北京:机械工业出版社, 2009.

[47] 王先逵. 机械加工工艺手册:第2卷 加工技术卷[M]. 北京:机械工业出版社,2007.

[48] 许香谷,肖诗纲,等. 金属切削原理与刀具[M]. 重庆:重庆大学出版社,1992.

[49] 黄观尧,刘保河. 机械制造工艺基础[M]. 天津:天津大学出版社, 1999.